U0960472

国家重大出版工程项目

动物医院工作流程手册

Tasks for the Veterinary Assistant

Paula Pattengale 主编

夏兆飞 主译

中国农业大学出版社

图书在版编目(CIP)数据

动物医院工作流程手册/(美)保拉(Paula Pattengale)主编;夏兆飞主译.—北京:中国农业大学出版社,2009.12(2020.10 重印)

书名原文:Tasks for the Veterinary Assistant

ISBN 978-7-81117-892-0

Ⅰ.动… Ⅱ.①保… ②夏… Ⅲ.兽医院-管理-手册 Ⅳ.S851.7-62

中国版本图书馆 CIP 数据核字(2009)第 187793 号

书　　名 动物医院工作流程手册

作　　者 Paula Pattengale 主编　夏兆飞 主译

策划编辑 梁爱荣　宋俊果　　**责任编辑** 訾景颖　刘耀华

封面设计 郑　川　　**责任校对** 陈　莹　王晓凤

出版发行 中国农业大学出版社

社　　址 北京市海淀区圆明园西路 2 号　　**邮政编码** 100193

电　　话 发行部 010-62731190,2620　　读者服务部 010-62732336

编辑部 010-62732617,2618　　出 版 部 010-62733440

网　　址 http://www.cau.edu.cn/caup　　**E-mail** cbsszs @ cau.edu.cn

经　　销 新华书店

印　　刷 涿州市星河印刷有限公司

版　　次 2010 年 1 月第 1 版　2020 年 10 月第 3 次印刷

规　　格 889×1 194　16 开本　29 印张　810 千字

定　　价 139.00 元

Tasks for the Veterinary Assistant by Paula Pattengale

ISBN:978-0-7817-4243-6

著作权合同登记图字:01-2008-5221.

译校人员

主　　译　夏兆飞

副 主 译　唐新叶　周玉珠

译校人员

中国农业大学动物医学院：

谢富强　汤小朋　袁占奎　丛恒飞　匡　宇　张海霞　程　宇

吕艳丽　何玉英　周玉珠　夏兆飞

美联众合动物医院联盟机构：

刘　朗　许右梅　李贞玉　董　轶　刘　欣　秦秀林　张志红

邱志钊　唐新叶　睢艳平　董志茹　屈小平　景岩林　宋长骥

薛双全　卢　煜　王永霞　张　文

北京市农业局：

祝俊杰　韦海涛　王　滨　刘建华　薛水玲

主译简介

夏兆飞，中国农业大学动物医学院兽医博士。

长期在中国农业大学动物医学院致力于兽医教学、科研和临床工作。现任中国农业大学动物医学院兽医内科与诊断教研室主任，曾任中国农业大学动物医学院临床兽医系系主任、教学动物医院院长，北京小动物诊疗行业协会(BJSAVA)理事长，世界小动物兽医师协会(WSAVA)中国区代表。

主持和参加多项国家自然基金，主持和参加国际合作和国内合作研究项目十余项，在国内外发表论文数十篇，主编(主译)和参编(参译)书籍二十余部。目前主讲《兽医临床诊断学》、《兽医临床病理学》、《兽医临床治疗学》和《小动物临床营养学》。主要兴趣领域有兽医临床诊断技术、兽医临床治疗技术、小动物临床营养和动物医院经营管理。

*　*　*　*

中文版本的翻译得到“兽医临床诊断新技术的应用研究项目”的支持，同时得到北京裕康商贸有限公司、北京中联动保科技有限责任公司以及北京铁草科技有限公司的支持，特别致谢！

编写人员

Paula Pattengale,DVM,MA
Copperopolis,California

Vance R. Case,DVM
Sunbury Animal Hospital
Sunbury, Pennsylvania

Karl M. Peter, DVM, DABVP
Veterinary Technology Program
Foothill College
Los Altos Hills, California

Kathy DePaolo, RVT
Veterinary Technology Program
Foothill College
Los Altos Hills, California

Katharine Terry, RN, RVT
Pet's Friend Animal Clinic
Sunnyvale, California

Molly Mott, LVT, MSEd, PhD
State University of New York
Canton, New York

Margaret A. Thompson, DVM
Thompson Animal Hospital
Colleyville, Texas

To my children, J. A. J. and J. A. J.,
who first set me on the road to
becoming an educator.
献给我的孩子J. A. J.和J. A. J.。
最初,是他们使我踏上了成为一名教育者的道路。

中文版序

随着宠物饲养量的增加，动物诊疗行业也得到了快速发展。为了进一步促进动物诊疗行业健康发展，提高从业兽医技术水平和职业道德，政府部门与行业协会加强合作，全面开展了从业兽医的继续教育工作。但是，我们应该清楚地认识到仅对兽医师进行培训，远不能满足现代动物诊疗的需求。

近年来，动物医院的规模逐渐扩大，仪器设备逐渐增多，人员分工逐步细化，医院各部门之间合作逐渐加强。动物医院告别了以前由兽医师一包到底的诊疗方式，现在各医院都配有兽医助理，他们协助兽医师完成大部分的工作，在整个动物医院的临床工作中起着非常重要的作用。因此，我们除了加强兽医师的培训教育以外，还应该加强兽医助理的培训教育，制定动物医院各部门的职责和工作流程。

以上是动物诊疗行业在发展中遇到的新问题，缺乏可以借鉴的经验。此时，夏兆飞老师组织翻译出版《动物医院工作流程手册》可以为我们开展兽医助理的培训工作提供很好的参考。该书共分十二章，分别为兽医助理职业守则、兽医助理法规、前台工作程序、动物保定、诊室工作程序、药房技能、实验室技能、放射学与影像诊断技术、医疗护理、手术室工作、美容护理和设施维护，几乎涵盖了动物医院各部门的工作。每章开始部分陈述了学习目的和要求以及各项技能的概述，之后是实际工作流程的描述，便于从业人员细致、全面地掌握学习内容。

该书的出版为我国兽医助理培训提供了非常实用的参考资料，对提高动物诊疗行业整体服务水平具有重要意义。

2009年12月

译者的话

近年来，我国动物诊疗行业有了长足的进步和发展。动物医院的规模越来越大，部门越来越多，分工越来越细，这就要求各个部门之间，既要有详细的职责分工，又要密切配合，才可以实现动物医院的正常运转。然而，绝大多数动物医院的从业人员缺乏这方面的经验和参考资料。

2005 年我去夏威夷参加美国兽医大会(AVMA)时，与北京的几位同行谈到目前我国动物医院遇到的问题和发展瓶颈，他们也意识到动物医院的工作流程、各部门的职责以及兽医助理的培训等是急切需要解决的问题。会议期间，我们购买了几本这方面的书籍，回到北京之后，通过筛选，决定组织人员把《动物医院工作流程手册》(Tasks for the Veterinary Assistant)一书翻译成中文。翻译初稿出来之后，经过十几家动物医院的应用，大家一致认为，这本书对目前动物医院的发展非常重要，应该尽快出版。

《动物医院工作流程手册》既可以作为动物医院/诊所内的现场工作流程手册，也可以作为兽医助理培训的参考资料。本书将相关职责分类后，按章进行描述。每一章的开头列出了需要学习的项目，之后是各项技能的概述。每项任务都按操作顺序编写，以便于学习。每项任务的基本要求中，介绍了何时以及为何实施此项任务，然后是实际工作流程描述，即如何操作。工作流程分为准备工作、操作步骤和补充要求。每部分按照递进式方式编写，为兽医助理提供了动物医院/诊所内需要完成的各项工作的详细步骤。

需要说明的是：《动物医院工作流程手册》虽然是一本好书，但是美国与我国存在文化背景、法律法规、发展阶段等诸多方面的不同，我们应该有选择地使用本书，不能照搬照抄、生搬硬套，要结合我国的实际情况，发展并完善之。

曹力、张晓远、程宇、刘芳等人也为本书的翻译、校对和出版做了不少工作，在此表示感谢。

在本书的翻译和校对过程中，我们主观上希望尽量把原文的意思表达清楚、准确，如果读者发现不足之处，敬请告知，我们将非常感谢。

夏兆飞

2009 年 12 月于北京

致　谢

本书的出版如同兽医医学中所有工作一样是团队合作的结果。我要感谢所有为本书成功出版而给予过帮助的人：所有 Lippincott Williams & Wilkins 的编辑和工作人员、参与编审人员、我的兽医行业的同事、其他教育工作者、我的学生们、长期以来的客户、动物护理培训中心（Animal Care Training）的人员，最后尤其感谢我的家人。你们每一个人为本书都作出了特殊的贡献，在此一并感谢。

前　　言

《动物医院工作流程手册》专为兽医助理而编著，其主要有两方面的用途：一方面可以作为动物医院/诊所内的现场工作流程手册，另一方面可以作为兽医助理培训项目的参考资料。这本阅读方便的手册为兽医助理提供了动物医院/诊所内需要完成的各项工作的详细步骤。

本书结构

本书将相关职责分类后按章进行描述。职责的划分是依据动物医院/诊所内各实际区域所实施的任务而定。每一章的开头列出了需要学习的项目，之后是各项技能的概述。每项任务都按操作顺序编写，以便于学习。每项任务的基本要求中介绍了何时以及为何实施此项任务，然后是实际工作流程描述，即如何操作。操作流程分为准备工作、操作步骤和补充要求，每部分按照递进式方式编写。

关键词组总结

术语对照表

术语对照表为本书翻译过程中遇见的关键词组汇总。词组仅限于兽医医学术语。读者可以利用本书查阅常见部分中文术语的英文翻译。

插图

30多幅新的插图展示了兽医助理的关键操作。每章开篇附有兽医卡通大师 Robert M. Miller, DVM 设计绘制的图片。这些图片增加了本书的阅读趣味。

附录

附录提供了额外的内容，如方位术语、常用的静脉穿刺解剖学位置、常用简写、正常生命体征、犬猫的出牙时间和患病动物术部准备工作。

光盘

由于时间和技术操作存在一定的困难，中文翻译版省略了光盘。英文原版书后附有光盘，包含部分工作流程以帮助读者对重要任务的实施有一个直观的认识。光盘中还包括了常用外科器械介绍以及用于教师对学生、老板对员工进行能力评估测试的记录表格。能力评估项目通过章节划分并基于每章开头列出的学习项目而定。能力评估测试表为经过培训的人员提供了基本的个人评分标准以及清晰明确的雇主要求。感兴趣的读者可查询英文原版书进行学习参考。

值得注意的是，每一动物医院/诊所会对任务要求有所改动，但是基本的原则是一样的。改动仅代表兽医的个人偏好和客户的要求。通过不断改进和增加技术的实用性以提高现场的服务质量。研究扩展了兽医医学的基本知识，进而不断影响动物医院/诊所的工作流程。

如同兽医团队的其他成员一样，兽医助理必须保持终身学习的态度和灵活性，以便能在不同场所运用不断更新的知识。希望《动物医院工作流程手册》一书可以为兽医学生和兽医助理打下坚实的基础，以利于他们以后在动物医院/诊所内进一步学习提高。

Paula Pattengale

Copperopolis California

目　　录

第 1 章

兽医助理职业守则

“哦，先生！我从来没有在动物医院工作过，但我对麻醉药物甚有了解！”

本章培训目的

完成本章培训后,学员应做到以下几点。

1. 遵照标准的动物医院/诊所的规范行事。
2. 礼貌地对待在动物医院/诊所内遇见的每一个人。
3. 运用人与动物之间的相关知识来与动物医院/诊所内的每一个人交流。
4. 明确兽医团队中不同成员的职责。
5. 遵照兽医道德规范行事。
6. 穿着要符合兽医助理的工作要求。
7. 以专业的方式讲话。
8. 制定一套能有效完成指定工作的制度。

前言

尽管特定工作需要的是专业技能,但如今的工作对员工都有一些最基本的要求,这些要求一般包括知识运用和处事态度。所有行业的企业都需要这些(附录 A),动物医院/诊所也不例外。本章将向兽医助理介绍职业守则和要求的行为准则,以及动物医院/诊所要求的特殊行为规范。

一家动物医院/诊所通常由很多工作人员组成,他们每个人都有一定的专业技能,能够提供满足动物主人要求的完整、精细的护理。兽医助理正是兽医团队中的一个成员。为了同步完成兽医助理以及该专业团队中其他成员的工作,要求每一位成员了解自己的职责。兽医助理了解如何适应这种复杂状况是做好患病动物护理工作的关键。

1.1 企业期望

所有企业对其员工都有一些基本要求，包括以下内容。

1. 不能以任何借口迟到或早退。
2. 制定每天的工作计划。
3. 乐于接受批评。
4. 保持学习的愿望。
5. 具有灵活性。
6. 协作性强。
7. 忠诚。
8. 具有解决问题的能力。
9. 遵循指导。
10. 具有独立工作的能力。
11. 遵循工作场所的规定与工作流程。
12. 关注客户满意度以及服务质量。
13. 诚实。

动物医院/诊所还有一些其他的要求。因为患病动物的安危主要取决于动物医院/诊所内的所有员工是否履行了他们的职责，所以这些要求包括以下内容。

1. 注意给予患病动物舒适、安全的环境，注重护理。
2. 将疾病传播的可能性降至最低，即要保持动物医院/诊所的清洁。
3. 做好动物医院/诊所的安全措施，以防患病动物逃离。
4. 能正确确认每只患病动物的身份。
5. 准确无误地完成所有分内工作，因为出错将危及患病动物的健康。
6. 按时完成指定的工作(例如，在医生开完处方后，将药物交给客户)。
7. 即使已经到了下班时间，也必须完成所有工作后才能离开，因为不能让患病动物一直等到明天才给予食物或者接受治疗。
8. 当患病动物出现意外情况或病情恶化时，应立即通知兽医或兽医技术人员。
9. 使用签字笔及时完整地记录病历档案，因为病历档案属于法律文件。
10. 对患病动物和客户的资料要保密。
11. 患病动物治疗过程中出现任何差错都应立即报告(例如，当给错药或者给错药物剂量时，应立即向兽医报告)。
12. 关注客户服务。动物医院/诊所的客户是指在工作场所接触的每个人和动物，包括患病动物、动物主人以及动物医院/诊所的所有员工。

作为一名新员工，与动物医院/诊所负责人一起考察你的工作表现。管理人员会审核企业对你的额外要求，这些都是最低的要求。想在工作中获得成功，就必须时刻超越这些要求。工作时要保持热情积极的态度，认真工作，私人问题回家处理。在工作中，不要搞社交；不要抱怨工作的种类或者工作量，因为没有它你将失业；不要闲聊，如果你与其他员工有问题商讨，那么与相关人员讨论即可，不要牵扯其他员工。职业精神是一种态度，也是一种行为准则，应当一直坚持。

1.2 礼貌待人

礼貌可使社会关系中的每一个人感到舒适，你对他人以礼相待，他人会以一种非常轻松的心态来与你接触。就像交通规则一样，如果每个人都遵循，那么不但交通顺畅而且司机心情愉悦。礼貌并不只局限于社会场合，对于成功的动物医院/诊所来说，礼貌待人也是必不可少的。

先考虑一下你的实际行为，你是否为其他人提供了帮助？试想一下，如果一位一手推着婴儿车一手牵着爱犬的年轻妈妈在进入动物医院/诊所接待区时，你过去帮她打开了门，她将会多么的感激。为那些刚出院的动物主人提供一定的帮助，因为他们手里往往拿着许多单据和一些出院说明。对那些由于急诊病例出现而必须等待的动物主人，应告知其等待的原因和等待的时间，并提供重新预约的机会，这样会得到他们的理解。站在客户的角度想一想，到动物医院/诊所就诊时怎样能使你感觉更好？动物医院/诊所的员工做些什么能使你在就诊过程中更轻松？从客户的立场评价出现的各种状况，做一些必要的事情来让动物主人和患病动物的每次就诊都变得愉快。

这种处事态度及行为可以从对待动物主人和患病动物延伸至对待兽医团队中的其他成员。想一下，如何才能使团队成员的工作变得更加轻松愉快。按时完成你的分内工作才能让他人准时完成他们的工作，以减少他们工作的重复，这可以带来多倍的回报。

不是所有的礼貌都要靠实际行为来表现，“请”和“谢谢”也会使人感到愉快，热情的问候适用于任何交流场合。让别人知道你对他们的努力十分感激，一句适当的恭维会使任何人的一天都变得很舒畅。要有耐心，不能唐突无理，避免误传信息。站在其他人的立场思考问题往往可以消除怒火。

时刻牢记，礼貌是动物医院/诊所成功运作和个人获得成功的条件之一，因此随时都要礼貌待人。

1.3 人与动物的关系

人与动物的关系已经从占主导地位的耕种环境下的使役关系发展到了城市环境下的伴侣关系。无论哪种情况，人与动物的关系都是复杂的。人与动物的每一种关系都是独一无二的，且可能随着时间和环境的改变而发生变化。

动物医院/诊所推进人与动物关系的发展。兽医助理的态度及行为可能鼓舞也可能妨碍动物主人对待其宠物的行为。因此，这种人与动物的伴侣关系应当被理解、尊重和支持。

宠物可以陪伴人类。对于小孩，宠物是很好的玩伴；对于老年人，宠物是可以一起散步和购物的朋友；对于没有孩子的夫妇或单身成年人，宠物相当于一位家庭成员。宠物可以给予人类无条件的爱，这有助于改善一个人的生活态度。宠物令人平静，使人压力缓解，这些对健康有益。

在接待动物主人及其宠物时，必须考虑到他们之间复杂的关系，这种关系将影响动物主人对其宠物的疾病、伤痛以及死亡的反应。虽然客户在选择服务时，其支付能力是一个考虑的因素，但是人与动物的关系具有更大的影响力。

倾听动物主人的诉说。宠物是如何得到的？为什么要养宠物？其家里还有哪些成员？宠物在其家庭中的地位？动物主人是如何评价其宠物的？宠物都参与哪些家庭活动？宠物的相关事宜由谁决定？谁真正照料宠物的生活？

观察动物主人。"事实胜于雄辩"不仅适用于人类之间，也适用于动物主人与其宠物之间。动物主人是否与其宠物交谈？动物主人如何与宠物交谈？动物主人如何抚摸宠物？动物主人是留意宠物的反应还是对宠物的行为漠不关心？宠物是否接受过训练，是否易于管束？宠物的饲喂和装扮如何？试着去确定动物主人出现某种行为的原因，是因为缺乏宠物护理的相关知识，还是因为人与动物关系的失常造成的。

运用人与动物关系的相关知识，能够更有效地与客户沟通。为提高宠物护理，引导动物主人做出正确选择，在患病动物处于危险期或死亡时给予支持和帮助。

1.4 员工的分工与职责

兽医团队就像一个拼图玩具，每一部分对于完成图片来说都是必不可少的。兽医助理就像一小块拼图，在完成患病动物护理中是不可或缺的。动物医院/诊所的工作由两部分组成，即医疗与商业，兽医助理的工作混合了这两部分。

动物医院/诊所的医疗方面，兽医对所有辅助工作人员的安全及每一项行动负有法律责任，任何事件最终都由兽医决定。兽医的职责包括疾病的诊断、安排和管理患病动物的护理。这些职责主要包括手术操作、开处方、解释实验室检查结果以及预测疾病结果。

动物医院/诊所的商业方面通常由医院经理负责，而外部资源如律师和税务专员可为动物医院/诊所提供专门的咨询服务。医院经理负责监督动物医院/诊所每天的商业活动，使兽医能有更多的时间专注于患病动物的诊疗。医院经理的职责包括安排员工的作息时间、订购药物、支付账单、管理银行存款以及管理员工。医院经理通常是到动物医院/诊所求职者的第一个联系人。

前台接待人员负责病历管理、接听电话、安排预约、办理患病动物入院和出院。接待人员在提高动物医院/诊所形象方面起着重要作用，因为他是客户与动物医院/诊所接触的第一个人和最后一个人。前台接待人员在动物医院/诊所工作流程的顺畅方面也起着关键作用，该职位的员工应具有优秀的办公能力和沟通技巧。

兽医技术人员相当于在医院/诊所注册的人医护士。他们在美国兽医协会（AVMA）认可的教育机构接受了专门的培训。该培训一般要 2～4 年才能完成。完成技术培训后，根据其工作所在地区的要求参加该地区举行的国家和/或地方的考试。通过考试后，他们就是有执照的兽医技术人员，可在兽医的间接监督下工作。他们的职责由其工作所在地区的兽医法规或兽医技术人员法规决定。

虽然兽医助理没有执照，也不要求参加受认可的兽医课程培训，但是他们是兽医团队中不可或缺的成员。大多数兽医助理接受在职培训，有些兽医助理通过职业教育课程接受正规的培训。他们在兽医和兽医技术人员的直接监督下工作。

兽医助理的作用是辅助兽医或者兽医技术人员，使他们能及时有效地完成工作。了解动物医院/诊所的所有工作流程以及其他工作人员如何完成其工作是非常必要的。了解这些有助于兽医助理做好物品和患病动物的准备工作，从而使动物医院/诊所内的工作变得有效有序。正因为在患病动物护理的准备和后续阶段兽医助理为专业人员提供了尽量多的即时帮助，才使兽医助理对专业人员来说非常重要。具有在不同部门之间交叉工作的能力，做好准备工作，与其他工作人员合作完成患病动物的护理以及成为专业人员的得力助手，这些都是一个一流兽医助理的标志。

住院部工作人员主要在动物的病房工作，他们应保持设备和病房区的清洁，负责照顾患病动物，根据兽医的指示饲喂食物和水。他们还负责锻炼动物，以及带动物在检查治疗区与病房区之间来回。住院部工作人员负责记录患病动物的身体情况以及汇报病情的任何变化。他们还可能负责给患病动物美容。

大多数动物医院/诊所都对员工进行交叉式培训，这样每一位员工就都能胜任其他员工的工作，且在安排员工作息时间时也就更有弹性。另外，在动物医院/诊所出现员工短缺的情况下，员工们能相互帮助，从而有效地完成工作。

了解团队其他成员，了解他们在做什么以及了解兽医助理对每一位成员应尽的责任是什么，这些都是兽医助理的职责。

1.5　职业道德规范

道德规范的定义是“指导正确行为的准则或原则。”同一种文化和同一个社会中存在各种各样的道德规范并且随时间发生着改变。在动物医院/诊所内，职业道德规范指导着兽医及其他员工的行为。AVMA(美国兽医协会)每年会在他们的指导手册上发表“兽医职业道德规范原则”，为所有的动物医院/诊所提供行为准则。该手册内还刊登了“政策说明与指南”，主题范围很广，从“流浪猫与野猫”到“野生犬科动物的防疫”。兽医及其他员工在制订关于兽医行为准则方面更具体的指导说明时，可以参考这些政策说明。关于更多更完整的道德规范资料，请翻阅最近一期的AVMA指导手册。

兽医职业道德规范

1.减少动物疾病，减轻患病动物的痛苦和疼痛是兽医的首要目标。

2.对待客户要完全公平和诚实。

3.遵守所有相关法律。

4.患病动物的治疗完全由兽医决定。

5.建立起一种兽医-动物主人-患病动物关系(VCPR)。这意味着在进行任何诊断、治疗、手术、开处方或预后之前，兽医要先对动物进行全面的身体检查，然后每当动物主人需要兽医提供新的有效的治疗方法时，对动物复诊又可维持这三者的关系。

6.良好的VCPR关系对治疗过程十分必要。

7.一旦患病动物接受某兽医的治疗，该兽医将一直负责这个病例，直到其他人接替。

8.随时提供急诊服务。

9.病历档案属于保密文件，除非是在治疗患病动物期间，否则病历资料不能共享，在这期间也不能泄露动物主人透露过的私人信息。

这些基本原则可作为动物医院/诊所的制度和工作流程的一部分，它们能指导工作人员、患病动物以及客户之间的互动。

1.6 职业形象

“第一印象就是永久印象”这句话对于动物医院/诊所的重要性同对于生活中其他方面一样。客户不会进入手术室，无法知晓兽医的手术技能多么高超，但他们却能判定治疗患病动物的质量。他们的判定依据就是动物医院/诊所的设施配备和员工的形象，这似乎很难相信，但的确是事实。

个人穿着应符合常规要求且适合特殊的工作性质及环境。兽医助理必须考虑以下几点。

1. 患病动物的安全。
2. 个人的安全。
3. 疾病传播的可能性。
4. 动物医院/诊所的高强度工作环境。
5. 动物医院/诊所形象以及客户要求。

服饰

所有衣服必须能耐受热水洗涤且必须每天清洗以减少疾病传播的危险。衣服应采用耐穿的高品质布料且样式简单。与动物医院/诊所负责人商讨服饰的相关要求及其适合性，通常包括上衣和裤子(图 1-1)。上衣袖子长度通常是手臂长度的一半到 3/4，这样既可以保护手臂，袖口又不会接触到工作场所的脏物；领口大小适度，尤其是在弯腰时。裤子应便于弯腰和自由活动。最好使用深色布料或者印花布料。

随身携带物品

每位员工都应该随身携带一根尼龙牵引带、做口套的绷带、一把剪刀、一卷胶带、一支签字笔、一个便笺本，还可以携带一卷干净的卫生纸。

鞋子

所有的鞋子都不能露出脚趾，且必须有防滑鞋底。避免穿白色的鞋子，因为白色鞋子比深色鞋子更容易弄脏。带弹性垫的运动鞋能让你更舒服地长时间站在硬地板上。

首饰

最好将所有的首饰都放在家里，只需要戴防水、有秒针的指针表或能读秒数的数字表。表带要有弹性，这样可以移动手表到手臂上而不至沾到水。所有脸部的以及身体可见部位的首饰都必须经过动物医院/诊所负责人批准才能佩戴。不要戴有圈的耳环，因为动物会抓或咬耳环的圈。如果这种情况发生，人的耳垂会被撕裂。小纽扣形的耳环通常比较适合。项链和手镯也是同样道理。戒指会接触到动物的皮毛和口唇，这些部位都包含了潜藏的感染性物质。最好避免佩戴任何类型的戒指。如果确实想戴，只能选择表面平整、光滑的戒指。

文身

如果身上有能看见的文身，应告知动物医院/诊所负责人。你可能需要穿上可以掩盖文身的服饰。

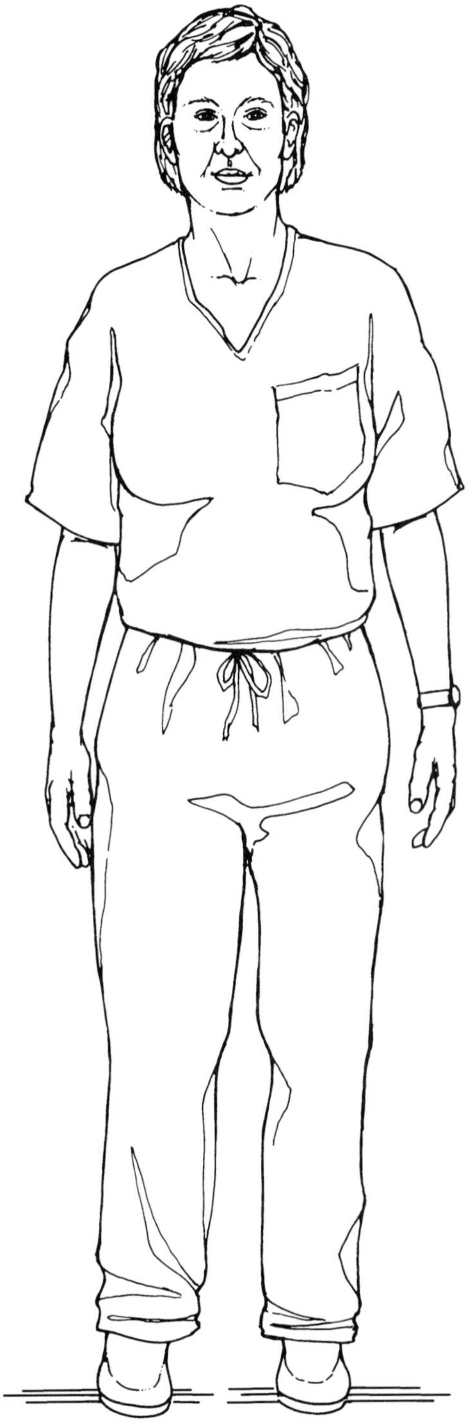

图 1-1　兽医助理适宜的穿着

头发

应保持头发清洁且发型简单,以方便工作。如果你是长发,那么应该将它一直梳在脑后。头发不能挡脸以免遮挡视线。如果你的头发颜色不同于常人,那么应该与负责人商量其适合性。

手指甲与双手

手指甲不能超过指缘,长指甲会蓄积污垢和传染性物质。最好不涂指甲油,可以使用亮甲油让指甲变得有光泽。防止出现指甲光泽斑驳,看起来不整洁。经常使用护手霜以防止手皲裂和甲刺。

脸和口

不能佩戴舌钉。至少每顿餐后漱口。如果对自己的口气有点不自信,那么随身携带口气清新剂,适当使用。女士化妆必须简单,男士必须每天刮脸。如果经负责人批准,男士可留有胡须,但必须保持短而整洁。

提醒

坚持每天洗澡洗头,只使用淡雅的香水。每天穿戴整齐,保持鞋子干净且适当上光。

1.7　正确用语

人们不仅通过外表判断一个人，也通过说话方式来判断。客户可以通过动物医院/诊所员工的谈吐来推测其受教育程度以及工作质量。虽然你不需要像国家新闻广播员一样讲话，但是你的用语应该专业化，这样会提升动物医院/诊所的形象。任何形式的咒骂以及粗俗行为都是不受欢迎的，要学会控制自己的情绪，没有必要咒骂。仔细聆听兽医的说话技巧，同时增加自己的专业用语。正确用语是衡量动物医院/诊所好坏的一个标准。

表 1-1 列出了一些专业用语和非专业用语。所列内容只是有限的一部分，但是它能给你一定的启发。

表 1-1　正确用语与错误用语

正确的	错误的	正确的	错误的
动物主人	畜主	排便	拉屎
患病动物	病畜	粪便	屎
接待室	等候室	乳头	奶头
检查	看看	耳廓	耳朵
手术操作	开刀	前肢，后肢	胳膊，腿
拍 X 线片	照 X 光	卵巢子宫切除术，绝育	阉割
接种疫苗	打针	交配	配种
肛门	屁眼	犬舍	狗窝
阴茎	小鸡鸡	安乐死	致死
排尿	撒尿	尸体剖检	验尸
尿	小便	排泄物	脏东西

1.8 任务盒

基本要求

有能力做一件事是一回事儿，能记得做一件事却是另一回事儿。这里给大家介绍一种记忆小窍门：任务盒。一只任务盒内含有多张描述任务的卡片(3″×5″)，根据任务的执行时间将这些卡片归档。本文对初次制作任务卡片和详细叙述某些职责的细节非常有帮助。读完本节后就开始制作任务卡片，将这些卡片正确归档在任务盒内。在开始任何一项新工作时，与相关负责人一起商讨制定一份适用于特定场合的初次任务单。根据任务单开展工作，你们会发现可能还有些事情被遗漏了。随着时间的推移，职责不断增加，根据需要添加卡片。将那些已经不属于你职责范围内的任务卡片移出。动物医院/诊所规定与工作流程手册有助于说明某些工作。当根据本文来制定一个新的特定场合的任务盒时，在已经制定好的任务卡片上做特定场合的修改。

制作一个任务盒，首先要购买一个 3″×5″大小的卡片存放盒。还要购买一些索引卡，有些保持空白，有些列出月份。还需购买一包 3″×5″大小的卡片，最好是画有线条的。空白索引卡的标题有：

1. 优先。

2. 每天。

3. 每周，在每张卡上标明：周日、周一、周二、周三、周四、周五和周六。

4. 每月，在每张卡上标明：1 月份、2 月份、3 月份、4 月份、5 月份、6 月份、7 月份、8 月份、9 月份、10 月份、11 月份和 12 月份。

将没有使用过的索引卡和卡片放置在盒子的后部，留做备用。开始着手制作任务卡：在每张卡片的顶部写上每个任务的标题(例如，“外送实验室”)。先列出与外送实验室相关的任务，也许是负责打电话通知外送实验室过来取样，然后在该任务后面列出电话号码。你负责的第二个任务是在每天工作结束时，将样本放入上锁的箱子内，将其列在第一个任务之后。如果关于该任务你还有其他特别需要记住的，可以在旁边注明，例如“冷藏保存”。由于这些事情你每天都要做，因此将该卡片放置在写有“每天”的索引卡后面。为你每天负责的每一项任务制作一张任务卡。开始一天工作时，先浏览一遍任务卡，然后安排好当天工作；结束一天工作时，再浏览一遍任务卡以确定没有任何遗漏。

按照相同流程制定周任务卡，但是，要将卡片存放在安排好的日期之后。例如，手术室每周四安排一次打扫，将记录了每周打扫一次手术室的卡片存放在周四索引卡的后面。周任务卡应列出需要每周做一次的所有事情，如更换空气过滤器、用吸尘器打扫天花板以及擦墙。将本文作为参考，列出一些你需要牢记的细节或者简单列出本书中的任务编号，然后将本文放置在任务盒的旁边。完成每周一次的工作后，在卡片的背面写上日期以及姓名，然后将卡片放回至正确的索引卡后面。

将那些记录了每月做一次或者很久才做一次的事情的卡片存放在要执行这些任务的月份后面。完成这些任务后，将卡片转移至安排好的下一个月份。如安排每月整理一次展板，如果 5 月份整理过了，那么将整理展板卡片移至标题是 6 月份的索引卡后面。同样在卡片后面标明完成日期以及你的名字。

如果由于工作冲突耽误了任务的完成，那么将该卡片取出重新存放在标题是“优先”的索引卡后面。优先意味着不管是要提前上班还是加班都必须首先完成这些工作。耽误一项工作将带来很多问题，从而导致更复杂的状况。例如，按规定挥发罐要每年进行一次专业校准，你负责打电话给经销商安排服务，但是你忘记了且挥发罐开始出现故障，这将连累到患病动物的治疗，这是非常不值得的，因此一定要按计划行事。

为了制定一个有效有条理的任务盒或者你确实健忘，那么可以在任务盒内设立其他部分。以下列出了一些建议，你可以自己填写来满足需求。

- 位置区，即列出东西放置的地方。
- 如果你负责一项特殊工作，例如安排公司野餐事宜，那么可以制定一个“特殊工作”部分。
- 电话号码区，即列出常用的工作电话号码。
- 一份写有日期和时间的预约目录。先列出日期，然后是事宜。每一个预约完成后，划掉该记录。根据安排，在目录最后添加新的日期和预约。
- “提醒”区，需要记住的是，如果提醒内容与特殊任务相关，应该将其记录在该任务的任务卡上。

必要时添加卡片。养成每天检查任务盒的习惯，不但要检查每天的任务卡，还要检查当天的周任务卡和月任务卡。

不要把任务盒设计得很复杂，这对你不实用。设计得简单、方便将会提高工作效率。

为了增加工作效率，要牢记“充分利用时间”。一旦有“片刻闲暇”，就安排一些需要时间较短的工作，如整理抽屉、重新排列架子和电话追访出院患病动物。充分利用每一分钟，即使在繁忙的时候也能完成所有工作。安排工作事宜时要牢记灵活性。动物医院/诊所发生的事情往往难以预料，因此，“充分利用时间”显得尤为重要。

设立优先项目。日任务优先于周任务，周任务优先于月任务。如果需要，可以推迟一项任务，但必须记得将该卡片转移至优先区，并记得完成，绝不要让未完成的任务堆积起来。

工作流程

准备工作

1. 收集材料，包括以下物品。
   ①一个3″×5″大小的卡片存放盒。
   ②一包3″×5″大小的卡片，最好是画有线条的。
   ③签字笔。
   ④3″×5″的索引卡：
      a. 一包空白的卡片；
      b. 一包标有月份和/或周几的卡片。
   ⑤动物医院/诊所规定和工作流程手册。
   ⑥兽医助理工作手册复印本。
2. 安排一个时间与相关负责人讨论你的职责范围。

操作步骤

1. 与相关负责人见面，确定一份临时职责目录。
2. 先制定“每天”任务卡，并归档。
3. 然后制定“每周”任务卡，并归档。
4. 最后制定“每月”任务卡，并归档。

5.浏览动物医院/诊所规定与工作流程手册以调整每一项任务。

6.浏览兽医助理工作手册,在原有卡片上添加详细内容并做修改。

7.将每张任务卡正确归档。

补充要求

1.随着职责的变化,添加或移出任务卡。

2.必要时,对卡片进行修改。

3.将任务盒放置在显眼且便于取阅的地方。

提醒:任务盒每天使用两次,即上班前一次,下班前一次。

第 2 章

兽医助理法规

“对不起，没有官方的州际运输健康证明不予通过。”

（注：图中“STOP FOR INSPECTION”译为“停止前进，接受检查”，“STATE LINE”译为“州际线”。）

本章培训目的

完成本章培训后，学员应做到以下几点。

1. 区别习惯法与成文法。
2. 遵循习惯法完成工作。
3. 按照兽医相关的法律办事。
4. 遵循职业安全与卫生条例管理局(OSHA)的工作标准以确保个人安全。
5. 遵循地方动物医院/诊所法规以完成动物医院/诊所内的各项工作。
6. 遵循地方条令，这些条令影响动物医院/诊所内的宠物归属。

前言

动物医院/诊所内的大多数规定和工作流程并不基于医疗本身，它们往往体现的是那些规范兽医医疗行为的法律。各级政府都有相关的法律条文，它们包含了兽医和动物医院/诊所必须遵循的最低标准。政府的一个部门可以调控动物医院/诊所的一个方面，如管制药物的使用由禁药管制机构监控(参见 6.6)。有些方面则由多项法律和多个政府部门共同监管，如垃圾的管理与处理就是通过这种方式来管理的(参见 12.6)。有些法律涵盖的范围较广，对整个动物医院/诊所都有影响，如关于雇员工作安全的法律就属于这类。了解这些法律有助于兽医助理正确履行其职责。从地方法到国家法，遵守这些法律都是强制性的，所以再怎么强调也不为过。

法律规定了动物医院/诊所必须遵循的准则，兽医行业内也制定了一些其他规则，这些规则作为行业内自愿遵守的标准。在这方面走在最前面的有两个主要组织，它们是美国兽医协会(AVMA)和美国动物医院协会(AAHA)。AVMA 是针对兽医个人成立的全国组织，通过其代表会议发表各种声明。会议的代表还包括专门兴趣团体的代表，如美国猫兽医协会和美国马兽医协会。AVMA 的活动范围广泛，包括为各级立法机构提供专业支持，为兽医行业提供指导方针，为其成员提供继续教育，评审兽医大学和兽医技术人员学校。

AAHA 为其成员的动物医院/诊所制定标准。有 AAHA 标识的动物医院/诊所表示满足且坚持了该组织对全体成员的要求，成员需要接受周期性检查以确保符合标准。AAHA 的标准涉及广泛，包括检查设施、药房、麻醉、手术和常规事务等等。属于 AAHA 成员的动物医院/诊所的标准通常会超过地区动物医院/诊所法律规定的最低要求，所以不是所有的动物医院/诊所都能符合 AAHA 的成员资格标准。

2.1 习 惯 法

基本要求

习惯法以合法的惯例为基础，成文法以政府撰写的条文为基础。动物医院/诊所的各项活动都受这两类法律的制约。不了解这些法律不能成为违背法律的借口或者保护伞，因此兽医助理必须正确了解所有习惯法和成文法。特别是与商业有关的习惯法，它制约着人际关系和人与财产的关系。

一般认为，动物是动产，它们就像汽车或者房子一样属于个人财产。如果财产被盗、破坏或损伤，其所有者有权利依法提出要求，这也适用于在兽医监管下的动物。

责任是指法定的职责。它延伸到在动物医院/诊所内动物主人受到的伤害或损失，不管这种损失是来自他们自身还是他们的宠物。例如，如果有动物主人在动物医院/诊所内跌倒，就会出现责任问题。医疗失当是不符合规定的，不论是故意、粗心还是无知造成的。粗心往往会导致本该做好的事情的失败。当发生使宠物价值降低、受伤或者死亡的状况时，动物主人有权要求赔偿。

合同法调整着兽医与客户之间的关系。合同可以是口头、书面或者隐含的，并基于各种假定。使用书面合同时要更为谨慎，因为一旦没有履行合同规定的任一部分的职责，就是违约。因此，在手术、安乐死以及寄养前都要签署同意书。客户签署“服务预算单”后就表示同意服务，如果该客户不支付医疗费，那么就属于违约；反过来，如果客户同意接受服务而兽医没有完成，那么该兽医属于违约。由未成年人或精神失常者签署的合同无效。

在这法治的社会，兽医可通过购买责任保险来在诉讼中保护自己。即使兽医没有犯错，用于法律辩护的支出还是非常庞大。

兽医团队中的所有成员都是兽医的代理人。正因为这种关系，兽医对所有辅助工作人员的行为负有责任，所以兽医助理犯了错就会导致兽医被诉讼。

下面是为兽医助理在习惯法方面列出的一些提醒。

工作流程

禁止做的

1. 做各种保证，即使是对很轻微疾病的恢复。

2. 将风险估计降至最低，即使是对前来接受体检的健康动物。

3. 让动物主人保定其宠物。

4. 让动物医院/诊所内的不安全状况持续存在。例如，应立即清理地面所有积水以及湿的区域，并在上面放置障碍或者警告标志，直到地面干了为止。动物医院/诊所的外部区域每天至少应检查两次，查看是否存在潜在的危险。所有危险应立即排除，或者至少做出警告标志，直到危险得以解决。

5. 回答任何你不是很了解的事情。应该将客户介绍给动物医院/诊所内能准确回答该问题的人，这要好过于你给他一个可能是错误的或者不完整的答案，并且你还能及时知道正确答案。

随时做到

1. 在病历档案上记载所有与动物主人的对话内容，这也包括电话访问内容。可以在病历档案中使用单独的交流日志来记录与动物主人的交谈内容。

2. 开始提供服务前确定所有同意书已被检查且由动物主人签过字，将它们保存在病历档案内。与接待员核对你所在工作场所要使用的同意书。

3. 在提供服务前使用预算单。因为这其中的一部分可能由兽医完成，待接待员与动物主人最后核实后形成完整的预算单。

4. 确保所有的门关着，窗户纱窗完好。

5. 为接待区域没有使用牵引带和携带箱的动物主人提供备用牵引带和携带箱。

6. 给予动物医院/诊所内的所有动物适当限制。

7. 将动物单个分开。

8. 给所有住院动物佩戴身份识别项圈。

9. 了解相关法律并遵守它们。

2.2 国家法律

基本要求

影响兽医的法律众多，但并不使人感到不知所措。兽医行业守则中的常识以及对患病动物的优质服务可使你成功遵循大部分法律。国家法律要高于地方法规，前者包含内容比后者范围更广，更全面。有些法则严格来说不属于国家法律。国家法律表述了国家政策和处罚条例，各地必须根据其内容贯彻实施且强制执行。

涉及责任、诽谤、不公平的竞争、价格确定以及雇佣的法律都会影响兽医行业守则以及其他行业守则。国家法律指导着从事兽医行业的人员，公平劳动法涵盖了童工的内容，职业安全与健康管理局(OSHA)负责工作场所的安全，美国残疾人法案(ADA)负责残疾人士的生活保障，还有禁止性骚扰和反对种族歧视的法规。再次强调，这些法律能够影响所有的行业。

关于动物保护和饲养的国家法律起始于19世纪下半叶的反对虐待动物运动。现在所有地区都有反对虐待动物的法律，尽管有些尚未标准化。动物在地区之间的运输由政府控制，动物食品中允许的药物残留量由法律规定。不断更新的动物福利法影响着实验动物的饲养与管理。海洋哺乳动物在管理、运输和饲养方面受到保护。通过肉类和奶类检查法以及国外动物疫病报告来保护公众与动物健康。联邦政府已经成功制定了完善的动物疫病根除方案。

兽医间接受到“药品生产质量管理条例”以及兽医生物许可证发放的影响。食品和药品管理局详细说明了制造业标准、食品添加剂的使用以及动物用药的规定。可能产生依赖性的药物，即管制药物，必须根据管制药品管理机构(DEA)的规定使用。

这只是一些简短的概括，了解这些法律是兽医的职责。这些法律被运用于兽医工作场所的规定和工作流程之内，而贯彻这些规定和工作流程是兽医助理的职责。

工作场所的一般安全准则在后面介绍。关于辐射安全、接触气体麻醉剂和消毒剂、管制药物的使用以及处置危险废弃物的特殊政策，在相关章节内都有阐述。

2.2.1 职业安全与健康

基本要求

国家政府部门通过强制执行关于最小化工作场所危险的法律来确保工作场所的安全。这些法律没有明确规定兽医行业的具体措施,但涵盖了兽医行业守则的各个方面,所以必须遵守所有的法律。兽医助理的职责是熟悉并遵守这些法律。

工作场所安全法规由 OSHA 制定。这些法规范围广泛,违反者将受到严重罚款,甚至停业处罚。突击检查情况常常发生。每个工作场所都要有符合相关法律的安全守则,并指定一人作为该守则的管理员(危害通识协调员或者 HCC),由他负责监管该处的安全守则执行情况。作为指定学习内容的一部分,每一位新员工都要由管理员辅导学习其工作场所的安全守则。AVMA 建议新员工签署一份告知单以证明进行了该辅导学习。整个动物医院/诊所以及员工区域都贴有各种标记,以提示相关危险信息、如何最小化危险以及在紧急情况下该怎么做。其他一些资料往往是告知员工他们的权利以及如何联系 OSHA。找到这些资料,并仔细阅读。将关于物品安全的资料小册子(MSDS)装订起来作为安全守则的一部分。与安全管理员一起检查此装订本内容是否合适。MSDS 含有的信息包括动物医院/诊所内每一件物品的危险说明、如何处理这些物品以及如果发生了意外该怎么做。对于医院/诊所提供的个人防护设备(PPE),要知道什么时候使用以及如何使用,并在需要时使用它。

如果员工发生了影响安全工作的疾病或者受伤,应告知相关负责人。对于女员工,一旦怀孕或者怀疑自己怀孕了也应告知相关负责人。

工作流程

准备工作

1. 一旦你被雇用,应立即与安全管理员联系。
2. 在开始工作的第一周内,安排一个时间仔细阅读工作场所安全守则。

操作步骤

1. 仔细阅读安全守则。
2. 确定工作场所的各种危险:物理的、化学的和传染性的。
3. 找到含有 MSDS 的装订本,在安全管理员的辅导下仔细阅读其内容以及各类信息。
4. 仔细阅读危险物品上的安全标签,并理解其含义。
5. 熟悉意外事件、有害物质溢出和气体泄露等紧急事故的应对流程。
6. 找到紧急撤退路线。
7. 仔细阅读人员以及患病动物紧急撤退的疏散流程。
8. 找到处理有害垃圾的容器。
9. 找到所有的 PPE 并仔细阅读其正确的使用方法。

10. 找到冲洗眼睛的地点。

11. 学会如何安全地抬起重的动物。

补充要求

1. 仔细阅读 OSHA 方案后签署告知单并标明日期。
2. 随时注意工作场所的安全。
3. 当你的身体出现影响工作的健康问题时，如受伤或怀孕，应立即告知相关负责人。

2.2.2 个人防护设备

基本要求

兽医行业具有一定危险性，存在着各种来源的危险，如被患病动物咬伤、抓伤和踢伤；通过直接身体接触或体液传播的疾病；通过间接接触患病动物或其体液接触过的表面而传播的疾病；不正确的抬起动物或者保定动物导致的人肌肉和关节的损伤；不断的高声犬吠导致的听力受损。环境中也存在大范围的危险，从光滑、潮湿的地板到辐射接触。麻醉气体以及化学药品是另一个潜在危害的来源。药物，特别是用于治疗癌症的药物是导致受伤的特殊来源。兽医行业费力费神，即使已经很注意这些危险了还是往往会导致受伤。

为了避免职业性受伤，在开始任何工作前都最好按照“停下来、仔细看，想一想”三步走原则办事。评估伤害的可能性，明确怎样做才能避免固有危险。仓促完成工作通常会危及个人安全，因此禁止不假思索地办事。尽管相关负责人有责任确保工作环境的安全，但是员工也有责任谨慎行事并要利用个人保护设施来最小化职业危险。

工作流程

准备工作

1. 确定负责的工作中存在危险的可能性。
2. 确定周围环境中存在危险的可能性。
3. 确定适合的 PPE。

操作步骤

1. 手套：在任何可能接触到传染性物质、化学药品或有毒物质的情况下都应戴上检查手套。在处理腐蚀性物品时应戴上较厚的手套。每次脱下手套后都要洗手。

2. 护目镜：在任何传染性物质或有毒物质可能会喷溅到眼睛里的情况下，以及在混合浓缩的化学药品时都要佩戴护目镜。

3. 围裙或长袍：在任何身体可能接触到高度传染性物质或剧毒物质的情况下，都应在衣服外面穿上具有保护作用的外套。

4. 口罩和面罩：在任何传染性物质或有毒物质可能喷洒到脸上的情况下（例如，牙齿的处理过程），都应佩戴面罩。佩戴口罩还可以提防吸入有毒物质。

5. 护耳装置：在嘈杂环境中工作时，如动物病房，应佩戴护耳装置以防止听力受损。

6. 靴子：在又湿又脏的环境中工作时，应在鞋子外面穿上耐洗的橡胶靴子。强烈建议在冲洗病房地面和犬舍或者在泥泞区域行走时穿上靴子。

7. 专门的设备：在其使用部分讨论。

补充要求

1. 将一次性使用物品放在规定的容器内。

2.戴上手套清洗非一次性使用的物品。

3.清洗手术物品。诸如脏的手术衣和口罩之类的物品，要与动物医院/诊所内定期要洗的物品分开。

4.检查非一次性使用物品是否存在会影响其作用的裂缝和损坏。如果发现任何损坏的物品应立即告知该工作场所的管理员。

5.将干净、能用的物品放置在正确的位置。

2.2.3 通用性预防措施

基本要求

传染病能够通过患病动物或者其体液传播给工作人员，在可能发生这种情况时，应采取通用性预防措施。这些预防措施最初来源于人类医学，用于预防肝炎病人和艾滋病病人将疾病传播给医护人员。所以，在动物医院/诊所内使用这些预防措施十分重要。一旦有员工受伤，你必须戴上手套后才能去帮助他。

通用性预防措施已适用于兽医行业。兽医行业内存在许多能由动物传播给人类的疾病，这些疾病称为人畜共患病，其中一些能威胁到生命。由于无法预先知道动物携带哪种人畜共患病，因此最安全的做法是永远假设存在相互传染的可能性。所有兽医工作人员在处理动物或其体液时必须戴上完好无损的检查手套。

处理新患病动物时应更换手套，这样可预防疾病在患病动物间传播。对同一动物做一系列实验室检查时，包括体液检查，可佩戴同一副手套，但在工作完成后应立即更换。

脱下手套后应立即洗手。手套戴在手上时可能会形成很微小的洞，这样微生物就会与皮肤接触。在脱手套的过程中，尽管很小心，皮肤还是有可能接触到可导致疾病的微生物。

完整的皮肤是预防疾病入侵机体最好的屏障。因此，手的护理在疾病预防过程中很重要。洗完手后，彻底晾干，并使用护手霜以防皲裂。

工作流程

准备工作

在处理新患病动物或者其体液之前，戴上干净的手套。

操作步骤

1. 在处理不同患病动物时，应更换手套。
2. 在处理同一个患病动物或者其相关材料时，如实验室样品，可佩戴同一副手套。

补充要求

1. 按照以下步骤摘除手套。

摘除污染手套

<u>摘除第一只手套</u>

- 在距离袖口下 2″处捏紧第一只手套的外表面；
- 将抓紧的手套向下拉，并将手抽出手套外；
- 脱下的手套完全外翻；
- 仍然用指尖捏着脱下的手套，将其放到还戴着手套的手掌内。

摘除第二只手套

- 已经脱下手套的手在距离袖口下 2″处捏紧未摘手套的内表面；
- 向回拉戴手套的手，将手从手套内移出；
- 第二只手套也外翻，且第一只手套被包在里面。

2. 如果手套被体液或者传染性物质污染，将其丢弃于放置生物危险物的容器内。
3. 脱下手套后立即使用抗菌肥皂洗手。
4. 彻底晾干双手。
5. 使用护手霜。

提醒：随时采取通用性预防措施。

2.3 地方法规

基本要求

地方法规没有标准化，因此不同的地区有不同的法规。这些法规反映了对其管辖地区的要求，并随着时间和环境的变化而变化。每一个地区都有一部兽医行业的管理法规，称为地方性动物医院/诊所法规。该法规由地方动物医学管理委员会强制实施，其根本的目的是保护消费者（即保护公众免受不合格或欺诈性的兽医行为的伤害）。虽然各地区法规不尽相同，但也存在一些共同的一般性原则。

法规通常会规定以下内容：

- 什么是动物医院/诊所；
- 谁可以开动物医院/诊所；
- 什么时候可以开动物医院/诊所；
- 开动物医院/诊所的最低标准；
- 动物医院/诊所设施的标准。

管理委员会则确定以下内容：

- 违反法规的处罚；
- 负责兽医执照以及兽医考试；
- 动物医院/诊所开业地点的许可；
- 动物医院/诊所商业行为准则。

动物被认为是财产。因此，动物主人有权决定如何处置其动物。实际上是动物主人和他们的雇员们参照医嘱来决定如何对待动物。也就是说只要不违反其他法律，动物主人是如何处置其动物的最终决定者。

一般说来，持有效执照的兽医只能在特定的地区开业。例如，在加利福尼亚获得执照的兽医不能在德克萨斯开动物医院/诊所，除非也在德克萨斯获得了执照。但是跨地区的咨询除外。例如，可以把心电图传送给另一个地区的心脏病专家作分析。

AVMA在其指导手册上发表了“模范动物医院/诊所条例”和“与兽医技术人员有关的模范动物医院/诊所条例”。可以将它们作为制定地方性动物医院/诊所法规的指导方针。兽医的专属权利包括：

- 诊断；
- 预后；
- 开处方；
- 执行手术。

这适用于动物医院/诊所内所有部门或专科的动物疾病诊疗。违反该规定表示未按许可执业，将受到起诉。

所有的兽医工作人员都必须经过许可，遵循所有法律规定并在监督下提供辅助性的兽医医疗工作。在给工作人员委派工作前，兽医应先确定其工作胜任能力。兽医有责任对工作人员进行不同等级的监督，使他们能正确完成各自工作。兽医必须始终坚持遵守所有的法律规定。通过这些规定，兽医助理被准许执行一些兽医辅助工作。

不是所有的地区都给兽医技术人员或其他兽医人员颁发执照。技术人员在获得执照的地区，可以在兽医的即时监督下进行以下工作：

· 诱导麻醉；
· 进行不需要外科手术程序的拔牙，如断牙或者组织切开；
· 为兽医提供地区法规规定手术帮助。

在兽医的直接监督下，技术人员可以：
· 执行安乐死；
· 采血或者输血；
· 安装固定夹板或者吊带；
· 洗牙、磨牙以及处理松动牙。

在兽医的间接监督下，技术人员可以：
· 放置静脉留置针并静脉输液；
· 给药，包括注射剂，法律禁止的除外；
· 采集尿液、粪便以及血液样本；
· 刮取皮屑；
· 常规实验室检查；
· 在紧急情况下，为动物提供第一时间帮助。

兽医助理在兽医和技术人员进行工作时提供帮助。在任何情况下，对兽医助理的监督等级都高于持有执照的技术人员。在动物医院/诊所法规中，除了特别规定的只能由兽医或技术人员来做的事情以外，其他都可以让兽医助理来完成，但要在兽医的直接监督下进行，以确保其胜任能力并遵循所有法律规定。

还有一些条例也对动物医院/诊所产生影响，如包括辐射安全和 X 射线机管理的条例以及拥有野生动物的条例。了解工作所在地区的动物医院/诊所法规是兽医助理的职责，也是法律所规定的，不得违反这个规定。

工作流程

准备工作

1. 了解自己的局限。
2. 遵守你需要的监督等级并正确完成工作。
3. 对某项工作存有疑问时要及时求证。
4. 请求得到一份你所在地区当前使用的动物医院/诊所法规复本。

操作步骤

1. 阅读关于动物医院/诊所设备管理条例的内容。
2. 阅读只限于兽医以及技术人员进行操作的内容。
3. 阅读任何有关兽医助理的内容。
4. 禁止做的：
   a. 诊断；
   b. 预后；
   c. 开处方；
   d. 执行手术。

补充要求

1.重查你的工作。
2.工作结束后打扫干净。
3.遵守动物医院/诊所法规的各项规定。

谨记

1.失误会危及患病动物的生命以及影响患病动物未来的健康。
2.失误会导致你及你所在的动物医院/诊所被诉讼。

2.4 地区条例

基本要求

地区条例影响着整个社会或者局部地区的管理，与动物医院/诊所的许多活动相关。营业执照是每个动物医院/诊所必须的，其开设位置由区域划分条例决定。垃圾处理的方式同样受到管理。兽医以及动物医院/诊所负责人应遵循这些条例来制订动物医院/诊所的工作流程。

客户通常有必要了解地区条例，因为他们是宠物所有者。他们主要通过兽医工作人员来正确了解这些条例，其中最常见的是约束犬的条例。他们被要求带犬到户外后要使用牵引带。任何自由漫步的动物都将被地方动物管理办公室抓捕并扣留。从动物医院/诊所的立场看，这样做既保护了动物，也保护了大众。AVMA还建议，为了城市猫自身的安全，应将其在室内饲养。

禁止扰民条例通常用于控制动物引起的噪声、污染或私人财产的破坏。犬吠声、犬运动期间留下的粪便以及追赶或者伤害其他动物都会使动物主人收到官方传票。

所有犬甚至是猫都要注册。注册时需要一次最近的狂犬病疫苗注射证明。在有些地区，动物医院/诊所在进行狂犬病疫苗注射时，必须上报地方动物管理办公室，这样，地方动物管理办公室的工作人员就能知道何时给该动物颁发注册证。在有些地区，由动物医院/诊所直接颁发注册证，然后将收到的费用转交给地方办公室。费用的多少取决于动物允许饲养的时间，以及是否去势或者绝育。地方条例通常会说明在地区的特定区域内可以饲养的动物种类和数量。动物主人有时需要特殊许可证才能饲养他们的宠物、拥有某种动物或者超过最大允许饲养数量的动物。

客户经常会向兽医工作人员咨询以下问题：

1. 我可以养几只宠物？

2. 我该到哪里为宠物办理注册证？怎么办理？

3. 办理注册证需要多少钱？

4. 饲养或者拥有某种动物需要通过什么样的特殊许可证？

要成为一个消息灵通的员工，必须随时更新对地方条例的了解。

工作流程

准备工作

1. 确认地方动物管理办公室和保护动物协会的电话号码。

2. 列出针对每一个机构的问题，其中包括各机构提供的服务种类和在动物医院/诊所内关系到客户和患病动物的地方条例。

3. 打电话的时候，准备一张纸和一支笔。

操作步骤

1. 给每个机构打电话。

2. 打电话时做好相关记录，包括与你对话的人的姓名。

3. 询问与你所在地区宠物所有权相关的条例。

4. 要求得到一份这些条例的复印本。

5. 询问该机构可为你的客户和患病动物提供的服务种类。

6. 询问他们是否可以提供一本小册子或者一份宣传单给你，这样就可以分发给你的客户。

7. 如果可以的话，请求允许复印小册子或者宣传单。

8. 向帮助你的人表示感谢，并记下其姓名。

补充要求

1. 与其他员工一起共享这些信息。

2. 如果只送来一本小册子，那么将其贴在接待区显眼的位置，或者如果获得该机构同意，可复印多份。

3. 如果要分发复印件，可以将其放置在接待区的架子上，这样可以吸引客户前来阅读并带走一份。

4. 如果机构不提供小册子，那么可以自己为客户制作一本，将你知道的信息编写在内。

5. 要保持信息灵通。把定期联系所在地区的所有动物相关管理机构纳入工作计划中，时间通常是每年一次。

第 3 章

前台工作程序

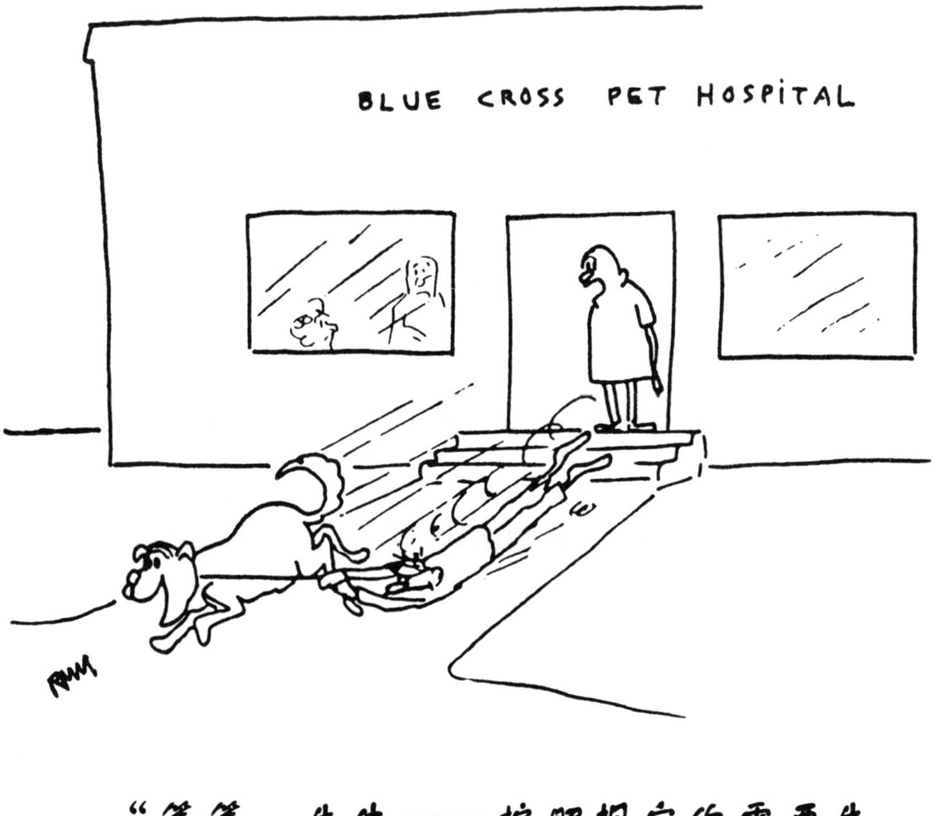

“等等，先生……按照规定你需要先结算医疗费再出院！”

（注：图中“BLUE CROSS PET HOSPITAL”译为“蓝+字宠物医院”。）

本章培训目的

完成本章培训后，学员应做到以下几点。

1. 按照动物医院/诊所的规定建立病历档案。
2. 按照动物医院/诊所的规定使用不同的颜色来标记病历档案。
3. 按照数字和字母顺序正确地将病历归档和重建新病历。
4. 使用预约时间表，这样可以有效利用时间和安排工作。
5. 定期更新客户资料。
6. 遵循动物医院/诊所制定的患病动物的接诊流程。
7. 保持接待区的舒适、整洁和人员的安全。
8. 将患病动物的资料正确填写在病历登记表上。
9. 传送患病动物资料时应遵循相关法律法规。
10. 准备好狂犬病疫苗免疫证明。
11. 为州际间运输的动物准备一份健康证明。
12. 仔细检查诊疗同意书，并让动物主人签字。
13. 准备一份书面的客户交流资料。
14. 办理所有患病动物的出院手续。
15. 以专业的态度和知识回答电话、帮助来电话者或转接电话。
16. 合理应对棘手的客户。
17. 使用技术管理详细目录，既保证辅助材料适合且花费最低。
18. 书写有效的备忘录。
19. 按照行业标准书写商业信函。
20. 熟练应用动物医院/诊所电脑软件程序。
21. 能描述常见患病动物就诊的工作流程。

前言

“前台工作流程”涵盖很多关于动物医院/诊所接待区的工作内容。在接待区的每个工作人员必须是个多面手，因为经常会在接电话时还要办理患病动物的住院和出院手续。前台工作人员工作时必须随时保持微笑、镇静和乐于助人的态度。这样做对于客户服务至关重要，其真正意义在于满足客户对动物保健的客观需求。前台工作人员是动物医院/诊所的第一印象和最后印象。确保能给客户留下美好的印象，这里有一些建议。

- 面带微笑。
- 保持乐于助人的态度。
- 注意个人仪表。
- 及时接待每一位客户和患病动物。如果一些客户需要等待，即使是短暂的，也要微笑着告诉他们你过一会儿再来接待他们。
- 有组织性。
- 有预见性。
- 细心准确。
- 熟悉动物医院/诊所的规定和工作流程。
- 沉着冷静。

提醒：当感觉事务繁忙时，应先立即处理最紧急的工作，然后再处理其他的工作，应该知道执行各项工作的先后顺序。

3.1 病历档案的建立

基本要求

下列内容适用于纸质病历档案，而不是电子病历档案。尽管非纸质病历档案变得越来越普遍，但是大部分医院还是习惯把客户和患病动物的部分或者全部资料记录在纸上。病历档案记录的信息必须符合地方动物医院/诊所法规的要求。对于美国动物医院协会的成员可以按照 AAHA 的“病历档案手册”中的预设标准格式来记录。另外 AAHA 还提供了各种格式的样本。当在病历中记录简短但重复的信息时，可以使用制定的符号或预订的标签来提高工作效率。

大部分私人动物医院的病历档案都包括客户和患病动物两部分资料。病历档案在整体上属于客户档案，在客户档案内包含患病动物资料的部分称为动物档案，这样病历档案就包含了两部分信息。当客户拥有多只宠物时，每只宠物的医疗信息能被单独列出。通常使用标签或者不同颜色来区分每只宠物的档案。

提前为新客户准备好空白的病历档案，这样可以防止在整理病历档案时发生遗漏，且减少了客户的等待时间。

病历档案内含有许多表格，关于客户的部分通常包括其联系方式(家庭和工作地址、电话号码)、身份证号码以及在紧急情况下对患病动物采取相应治疗措施的协议书，协议书需要动物主人签字。关于宠物的资料包括出生日期、种类、品种、性别以及相关内容的描述。属于同一动物主人的多个宠物，其资料都放在同一档案袋里。档案还包含医疗费信息部分，包括付费方式、欠费和预先支付费清单。动物主人与兽医第一次见面前必须已经签署了同意书，内容涉及所有权声明、同意治疗以及承担医药费。

同意书还有一些附加内容，包括电话记录、实验室报告的流动记录以及其他特定资料。可在病历档案封页内粘贴袋子来保存不是 8.5″×11″标准大小的表格。每只患病动物的病历信息开头是病历摘要栏，列出其曾患过的主要疾病，包括对其的情况详细描述和免疫情况概述、实验室检查项目、药物使用情况，以及各疾病的最近诊断时间和康复时间目录。还应记录一些其他重要信息，如药物不良反应和行为学问题。

在病历摘要栏后，紧接着是诊疗过程，按逆时间顺序排列。采用 SOAP 格式记录，该字母缩写代表主观资料、客观资料、分析与评估以及治疗方案。主观资料来自于动物主人，包括主诉(CC)和病因，病史也包括在主观资料内。客观资料是指临床检查结果，包括一般的体温、体重、呼吸频率、脉搏或心率以及其他临床检查结果。主治兽医将诊断(Dx)、试验性诊断(TDx)或者鉴别诊断(DDx)的结果记录在分析与评估部分。其他诊断方法、手术、治疗、下一次就诊时间以及离院后医疗的实施计划都记录于治疗方案部分。对于住院动物需要日志记录，包括每天的病情发展状况、临床检查、实验室检查、治疗措施、手术记录以及相应的护理工作。

可将塑料小袋粘贴在档案夹的封页内，用于保存各种表格，再用金属夹固定文件。在表格上打孔，以配合金属夹使用。有些文件夹自带金属扣，且表格已经打好孔。

每家动物医院/诊所都有自己的病历档案表格样式和放置表格的顺序。特殊的情况下还可能需要额外的表格类型。

工作流程

准备工作

1. 仔细阅读一些现有的客户档案。
2. 注意使用的表格类型。
3. 注意档案内表格放置的位置以及顺序。
4. 确定建立一份病历档案所需的所有材料。
5. 保持工作台面干净、整洁。

操作步骤

1. 选择一份完整的病历档案作参考，询问前台工作人员以确定你的选择是否正确。
2. 列出病历档案要求使用的所有表格。
3. 按照动物医院/诊所规定的顺序将表格放置在病历档案夹内。
4. 固定档案夹内的表格。
5. 至少准备 5 份完整、空白的新病历档案。

补充要求

1. 如果你以前没做过这项工作，最好请熟练的前台工作人员检查你的工作。
2. 将准备好的空白病历档案放在接待区你容易拿到的地方。
3. 当新客户来动物医院/诊所时，给他们使用这些病历档案。
4. 将使用过的病历档案保存好，每天检查手边是否备有足够的空白病历档案。
5. 准备新的病历档案后，整理好所有材料。

3.2 使用不同颜色标记病历档案

基本要求

使用不同颜色标记病历档案夹既可以避免错误归档,还可以作为特殊信息的一种指示。除了打印资料以外,附加的颜色具有第二位的提示作用。把彩色的标签粘贴在档案夹外面以提示数字或字母。这些定位标签可帮助工作人员更快、更准确的处理病历档案。病历档案夹的正反面都贴上标签,这样从文件夹的两面都能看见颜色。

按字母顺序归档的方法是使用颜色来标记姓氏的前3个字母。如姓氏Harris,H用紫色标签,A用蓝色标签,R用红色/白色标签。通常把标签粘贴在档案夹外侧左下角,当这些病历档案存放在开放式系统时,标签正好朝外。这样做以后,可以将所有紫色H的档案夹放在一起,将所有以H和A开头的,贴有紫色和蓝色标签的放在一起,那些前3个字母为HAR的病历档案夹,即用紫色、蓝色、红色/白色标记放在一起。这样就很容易发现归错档的病历档案。同样的,按数字顺序归档也可以用颜色作标记。

为了方便起见,可将客户姓名打印在标签附近,即档案夹底部中央。如果需要,名字的第一个字母也可以用颜色标记,该标签可粘贴在客户打印名字的右侧。其他的彩色标签通常粘贴在档案夹的末页,包括最近的一次就诊时间,以方便淘汰很长时间不来的客户。过敏性标签提示该动物对哪些物质过敏。收费标签表明付费流程。

病历档案通常包含了一系列的信息,为了快速找到特殊信息,病历档案内也能使用颜色标记。可使用彩色标签或者彩色分隔条来区分不同类型的信息。例如,在同一份客户档案中可使用灰色标签或分隔条来标记电话记录,使用黄色标签或分隔条来标记付费记录。

彩色标签和彩色分隔条可以从归档系统公司和文具店买到。可根据成本、有效性以及个人喜好等因素决定使用哪种归档方法。

工作流程

准备工作

1. 在把客户档案归档前,必须做全面检查,包括彩色标记。
2. 重新归档前,收集好当天使用过的客户档案,并做全面检查,检查中可使用彩色标记。
3. 熟悉动物医院/诊所使用的彩色标记方法。
4. 确定所需标签材料的放置位置。
5. 把档案和材料放在固定位置。

操作步骤

1. 每次只处理一份档案,查找姓氏所在位置。
2. 首先打印名字标签。
3. 将名字标签贴在档案边缘的中间位置。

4.确定名字或数字编号。

5.在名字标签左边正确粘贴姓氏彩色标签。

6.在名字标签右边正确粘贴名字彩色标签。

7.按照动物医院/诊所的规定粘贴其他标签。

补充要求

1.全面核查客户档案,并做适当补充。

2.注意手边归档所需材料的数量,如果数量不足,应提醒后勤管理负责人或在动物医院/诊所需求单上作登记。

3.将用完的材料放好。

4.正确归档。

3.3 病历归档

基本要求

准确将病历归档极为重要。病历档案属于法律文件，必须按规定保存一定的时间。要确定保存的时间可以核查动物医院/诊所相关法规。病历档案可提供患病动物所有相关信息以方便继续治疗。错误放置或无效档案对每个客户都是有害无益的，他们会认为该动物医院/诊所不负责任，没有足够关心他们的宠物以合理管理病历档案。归错档案，不仅浪费工作人员的时间，还导致档案分离，最终使动物诊疗质量下降。

有两种病历档案归档方法，即按字母顺序和按数字顺序。按照字母顺序是一种单向排列方法。先根据客户姓氏的字母顺序，然后是名字的字母顺序进行归档，最后要把所有档案重新排放到增加的档案架上或档案室内。该方法的缺点是新病历档案会存放于已存病历档案中间。按字母顺序归档的方法很容易发生归档错误。

数字归档方法是一种双向排列方法，根据动物医院的计数系统给每一位客户确定一个号码。档案卡系统必须按字母顺序建立，以便通过字母找到每位客户的号码。新病历档案添加在现有病历档案的后面，因此不需要在档案架上重新排列。数字归档方法很简单，就按1，2，3数字顺序排列。数字归档方法的划分以客户号码的末尾三位数字为基础，该方法称为尾位数字归档法。将所有末尾三位数字相同的病历档案存放在一起。前三位数字决定之后的顺序。举个例子，如有5份病历档案，号码分别是99-001、10-001、47-002、38-001和55-002。将3份以001结尾的组合在一起，将2份以002结尾的组合在一起。在这些组合内再按照简单的数字顺序排列。结果就是：10-001、38-001、99-001、47-002和55-002。通过尾位数字归档法可不断扩大档案系统，且很少出现归档错误。彩色标签常用于末尾3个数字。

病历档案调出时通常使用借阅表来做记录。这种简单的表格用于填写病历档案调出和归还日期、病历号以及被借去哪里或者被谁借走了。病历档案被归还至档案架后，取出借阅表并记录归还日期。一张借阅表可被重复使用，每次记录相似情况，这样加快了重新归档，减少了归档错误，且有助于查找从档案系统中调出的病历档案。

工作流程

准备工作

1. 确定使用何种病历档案归档方法。
2. 放置借阅表。
3. 熟悉的使用彩色标签系统。

操作步骤

1. 上班前检查预约登记。
2. 取出预约的客户病历档案。

3. 在借阅表格上记录档案调动信息。

4. 在取走病历档案的位置放置借阅表格。

5. 根据客户预约的时间,将每天要用的病历放置在预约登记本旁边。

补充要求

1. 确保所有病历档案被完整归还至档案架。

2. 必须确保病历档案的完整性。

3. 将病历档案归还至档案保存处。

4. 按照动物医院/诊所的归档系统对病历档案进行正确归档。

5. 取出借阅表,并记录归还日期。

6. 归档完毕后,将借阅表放回规定的存放位置。

谨记

1. 每天下班之前,应确定所有病历档案被归回原有位置。

2. 每周检查一次所有的借阅表,以便确定病历档案已取出时间。如果已超过一周,那么应该查找该档案,并提醒使用者尽快归还。

3.4 预约安排

基本要求

预约安排是一门艺术，如果做得好，可以保持工作流程顺畅。一方面让客户安心，另一方面工作人员也不会感到窘迫，从而提高工作效率。

大多数动物医院/诊所每 15 min 安排一个预约，这类预约的前提是：所有工作人员具有团队精神，兽医具有时间意识，接诊的都是常见病例。当有复杂病例或新病例，需要占用兽医更多的时间，就不能每 15 min 安排一个预约了。当有比平时需要更长时间的病例时，最好与兽医或有经验的接待人员商量一下再决定预约的时间。可以将 2 个需时较短的预约安排在一个时间段(如拆线和幼犬第二次疫苗注射)，这种情况称为双重预约。由于不可预料的因素，预约安排可能会被紧急情况给打乱，在这种情况下最好及时通知客户，让他们知道预约将推迟，以便他们重新安排他们的时间。

预约安排必须考虑到客户的需求、医院工作人员以及医院一天的接诊量等诸多因素。每天的时间用于不同的医疗工作，这取决于兽医的个人专长以及病例性质和病例量。在动物医院营业前留出一部分时间给兽医用于住院病例的检查和治疗，一旦开始营业，可能数个小时都用于接待预约病例。上午的工作时间结束后，安排新病例的手术和治疗。幸运的话，这之后前台人员可以有时间吃午餐。大多数兽医仍坚守在工作岗位上做相关记录工作以及电话回访。下午 3:00 以前重新恢复接诊。接诊时间结束后，治疗刚住院的新病例，检查已住院病例并做适当的治疗，医院其他工作人员则做结束营业的准备。对客户来说，似乎可供预约的时间太少，但对医院工作人员来讲，时间已经很长甚至让人很疲惫了。

一天内应该间歇性地安排预约，在常见病例预约之间可以穿插费时较长的预约。尽可能在上午安排较为复杂和严重的病例。临时的病例指的是未经预约而来的客户。如果不是急诊，要告之客户他们需要等待，因为医生要先接诊预约病例。如果不影响先前预约的病例，临时病例可以安排到预约表中。美国的动物医院/诊所很少接诊非预约的病例。

学习区分几种预约病例，一种是必须立即诊治的急诊病例，另一种是在当天必须诊治但可以等待几小时的亚急病例，还有就是可以根据个人情况来安排的普通病例。急诊病例是有生命危险的，如窒息、虚脱、中毒、昏迷、癫痫发作、毒蛇咬伤、突发性麻痹、车祸、持续努责尤其是猫以及难产。亚急病例包括冻伤、荨麻疹、疾病恶化、眼外伤以及意外怀孕。普通病例包括年度体检、预约复诊、健康证明体检、接种疫苗、拆线以及常规实验室检查。以上所列并不完全，只是有限的一部分。

预约采用电脑预约软件或装订的预约本。使用铅笔在预约本上记录预约，这样容易更改。安排预约时应记录基本信息，包括：客户姓名、患病动物姓名、预约原因以及客户白天的联系电话。如果安排预约时客户亲自到动物医院预约，那么给客户填写一张预约提醒卡。这张小卡片的一面写有动物医院/诊所的地址和电话，另一面为空白，用于填写预约信息：患病动物名字、日期和时间。还可以在空白处写一些提醒，如“就诊前禁食 12 h”或者“请携带粪便样本前来就诊”。在客户离开动物医院前把填好的提醒卡交给他/她。

在预约病例前来就诊的前一天，给客户打电话进行确认。向动物主人介绍自己，告诉他你正在确认预约，确认内容包括患病动物名字、就诊地点和时间以及就诊目的，客户将肯定预约或要求更改预约。如果肯定预约，做上简单标记。如果更改预约，建议动物主人预约在其方便的时候，并和动物主人确定新的日期和时间。如果与动物医院/诊所的预约安排有冲突，那么可以建议预约另外的日期和时间。如果没有冲突，记下新的预约，并取消之前的预约。

工作流程

如果使用电脑软件，应遵循软件的相关操作流程。当使用预约登记本时需要做以下工作。

准备工作

1. 随时将一支削尖的铅笔放在预约登记本旁边。
2. 铅笔旁放一块橡皮或使用带橡皮铅笔。
3. 将预约登记本翻至当前日期。
4. 画一条线将不能用于预约的时间区别出来。

操作步骤

1. 确定预约病例是急诊、亚急还是普通。
2. 确定预约病例所需时间的长短：较短、常规、较长。
3. 询问客户要求预约的首选日期和时间。
4. 检查预约登记本的可用性和适宜性。
5. 确定客户和动物医院可用的预约时间和日期。
6. 将基本内容记录在预约登记本上。
   a. 客户姓名；
   b. 动物名字；
   c. 预约原因(主诉)；
   d. 客户白天的联系电话。
7. 如果安排预约时动物主人亲自前来预约，让其填写一张预约提醒卡，并交给他/她。
8. 在预约病例的前一天给动物主人打电话以确认预约。

补充要求

1. 结束一天工作时，花点时间思考一下当天的预约安排以及工作流程。
2. 考虑需不需要做些改变，以提高服务质量以及工作效率。
3. 向管理者征询意见。
4. 做出相应改变。
5. 反复思考和修改，每天尽可能最有效的利用时间。

谨记：在非普通病例预约中穿插一些普通病例预约。

3.5　更新客户信息

基本要求

客户的信息必须是最新的，因为在紧急情况下能联系到客户是非常重要的。错误的电话号码、地址以及过期的客户资料会阻碍及时联系到客户。为保持最新的客户信息，在预约前应询问客户是否存在信息的变更，如果信息没有变更，那么最后签上自己的姓名并标明检查日期。每位客户至少每年重新填写一份新的客户信息表，将最新的表格插入客户档案内，同时撤出旧的表格。

在预约客户前来就诊前取出客户档案，标上最后检查资料的日期。如果资料需要年度更新，那么将一份空白的客户信息表放入档案内，为客户的填写做好准备。如果客户信息表的更新标记时间距现在超过 1 个月但少于 12 个月，那么做上标记，然后询问客户是否有信息的变更。将便条贴或是小纸片贴在病历档案夹的边缘作为一种提醒。如前所述，如果没有客户信息变更，签上自己的姓名并标明检查日期。如果有变更，那么礼貌地询问客户新的信息。

将询问客户信息是否变更作为日常工作的一部分，这样可以让客户资料保持最新。

工作流程

准备工作

1. 取出预约好的病历档案并仔细检查。
2. 找出客户信息表。
3. 检查填写表格的日期。
4. 如果少于 12 个月，找出最后检查的日期(然后签上姓名和日期)。
5. 如果超过 1 个月，在病历档案中写一份提示条以提醒询问客户的信息变更情况。
6. 如果超过 12 个月，在病历档案夹内放一份空白的客户信息表。

操作步骤

1. 当客户如约而至时取出空白的信息表格以供填写或询问客户资料是否有变更。
2. 如果客户信息没有发生变更，那么在客户信息表上签上名字和日期。
3. 如果有变更，那么要求客户填写一份新的客户信息表。
4. 新的信息表填完后撤出旧的表格。
5. 放入最新的表格。

补充要求

1. 将及时更新客户基本信息安排到日常工作中。
2. 只有在培训新员工时才需要使用提醒标签。

3.6 接待流程

基本要求

准备好病历档案，确认完预约，当客户到达动物医院时，下一步该做什么呢？为了让客户和患病动物轻松等候，需要保持微笑，让他们感受到真诚的欢迎。如果知道客户的姓名，可以使用姓名问候。如果不认识该客户，简单问候一下并礼貌地问“有什么可以帮忙的吗？”。然后可以从预约本上确定患病动物的名字，使用名字和患病动物打个招呼，告诉它们即使是在就诊的环境下，你也很高兴见到它们。

在预约本上标记已赴约的客户。如果有客户迟到，那么在标记旁简要说明迟到多久。在预约本旁边取出准备好的病历档案。

在打开病历档案之前，必须牢记以下几点：

- 病历档案属于法律文件，病历上没有的记载，法院将不予承认；
- 所有记载的内容都使用深色签字笔记录；
- 出现记录错误时的表示方法：在出错的地方画一条单线，标明日期以及画线人的姓名；
- 不能使用涂改液；
- 不要试图擦掉或者涂去错误记录。

例如：

2/21/02 主诉：患病动物已经呕吐 10 天。（PMP，2/21/02）

下一步是确定病历档案内已经包含了本次就诊所需的文件资料。事先将所需材料准备齐全有助于提高诊室的工作效率，并可使兽医更快、更完整地记录患病动物信息。判断一下病历记录单是否足够填写今天的就诊记录，如果不足，那么在已有的病历单上再增加一张。在上次的就诊记录末尾开始记录今天的就诊，标明日期，在日期右边写上主诉二字或者缩写 CC，主诉指的是动物主人预约就诊的原因，在预约登记本上可查找到相关信息。是否记录其他资料取决于各个动物医院/诊所的工作流程。有的动物医院/诊所，前台人员先将主诉病史写好，再将病历档案交给陪同动物主人和患病动物进入诊室的工作人员；有的动物医院/诊所采用分开的病史记录，这时可在病历档案内放置一份未填写的活页病史记录表格，以便于兽医技术人员或兽医的填写；有的动物医院/诊所，动物主人在进入诊室之前需自己填写完整的病史资料。

在病历记录单上记录什么、在何处记录由兽医以及动物医院/诊所的相关工作流程决定。使用图标符号和标签可避免重复书写，从而增加工作效率，这是一种快速记录信息的方法。可将临床检查图标符号或标签放在病历记录单的客观资料部分。如果检查包括了注射或皮肤病灶检查，那么可将身体部位图标或标签贴在病历记录单上。如果进行了牙科检查，需使用牙科标签。图标符号和标签可从商业性兽医文具和制作病历档案公司购得。

将收费单和/或划价单放在病历档案内。放入一份空白的出院说明，以便于兽医填写。将所有预先准备的同意书放置在病历档案内。

只有在将所有需要的表格都放入病历夹后，才能带着病历档案并陪同客户及患病动物进入诊室。通常将病历档案放置在诊室门外的文件架上，以便兽医在进入诊室前进行简要浏览。

提前准备好所有需要的材料，这不仅有助于提高工作效率、减少错误，还能使工作人员和客户都感到愉快。

工作流程

准备工作

1. 将每天预约客户的病历档案放置在预约登记本旁边。
2. 检查客户资料的更新情况。
3. 坚守自己的工作岗位。
4. 用语亲切,面带微笑。
5. 态度和蔼可亲,乐于助人。

操作步骤

1. 称呼客户姓名,以示尊重,注重眼神交流。
2. 呼唤患病动物名字,以示关爱。
3. 询问有什么可以帮助他们的。
4. 在预约登记本上标记已赴约客户。
5. 打开病历档案。
6. 确定病历记录单上有足够用于记录患病动物检查的空间。如果没有,则需添加一张新的病历记录单。
7. 在病历记录单上记录就诊日期。
8. 在日期右边记录主诉。
9. 在主诉下面合适的地方粘贴需要的图标符号和标签,留出足够的地方用于病历记录。
10. 将所有需要的表格和证明放入病历档案内:
    a. 收费单和/或划价单;
    b. 同意书和/或证明书;
    c. 出院说明。
11. 通知兽医及相关人员,客户和患病动物准备进入诊室接受检查。
12. 带客户至接待区就座候诊。
13. 告知他们可能需要等候的时间。
14. 提供宠物类杂志和动物护理手册供动物主人阅读。
15. 如果患病动物没有被拴上牵引带或被放在笼子里,给客户提供牵引带或携带笼。动物绝对不能在动物医院/诊所内的任何地方自由活动。
16. 如果有儿童在场,除了准备适宜的读物外,还应准备一些图画书和蜡笔。(AVMA 和 AAHA 都有出版儿童读物。)
17. 诊室一旦可以使用了,陪同客户和患病动物一起进入。

补充要求

建议:

1. 在接待区附近准备一卷卫生纸、装有消毒液的喷壶、墩布以及装有消毒液的墩布桶。

2.在接待区放置一盒纸巾。

3.在接待区放置一些牵引带和笼子,供客户使用。

4.每天至少进行两次地面清扫和整理接待区读物。

5.提供新的相关性读物。

6.公告牌应当具有吸引力,并且应经常更新内容。

7.任何宠物展品必须保持整齐、干净。

3.7 填写患病动物信息

基本要求

患病动物表格中的相关信息，一般由前台的工作人员填写完整。这些信息称为特征描述，特征描述一般包括以下几点。

· 患病动物的名字。向动物主人确认写法，因发音相同的名字可能有不同的写法，不能想当然写。

· 动物的种类。狗属于犬科，简写为犬。猫属于猫科。鸟属于禽类。大鼠和小鼠属于啮齿类。兔子属于兔类。

· 患病动物的品种。熟悉犬和猫的常见品种，当宠物被识别错时，其主人会感到很生气。大多数犬是杂交品种，在这种情况下，试着估计较接近的品种。有些动物主人甚至还知道其宠物的遗传背景。丰富的工作经验对品种辨别工作是非常有帮助的。大多数宠物猫是家猫，不要与纯种美国短毛猫相混淆。一般根据家猫的被毛长度来描述其特征。短毛是指短毛家猫，用字母 DSH 表示，同样长毛家猫用 DLH 表示。不要使用野猫的术语来描述家猫。

· 动物的描述。被毛的颜色和长短，还包括被毛质地。柯利犬分粗毛和顺毛。犬的被毛颜色取决于品种。因此，熟悉品种对工作是非常有帮助的。德国短毛指示犬可能是红褐色和白色的。猫的被毛颜色和斑纹较复杂。玳瑁猫具有 2 种颜色，黑色和橙色。三花猫具有 3 种颜色，黑色、橙色和白色。这两种都是母猫具有的特有色系。这些母猫的遗传等位基因来自于黑色和白色的公猫。猫的被毛颜色可以是纯色的、杂色的（彩色组合）、烟雾色的（底为白色，末端带色）、斑点或条纹的（带状被毛）、斑纹的或者重点色（耳朵、足部和尾部的颜色和身体颜色不一样）。参考美国养犬俱乐部（AKC，www. akc. com）和爱猫者联盟（www. cfainc. org）的品种标准和描述。

· 患病动物的出生日期（DOB）。大多数动物主人不知道其宠物的确切出生日期，一般都是大概日期，如 2000 年春天。动物主人通常以宠物的年龄来回答关于出生日期的问题，然后用本年的年份减去宠物的年龄就可以得到宠物的出生日期了。切记不能直接输入宠物的年龄，因为第二年该宠物的年龄会增长，而记录就会变成错误的。幼年犬猫可以根据他们的乳牙和恒牙生长情况来判断年龄。参考5.6章节和附录 F 了解犬猫牙齿生长模式情况。此外，体型小的动物并不代表年龄小。

· 患病动物的性别。雄性或雌性可以缩写为 M 或 F。如果动物做过绝育则写成 M/N 或 F/S。年幼动物，尤其是猫，动物主人经常会弄错性别。参考 5.5 章节关于如何鉴别猫性别的内容。鸟的性别通常经血液检查来确定。有袋类动物性别鉴定依赖于种类，但通常由兽医或兽医技术人员鉴定。

· 患病动物的去势或绝育日期。去势或绝育意味着性别的改变。雄性叫去势，手术操作上称为睾丸切除术。雌性叫绝育或卵巢子宫切除术，缩写为 OHE 或 OVH。应记录去势或绝育手术的日期。

工作流程

准备工作

1. 确定填写患病动物资料的表格。
2. 熟悉应该记录的资料类型。

3.熟悉使用的缩写。

操作步骤

1.询问动物主人：

a.患病动物的名字，并确认拼写；

b.患病动物的出生日期；

c.患病动物的性别；

d.如果患病动物已做过绝育或去势，则应询问手术时间。

2.通过你的观察并记录(除非患病动物被遮住使你无法看到)：

a.患病动物的种类；

b.患病动物的品种；

c.患病动物的外观描述。

3.将所需病例资料表格填写完整。

补充要求

1.确认已填写完所有需要的病历档案资料表格。

2.确认每份表格上所有必填部分都已填写完整。

3.确认记录资料的准确性。

4.检查所有用字和写法，确保准确无误。

3.8 调用患病动物资料

基本要求

在将患病动物资料从一家动物医院/诊所调出或传送到另外一家动物医院/诊所之前，必须先了解病历档案的相关法律规定。下面做一下简单解释。患病动物的临床检查记录归建立病历档案的动物医院/诊所有，病历档案所记载的资料归客户所有。在将患病动物病历档案从一家动物医院/诊所转移至另一家动物医院/诊所时，应交给客户一份病历档案的复印件或者一份病历资料摘要，而不是病历原件。必须牢记病历资料是机密性文件，因此在传送病历资料前，动物主人必须签署一份放弃保密书。

当患病动物因为不能在常规医院得到有效治疗而被建议转至兽医专科医院或教学医院时，应按照以下步骤进行：

· 首先，动物主人必须签署一份关于病历档案的放弃保密书或同意转院书。

· 可使用标准转诊表。这可以作为一封信函，说明由于__________原因，该客户的宠物需要从A动物医院/诊所转至B动物医院/诊所接受治疗。还可以使用其他预先印好的表格，可以由专科医院或教学医院提供，且符合接收医院的要求。原始动物医院/诊所也可以使用自己的转诊表格。

· 第三步是由相关兽医准备一份患病动物的病例概述，或者复印一份该患病动物的病历资料加上转诊日期。

· 动物主人签署的放弃保密书或同意转院书保存于患病动物的病历档案内。应在病历记录单上标明转院日期、转至哪位兽医以及转交哪些材料。

· 最后一步是通过挂号信、专门的快递公司或者信差，将转诊表和患病动物资料送至专科医院或教学医院。

当动物主人从一个地区搬到另一个地区时也采用同样的过程。为了使治疗能够更好地延续，动物主人希望取走病历档案。然而工作人员必须委婉地向动物主人解释相关的法律规定，以拒绝这个看似合理的要求。需遵循以下步骤：

· 动物主人签署放弃保密书或同意转院书；
· 动物主人提供新动物医院/诊所兽医的姓名和地址；
· 准备一份病例概述或病历复印件；
· 将病例概述或复印件通过挂号信、快递公司或者信差的方式，直接送至接诊兽医的手中；
· 将放弃保密书或同意转院书放在病历档案内，并记录发送病例概述或复印件的时间和地点；
· 在地区动物医院/诊所法规规定的时间内，这份病历将一直保存于原始医院。

虽然动物主人拿不到病历档案原件，但以下机制可以使他随时了解其宠物的最新信息。当宠物第一次到动物医院/诊所就诊时，动物主人可以得到一本病历档案册。这本病历档案册上印有动物医院/诊所的名称、地址以及电话。有些还备有一个袋子，用于保存宠物所接受服务的收据。有些还有专门的部分，用于记录常规疫苗注射、实验室检查和治疗的日期。此外，还有其他部分可以用于记录下次体检、疫苗注射及预约的日期。每次就诊结束后，工作人员将新的资料填入病历档案册内。有些客户对保存这些病历档案册很感兴趣，有些则无所谓。

工作流程

准备工作

1.准备好放弃保密书和同意转院书。

2.确定传送病历资料的原因。

3.熟悉动物医院/诊所的转诊工作流程。

操作步骤

1.让动物主人签署放弃保密书或同意转院书。

2.确定这项服务的费用,如果需要收费(如果是兽医要求患病动物转院以继续接受治疗,那么一般不收取病历资料转交费。如果是动物主人要求终止治疗并转院,则要收取一定的病例资料转交费),那么在动物主人签署完放弃保密书或同意转院书后向其收费。

3.将动物主人签署好的放弃保密书或同意转院书保存在病历档案内。

4.在病历记录单上标明转院日期、转给了谁、转至地点、转交的材料以及转院原因。

5.如果患病动物被建议转至专科医院或教学医院:

a.将转诊表填写完整;

b.准备一份病历资料复印件,或者让相关兽医准备一份病例概述。

6.如果动物主人要求转院:

a.询问新动物医院/诊所的名称和通信地址;

b.向相关兽医确定复印哪些资料作为病历复印件传送。需要复印的资料一般包括病历记录单前面部分的摘要复印件,整个病历的复印件或者由医生提供的病例概述。

7.邮寄病历资料和转诊资料,如果可以的话,使用能提供邮寄跟踪查询的邮寄方式。

补充要求

将病历档案归还至档案柜。

谨记:尽量在接到动物主人签署的放弃保密书或同意转院书的1～2天内完成整个转院工作。

3.9 狂犬病免疫证书

基本要求

在美国，人的狂犬病几乎已经完全根除，这在很大程度上要归功于对宠物狂犬病的控制。疫苗的改进以及对宠物的强制免疫为消灭人的狂犬病提供了保证。一般社区内的宠物都要求注册，狂犬病疫苗接种是注册条款中要求之一。对于没有注册证的宠物，动物主人将受到处罚，包括没收宠物和罚款。

当动物接种完狂犬病疫苗后，可获得一份狂犬病免疫证书。该证书由动物医院/诊所工作人员填写完整，然后经兽医签字以确保免疫证书资料的准确性。疫苗生产商在其疫苗瓶子上使用了一种可粘贴的标签，给宠物注射完疫苗后，可将标签转贴至动物档案部分。免疫证书需要填的资料，一部分可以从疫苗标签上获得，包括：生产商、疫苗种类（灭活疫苗或活疫苗）、产品批号或序列号以及有效期。免疫证书上还需填写动物主人资料和动物的特征描述，这些可从病历档案上获得。

生产商的使用建议内包括关于疫苗免疫力持续时间的相关资料，但是，最终的重复免疫频率还是由政府决定，生产商对产品使用的建议包括：

- 可以安全使用该疫苗的动物种类；
- 可以安全使用该疫苗的动物的最低年龄；
- 重复免疫的建议；
- 如何使用该疫苗（皮下注射还是肌肉注射）；
- 该疫苗的正确储存方式。

一般来说，如果宠物是第一次接种狂犬病疫苗，那么在12个月以后进行第二次免疫。如果是第二次以上接种狂犬病疫苗，那么其免疫持续期为36个月。但是，这完全取决于使用的疫苗、生产商的使用说明以及当地相关法律的规定。因此，一定要仔细阅读标签，不要主观臆断，要熟悉相关法律。

计算机化管理的动物医院/诊所通常会提供一份电子版的狂犬病免疫证书。相关资料来源于病历档案内的病历记录单。当动物主人就诊结束时可拿到收费明细和客户收据，电脑为其生成电子版证书，客户可以得到该证书的复印件。

在一些地区，无论何时注射完狂犬病疫苗，都必须将一份狂犬病免疫证书的复印件提交至动物管理机构。这样就形成了狂犬病免疫证书的定期邮寄任务，此任务由动物医院/诊所工作人员完成。他们负责决定多长时间邮寄一次狂犬病免疫证书复印件，以及确认邮寄地址。实际上在有些地区，宠物注册手续在动物医院/诊所就能完成。这对于动物主人来说非常方便，动物医院/诊所的工作人员负责全部注册材料的填写、贴标签以及收费。然后，工作人员必须再把这些文件和收取的费用转交给动物监控机构。

工作流程

准备工作

1. 找到患病动物的病历记录单。
2. 确定最后一次接种狂犬病疫苗的时间。

3. 确定完成狂犬病免疫证书所需的资料。

操作步骤

1. 将下列信息填写在狂犬病免疫证书上。

a. 动物主人的姓名和地址；

b. 对患病动物的特征描述，包括动物的名字、种类、品种、外观描述（被毛颜色、被毛长度、大小或体重）、性别（是否去势或绝育）及年龄；

c. 疫苗资料包括生产商、疫苗类型（灭活疫苗或活疫苗）及疫苗批号；

d. 免疫持续时间或下一次疫苗注射的时间；

e. 兽医的姓名、联系地址以及兽医资格证号。

2. 让兽医在证书上署名。

补充要求

1. 核实所填资料的准确性。

2. 确认所需数据都已填写完整。

3. 给动物主人一份免疫证明书的复印件。

4. 如果是接受了委托，那么每隔一段时间向当地动物管理机构邮寄一批免疫证明书的复印件。

5. 如果法律允许，可在动物医院/诊所内进行宠物注册，粘贴标签并收取注册费。每隔一段时间向动物管理机构转交一次注册费以及文件。

3.10 健康证明以及动物的区域运输

基本要求

政府和地方相关部门负责监控动物疾病的传播，每个地区对动物入境都有不同的要求，每个国家对动物入境也有自己的规定。所有这些规定都会随时间变化而变化，因物种不同而不同。在动物进行区域间或国际运输前需要健康证明，以达到疾病控制的目的。小型动物的健康证明不同于大型动物的。只有美国农业部(USDA)承认的兽医才可以开具健康证明。这些证明一般可以从各地方农业部门获得。航空公司通常也要审查健康证明后，才能允许动物登机。

一份健康证明包含以下信息：

· 动物主人或寄送者的姓名、地址和联系电话，这是动物寄出前的地址；

· 购买者或接收者的姓名、地址和联系电话，这是动物的目的地；

· 动物的姓名、种类、品种、外观描述、年龄、性别和注册号或电子芯片号；

· 小型动物要有狂犬病疫苗免疫接种资料，包括生产商、疫苗序列号或批号、疫苗类型及接种日期；

· 大型动物及家禽要有所在地区的疾病状况，动物是成群的还是单个的以及所做的相关检验结果和检查日期；

· 签字兽医提供的政府颁发的兽医资格证号以及联系地址。

还有一些附属信息：

· 记录官方认可兽医10天内对动物所做的检查描述；

· 动物没有传染病；

· 对于小型动物，必须声明其在最近10天内没有咬过人；

· 该动物必须符合入境地区或入境国的要求；

· 签字兽医具有政府颁发的兽医资格证，且经地区政府和USDA同意才能签署该健康证明。

检查完对动物的相关描述后，由检查兽医在健康证明上签字并标明日期。医院工作人员负责录入客户和患病动物的资料。准备好这些表格的复印件，在动物运输时随附一份，另外还需要一些提交至地区农业部门和USDA，用于整个审批过程。准备这些健康证明需要向客户收取一定费用，向USDA提交相关文件还需额外收费。

动物医院/诊所工作人员负责确认目的地对入境动物的规定。可通过拨打USDA的24 h免费自动声讯电话来获得信息，电话号码为1-800-545-8732。咨询各州对入境动物的相关要求，选择2，之后通过输入州代码及物种代码(附录B)来获得信息。对于国际运输的动物，联系目的地国最近的大使馆或领事馆来获取详细的要求及相关表格。

这些都是法律文件，必须确保其准确性。

工作流程

准备工作

1. 将USDA的相关法规放在电话机旁边。

2. 把笔和纸放在电话机旁边。

3. 了解动物运送的目的地。

4. 拨打USDA免费咨询电话，查询目的地地方政府对动物入境的规定。

5. 正确记录这些要求。

6. 为要运输的动物选择正确的健康证书。

7. 确定一共需要多少份表格复印件。

操作步骤

1. 打印表格。如果需要复印件，那么将复写纸夹在各表格复印件的中间，没放复写纸的表格不能使用。

2. 按要求完成以下各环节的填写。

①从病历档案获得的资料：

a. 动物主人或寄送者的姓名、地址以及电话号码；

b. 动物的姓名、种类、品种、特征、年龄、性别、许可证编号或电子芯片号；

c. 小型动物的狂犬病疫苗的免疫接种记录；

d. 大型动物所在地区的疾病状况，动物是成群的还是单个的，以及做的相关检验结果和检查日期。

②从动物主人获得的资料：购买者或接收人的姓名、地址和电话号码。

③从动物医院/诊所获得的资料：签字兽医的姓名、兽医资格证号以及联系地址。

3. 核查所有记录内容的准确性。

4. 确认所有部分都已正确填写。

5. 将表格放入病历档案内，该表格会与病历档案一起被带入诊室。兽医对动物检查完毕后会在上面签字。动物离开医院/诊所时需完成以下工作：

a. 向动物主人提供一份由兽医签字的健康证书复印件；

b. 向动物主人收取办理健康证明的费用以及其他所需的额外费用。

补充要求

1. 将要求提交的表格邮寄至当地农业部门或当地兽医协会和USDA。

2. 动物医院/诊所保留一份健康证明的复印件，与病历档案存放在一起。

3.11 同　意　书

基本要求

同意书属于合同文本，为客户所需服务提供了书面证据。这份同意书并不能在出现治疗不当或过失时保护兽医，而只是提供证据表明兽医所进行诊疗过程都是客户要求的。

一份同意书包括：

· 兽医姓名；

· 动物医院/诊所的名称、地址和电话；

· 动物主人的姓名、地址和电话；

· 患病动物的名字、种类、品种、特征、年龄和性别；

· 声明同意书由动物主人签字即授权执行同意内容；

· 对某些特殊程序作授权声明；

· 声明内应告知动物主人诊疗过程中可能存在的危险和/或可能出现的并发症，对于安乐死、去势、卵巢子宫摘除术以及断尾等病例，应告知动物主人这些过程一旦实施就无法挽回；

· 其他需要声明事项(如，需要辅助工作人员以及其他兽医可能参与病例治疗等)；

· 动物主人签字和签署日期。

一份完整的表格将被保存于病历档案内。和其他病历单据一样，它必须是完整且准确的。

同意书可以根据动物主人的不同要求来定制，所以一家动物医院/诊所往往会使用多种同意书，如手术同意书、寄养同意书和安乐死同意书。有些动物医院/诊所使用一种通用表格，再根据目的及流程来分类。AVMA 在其期刊上刊登了一份通用同意书并附有使用建议。

同遵守任何规章或流程一样，也应遵循动物医院/诊所的具体工作要求。

工作流程

准备工作

1. 确定动物主人所要求的特殊服务。
2. 知道什么情况下需签署同意书。
3. 知道使用哪种表格。
4. 在预约的患病动物到来之前，先将一份正确的同意书放于病历档案内。

操作步骤

1. 在预约病例到来之前完成同意书的拟定。
2. 检查同意书的完整性和准确性。
3. 将同意书放置于病历档案内，它将随动物主人一起进入诊室。

4.兽医技术人员或兽医在开始服务前要与动物主人核对同意书内容,之后由动物主人签字。

5.如果宠物在没有见到兽医或技术人员之前就被留在医院了,那么动物主人应在医院前台签署同意书。例如寄养或美容的情况。

补充要求

将已签字的同意书附加到病历档案内。

3.12 客户交流

基本要求

面对面的交流是动物医院/诊所内每天发生的客户交流方式。客户联络卡也是一种交流方式，它可增进动物主人对动物医院/诊所的了解，加强兽医与客户之间沟通和联系。将一张“欢迎就诊”卡作为最开始的关系增强剂送给首次就诊的客户，以欢迎并感谢客户到本院就诊。随附一句声明，即动物医院/诊所将永远关心宠物的健康和幸福。卡片上印有电话号码，即客户有任何关于宠物健康问题时都可以打这个电话咨询。在这张卡片上填上动物主人和其宠物名字。

那些推荐其他客户到该动物医院/诊所就诊的客户将得到一张“感谢推荐”卡。因此，新客户需要告知工作人员选择该动物医院/诊所的原因。为便于本环节的进行，可以在客户资料单上设置推荐信息部分，这张卡片能使客户感受到他们的推荐受到了重视。

给失去宠物的动物主人送去一张慰问卡。按惯例，每个工作人员都要在卡片上签名，兽医或兽医技术人员可以添加一些写给动物主人的私人慰问。当失去宠物对动物主人造成极大的心灵创伤时，工作人员通常会在 24 h 内致电动物主人并询问其当前状况。动物主人会感到十分欣慰，他们会确信自己为其宠物营造了幸福的生活，相信工作人员将会永远记住这只宠物。如果动物主人需要，可以向动物主人提供关于宠物葬礼的咨询服务。

交给动物主人一张“提醒”卡，以提醒他们前来为宠物做定期检查，如年度体检、牙病预防、注射疫苗等。一般在动物主人开始接受定期服务时填写此卡片，然后根据下次定期服务的年月将卡片存放于一个待邮寄箱中。每个月初，将记有这个月服务安排的卡片邮寄给动物主人。有些动物医院/诊所使用电脑制作的提醒卡，有些动物医院/诊所使用提前印好的明信片。一旦有患病动物去世，必须从待邮备用箱内撤出提醒卡，因为对于失去宠物的动物主人，没有比收到提醒卡更受打击的事了。

兽医和兽医技术人员应定期致电给那些宠物生病了但没有住院的动物主人。通过这种方法不仅可以监测患病动物，回答动物主人的提问，还可以使兽医或兽医技术人员决定是否让患病动物在下次的预约前就尽快来复诊。每家动物医院/诊所都有此项工作的相关规定。最简单的方法就是把需要电话追访的病历档案放在兽医的电话旁边。另一种方法是使用每日“追访电话提醒”表格（不要将其与致电提醒预约相混淆。这是两种不同形式的电话，通常由不同的员工来完成。），该表格包括以下内容：

1. 动物主人的姓名和电话号码；
2. 患病动物名字；
3. 疾病综述；
4. 患病动物的出院时间和复诊时间；
5. 用于填写电话记录的空白部分。

做这份表格时，最好把病历档案就放在桌上，这样其他人也可以用档案。在接待处有大量标有日期的单张表格，表上的每项条目都要标有相应的日期，用来记录患病动物需要的此项前台服务以便实施。做好的表格被放在做此项任务的人的电话机旁。每天更换一张表格，工作结束时将表格收到一个活页夹中作为永久电话访问记录保存。如果有什么信息需要告诉兽医，前台工作人员应立即告知。

这些过程看似费时，但其实不是。它们是动物医院/诊所日常工作的一部分，为提高满意度和服务质量做出了很大贡献。

工作流程

准备工作

1. 确定在动物医院/诊所使用的客户交流方式。
2. 确定前来就诊客户适用的卡片或表格。

操作步骤

1. 提醒卡。
   a. 把要求客户填写该卡片作为办理患病动物出院手续的一个部分；
   b. 根据邮寄年月将这些卡片归档。
2. 其他卡片。
   a. 客户就诊结束后，立刻拿出合适的空白卡；
   b. 将这些卡片放置在病历档案的封面内；
   c. 在将病历档案重新归档前核查病历档案以确保完整性，正确完整地填写卡片，特别注意的是要将慰问卡放置在员工休息室或者公告栏里，以便于工作人员签名；
   d. 邮寄卡片。
3. 每日追访的电话提醒。
   a. 患病动物出院时，正确完整地填写动物主人和患病动物的资料于标有日期的表格上；
   b. 将每天要使用的表格放置在固定的位置；
   c. 由指定的工作人员进行每天的电话追访；
   d. 谈话过程中要做相关记录；
   e. 每天工作结束时把当天完成的表格装订好并归档；
   f. 取出第二天要用的表格并放好。

补充要求

1. 检查表格和卡片的存货情况。

2. 如果其中某些类型的不够用了，将情况记录在需求单上或告知相关负责人(以便给他们足够的时间来完成一次性订购)。

3. 核查邮资。

4. 如果邮票存货不够了，将情况记录在需求单上或告知相关负责人。

3.13 出院事宜

基本要求

这个环节发生于患病动物即将离开动物医院/诊所的时候。一部分工作是动物主人在场的时候完成,另外一部分是在动物主人离开后进行。不管患病动物是就诊完毕还是出院,都必须遵循动物医院/诊所的相关工作流程。无论是哪种情况,动物主人和患病动物在接到兽医或兽医技术人员的最后医嘱后就可离开诊室,然后到前台办理相关手续。

客户来到接待处,前台人员应立即向其询问以下事宜:

1. 询问动物主人是否接受了我们所有医疗服务?如果没有,马上把未进行的环节补上。因为患病动物的就诊过程复杂,动物主人有可能会有所遗漏。

2. 询问是否清楚出院说明。

3. 询问在诊室内是否已经有人示范了所开药物的使用方法,如果没有,那么进行示范,或者找相关工作人员示范。

4. 如果动物医院/诊所还出售相关的宠物产品,如指甲刀和特殊食品,那么应该利用这个时间询问主人是否需要这些东西。

5. 确定是否需要下次预约,通常将该信息标明于 SOAP 记录的最后。做相应的预约工作(参见 3.4),记录预约时间,并将标明预约日期和时间的预约卡交给动物主人。

假如在诊室内完成了划价,那么现在可以计算总费用,并告诉动物主人。每次先浏览收费清单上的单件东西,不能只简单告诉动物主人总费用。例如,接待员通常使用这种方法来告知动物主人应付费用:“××先生,您的宠物 Missy 注射的犬瘟疫苗费____$;检查费____$;实验室检验费____$;3 项合计为____$。您今天的总费用为____$。您的付款方式是现金、支票还是信用卡?”

通常在告知动物主人总费用后立即询问付款方式,很少动物医院/诊所会允许客户赊账。收款完毕后应立即将收据交给客户。收据通常由电脑打印,如果没有,使用动物医院/诊所的专用收据。

前台工作人员应该知道动物医院/诊所接受哪种信用卡、收费单的存放位置以及如何使用。向有经验的工作人员确认信用卡的交款步骤,收款完毕后一定要把信用卡还给客户。

如果动物医院/诊所使用提醒卡(参见 3.12)来提醒客户前来年度体检和其他的定期护理,那么在办理离院手续时请动物主人填写此卡。

注意举止礼貌,在客户离开前一定要说“谢谢前来就诊”,让客户知道你和其他员工都很感谢他选择了本医院,并表示希望能再次为他服务。告诉他可以随时拨打电话前来咨询问题或寻求帮助,并感谢宠物的合作。

在客户离开后,下班前需处理以下事宜:

- 核查病历档案的完整性,完成后正确归档;
- 将提醒卡归档;
- 如果这是一位新客户,那么记下地址并准备邮寄欢迎卡;
- 如果患病动物死亡,那么记下地址并邮寄慰问卡,并将所有提醒卡从档案中移出;
- 如果已出院的患病动物又病了,那么在电话访问单上记录相关资料,并将其放置在相应兽医或技术人员的电话附近。

在一天的工作结束后,由 2 名工作人员统计一天的收据和收入并做好存入银行的准备,这样可提高工作效率和保证准确性,同时还能确保公正。通常由动物医院/诊所工作人员轮流负责这项工作。兽医助理应负责所有营业结束的相关工作，包括使用光盘对电脑数据做备份、锁好保险柜、关灯、开启警铃或自动应答设备。向动物医院/诊所管理人或高级接待员询问他们对兽医助理的要求。

工作流程

准备工作

1. 保持高昂但镇静的工作态度。
2. 知道自己该做什么。
3. 高效且正确地工作。

操作步骤

1. 感谢动物主人选择本院和动物的配合。
2. 询问以下问题，并作相应回答：
   a. 接受所有诊疗服务了吗？
   b. 收到所有药物了吗？
   c. 是否已经有人示范过所开药物的使用方法？
   d. 还有其他问题吗？
   e. 还需要其他的产品或服务吗？
3. 如果病历档案上指示需要下一次的预约，那么让动物主人将预约卡填写完整。
4. 如果需要邮寄提醒卡，那么让动物主人在提醒卡上填写地址和姓名。
5. 计算服务总费用。
6. 列出费用清单。
7. 询问支付方式。
8. 收取费用、找零或刷卡。切记刷卡完毕后要将信用卡还给客户。
9. 准备收据给客户。
10. 对客户表示感谢：
    a. 感谢动物主人前来就诊；
    b. 称赞动物的良好配合；
    c. 让客户知道动物医院/诊所员工很关心宠物的健康和幸福，并欢迎来电咨询；
    d. 让客户和动物知道希望再次为他们服务。

补充要求

1. 将提醒卡归档。
2. 为新客户准备感谢卡。
3. 为失去宠物的动物主人准备慰问卡，并及时撤出该动物的相关提醒卡。
4. 为兽医和/或技术人员在电话追访表上填好相关信息。
5. 把当日的电话追访表格装订放好。
6. 准备好第二天要用的电话追访表。
7. 如果被安排了核对工作，那么核对一天的收据和收入，做好存入银行的相关准备，并与另外一位员工共同完成这项工作。
8. 根据分配，完成动物医院/诊所结束营业的相关工作。

3.14 电话技巧

基本要求

如何接电话将影响到动物医院/诊所的业绩。由于前台处理的事情繁杂，因此经常出现电话处理不当的情况。接电话时应牢记：

- 在电话铃声响三声内接起电话；
- 接起电话前要面带微笑，并使人从话语中感受到你的“微笑”；
- 向来电者表示欢迎；
- 告知客户你的姓名以及动物医院/诊所名称；
- 询问来电者需要什么帮助。

如果需要来电者等待，那么先询问其是否可以稍等，然后等待其答复。不等来电者答复的接线员往往会导致有紧急事件的客户在电话那头等待的情况。不能让来电者等待 1 min 以上而不过问，如果有必要，可先记下来电者的姓名和电话号码，并告诉他们你会在 5 min 内回电，而不是让他们漫长地等待。如果说了要在某个时间回电，那么一定要做到。也可在动物主人等待时，准备好对患病动物资料进行录音。录音带可在一些商店购得，也可以根据动物医院/诊所要求定制。

动物医院/诊所应安装足够数量的电话，以避免客户打电话时遇到占线和影响工作人员向外打电话。

在动物医院/诊所每部电话机旁边放一支笔和一本信息记录本。记录本最好使用标准螺旋装订且含有无碳复写纸(NCR)。这可用于重要信息的记录，并且一旦原始信息丢失，则还有备份的电话记录。在螺旋上拴一根细绳，然后将笔与记录本拴在一起。

动物医院/诊所接到的客户电话可分为以下几类：

1. 预约就诊客户电话。本内容已经在 3.4 章节中讨论过。记住，对于急诊病例，应让客户立即来医院就诊，不必预约。告知其他工作人员将有客户前来就诊以及急诊病例的类型；从档案柜将该病例的病历档案取出。告知那些正在等待就诊的客户，将有急诊病例到来且必须马上进行救治，可能会耽误他们的预约。安排那些不能等待的客户重新预约。

2. 想接受服务的潜在客户电话。这些客户通常是打电话询问收费情况。对待他们不能显得不耐烦，而是要有耐心，用些技巧使他们变成真正的客户。向这些客户详细介绍某项服务的完整流程，该服务的特殊之处，然后再告诉他们费用。收费方式的介绍类似于客户办理出院手续时那样。可将一份价目表放在前台和其他需要的地方。详细介绍完之后，询问致电者是否预约。如果客户有所迟疑，告诉他们可以有空来参观医院/诊所的优良设施和感受专业的医疗服务。

3. 询问自己宠物住院治疗情况的客户电话。要熟悉每位住院病例的名字和病情。知道它们是否已可以出院，医生是否需要与动物主人交代病情，或某个住院病例的诊疗是否已经完成。这些信息应公布在动物医院/诊所治疗室的住院治疗记录板上，或者记录在住院病例情况单上，或者是动物医院/诊所使用的其他表格。该表格由兽医辅助工作人员填写，在早晨治疗工作期间交给前台工作人员，并在下午更新内容。每个患病动物单独列出，包括名字、住院原因及其基本信息。

4. 需要转接给其他工作人员的电话。

a. 其他地方的兽医需要找本院兽医；

b. 需由技术人员或动物医院/诊所管理人员回答的关于技术方面的电话；

c. 无法回答来电者的问题。较好的方法是，告知来电者你不知道问题的答案，你将把电话转接给可以回答该问题的工作人员，而不是给出一个错误的答案。

试着替兽医接听电话。动物医院/诊所工作人员一般都能回答客户的问题，除非是非常紧急的病例，一般不要打扰在诊室内工作的兽医。记录来电客户的信息。兽医通常会每天特定的时间段内用于接听和拨打电话。在这种情况下，你可以告知来电者，兽医会在安排好的回电时间内回电，并记录下客户能在那段时间内接到电话的电话号码。

除非是紧急情况，否则工作人员在工作时间内禁止拨打和接听私人电话。

工作流程

准备工作

1. 在每部电话机旁边放一本电话信息记录本。
2. 在每部电话机旁边放一支笔，建议用一根长细绳将笔拴在记录本的螺旋装订扣上。
3. 将最新的客户资料放在前台电话旁的预约本旁边。
4. 熟悉医院基本的工作流程，将一份动物医院/诊所价目表放在前台电话旁。
5. 语气中带有“微笑”。
6. 在电话铃响三声内接起电话。

操作步骤

1. 向来电者问好。简单的问候，如“早上好”或“下午好”。
2. 告诉客户你的姓名以及动物医院/诊所名称。
3. 然后询问来电者需要什么帮助。
4. 确定来电者需要什么服务，并记录下来。
5. 如果需要来电者等待，先要询问其是否愿意稍等，并等待其回答。如果来电者需要等待超过 1 min，那么可以先记下其姓名和电话并及时回电。
6. 记录电话信息，完整填写信息表上的所有内容并将原始记录转交给相关的人。
7. 转接电话。一旦来电需要转接，那么应询问其姓名以及致电原因。这样你就可以告知接听者，他们为什么要接电话，接听谁的电话。可以用一种很简单的询问方式，“我可以知道您致电的原因吗?”。记住当你不能回答来电者问题时，应转接给能回答该问题的工作人员，而不是冒险给出一个错误的答案。

补充要求

1. 了解动物医院/诊所的工作流程。向有经验的同事请教，并请他们确定你工作的正确性。
2. 学会分辨紧急病例、亚急病例和普通病例。
3. 请另外一位工作人员评价你的电话技巧，为提高工作能力要不断努力。

3.15　应对棘手客户

基本要求

到动物医院/诊所就诊并不是为了娱乐，而是有责任心的动物主人应尽的义务。在动物的很多需求上不仅要消耗时间，而且花费金钱。但是动物主人愿意为其宠物付出这些，尤其是如果该宠物被视为家庭成员，那么动物主人面临的压力将更大。工作人员通常要安慰那些情绪容易起伏的客户，有些客户会提出不合理的要求。客户在有的情况下会失去理智，要从客户的角度来看待这种情况。你与他们不同，你不知道他们生活中的其他压力。应通过以下几种方式来处理这种情况。

- 保持镇静。
- 倾听，让他们说完想说的话。他们的话语中可能存在问题的线索。
- 试着从他们的角度来分析这种情况，而不是以你的角度。
- 不要争辩。不管客户说什么，他们都不是针对你个人。
- 如果可能：

a. 首先赞成客户的看法；

b. 然后以你的角度劝慰。例如："××先生，我能理解您的心情，Snoopy病得非常严重。虽然它在家里会更快乐，但如果让它留在医院并接受输液治疗，那么它会很快康复回家的，而不会使病情恶化。"

询问客户是否需要你的帮助。这时客户就会去思考需要怎样的帮助，整个紧张局面将会有所缓解。维持在这样的情形下，让有经验的员工继续询问，"××先生，您希望我们怎样做来让您和Snoopy觉得更舒服些?"这时他就会考虑他的要求，如果他的要求完全不合理，可给他其他的选择。假如××先生要求道："我想在病房安置一张小床，这样我就可以睡在Snoopy旁边。"工作人员可这样回答："这的确是个好主意，但是病房内没有可安置小床的空间。您可以把昨晚穿的睡衣拿来，我们让Snoopy紧挨着睡衣，就如同您在它的身边一样。"

有些客户永远也不会满意，这样的客户最好交给兽医来应付。将客户和病历档案带至诊室，告知兽医整个情况，并交给其处理。这里用到了一些心理学知识，当动物主人与权威人士(兽医)交谈时，更听得进去。

如果客户蛮横、吵闹、大喊、失控，那么应立即将其带离公共场所。可将其带入空闲的诊室，如果没有，办公室也可以，否则会对其他客户造成负面影响。

有很多机会可锻炼应对棘手客户的技巧。对动物医院/诊所来说，员工能成功应对棘手客户是很重要的。

工作流程

准备工作

1. 尽量避免发生紧张局面，应做到：

a. 礼貌对待且尊重每一位客户；

b. 客户就诊时尽量减少打断；
c. 减少客户的等候时间；
d. 在治疗前说明收费价格，可使用划价单；
e. 所有诊疗程序必须经客户允许，可使用同意书；
f. 在诊疗前向客户详细解释诊疗步骤。

2. 保持和蔼、细心、积极的工作态度。
3. 真诚地提供服务。

操作步骤

1. 确定谁能更好地处理目前的情况。
2. 确定是否可采用私下的方法解决目前的情况。
3. 保持平静。
4. 倾听客户的需求、问题和看法。
5. 不要为自己辩护。
6. 向客户征求处理目前状况的意见。如有必要，可提供其他建议。

补充要求

1. 处理完后深呼吸一下，然后将此事放在一边，可在休息时间再谈论。
2. 在一天的工作结束后思考一下这种问题为什么会发生，怎样可以避免发生。
3. 思考如何能更好地解决这类问题。

3.16 库存管理

基本要求

做好库存管理就是要保持需求与供给的平衡，一方面保证动物医院/诊所所需物品不会短缺，另一方面避免物品过期。另外，积压的物品既占用资金又不会增加收入。相反，如果库存不足则会耽误诊疗服务或商品销售，这样就会影响动物医院/诊所服务质量，从而引发客户流失的危机。有效库存管理包括：要了解动物医院/诊所需要什么物品、物品的使用速度以及到货时间。这就要求出货人、订货人、收货人和结账人之间相互合作。

兽医助理在库存管理环节中起着重要作用。助理必须知道何时下订单，怎样收货以及核对出货单，物品的储存地点以及储存方法，还必须维持物品储存区的干净整洁。

只是根据库存量剩余 1/3 或 1/4 来决定进货这种方法过于简单。进货应考虑以下几点：

- 物品的使用速度。有些物品的使用具有季节性，如治疗和预防跳蚤的产品，有些产品是常用的；
- 物品的包装方式。包装方式多种多样，有箱装、盒装或瓶装等，从 1 个单位到 1 000 个单位不等；
- 订货-运输-到货流程。了解从下订单到送货到医院所需时间。

这里以一种驱跳蚤产品 KILLZ-UM 为例来说明整个流程。该产品陈列于前台，动物主人可从前台接待员处购买。这是一种工作人员和医生推荐的非处方药，生产商只通过具有兽医执照的兽医出售该产品。还有几箱货物储存于犬舍附近的房间。供货商每周向所有动物医院/诊所送货一次，每月结账一次。药房内有所需物品订单。

Smith 太太需要为她的 3 只猫购买驱跳蚤产品 KILLZ-UM。前台接待员 Rene 卖给了她 3 支。兽医技术人员 Terry 向 Jones 太太推荐 KILLZ-UM 为她的犬 Poo 驱跳蚤，然后 Jones 太太在 Poo 检查结束后购买了 1 支。下午，Rene 发现前台陈列的驱跳蚤产品快卖完了。她向兽医助理 Valerie 要 1 盒 KILLZ-UM，每盒含有 12 支 KILLZ-UM。Valerie 在前台放了 6 支，之后发现储存室只剩下 1 盒 KILLZ-UM 了，然后把前台剩余的半盒放回储存室，这样 KILLZ-UM 的库存剩下一盒半。返回药房后，Valerie 在所需物品订单上写下了该产品名称 KILLZ-UM 和日期，以及其姓名。

业务经理 Betty 每周三从药房拿走写好的所需物品订单并放置一张新的。然后在办公室给各产品供货商打电话订货。批发商周四整理订单，周五发货。周一到货时，Valerie 负责收货。货箱中除了 KILLZ-UM 外，还装有 Betty 向同一批发商订购的其他产品。Valerie 在收货的同时，还要核对发货单上的物品数量与实际到达的物品数量。她发现货物箱子内只有 3 盒 KILLZ-UM，但是发货单上写的是 4 盒，于是她在发货单上标出该物品，并写下日期及其姓名首字母。接着她又发现发货单上的另一种产品没有送到，发货单上简单说明了该物品延期交货(BO)，在该货物名称上做了标记或画圈注明，Valerie 在发货单上签上姓名和日期，然后将其放在 Betty 的办公桌上。Betty 打电话给药物公司告知他们发货单与所到货物之间存在差异，并询问那些延期到货产品的预计发货时间。

Valerie 负责存放这些货物，她必须知道每种物品的存放地点。有些要冷藏保存，有些要保存在避光、阴凉的地方，有些要放在开放的架子上，有些要先放在室内地面上的托盘里。(提示：其他关于药物储存的资料请参考 6.12 章节)她放置物品时遵循“先进先出(FIFO)”的原则，即将货架上已有的物品挪至货架的前面，将新物品放在其后面，这样可确保先使用旧物品。同时检查物品的有效期，将快过期的物品放在货架的最前面。如果有物品过期，将它们从货架上撤走，并向 Betty 报告过期货物。Valerie 在存放物品同时要打扫即将拿走的物品和其存放货架，这样可保持物品和货架的整洁。她必须将储藏室剩余的一盒 KILLZ-UM 搬走，而那打开的半盒已经售完。她要清扫放置存放箱子的托盘下的地面，清扫完后再将托盘放回，然后将新进的几盒 KILLZ-UM 放在托盘上面，最后将旧的那盒放在最上面。

Betty 每月从每个供货商处收到一份所订货物的账单。她将比较账单和 Valerie 核对过的发货单是否相符，两者一致她才会付账。

库存管理是一项需团队合作才能完成的工作，经验丰富的兽医助理是团队中重要的战略成员。

工作流程 3.16.1
发货单核对

准备工作

1. 准备一支好用的笔。
2. 准备一把工具刀或剪刀用于打开箱子和包装带。
3. 准备一个废纸篓在旁边。

操作步骤

1. 打开箱子。
2. 找到发货单，可能位于货物包装的上面。有些发货人会把发货单放置在塑料袋内，然后粘贴在箱子外面。
3. 打开发货单，放置在附近的台面上。
4. 从箱子中取出货物，同时与发货单上所列货物核对，确认发货单所列货物和收到货物是否相符。
5. 核对到货数量与发货单列出的物品数量是否相符。
6. 如果出现差异，在发货单上简要注明。在延期到货的物品名称上标注或画圈，并在发货单上写下日期及姓名。
7. 拆除物品包装材料，并将其扔进废纸篓。
8. 包装箱清空后，拆开铺平。如果有需要，可重复使用。
9. 将发货单放置在业务经理的办公桌上。

补充要求

1. 清空废纸篓。
2. 在存放货物前打扫储货区。
3. 按照先进先出(FIFO)原则存放新进货物。
4. 其他相关信息可参考 12.3 章节。

工作流程 3.16.2
产 品 储 存

准备工作

1. 收货。

2.核对发货单。

操作步骤

1.确定每种物品的储存方式:冷藏、阴凉避光、开放的货架或者储藏室。阅读物品标签。

2.确定物品在医院内的储藏位置:药房、储藏室或其他地方。

3.找到同类物品。

4.将同类物品从现在的储存地点撤走。

5.清洁将要存放物品的地方。

6.将新进物品放置在存放区域的后面。检查产品的有效期,无论货物何时到达,都根据其有效期决定存放地点。离过期近的放在货架的前面,远的则放在货架的后面。如果是短期物品,应通知管理人员。在存放货物的同时,将物品擦拭干净。

7.将旧物品放置在存放区域的前面,接近过期的物品应放置在最前面。在将物品重新存放到适合位置的同时,将物品擦拭干净。

8.撤走过期产品,并向业务经理汇报。

补充要求

保持货架和储存区的整洁有序。

3.17 动物医院/诊所内部交流

基本要求

动物医院/诊所内部员工之间的书面交流不需要正规的格式，但是应该清晰明了且准确地传达个人观点。

清晰

要特别注意你的书写。兽医术语要求正确的书写，一个字的差异可以改变一个意思，进而导致可能威胁生命的错误。标点符号的错误使用也会导致意思的改变。如果字条是手写的，要求字迹清晰。

简明

句子要简单明了，避免不必要的词汇和修饰。现介绍一下书面交流的简单格式：首先是标题，包括：接收人、写信人、日期和主题；然后在标题下面书写相关内容。

格式

理想的书面交流都应该是打印的。可使用文字处理程序制作，如微软的 Word 程序，还可以制作备忘录模板。只要打印出一份模板，然后再复印多份用于手写备忘录。这些复印件应该放置在所有员工便于拿取的地方。只要有一份原件，就可以在需要时拿来复印。

提示：

1. 备一本详细全面的医学词典。在动物医院/诊所放置一本这样的医学词典的复印本是所有工作人员的需求，将其放置在所有员工便于取阅的地方。词典要求是最新版本的，因为医学术语在不断地增加。询问一下本动物医院/诊所是否拥有医学词典，如果没有，可以要求院长购买一本。

2. 自己准备一本可置于口袋内的小手册，便于参考词语用法。找一本简明手册，内容包括常见错别字、易混词，如何造句和书写正式信件以及标点的正确使用。经常带着并使用它。

就像人们会通过说话方式和外表来判断一个人一样，他们也会通过笔迹来判断一个人。请给人们留下一个美好的印象。

工作流程

准备工作

1. 知道自己需要说什么。
2. 备一些参考资料，如词典、标点使用手册和词汇使用手册。
3. 如果要手写备忘录，那么使用深色签字笔和标准的备忘录格式。
4. 如果可以的话，最好使用计算机或打字机。使用文字处理系统，这样可以检查拼写；但是，拼写检查程序并不能检查所有的医学术语。此外，拼写检查程序往往会忽略一些已经变成其他单词的错误拼写，如当 from 由于拼写错误变成 form。

操作步骤

1.将标题填写完整,确定接收人、写信人、日期和主题。

2.用简短的句子来概括内容。

3.如果使用文字处理系统,那么在关闭文件之前检查语句。

补充要求

1.检查错别字。

2.检查标点符号。

3.校对含义。

4.备好参考书。

5.将备忘录交给接收者。

谨记:可以购买医学拼写检查程序,并添加到动物医院/诊所的文字处理程序内,从而扩充校验范围。

3.18 信件的书写

基本要求

兽医助理不会经常被要求书写正式的商业信函。但如果被要求时，知道如何正确书写是非常重要的，商业信函向收信人显示了写信人的知识和写作技巧。在很多情况下，这是收信人对写信人的唯一印象，因此，确保信件的完美是非常有必要的。

格式

商业信函通常写在印有台头的信笺上。有多种可选择的格式，最简单的一种是齐头式。其所有的页边空白均为 2.5 cm，行距为单倍行距。日期位于标题下面的左侧边缘，日期之下空四格是收信人的姓名和地址。空两倍行距后是称呼语，之后再空两倍行距开始书写信的正文。段落之间间隔两倍行距且首行都不缩进。正文之后空两倍行距，然后是结尾，再空四倍行距，打上写信人的姓名。在结尾和打印姓名之间，是写信人用深色墨水签的名字。最后打印信封。

文字处理程序都含有正式信件的模板，这些可用于加快信件准备的过程，另外还有信封模板可以使用。中止诉讼手续的申请只能使用有台头的信笺和印有回信地址的信封。确定正文内容不会与信笺上印刷文字重叠。下面是解决该问题的一种方法：将初稿打印在白纸上，再将有台头的信笺放置在打印的白纸上，在强光下透视就可以确定正文在带有台头的信笺上的位置了。如果正文和信笺上文字有重叠，做一下修改。

正文

如果使用文字处理程序书写信件，那么使用拼写检查程序。如果不使用文字处理程序书写信件，则使用字典。仔细检查姓名、地址以及使用的标点。

提示：思路清晰、叙述简洁、词语和标点符号使用正确都是商业信函的基本要求。

工作流程

准备工作

1. 准备带有台头的信笺和信封。
2. 知道收件人的姓名和地址。
3. 明确写信目的。
4. 如果可能的话，使用文字处理程序并选择适合的模板。
5. 如果使用打字机打印信件，要确定打字机的色带是新的并能打印出清晰、黑色的字迹。
6. 备一本词典以及标点使用手册。

操作步骤

1. 打印日期。

2. 打印收件人的姓名和地址。
3. 打印称呼语。
4. 打印信件正文：
   a. 以陈述写信目的开始；
   b. 第二段提供相关信息；
   c. 以对读者或/和作者的期望结尾；
   d. 感谢读者。
5. 打印结尾。
6. 留出手写签名的空白处，手写签名应该用深色签字笔书写。
7. 打印寄信人的姓名。
8. 打印信封。

补充要求

1. 检查信件的用语、标点以及格式。
2. 检查信件的内容，不要让人不明白你写的是什么。
3. 信件是否整洁，有没有污渍和涂改。
4. 把信叠成三折，再放入贴有邮票的打印信封内。
5. 封信并在信件所写日期的一天之内寄出。

3.19 计算机的使用

基本要求

可以使用计算机来处理一些工作。动物医院/诊所希望每个员工都能熟练使用键盘并拥有一定的计算机基础知识。如果你的计算机技能较差,那么应该去参加学习班。每家动物医院/诊所对计算机熟练水平的要求是不一样的。有些动物医院/诊所已经实现了无纸化办公,而有些动物医院/诊所只是使用计算机来处理一些工作而不是全部。

应用动物医院/诊所的计算机软件作为一种商业手段满足了兽医临床的特殊需求。这些程序的范围从基础的到高级的都有。有些动物医院/诊所使用不同品牌的计算机,有些系统使用触摸屏式菜单进行数据录入,更多的则使用键盘录入。这类计算机软件的供货商有很多。

基本上,软件根据专门功能分为不同的项目,使用最频繁的项目是开具发票/账单。其他项目还包括:医疗划价、发票管理、药费计算、客户和病例资料、提示卡片生成、客户教程、病例的愈后护理等等。最后通过网络将整个动物医院/诊所联系起来。因此,每个项目记载的内容都被汇编入一个单独的、交互式的数据库内。备份以及安全保存数据通常是动物医院/诊所业务院长的职责。

一个员工必须学会使用每种软件以完成他/她的职责。可通过光盘、打印好的手册或请教经验丰富的老员工进行学习及培训。

正确录入数据是使计算机、软件以及员工培训的投资利益最大化的一个关键。使用系统任何项目的兽医助理都担负着正确录入所有数据的重任,请仔细检查你的工作。

工作流程

准备工作

1.具有基本的键盘使用技能,建议每分钟正确输入30～45个字。

2.具有计算机理论知识,知道基本的计算机专业术语。例如,要知道显示器和中央处理器(CPU)的区别。

3.了解计算机基本的结构。你能将CPU连接到显示器或打印机上吗?你能更换打印机的墨盒吗?

4.要知道如何使用文字处理程序。

操作步骤

1.学习项目:

a.你的哪几项职责是以使用计算机为基础的;

b.你会使用到软件程序中的哪些项目;

c.如何使用这些部分;

d.如何使用打印机;

e.如何练习使用;

f. 培训期间应专心学习。

2. 提高速度和准确度：练习、练习再练习。

补充要求

1. 始终做到检查2遍录入数据。
2. 熟练掌握软件以提高使用速度。

3.20 动物医院/诊所常规工作流程

基本要求

动物医院/诊所工作人员和客户都需要对周围的某些事物进行了解，这样才能推断“发生了什么、为什么会发生以及什么时候发生的”。以下内容是对动物医院/诊所内常规工作流程的一个简单概括。更多关于外科手术的资料，请翻阅第10章。

常规工作流程通常涉及到预防治疗。在过去，标准治疗方案适用于同一种群的所有病例。但现在，兽医医学已在预防治疗方面加入了更多的个体化概念。通过引进新的理疗方法、外科技能以及获得新的研究资料，使该领域得到了发展。

了解工作场所的基本工作流程可使兽医助理提前安排工作、与其他员工一起协调工作，并通知客户需要做什么或计划日常事务。这里的关键词是“日常事务”，但如果出现任何日常事务之外的情形时就需要随机应变。在这种情况下，要先与兽医或兽医技术人员商量，然后再回答客户问题或完成工作。

临床检查

临床检查是宠物医疗的基础。无论从任何来源获得的任何年龄的宠物，都应该带至动物医院/诊所做临床检查。

临床检查从彻底的历史调查开始。历史调查包括病史和环境史的调查，这样兽医就可以确定该病例的家庭护理方法是否合适。如果不合适，兽医会指出该方法中的不足，并提出如何改善的建议。

给患病动物称量体重，这很重要，因为药物剂量根据体重而决定。基础体重还可以使兽医通过监测体重变化来作为判断患病动物健康变化的一个指标。还要测定体温、呼吸频率、脉搏或心率等关键的生命体征。兽医助理或兽医技术人员负责测定这些生命体征和给宠物称重。

由兽医对宠物进行的系统性临床检查，包括视诊、触诊和听诊。本阶段的检查并不能确定所有的疾病。如果需要确定其他基础信息或者鉴定某种疾病，就要进行其他检验，例如可以做简单的粪便检查来确定肠道寄生虫，较复杂的血液生化检查以估计器官功能等。随着动物的衰老，其器官机能也随之衰退。老年患病动物的临床检查包括有选择的血液生化检查、X线检查，甚至是心电图检查。完成临床检查后，兽医可在宠物的进一步护理方面给动物主人一些建议。建议每年给动物做一次临床检查。

免疫程序

新生动物的早期免疫力来自于它们的母亲，该免疫力的高低取决于母体的免疫状况。新生动物获得的母源免疫力在出生后的第一个月内逐渐降低，在这期间，接种疫苗可刺激其自身抗体的产生。成年动物的抗体水平通过重复免疫来维持。成年动物重复免疫的周期长短不仅取决于由疫苗生产商提供的说明书上的推荐时间，还取决于个体免疫状况以及潜在的疾病威胁。

有些疾病可感染所有种类的动物，而有些疾病只感染特定种类的动物。接种疫苗可预防部分疾病。接种疫苗可为机体提供保护，但也存在一定的风险，即在决定使用哪种疫苗以及使用频率时要考虑到它能提供的保护率。因此，要根据宠物的个体情况来制定免疫程序。单一的免疫程序并不适于所有的动物。

疫苗接种分为必需疫苗和非必需疫苗。必需疫苗适用于某一种群内的所有个体，非必需疫苗适用于那些存在特殊感染风险的个体。犬的必需疫苗包括犬瘟热、腺病毒、细小病毒以及狂犬病。猫的必需疫苗包括猫瘟、杯状病毒、疱疹病毒以及狂犬病。犬的非必需疫苗包括犬窝咳、莱姆病、钩端螺旋体病和贾第鞭毛虫病。猫的非必需疫苗包括猫白血病(FeLV)、传染性腹膜炎(FIP)、猫肺炎、小孢子菌病、博代杆菌病和猫免疫缺陷病毒(FIV)。猫在第一次接种猫白血病疫苗或猫免疫缺陷病毒疫苗前，要先检测是否已感染这两种病毒。检测结果呈阴性的猫才可接种。美国爱猫协会也表达了他们对使用FIV疫苗的关注。在有测试可以鉴别猫的免疫缺陷病毒是自然感染还是接种的疫苗后，才建议接种猫免疫缺陷病毒疫苗。

通常在动物8周龄时开始必需疫苗的首次免疫。这些必需疫苗至少要重复免疫一次。在有些情况下，动物4月龄之前要重复免疫多次。狂犬病疫苗通常在动物3月龄时接种，1年后重复免疫一次，以后每3年重复免疫一次。根据地方立法和疫苗类型决定狂犬病疫苗接种周期。AAHA推荐每3年重复免疫一次必需疫苗。

寄生虫的控制

寄生虫包括体外和体内寄生虫。寄生虫的存在可直接的对动物健康造成危害，且许多寄生虫还可传播其他疾病。很多寄生虫感染具有季节性和地域性。大部分寄生虫具有复杂的生活史，有些还是人畜共患的。

有些寄生虫可被有效预防，有些能在感染时被治疗。不论是预防还是治疗，都应针对确诊的寄生虫使用特定的药物，只有确切知道寄生虫的种类后才能进行有效的控制。

美国伴侣动物寄生虫委员会建议：

1. 终身使用体外寄生虫控制药物；

2. 每年定期使用心丝虫和肠道线虫的驱虫剂。

寄生虫鉴定

粪便漂浮法是检查胃肠道寄生虫最常用的一种方法。要求动物主人将少量新鲜粪便样本带至动物医院/诊所，用于检查虫卵，偶而也可检查到成虫。有多家公司出售装粪便样本的容器，动物医院/诊所可将这些容器分发给动物主人用于收集和携带规定量的粪便样本。建议每年做一次粪便检查。治疗和预防粪便中发现的寄生虫，需要严格控制环境卫生，及时清扫粪便非常重要。有些寄生虫可感染人类，建议动物主人在清扫粪便时戴上一次性手套，就算使用“长柄粪铲”，也应戴上。儿童玩耍的沙箱要覆盖保护。人赤脚行走于动物粪便污染的地面也会增加感染的机会。粪便检查是每年临床检查的一项内容。

血液样本可用来确诊许多疾病，包括心丝虫病。多家公司都生产检测心丝虫病的试剂盒，其原理都是相似的。将一份血液样本与一种化学试剂混合，将混合液滴在预先处理过的测试条或测试板上，一定时间后，观察该区域的颜色变化。一旦发生颜色变化，则表明存在心丝虫病。该化学反应的基础是抗原-抗体反应。在心丝虫病流行地区，建议将心丝虫病检查作为每年临床检查的一项内容。

使用刮下来的皮肤碎屑来检查位于皮肤深层和毛囊内的寄生虫。使用钝的刀片刮取皮肤碎屑，将收集的组织置于载玻片上，在显微镜下检查。使用棉签收集耳内的分泌物，然后将分泌物涂抹于载玻片上，再在显微镜下检查。

皮肤视诊可检查到跳蚤、蜱和虱子，只要观察到跳蚤即可确诊。如果没有观察到跳蚤，还可通过皮肤上跳蚤的排泄物和虫卵，或者存在经跳蚤传播的绦虫也可确诊。绦虫节片可见于动物粪便的表面、肛门周围的毛发上或动物睡觉的地方。在动物皮肤表面很容易观察到蜱和虱子。

机体组织、体液以及分泌物的其他检查用于鉴定较少发生的寄生虫病。

寄生虫的预防

蚊子可以传播心丝虫病。有蚊子出现的地区需要预防心丝虫病,犬和猫都会感染心丝虫。在采取预防措施之前,必须先做血液检查,因为预防心丝虫病的药物会加重已感染心丝虫动物的病情。到目前为止,对于猫还没有安全的心丝虫病治疗方法。因此,建议在心丝虫病高发地区要注意预防猫的心丝虫病。动物进入心丝虫病感染地区前必须给予预防药物。治疗心丝虫病的花费要高于预防该病的花费。

蚊子还可以传播西尼罗河病毒,这是美国新发现的一种疾病。最初在纽约的鸟类上发现,几年间该病毒广泛传播。该病毒可感染鸟类、人类、马、犬、猫以及其他许多动物。最近研制出了用于马的疫苗。对人类最大的威胁是蚊子可将病毒通过已感染动物的血液传染给人类。在晚上蚊子最活跃的时候,人们应该待在屋子里,抹上昆虫驱虫剂并穿上具有保护作用的衣服。因为一旦动物被感染,就会成为寄生宿主,所以最好也避免宠物被蚊子叮咬。

蜱可以传播莱姆病,这是一种可以感染人类和动物的疾病。莱姆病现在已传播至整个美国。以前只流行于美国东北部,现在已在40多个州发现该病。蜱还能传播落基山斑疹热和蜱性麻痹。在动物去过林区后应进行仔细检查,必须及时清除蜱。一些较新的控制跳蚤的药物同时也可控制蜱,适用于已感染蜱和跳蚤的犬猫。

消化道内的肠道寄生虫可使用口服或注射药物治疗。要根据寄生虫的种类选择针对其的特效药。通常将口服药物交给主人,让宠物在家里服用。如果选择了注射用药,那么需要先与兽医预约。

可使用局部滴剂来控制跳蚤和蜱,但是其他皮肤寄生虫需要浸泡或全身多处用药。这些药物可带至家中使用或者在动物医院/诊所使用,这主要取决于药物的毒性。

提示:每种疾病的治疗都有一个周期,包括诊断、正确选择用药、治疗、疗效监测和必要时更改治疗方案。

牙病的预防

从宠物小时候开始每天给其刷牙。根据宠物的不同需求,宠物牙膏具有不同的口味,包括鱼肉味、鸡肉味、猪肉味以及麦芽味。宠物牙膏不像人的牙膏那样泡沫丰富,动物主人不应该给宠物使用人的牙膏。宠物牙刷有多种规格,从嵌环状可套在动物主人指尖上的毛短而柔软的牙刷到长柄可刷到大型犬最后臼齿的牙刷。兽医常常要求兽医助理为动物主人示范口腔护理。

动物在啃咬骨头时会导致臼齿破裂,所以不要给宠物饲喂生的或煮熟的骨头。建议动物主人给宠物饲喂商业的咀嚼用品。

每年的临床检查包括口腔检查。如果存在牙结石、牙周病或其他牙病迹象,建议加强牙齿护理。牙齿的X光检查可在牙齿清洁前进行。清除牙结石必须在全身麻醉的情况下进行。这样不仅有助于彻底清除牙齿颊侧或舌侧表面以及牙齿之间的异物,还能彻底清洁最后面的臼齿。可以使用超声波洁牙机和其他手持牙科工具来完成牙齿的清洁。如果可以,可在牙齿清洁时进行其他的牙齿诊疗程序。由兽医技术人员或经验丰富的兽医助理进行常规的牙齿清洁。任何外科手术性质的牙科诊疗程序必须由兽医来完成。对于更复杂的牙科诊疗,一般将患病动物推荐至具有全国认证的兽医牙科专家。

必须拔除幼年动物滞留的乳齿以防止恒齿排列不齐。小型犬及牙咬合不正的犬所需的牙齿清洁次数要比大型犬多。吃干粮的宠物所需的牙齿清洁次数要少于只吃罐头的宠物。老年犬猫需求的牙齿清洁次数要比年轻犬多。和人类一样,动物的牙齿清洁次数因个体而异。

麻醉剂

诊疗过程中为避免动物疼痛而使用麻醉剂，麻醉剂可用于动物的保定。麻醉剂可以是注射的，也可以是吸入的；可以是全身麻醉，也可以是局部麻醉。使用麻醉剂之前通常要先使用麻醉前药物，以加强麻醉剂的作用或者减少麻醉剂的副作用。术后随着麻醉剂作用的降低，可使用一些止痛药。

使用麻醉剂也存在风险。每次麻醉前，兽医必须对动物做临床检查。对于老年或生病动物应做常规的血液生化检查，以评估各个器官的功能。如果可能，在麻醉前让动物禁食 12 h，但可自由饮水。对于年轻、健康将要接受非必需手术的动物，如要进行卵巢子宫切除术，那么告诉动物主人使其术前禁食 8～12 h。但以下情况除外，极年幼且虚弱的动物、正服用特殊药物的动物或者是患有某种疾病的动物。在紧急情况下，没有麻醉前禁食也可以进行麻醉。如果动物在麻醉前不久采食过，那么麻醉期间出现呕吐的风险就会增加。吸入呕吐物会引起动物窒息和异物性肺炎。

在拨打预约病例的确认电话之前，先检查一下患病动物的病历档案以确定是否需要麻醉。如果该患病动物需要麻醉，那么提醒客户使其麻醉前禁食是非常重要的。

宠物的繁育

AVMA 表示，美国的宠物数量存在严重过剩。美国保护动物协会表明了更强烈的立场：只有那些热衷于宠物秀，且其动物被证明是该品种内的优良品种，并积极改善其所展示品种品质的人，才能进行动物繁殖(这些繁殖者能有意识地去避免繁育携带遗传缺陷的个体)。繁育纯种宠物会降低一个品种的质量，而且还会增加一个品种内的遗传病发病率。如果一直不能解决宠物数量过剩问题，这看起来倒是个合理的解决办法。

从兽医的角度来看，繁育任何动物都没有医学益处，只会降低宠物的生活质量。应该鼓励动物主人给他们的宠物做绝育或去势。动物医院/诊所的工作人员应该告诉每一位客户关于宠物随便繁育的害处，这也是为解决此问题的战略性贡献。在动物主人了解绝育或去势给宠物带来的益处后，一般不太可能再让其宠物繁育。

卵巢子宫切除术(OHE，OVH)

卵巢子宫切除术通常称为绝育，是指通过外科方法切除雌性动物的卵巢和子宫。切除卵巢可消除生殖行为和生殖能力，只切除子宫则只能消除妊娠。控制雌性动物的繁殖有两个目的：第一，减少宠物数量；第二，减少疾病。如果在宠物第一次发情之前做了绝育手术，可以避免动物老年后患乳腺癌。动物主人耽搁的时间越长，乳腺肿瘤的发病率越高。如果在 2 岁以后进行卵巢子宫切除术，那么绝育和未绝育母犬的乳腺肿瘤发病率是一样的。随着雌性动物年龄的增加，子宫感染的几率也随之增大，而子宫切除可以消除这种可能性。不再妊娠，也避免了难产。

母猫进入季节性发情期后，直到交配完成才结束发情。在发情期间，母猫会嚎叫、打滚、随地小便来吸引远处的公猫。母猫一年可产 2～3 窝，每窝 3～7 只幼猫。

绝育手术需在全身麻醉状态下进行。切口位于腹部的腹中线处，将卵巢血管结扎，同时结扎子宫体，然后完整摘除卵巢和子宫。腹壁闭合包括肌肉层的缝合、皮下脂肪层的缝合以及皮肤层的缝合，术后 7～10 天拆线。如果要接受手术的动物发烧、已经怀孕、肥胖或体型巨大，那么该手术操作起来更加困难。

理想的是在动物 6 月龄之前就进行该手术，还有更早的绝育时间建议。AAHA 组织推荐的绝育时间如下：“为了解决伴侣动物数量过剩的问题，美国动物医院协会建议在犬猫 8～16 周时就应到动物医院/诊所做绝育”。进行绝育手术的首选时间还与外科医生的建议以及动物的健康状况有关。兽医助理应该知道所工作动物医院/诊所建议的绝育时间。

去势(睾丸切除术)

这是消除雄性动物生殖能力的外科手术,即将睾丸切除。术后,雄性动物的性行为和繁殖能力都会被消除。与雌性动物一样,去势后雄性动物的疾病发生率也会降低。去势的雄性动物老年几乎不发生前列腺疾病,睾丸癌也被完全消除。去势公猫外出活动减少、打架减少,这样就不容易患病和受伤。去势后公猫尿液的刺鼻气味也会消失。

该手术操作不需要像做雌性动物的那样打开腹腔,除非是隐睾,只需在阴囊上或阴囊附近做切口。操作步骤为取出睾丸、结扎,然后切除,闭合切口。公猫的手术比公狗简单,且两者都比母猫和母犬的绝育手术简单。公狗需缝合切口,并于术后7～10天后拆线,公猫则不需缝合。

宠物的永久身份证明

给每只宠物佩戴带有身份识别标签的项圈是必要的。然而,很多宠物都会将其丢失。多年来,给宠物文身是唯一一种永久身份证明方法。导盲犬通常是在左耳内侧做文身。有些动物收容所会在其收养的宠物的腹股沟或在腰窝内侧文身。文身存在的问题是缺乏标准的编号方法和集中注册管理。不过,宠物微芯片的推广已经克服了这个问题。

现在有多种品牌的宠物芯片。将这些小的装置注入肩胛之间的皮肤下。每个芯片都有一个唯一的号码,且该芯片是永久性的。大多数兽医、动物收容所以及保护动物协会都有读卡器,当该读卡器经过动物身体时就会“读取”芯片内的号码。在给动物植入芯片时,动物主人填写一份含有完整信息的表格,包括动物主人联系方式以及动物注册证号码,然后将这些信息输入芯片,而表格以及相应的费用交至国家注册处。如果动物的所有权或住所发生变化时,动物主人只需简单地通报注册处即可。美国养犬俱乐部(AKC)负责 Home Again 微芯片的注册。美国兽医行业身份识别装置(AVID)负责全国的注册。读卡器是通用的,可读取不同品牌的芯片。鸟类、犬和猫是代表性的微芯片植入者,植入过程简单、快速且相对便宜。微芯片有助于识别那些由于烧伤、体重减轻或被毛暗淡肮脏而导致外貌发生变化的动物,而且芯片不会被丢失。国家注册处设有一个信息资源中心,无论何时都可以查找已植入芯片动物的信息。每只动物终身只有一个号码。动物所有权或者动物主人联系方式发生变化时,只需联系注册处更改即可。植入芯片应该成为新宠物初次临床检查的内容之一。与其他诊疗过程一样,大多数动物主人不会要求植入芯片,因为他们不知道芯片的实用性,因此我们应该告诉他们芯片的好处。向客户普及知识也是兽医助理的职责之一。

宠物健康保险

随着兽医服务范围及其复杂性的增加,已经导致了动物主人花费的增加。在没有宠物健康保险的情况下,接受适当的兽医诊疗花费就已经超过了大多数动物主人的支付能力。这就会导致动物主人会选择花费较低但效果较差的诊疗,宠物健康保险消除了这种倾向。确定你工作地区能提供的宠物健康保险计划,告诉主人保险的实用性。宠物初次来就诊时,就鼓励动物主人购买保险,因为兽医诊疗服务质量的增加将远远高于保险费的支出,宠物的生活质量也会提高。

为方便动物主人选择,下面提供部分工作流程,但其并不是宠物预防保健程序的一部分。

猫断爪术

趾甲切除术，更确切的称为断爪术，即将猫的爪子永久性切除。美国爱猫协会不建议使用断爪术。这是一个非常疼痛的过程，必须将趾的末梢即趾甲开始生长的地方切断。只有前爪才有必要进行趾甲切除术，而后爪用于推动猫的前进，所以趾甲都较短。猫完成断爪术后，要在爪子上缠上绷带。拆除绷带后还存在术口污染的危险，因此动物主人必须给猫垫上碎报纸，直到爪子完全康复，大约需要2周。

断爪后的猫必须养在室内。在户外，它除了牙齿没有别的自卫武器，这让猫处于非常不利位置，其脸部和眼睛变得容易受伤。动物主人必须对断爪的猫做出承诺，在其大约15年的生命期间都要将其饲养在室内。

如果有其他办法可以解决猫抓挠的问题，那么不建议给猫做断爪术。动物主人首先要做的事情是将猫的趾甲剪短。兽医助理可以告诉动物主人如何正确修剪猫的趾甲。每周检查一遍猫的爪子，确定是否有必要修剪趾甲。

使用行为矫正方法来减少抓挠。用猫薄荷来诱使猫抓挠毛绒攀登玩具，在猫舍提供小的深色木头或猫抓板。使用装满水的塑料水枪来减少猫的负面行为。一旦猫出现不适当的行为，就用水喷它。

人们不要用手来戏逗、折腾或其他方法来刺激猫，这些刺激会导致抓挠行为。必须教育儿童要以安静、温柔的方式对待所有的动物。只有在爱抚和饲喂时才使用手。

使用软指甲。将它们贴在猫的爪子上，就像女性贴的假指甲一样。随着指甲的生长，假指甲就会被替代。

很多时候，动物主人要求为其猫进行断爪术，因为他们不知道还有其他的选择。兽医助理在向客户普及知识方面起着重要作用。花点时间增长自己的知识，花点时间告诉动物主人相关知识，有益于我们所爱的宠物们。

新生幼犬的断尾和悬趾切除

尾巴切断术也称为断尾。悬趾是每只脚的第一个脚趾，类似灵长类的拇指。品种标准规定了尾巴的长度和脚趾的数目。幼犬出生时尾巴较长，且可能每只脚上都有悬趾。如果品种标准要求不同长度的尾巴或/和没有悬趾，那就要断尾和悬趾切除。理想手术时间是3～5日龄。

该手术要求将母犬（幼犬的母亲）与幼犬一起带至动物医院/诊所。完成母犬的产后检查后，检查每只幼犬是否存在出生缺陷及其健康状况。如果它们是健康正常的，则按照它们的品种标准进行断尾和悬趾切除。幼犬的嚎叫声会使母犬不安，为了减轻母犬压力，在手术期间，要将母犬和幼犬分开。手术期间，由兽医助理保定每只幼犬。一旦手术完成，将幼犬带回给母犬。虽然手术中使用了缝合线，但幼犬不需重新到动物医院/诊所拆线。术后必须将小狗安置在干净环境中以防止感染。

安乐死

安乐死是一个复杂的问题。动物主人的价值观以及以往的经历决定着“是否采取安乐死”以及“什么时候进行”。一旦决定采取安乐死，那么工作人员就要着手安排相关事宜。应该在一天工作的最后时间或者在客户较少的时间段预约安乐死。如果可能，最好安排15 min以上的时间。

同意书、收费单以及尸体处理办法这些相关的文件资料都应该在实施安乐死之前安排妥当。执行安乐死前一天完成这些手续是最理想的。如果必须立即执行，那么把动物主人带到一间单独的房间，让其将相关文件填写完整。动物主人决定是留在安乐死执行现场，还是只在安乐死后看看尸体，或是把动物留在动物医院/诊所后就离开。

如果动物主人要留在安乐死执行现场，那么应该告知他其宠物临死前可能会发出痛苦的声音或出现不自主运动。给动物主人提供纸巾和椅子。动物主人可能希望在实施安乐死之前或之后和动物单独相处一些时间。

如果动物主人只是想在实施安乐死之后看看动物，那么在动物主人看到尸体之前应拆除所有导管以及医疗设施，让动物侧躺在毛巾或毯子上，轻轻地将其被毛理顺，在身上再盖上另一条毛巾或毯子。同样要给动物主人提供纸巾和椅子。

记着事后要致电慰问动物主人，并寄去慰问卡。如果有失去宠物互助协会，可以告诉动物主人。这项工作对于员工是非常有压力的，经验丰富的员工可在不流露感情的情况下执行工作，其实他们与那些感情容易失控的新员工一样痛苦，没有人会习惯这种状况。

第4章

动物保定

"医生，我想它还记得你。"

本章培训目的

完成本章培训后，学员应做到以下几点。

1. 对患病动物进行适合的动物保定技术和可执行的操作。
2. 利用心理保定来配合物理保定。
3. 演示牵引带的正确使用。
4. 牵引狗并使其紧跟身后行走。
5. 在棉绳的末端打绳头结。
6. 打拴马结。
7. 打半挽结把患病动物的肢体固定到栓上。
8. 打方结。
9. 打内折结。
10. 打蝴蝶结。
11. 将患病动物安全地放置到医院的限定区域和将其安全地移动。
12. 将小鸟安全地从笼子里拿出和将其安全地放回笼中。
13. 保定大型鸟。
14. 移动较大的意识丧失的动物时采用一些辅助的设备。
15. 应用各种手段安全保定凶猛动物。
16. 会使用犬猫专用的保定嘴套。
17. 将绷带式的口套运用在犬上。
18. 将黏性胶带口套运用在犬上。
19. 使用绳索套住大型犬的嘴。
20. 当患猫在检查台上时修剪其趾甲。
21. 将快速收放保定杆运用于患病动物。
22. 在临床检查时有效地保定动物。
23. 给患病动物进行口服给药。
24. 保定动物并进行静脉穿刺：颈静脉、臂头静脉、隐静脉和股静脉。
25. 注射时保定患病动物。
26. 经过兽医助理工作所在地的地方农业部门认证后可以实施皮下注射或肌肉注射。
27. 在俯卧位、侧卧位和仰卧位保定患病动物。
28. 将伊丽莎白圈、颈支具和束腿绳运用于患病动物的保定。

前言

物理保定方法的掌握是一个兽医助手技能熟练的标志。这一章重点介绍一些需要兽医助手掌握的技术。

最简单的道理，没有正确的动物保定是不可能完成诊疗工作的。保定方法的选择取决于一个总的原则：用足够完成诊疗工作的最轻微的手段来保定，同时不能对动物和操作者造成伤害。有许多方法可以达到这种目的，了解可能会出现的各种情况，选择最适宜的保定方法。需要记住的是在这个环境下适合某一动物的方法在另外一个环境中不一定适用。注意患病动物的反应、肢体语言及大体状况是保定的基础。熟悉动物的行为，要知道患病动物的细微反应变化。

保定的选择要始于对以下4个基本方面的分析。

1. 行为

动物行为受以下几个方面的影响：

a. 种类(犬与猫相比)；

b. 品种(吉娃娃与圣伯纳相比)；

c. 性别(未去势的性成熟的公犬与去势的公犬相比)；

d. 年龄(顽皮的幼龄动物与虚弱的年老动物相比)；

e. 地域(在它们的生活领域与在动物医院/诊所相比)；

f. 等级地位(首位的与其次或更低的相比)；

g. 先前的经历(经历过与没有经历过相比)；

h. 当前的健康状况(全身性疾病与局部损伤相比)。

2. 操作

a. 操作期的疼痛程度(没有与剧烈相比，慢性与急性相比)；

b. 操作时间(短与长相比)；

c. 身体的部位(靠近易被损伤的组织，例如眼睛与其他部位相比)；

d. 需要保定的程度(完全保定与可以轻微活动相比)。

3. 操作者

a. 技术水平(新手与熟练者相比)；

b. 身体力量(能举起12～25 kg的与能举起25 kg以上的相比)；

c. 有效性(单人与多人相比；需要的人员越少，每人就需要更有效的发挥)。

4. 设施及其可用性

a. 绳索和牵引带；

b. 毛巾和猫袋；

c. 手套：皮制(勿忘!)；

d. 笼子和搬运工具；

e. 口套：商业化的或用绷带做的；

f. 快速收放保定杆；

g. 保定板、栅栏和夹板。

保定可以分为3种：心理保定、物理保定和化学保定。心理保定的保定效果最低，由于无法预知动物的反应不会单独应用，常用于辅助其他的保定方法。兽医工作人员的声音语气、精神状态、肢体语言、眼神交流和身体活动都会影响患病动物的行为，不论这个影响是积极还是消极的。注意你自己的行为和态度以及患病动物对其的反应如何。

化学保定是利用药物来进行，范围从镇静剂到全身麻醉。当需要严格的制动、会一直疼痛或当处理一个无法预知或难以处理的动物时，常选择这种保定方法。化学保定需要与兽医商量，经其同意后才能执行。如果采用化学保定，药物的选择、剂量、给药方式都由兽医来决定。

尽管这一章介绍了犬猫以及部分鸟类的一些主要的保定方法，读者还应该参阅关于动物保定的书籍及影像资料，对特殊品种的一些保定方法的变动在相关章节中都有介绍。AAHA和AVMA是音像资料的最好来源，有些可以供会员免费下载，有些音像资料则必须购买，一些大学在图书馆里有另外的一些资料。辅助学习资料清单在本章的末尾已经列出。动物医院/诊所内不同的患病动物需要持续的具有个体适应性的保定来支持有效的诊疗服务。询问动物主人他们如何控制自己的宠物，咨询其他兽医人员在保定不同种类动物时的技巧。记住要考虑到动物的大小和他们自我保护的武器，对这些武器进行限制。非常小的宠物如仓鼠或地鼠，如果处理不当则非常容易使其受伤。非常大的动物如马，可以用蹄子进行破坏性的踢打。

如果物理保定能够有效利用，那么可以提高兽医和兽医技术人员的工作效力以及减少患病动物的应激，如果使用不当则会对人员或/和患病动物造成伤害。保定操作者镇静自信的态度可以使动物消除紧张和利于其配合，只有技术熟练的助手才能传达这种情感。本章接下来的内容就是要使初学者达到具备必需能力的水平。

4.1 心理保定法

基本要求

心理保定的基础始于动物与操作者的关系。受过训练的动物通过听到或看到操作者的命令来做出反应。这是最低限制的保定形式，当然也最不可靠。一些动物接受过比较多的训练而另一些则很少甚至没有，一些训练有素的动物仅听从一个操作者的命令，而另一些则听从任何操作者的命令。一个不经意的分神可导致一个训练有素的动物不听从指挥，尤其在有潜在威胁的环境下，如动物医院/诊所。其他动物的出现、不熟悉的气味或突然的声音足以使任何动物忘记给它的命令。不要将动物主人说的话当作患病动物能达到的服从水平标准，要始终保持警惕。

心理保定最好作为物理保定的一种辅助保定方法。声音和触摸在心理保定中起主要作用。轻柔如哄婴儿般的声音可以消除许多患病动物的恐惧心理。轻柔的抚摸耳后或者搔挠下颌可以使猫觉得很舒服。当将猫保定在检查台上时，稍稍分散其注意力非常必要。同样，大多数犬对抚摸下颌或颈前腹侧都会表现出良好的反应，但之前要使他们熟悉手的气味。一些犬需要命令的口气或较强的碰触才会听话，这种犬一般是阿尔法犬(alpha dogs)。(注意：对于经过训练用于攻击的犬，如警犬、守门犬、攻击犬，需要动物主人来保定或者至少让动物主人出现在犬的视线范围内。一个小手势常常足以使一条有攻击性的受过训练的犬做出特殊的恶意行为。)受过“跳跃”训练的鸟，即从栖木上跳到手指上，常常容易抓住且很少应激。缓慢、轻柔、安静地移动能使很多动物保持平静和放松。放松下来的动物需要的物理保定较少。

训练基于条件反射，也叫做记忆强化。促进记忆强化的方式是当动物做出规定的行为后给予一定的奖励，这是最有效且最人性化的训练方法。通过在训练行为过程中不断奖励动物，可以使动物的行为表现的越来越好，最终达到规定要求。当动物出现不好行为时，应该人性化地去找出出现这种行为的原因而不是惩罚动物。改良行为或预防不良行为的方式可以避免错误行为的发生。

现在有很多描述“怎样训练动物”的文章或影像资料。为动物主人提供一份“推荐”单，同时关注本地区动物训练项目和最受好评的宠物训练者，以此保持信息更新。对于动物出现的非常规不良行为，可以询问动物行为学专家。全国认证过的动物行为学专家并不少，可以经负责该动物的兽医的推荐而找到。由于时间有限，兽医助理不可能在门诊时对动物进行任何的训练，所以向动物主人介绍高质量的训练方法是兽医助理的职责之一。了解相关信息，并与动物主人分享。

工作流程

准备工作

1. 熟悉患病动物。
2. 熟悉操作流程，将所有需要的器材准备好。
3. 始终在你的口袋里装一条牵引带。
4. 确保所有的门窗都已关闭。
5. 把你和你的病例的分神降到最小。

6.注意你的声音语气、身体动作和对待患病动物的态度,保持一个镇静、耐心和积极的态度。

操作步骤

1.跟患病动物说话,叫它的名字跟它打招呼。

2.用温和的声音孩子式的交谈。

3.始终把你的牵引带系在动物身上(不要信任动物主人的项圈和牵引带)。

4.缓慢地移动。

5.平静地移动。

6.保持身体接触使动物始终知道你在哪里。

7.保持你的脸和患病动物的脸有一段距离。

8.尽量使患病动物每次在动物医院/诊所的经历越舒适越好(有过不好经历的动物在下次来的时候就会表现出消极的行为)。

补充要求

1.操作结束时,叫动物的名字以示鼓励。

2.表扬动物。

3.当把动物交给在前台准备离开动物医院/诊所的动物主人或者把动物放进安全锁好的笼子里时才能移除你的牵引带。

4.2 绳索和打结

前言

关于动物保定的书常常以绳索的使用开始。尽管这些看起来比较繁琐，但是没有这些知识，助手就不可能完成有效的动物的保定。绳索还是实施牵引的基本物质。已经有廉价的商业化牵引带可以使用，最好的是尼龙绳圈一端带金属环的。毫无疑问，每一个工作人员口袋里都要放一根牵引带。

绳索的类型

绳索的材质类型很多并且粗细不同，其直径大小以厘米表示。绳索的抗张力强度由于材质及直径的不同而有区别，从松软到坚硬不等。对于材质和柔度的选择根据绳索的用途而定。较细的柔度好的棉绳适于保定手术或者放射学检查过程中的小型麻醉动物。较硬的结实的尼龙绳比较适合于做犬的口套，弯曲承度要求至少保证结是稳固的。绳索表面必须足够光滑，这样使动物和操作者都能感到舒适。粗硬的绳子适用于做牛犊保定，中等直径的软棉绳适用于做马的牵引索。

绳索在五金或者杂货店里按照需要的尺寸购买。当以这种方式购买时，有必要适当处理一下绳索断端以防止磨损或分叉。尼龙绳或者合成绳断端可以通过加热融合到一起，而棉绳则需要在断端打绳头结来防止其分叉(参见 4.2.1)。用一个小段 1″或者 0.5″的带子在断端紧紧地绕几圈是防止开叉的简便而快速的方法，但是这只能暂时的解决需要。在绳的断端简单地打一个单结同样可以避免松散，但缺点是结的粗度影响了绳的一端插入另一端的小环。所以这些方法都不如在绳的断端打绳头结。

绳索的部分

活动端是绳索的较短部分，固定部分是绳索的较长部分。绳索的一段弯曲或折转形成绳圈。当绳圈的一端绕过对侧部分从绳圈穿出就形成一个完整的环。结是绳索两部分之间的绞联。

结的类型

在小动物临床中有 5 种常用的结。分别是拴马结(参见工作流程 4.2.2)、半挽结(参见工作流程 4.2.3)和方结(参见工作流程 4.2.4)及其衍化的内折结(参见工作流程 4.2.5)和蝴蝶结(参见工作流程 4.2.6)。

半挽结用于将绳子的一端固定在栓上，栓常固定于手术台和 X 射线台的底部，用于将绳系在患病动物的四肢上使其伸展。当在施加拉力时要求结维持收紧不能滑动，就需要使用方结，这也是打内折结和蝴蝶结的基础。内折结或蝴蝶结用于将绳子或者纱布的两端系在一起形成一个能够快速解开的结，像用在口套上的结。

如果想把一个意识清醒的患病动物保定在一个物体上，打的结必须满足两个要求：便于操作者快速解开以及当患病动物挣扎时更加收紧。这在一个结上看似矛盾，但是有些结就可以满足这两个要求。

当试图将一个意识清醒的动物保定在一个牢固的物体上时，有两个重要的规则需要遵循：

1. 对意识清醒的动物始终使用能够快速解开的结，拴马结满足这个要求。拴马结每天会用到多次，请务必掌握。

2. 动物不会和绳子的松散部分纠结在一起。

工作流程 4.2.1
绳 头 结

准备工作

1. 剪刀。
2. 长约 24″的粗麻绳或者轻质细绳。
3. 断端没有封尾的棉绳。

操作步骤

1. 将细绳对折。
2. 把它平行放到棉绳上方，使它的绳圈部分靠近棉绳断端。
3. 将先细绳的一个活端在棉绳上绕紧，再将细绳的另一半从距棉绳断端大约 2″的地方开始缠绕。
4. 持续紧紧地朝向棉绳断端缠绕。
5. 使每一次缠绕的环都互相临近，彼此之间没有空隙。
6. 至少完整地缠绕 12 圈或者至少覆盖棉绳末端 1.5″。
7. 缠绕完成后，把细绳用于缠绕的那端穿过靠近棉绳断端的细绳的绳圈。
8. 拉细绳的相对端，直到绳圈拉到缠绕的线圈的边缘内。
9. 剪掉多余的线圈两端的细绳。
10. 修剪棉绳末端，在线圈边缘留 0.25″～0.5″的距离。

补充要求

工作完成后将所有的用具收拾好。

工作流程 4.2.2
拴 马 结

目的

1. 一种可以迅速解开的结。
2. 用于将动物拴在固定物上。
3. 有几句口诀帮助记住这个操作。“越过、向上、环绕和穿过，这就形成我们要打的结。”

操作步骤

1. 将绳的活端绕过或越过将要固定动物的物体上。(越过：固定物)
2. 绳索固定部分与活端现在相互平行，将活端放到固定部分的上面。(向上：活端在固定部分上面，不是在下面)
3. 将活端放到彼此平行的绳子部分的上面，朝固定物的方向做一个环。(向上：绳索的活端朝向固定物移动)

4. 在活端部分形成一个绳圈，使其绕到固定部分的后方。（环绕：把绳圈放到绳索平行部分的后面）

5. 将绳圈向上拉穿过绳索平行部分之间的远环。不要拉得太远，绳索的活端不能完全穿过环。（穿过：将绳圈拉过远环）

6. 拉绳索的固定部分，这样就可以把绳子收紧在固定物上，结也同时变紧。

7. 拿住绳索的活端，将活端松松地穿过绳圈，这样避免动物意外地拉活端将绳子解开。

8. 松开绳索时，记着把活端从绳圈中拿出来。

9. 用力拉绳子的活端，结就打开了。

补充要求

1. 练习、练习、再练习。

2. 提高速度。这个结每天都要多次使用，必须准确和熟练。

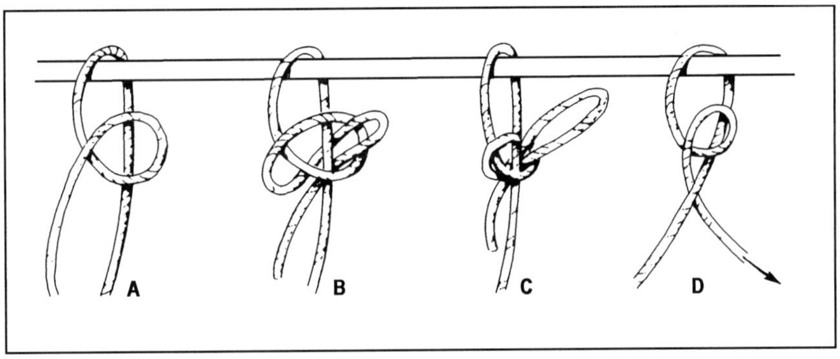

拴马结或速解结用于将动物拴于不可移动的物体上。

（经 Sonsthagen，TF 允许而采用。摘自 Restraint of Domestic Animals. St. Louis：Mosby，1991：18.）

工作流程 4.2.3

半 挽 结

目的

1. 对绳子的另一端施加一个持久的力时用的暂时性的结。

2. 用于：

   a. 将绳子的一端收紧在手术台或者 X 线台底下的拴上；

   b. 将无意识的患病动物的四肢保定在台上。

操作步骤

1. 把绳的活端放到绳索的固定部分的后面形成一个环。

2. 当系在栓子上的时候，从一侧到另一侧地交替半挽结。上面的绳子施加拉力固定每一个半挽结，在每一面都打 2～3 个半挽结。

3. 当在四肢上绑绳子时，把结打在靠近远端的地方。绳子在一端必须有一个小的环，将对侧端穿过这个环形成一个更大的环。将大一些的环绕在四肢上，在远端形成半挽结的环。不要将环收得太紧，肢体的循环绝对不允许受阻。

补充要求

1.确定绳的活端从形成的环的下面穿过或在环的下面。

2.如果绳索放在四肢上,要确保其没有影响到肢体的循环。注意受影响的部位的颜色变化(青色到暗红色)、肿胀和发凉。如果有疑似情况出现,立即松开绳子。

工作流程 4.2.4
方 结

目的

1.当对结增大拉力,结就会变紧,防止松脱。

2.防止结滑脱时使用。

3.记住“左在右上;右在左上”。

操作步骤

1.每只手分别拿住绳子的一个活端,将其放在一起,将左端放在右端上面。

2.向后绕到右端下方,再向前绕到右端上方,现在左端变成新右端。

3.拿起新的右端,把它放在左端上面,然后向后绕到左端下方,再向前绕到左端的开始的地方的上方。

4.拉紧每一端。

补充要求

检查你的工作。如果打结正确,在结的左侧有 2 个活端从上穿过一个绳圈,另外 2 个活端在结的右侧从下穿过另一个绳圈。

工作流程 4.2.5
内 折 结

目的

1.这是一个带有半个蝴蝶结的方结,记住“左在右上;右端带环;右在左上”。

2.靠增加拉力把结收紧。

3.通过拉半蝴蝶结的活端把结打开。

4.用于打需要快速解开的结。

5.用于使用蝴蝶结的地方,但是只有一个活端形成环,可以拉动把结打开。

操作步骤

1.每只手分别拿住绳子的一个活端放在一起,将左端放在右端上面,向后绕到右端下方,再向前绕到右端上方，现在左端变成新右端。

2. 在右端做一个绳圈。

3. 把右端放在左端上，向后绕到左端下方，再向前绕到左端上方。

4. 不要将绳圈完全拉出，在结的左侧形成一个环。

5. 通过拉紧结的没有环的活端将结打紧。

6. 简单地拉带环的活端就可以把结打开。

补充要求

检查你的工作。内折结如果打正确的话，与方结有相似的模式。环和结的一端在左绳圈的上面，环的活端和结的剩余端在右侧绳圈的下面。

工作流程 4.2.6

蝴 蝶 结

目的

1. 和方结类型相同只是在每一端都有 1 个环，最终为 2 个环，记住“左在右上；每端带环；右在左上”。

2. 在环上施加拉力收紧结。

3. 通过拉绳的两个活端快速解开结。

4. 用于把绳两端系在一起，且能快速解开。

操作步骤

1. 每只手分别拿住绳子的一个活端，将左端放在右端上面，然后向后绕到右端下方，再向前绕到右端上方。现在左端变成新右端。

2. 每个端做一个绳圈。

3. 把右环放在左环上面，后绕到左环下方，再向前绕到左环上方。

4. 通过拉两侧的环收紧结。

5. 不要将两个绳圈完全从结中拉出来。

6. 解开时，拉每个环的活端。

补充要求

检查你的工作。蝴蝶结跟方结模式是一样的，有左环和结的一端在结的左绳圈上，右环和结的另一端在结的右绳圈下。

4.3 放置或从笼箱中拿出患病动物

基本要求

如果动物将要住院，就需要将其放置在笼子里或者犬舍中。在此之前有两个非常重要的步骤需要去做。

首先，身份证明项圈要立即戴在每一个患病动物的脖子上，无一例外。通常这种项圈有一个带有硬塑料背面的纸片，在一端还有一个黏性的扣允许根据动物颈部粗细调整项圈大小。项圈可以通过切除没有黏性的一端达到合适的长度，两端紧紧按压在一起形成一个项圈。身份信息用记号笔写在项圈的外表面上，把项圈戴在患病动物颈上之前就要把信息写在上面。需要的信息包括：

1. 主人姓名。
2. 动物名称。
3. 入院日期。
4. 住院原因。
5. 主治兽医师。
6. 过敏/警告（这些通常用红的不退色签字笔写）。住院期间一直佩戴项圈，只有当患病动物交还给主人并且已经结账后才能将项圈拿下。

其次是填写笼卡。卡片的格式是可变的，内容至少包含与上述项圈一样的内容。许多笼卡还包括一张表格，上面填写每天临床检查结果，包括：

1. 饲喂食物。
2. 采食量。
3. 饮水量。
4. 排尿情况。
5. 排便情况。
6. 体温及测量时间。
7. 给予的药物及时间。
8. 观察情况。

这张笼卡一直伴随患病动物，无论什么时候，只要患病动物在笼子或犬舍内就将其放置在箱笼前方的存卡格里。

将动物放进笼箱或犬舍内

确保笼箱内已经消毒并且已为患病动物做好了准备。把笼卡放到存卡格中，把笼门完全打开，把动物放到笼子的后部以脚着地并面向你。关上笼门到仅容一只胳膊在里面，慢慢地把牵引带的脖套从动物的脖子上解下，拿出笼外，把门完全关上。检查门，确保完全锁上。

将动物从笼箱中移出

笼箱和动物的大小决定了如何将其从笼箱中移出。首先确定屋门已经关上，在将牵引带安全地套在患病动物脖子上之前不要把笼箱的门完全打开，等动物已经安全地戴上后才可以。如果患病动物要从病房或者屋内移出时，屋门最后再打开。

工作流程 4.3.1

将小型动物从笼中移出

准备工作

1. 关闭屋门。
2. 将笼卡取下放到你的口袋里。
3. 记着使用心理保定法。轻声地同动物说话，哄其向你靠近。

操作步骤

1. 把牵引带拿在手里，将脖套打开，准备将它套到患病动物的脖子上。
2. 把笼门适当打开，足够将持有牵引带的手伸入箱笼中即可。
3. 将牵引带套到动物的脖子上，轻轻地将其在颈部收紧。
4. 将笼门完全打开，把动物向你的身体拉近。
5. 把你的另一只手越过患病动物的背部伸到胸下，你的手掌向上靠近前肢。
6. 在牵引带上维持一个轻微的拉力，另一只手放在动物的胸下，将动物提起放置在你的髋部的位置上，动物的身体就在你的身体和胳膊之间不动了。
7. 将食指滑到患病动物两前肢之间，拇指和第三指放在前肢的外侧面，形成一个三指固定。将手指扣牢以固定好前肢。
8. 持牵引带的胳膊绕到患病动物的颈部从腹侧向背侧滑动，使患病动物的头和颈向你的胸部靠近。继续抓住绳子的末端。
9. 现在可以将动物带到另一个地方了。

补充要求

1. 无论何时打开单个笼箱时都要关闭屋门。
2. 将牵引带用在所有的清醒的患病动物身上。
3. 在牵引带安全地放在患病动物身上之前决不要完全打开动物的笼箱。

工作流程 4.3.2

将大型动物从犬舍中移出或牵出

准备工作

1. 将病房门关上。
2. 将笼卡放到你的口袋里。
3. 把牵引带拿在你手中，将脖套打开。
4. 用柔和带鼓励性的语气同患病动物说话，试着哄动物向你靠近。

操作步骤

1. 将牵引带滑到患病动物的脖子上。
2. 牵引者移到患病动物的左侧。
3. 轻轻地向上收紧绳子。
4. 给予“走”的命令。
5. 迈左脚向前大步走。

补充要求

1. 决不要将牵引带缠绕到你的手、手指或手腕上。
2. 保持牵引带足够短，这样迫使动物行走时能靠近你的左腿。

4.4 将鸟从笼中拿出与放回

基本要求

鸟类是当前美国第三大最受欢迎的伴侣动物。鸟类在就诊情况下非常容易应激，它们的体型大小决定了如何去保定它们。鸟的体型越小，捕捉或者保定时受伤的可能性越大。作为宠物，许多鸟有被抓拿的经历，有的甚至经过专门训练，询问一下动物主人，其鸟的行为及训练情况，综合这些信息来判断如何保定该动物。

处理小型鸟最大的危险性在于施加太大的力在胸骨上，这会抑制呼吸导致窒息和死亡。大型鸟有喙和爪子，可以对人造成疼痛性的伤害，但是当实行粗暴的保定时它们也有受伤的危险。

一般鸟是通由它们的背部进行保定，其翅膀紧紧地贴在它们的身上。从后面或者上面接近鸟，在下颌关节水平位上将头部固定在拇指与食指之间，这样防止头部左右移动。鸟的背部在处理者的手掌中，手指围绕按压着翅膀，爪子向上。对于小型鸟，操作者的小手指可以将鸟的趾部固定在它的体侧。

首先关闭房间所有的门窗，把笼子里的其他东西拿走，适当打开笼门，仅容你的手伸入到笼内即可。如果是小型鸟可以不用防护。

当食指伸出它就会“跳上来”的训练有素的鸟是最容易抓取的。仅仅敲一下胸底壁并给予命令，鸟就会栖到你的手指上，接着就可以把鸟移出笼子了。当鸟移到笼门口时，迅速用另一只手放到它的背上，拇指和食指放在鸟头的两侧，将鸟翻转向上。

如果鸟没有训练到可以直接跳到你的手指上，那么将手慢慢伸入笼中，快速地把手放到背上，拇指和食指放在其头的两侧。如果鸟比较紧张并且活动迅速造成抓取困难时，将房间弄暗一些或者关上灯会有助于操作。毛巾是非常有用的辅助工具，将一个小的毛巾盖到鸟的身上以限制其翅膀的活动和防止鸟看到操作者。毛巾放上后，将一只手滑到鸟背上，将其头部固定在手指之间，将其从笼中移出。把鸟翻转向上，将毛巾打开暴露出身体。

有爪子的大型鸟需戴皮手套进行操作(决不要使用放射室用的铅手套!)。与处理小型鸟相似，但是要使用双手。一只手通过从后面用拇指和食指固定头部，一旦头部保定好了，另一只手放到鸟的腹部，拇指和食指把翅膀别向它的身体并且手掌朝向尾羽侧把爪子向后推离身体，使鸟慢慢地旋转至仰卧。这一技术可以单用手套或者手套与毛巾一起使用。

当把鸟送回笼子时，将其放在笼子的底面，使其站立，拿出你的手。把栖木、玩具、喂食器放入笼中，打开笼门时仅容许这些东西进入即可。在打开房门前确定笼门确实锁上。

工作流程 4.4.1
将小型鸟从笼中拿出

准备工作

1. 关闭所有的门窗。
2. 询问动物主人在家里面一般是如何处理鸟的。如果这只鸟已经训练到可以自己栖在手指上，那么你可以改变接近的方式。
3. 把笼内所有的东西都拿出来。

4. 把屋内的灯调暗。
5. 手里面拿一条大小合适的毛巾。

操作步骤

1. 把你的手放在鸟的背上。
2. 用拇指和食指在下颌关节水平位上固定鸟的头部。
3. 弯曲手指按压在鸟的身上。
4. 将翅膀紧贴在鸟身上。
5. 用你的小手指把鸟的趾部固定在鸟身上。
6. 注意:轻柔地对待鸟,不要太过用力而抑制胸腔活动导致鸟发生窒息。
7. 把鸟从笼子里拿出。
8. 在检查或治疗时要将鸟仰卧,除非被告知不用这样做。

补充要求

当把鸟放回笼子时:
a. 将鸟右侧朝上进入笼门;
b. 把鸟放在笼子的底面;
c. 松开它的爪子,使其站立;
d. 慢慢地松开鸟;
e. 把你的手从笼中退出并且锁上笼门。

工作流程 4.4.2
保定大型鸟

准备工作

1. 关闭屋内所有的门窗。
2. 拿一条适用的毛巾。
3. 戴上皮手套。

操作步骤

1. 把毛巾盖到鸟的身上。
2. 迅速把一只手(通常是左手)放到鸟头部背侧上。
3. 将头固定在拇指和食指间。
4. 将另一只手(通常是右手)滑到身体下放在腿的前面。
5. 将翅膀别在其身体上。
6. 把鸟从笼中拿出。
7. 使鸟仰卧,暴露胸部。
8. 如果鸟很大,用你前臂的内侧面支撑着鸟的背部。

提示:保定时提供一根小木棍或栖木让鸟去咬能分散它的注意力,以便于操作。

4.5 抬起重的患病动物

基本要求

当抬起动物时必须考虑到动物和操作者两方面的因素。一般来说，单个操作者自己尝试抬的最大重量是25 kg，超过这个重量就需要两个人了。虽然兽医队伍里有很多人都能够轻易地抬起比这重的物体，但是反复地抬重物最终会造成对背部的损害。记着当抬重物时用你的腿部肌肉。

这里有3种方法可移动无意识的患病动物：担架、大的毛毯或床单、带轮子的台子。将患病动物滚到一侧，把毛毯或者担架放到其身下位置，再将动物滚到担架或者毛毯上。两个操作者，每人拿住一头，将动物抬起运到指定位置。如果使用移动台，仍需要两个人把患病动物抬到台子上，然后其中一个人再将台子推到指定位置，将动物放下台时也需要两个人抬。

如果患病动物意识清醒，但是较重或者非常兴奋，仍需要两个人员来抬动。操作者必须相互配合。多注意你身边发生的事情，如果你看到一个工作人员需要帮忙抬重的患病动物，那么请立即施以帮助。同样，你在抬重的患病动物时也可以找一些此时不忙的人员来帮忙。自己一人抬重的患病动物并不是英雄的表现，只能增加自己和患病动物的危险，这样做在别人看来是不安全且没有必要的。

工作流程

准备工作

1. 需要2名工作人员。
2. 把患病动物将要被抬上的台面清理干净并消毒。

操作步骤

1. 动物必须站立。
2. 患病动物必须跟将要放的台面平行。
3. 2个工作人员站在动物的同一侧，使患病动物处于人员与将要放的台面之间。
4. 距头部最近的人需要做以下几项工作。
   a. 将一只胳膊放在患病动物颈部下面并环绕颈部；
   b. 将另一只胳膊放到肘下，尽可能地伸到胸下并环绕胸部；
   c. 将患病动物紧紧地拉向你的胸部。
5. 距尾部最近的人需要做以下几项工作。
   a. 将一只胳膊放到患病动物腹下并且尽可能地在胸部与骨盆部之间环绕腹部；
   b. 把另一只胳膊放到患病动物尾巴和腿的后面，达膝关节；
   c. 向前缓慢地推患病动物的后肢；
   d. 将患病动物紧紧地拉向你的胸部。

6. 动物的抬起。

a. 每位工作人员就位后，同时抬起患病动物到指定位置；

b. 一个人员可以离开；

c. 至少留一个人保定动物；

d. 当清醒的动物在一个高的台面上时绝不要把你的手拿开。

4.6 处理难控制的患病动物

基本要求

有的患病动物由于恐惧或具攻击性而出现不配合的情况。学习处理这些患病动物的技巧可以避免兽医工作人员遭到伤害和减少动物的应激反应。在重视学习如何处理这种情况的同时还应知道什么时候应该停手，不再对这种动物进行强行保定，这也很重要。让其他人来保定或者建议患病动物去另一家医院是比较明智的，这仅仅是耽搁一点时间而已，但如果工作人员或者患病动物受到伤害，那损失就大了。

猫

猫有一个好处是对于它的情绪通常表现的很明显，如果一只猫很难控制，那你一眼就能看出来。猫有两个自卫武器，它们的爪子和尖牙。两者之中，尖牙造成的疼痛更重。猫在发怒时耳朵向后紧贴，弯腰或者弓背，颈背部及背部的毛发全都立起来，并且发出嘶嘶的声音。在大多数情况下，猫会退到笼子或者架子的远处角落里，面对着操作者，在试图咬之前它会先伸出它的爪子。凶猛的猫只能通过化学保定来达到足够时间的控制。以下是一些处理难控制的猫的技巧。

1.隐藏和躲避　把一块毛毯扔在猫的身上可以防止它看到它的目标。一旦毛毯覆盖在猫的头上，从头侧靠近猫，操作者将一只手从上方牢牢地固定在猫的头和肩部，并且向下按，用另一只手把毛毯裹在猫的身上，将裹住的猫从笼子或运输箱中提起并拿出，然后把猫放在检查台上。继续猫在肩部和颈部施加压力，掀起毛毯的边缘在后肢上进行注射。

2.墨西哥玉米卷式保定猫　把一个毛毯摆在检查台上，准备好后把牵引带的环套抛扔到受限的猫的头上，慢慢地收紧，将猫向操作者拉动。持续对牵引带的环施加拉力，同时将另一只手滑到猫的身体下将其托起。把猫转移到毛毯上后，迅速将其卷到毛毯里。把毛毯绕紧，盖住猫的脸部，兽医技术人员或者兽医师在毛毯下方把后肢拉出，进行注射。等到药物见效后再将裹在毛毯中的猫送回笼子。

3.渔网　把一个渔网慢慢地滑入轻微打开的笼门内，然后将其套在猫的整个身体上，这可以有效地保定猫。一旦网放在猫身上，网环就滑到猫的下面。接着将毛毯抛裹到猫头上，通过渔网对猫进行注射。

4.挡板　这种商业化的或者自制的装置用于把动物挤到笼子的后面。通过挡板上的空隙对动物进行注射。自制的挡板是由金属硬网(与做兔笼的材料类似)和 1″×1″的木条组成。用 1″×1″的木条制作两个木框，长和宽分别是最小的笼门宽和高的一半。将金属硬网钉在一个木质构架的周边，再把第二块木质构架钉在网上面上，即像“三明治”一样把硬网夹在木框中间。在板的一面的中央钉上一个横杆，在横杆上钉一个金属把手，类似与抽屉把手一样。挡板的使用:抓住把手，助手将板推到笼子的后面，同时把患病动物挤到笼壁上。一只手持板，另一只手通过挡板的空隙进行注射。

5.口套　使用商业化的纤维质口套，纱布口套很难使用。带有按扣的口套由于解开快速和方便，更适用一些，它们有许多型号并且可以清洗。正确的放置口套可以盖住猫的眼睛。把猫从笼子或箱子里拿出后再戴上口套。如果猫需要接受诊疗的时间较长，在此之前把猫的爪子修剪一下是明智的。这样保定后猫的武器就无用了(参见工作流程 4.6.1)。

6.猫袋　当猫需要进行诊疗如静脉穿刺时，商业化的猫袋对于保定猫是十分有用的。猫袋在关键的部位都有拉链，这样无论是猫的前肢还是后肢都能被拉出来。背部的拉链便于在肩胛骨之间进行皮下注射，头部的拉链可以露出耳朵、牙齿和头部，以便于治疗。需要小心的是它的牙仍然有危险性。

犬

犬的行为比猫更不可预知一些。一些犬开始就有攻击性，另一些则开始能够配合，但后来可能会突然出乎意料地攻击操作者。操作者必须时刻注意患病动物：上嘴唇细微的抖动、颈背部毛的竖立或者先于深的嘶哑的叫声之前出现的轻微肌肉紧张，这些都是即将要攻击的警示。有时没有任何警示也咬人。牙齿是犬的武器，因此嘴必须要保定。用在具有攻击性的猫身上的技巧同样适用于具有攻击性的小型犬。

以下是用于不太配合的中型到大型犬的部分技巧。

1. 快速收放式保定杆（也就是所谓的圈套器或者捕犬杆）　这种装置用于抓捕犬只，同时可以使保定者与犬保持一定距离。保定杆的环从犬头部套入并且绕颈收紧，小心不要让犬窒息。按压杆的末端，使犬的头部贴在地上，另一个操作者迅速抓住犬的一条后腿或者尾巴向后伸展动物的身体，进行注射，结束后动物可以允许站立。用这支杆将患病动物带回笼箱中，将远端的绳索松开以打开对侧的环，将动物释放出来。

2. 绳索　绳索保定有几种方式。

a. 屏障法。将绳索一端的脖套放置在患病动物的颈部，把另一端穿过犬舍的门栓或者低于笼门的金属杆，通过拉另一端使犬的头部紧紧地贴在门上以防止其转头和咬人。操作者也可以站在关闭的门的一面拉绳子使犬的头紧紧地贴在门的另一面上。无论使用这两种方式的哪一种，第二个操作者抓住犬的尾巴或者一条后肢将其身体向后伸展，然后进行注射。用这些方法犬就不会咬到任何操作者了。

b. 交错法。两条绳索的脖套放置在犬的颈部。2 个操作者各操一条绳索，向相反的方向用力拉防止动物转头，第三个操作者抓住动物后肢进行注射。这是一个快速和简易的技术，但是需要 3 个工作人员才能完成，而屏障法只需要 2 个人。

3. 口套

a. 商业化的纤维口套。口套的型号很多以适应绝大多数的动物的需要，还有一些专门为短头犬设计的特殊口套，像巴哥犬。在使用商业化的口套时，口套较窄的部分放在动物的鼻部，较宽的部分放在下颌下面。口套通常采用按扣或者能快速解开的扣。将带子环绕犬头部放置在耳后，调整带子的长度以使动物舒适，但调整后必须保证足够紧以防犬将口套从头上抓落。如果动物需要一个口套进行保定，一个操作者可以跨在犬的肩背部上方将膝盖夹紧，顶住动物的身体，另一个操作者站在犬的前方拉近绳子，使犬不能回头。跨在动物身体上方的操作者从动物的头的后面给动物戴上口套。对于更加顽抗的动物，一个操作者可像上面一样站在犬的后面，但是同时要抓住犬耳后颈部两边松的皮肤，这样防止犬的头来回活动。另一操作者从犬的前方放置口套。

b. 纱布口套。每一个工作人员口袋里都要装一条 3″长 2″宽的纱布，这是制作纱布口套的基础。纱布口套是非常方便的操作，可用于牢固保定任何动物（但短头犬除外），一条 1″～2″长的纱布就足够了，快速套到犬嘴上，不需要选择型号，经济并且易于替换。首先用纱布条做一个环，绕过下颌放置在鼻子的上面，然后收紧。两端再放到下颌下打紧第二个环。然后每个末端都沿着面部的两侧向后上方拉至耳后，末端在头基部打一个蝴蝶结。如果要放开口套，只要先解开蝴蝶结使其松开，然后拿着解开的结的一端，这时动物通常会向后退，口套环就从动物鼻上滑落下来。

c. 胶带口套。这一技术不是很常用，但是当犬不让你将口套或者纱布环放在它的鼻子上时这一方法就非常有用。用一卷黏性胶带的活端按在犬的鼻梁上并且快速地将胶带缠绕鼻部和下颌几周，接着将胶带卷继续拉到耳后，再将胶带卷向前拉，在鼻子和下颌上缠至少两周。留出 2″

长的折返长度将胶带从胶带卷上剪下，这样有助于从末端将口套快速的撤掉。撤除口套时，只要抓住胶带的活端，逆向地操作，拉开胶带即可。操作过程中犬通常后退，有助于胶带的撤除。

d. 绳索口套。这是另一种不常用的保定方法，是胶带口套的一种衍生方法。用于绷带环不能放置到犬鼻部周围的情况。绳索固定在犬的颈部，绳索的另一端快速在犬的嘴部缠绕几周。进行注射时，操作者抓住绳环的末端，将其紧紧地贴在犬的颈部周围的位置。

e. 金属或者篮式口套。这是一种金属丝编织物，将其滑到动物的鼻部，用金属扣固定在耳后。有各种型号，仅用于犬。这些口套的优势是放置在犬口鼻部后，犬仍能够喘息，所以可以将其较长时间放置在动物身上。基于不好存放的原因，纤维口套在兽医医院里更为易见。应该建议一直难控制犬的主人购买这种口套，在到动物医院之前就给犬戴上口套，这样就减少了花在保定上的时间和精力，也减少了动物的应激和工作人员的危险。

熟练掌握一些技术是良好保定的基础。自信随时间和实践而不断增加。根据每个动物和特殊的环境来适当改变保定方式，以使保定方法多样化。采用你认为最有效的方法。

工作流程 4.6.1

修剪猫爪

准备工作

1. 确保剪子清洁并且刀刃锋利。
2. 将止血粉取出备用。
3. 桌上放置一块毛巾。
4. 戴检查手套。

操作步骤

1. 向下压猫的每一个趾。
2. 迅速确定位置。
3. 从趾甲的底部开始，将刀刃钩在趾甲平直和弯曲部的交接处，这可以迅速远离活组织。
4. 采用快速而谨慎的方式从趾甲的下面向背侧面切。
5. 每一个趾甲都重复这个操作程序。

提示

1. 每条前肢均有 5 个趾甲。
2. 每条后肢均有 4 个趾甲。
3. 前肢趾甲比后肢趾甲长，因此，前脚趾的趾甲剪的要比后脚趾的多。
4. 如果剪到趾甲的血线，趾甲就会出血，且会对动物造成疼痛。及时地将止血粉撒在出血处并用棉签或棉棒按压指甲。一边安抚猫，一边持续按压直到出血停止。

补充要求

1. 确保修剪趾甲后给予动物适当梳理。
2. 将猫放回笼子。

3.清洗、消毒并擦干所有使用过的器械。
4.清理干净台面。
5.将用过的毛巾放入洗衣房。

工作流程 4.6.2
纱布口套

准备工作

1.准备一个 1″～2″宽,至少 3″长的纱布。
2.将它在你的手上绕成一团。

操作步骤

1.在纱布的中间做一个大的环。
2.将环滑到犬的鼻子上,结在鼻子的上方。
3.在鼻子上收紧。
4.将两端向下环绕下颌。
5.再打一个结并在下颌下收紧。
6.沿着面部两侧向后放到耳后。
7.在头的基部打蝴蝶结。

补充要求

1.除去口罩时只需解开蝴蝶结。
2.在口罩的一端施加拉力并向前拉。
3.犬一般会后退,纱布就会从鼻子上滑落。
提示:在口袋里始终装一条干净的足够长的纱布。

4.7 临床检查时的保定

基本要求

保定如同跳舞，需要相互协同合作。以兽医和兽医技术人员为主，助手为辅来进行工作。在这个过程中，助手要协助其他工作人员的行动并且反应迅速准确，这样整个过程才会顺畅。

只要患病动物在检查台上，就要一直维持保定。这里有一些基本的准则需要记住。

1. 保定人员通常站到诊疗患病动物的人员的对侧。
2. 不要将你的手从清醒的患病动物身上松开，不管它看起来有多么配合。
3. 当保定动物时是用你的全身而不仅仅是你的手。
4. 知道兽医技术人员或者兽医在做什么，估计到他们的下一步行动。
5. 保定动物要使接受治疗的部位暴露出来，这就意味着患病动物在被检查时你需要不断地调整保定姿势。
6. 保定的程度视情况不同而不同。
   a. 当进行精细组织的检查和治疗时，需要牢固的保定，这非常关键。例如从耳朵内取出异物时，患病动物必须一动不动以防止发生医源性伤害。对患病动物进行眼部的检查时，也需要相当牢靠的保定动物，因为检查者的脸距离动物的嘴部非常近，所以增加了检查者被咬的危险性。
   b. 在一些情况下仅需简单的保定就足够了。在进行常规免疫时一些简单的分散注意力的方法如捏住鼻子或者抓挠耳后部就足够了，因为这时使用的针头短而细，药物也没有特别大的疼痛反应。
7. 知道一些方向性的术语(附录 C)。如果要求你将动物放置成左侧卧时，你必须知道怎么做。
8. 注意患病动物的肢体语言。在保定中根据患病动物的情绪的变化而做出相应的变化。

当患病动物在检查台上时保定的基本方法不变。最低的要求就是有效的完成任务并且做到对人员及患病动物不造成伤害。

对形势的机警性和应变力是必要的，这是你成功的关键。

工作流程

准备工作

1. 在患病动物进入检查室之前要做好以下几点：
   a. 将所有兽医检查过程中估计要用到的器械和材料拿出备好；
   b. 确保检查室内清洁；
   c. 戴上干净的检查手套。
2. 在前台欢迎客户和患病动物。
3. 将牵引带拴到患病动物身上，患病动物的项圈和原牵引带不动。
4. 给患病动物称量体重并且在病历上记录。
5. 将客户和患病动物带到检查室。

6. 将患病动物放到检查台上，左侧面向兽医，这样便于心脏的听诊（当患病动物的右侧面有疾患时例外）。站到与兽医相对的桌子的另一面，使患病动物的右侧面靠近操作者。

操作步骤

1. 基本姿势：只要患病动物在检查台上，就要保持动物俯位或者站立。

   a. 将一只手滑到患病动物的咽喉部向上推到下颌；

   b. 手指围绕在患病动物的下颌和鼻部；

   c. 另一只胳膊放在患病动物的胸壁上，手绕在肩胛下且手指朝向颈基部。前臂伸到胸壁上，把患病动物向操作者的胸部靠近（图 4-1）。

图 4-1 临床检查时犬的站立侧位保定法

2. 面部检查：临床检查通常由面部开始。口腔检查时，松开抓鼻子的手将其滑到颈部较低的位置。当口腔检查完后，将手向上重新抓在鼻子上。

3. 耳朵检查：一般采用基本姿势，但是如果需要，也可将围绕胸部的手松开，用指尖提起耳廓。在进行耳镜检查时将患病动物向操作者的胸部靠近以增加保定的牢固性，使它的头部不能转动或者活动。检查靠近操作者的耳朵时，需要转到桌子的另一面或者旋转患病动物，询问兽医选择哪种方式。

4. 在接下来的操作过程中，用靠近犬头部的胳膊环绕颈部，将其头部拉向操作者的胸部固定。如果患病动物较小，仅仅需要把手绕在下颌和鼻部。一定要从犬下颌的下方将手指向上绕在鼻子上，手掌在下颌的下面。

a. 胸部检查：环绕在胸部的胳膊向后移动放在腹下，胳膊尽量向上伸，胸部左侧可以听诊。右侧听诊时，操作者慢慢向后移动一点以使听诊器能够在右边的胸壁上移动。如果患病动物较大你可能需要到桌子的对侧或者旋转患病动物。

b. 腹部检查：将你的胳膊前移，放在胸部下面围绕胸部，向上提迫使动物站立。

c. 肛门和会阴检查：腹部检查后患病动物继续站立，操作者胳膊后移支撑动物腹部。

d. 四肢的检查：患病动物保持站立。保定与检查肛门时相似，操作者胳膊在腹下支撑动物站立。

补充要求

1. 只有当检查、治疗以及兽医同客户的交流结束后，患病动物才能从检查台上拿下。

2. 绝对不要让患病动物从检查台上跳下来，即便是很大的动物也要从检查台上抬起并放到地板上。

3. 客户和患病动物离开检查室后，返回屋内清理台面，清理所有的器械设备，补给消耗，将所有材料整理好。

4.8 打开患病动物的口腔

基本要求

对于助手来说，能够打开患病动物的口腔是必需的技能。助手还需要为兽医或兽医技术人员保定好动物，以利于口腔内及周围的检查和治疗。进行口服给药时，知道如何打开患病动物的口腔是非常重要的。动物种类决定了操作过程及器械的使用。

喂固体药物

当给予药片或胶囊时，只需简单打开动物口腔，将药物塞到舌根部即可。如果被咬的危险性很大，那么可以使用小的投药器、镊子或者纱布条。

喂液体药物

可以把药物直接喂入患病动物口腔或者经口腔、食道插入胃管直接投到胃内。一个非常值得考虑的问题就是通过患病动物口腔的任何物体都有被其咬坏的危险。如果发生这种情况，动物口内的断端必须被取出，但是取出往往不容易。最轻微的算是器械和饲管被损坏。如果放置鼻饲管或者胃管，助手应负责好动物的保定。动物麻醉后可以使用口腔开张器。对于意识清醒的患病动物，当经其口腔插入导管时可以使用绷带。

喂液体药物时，对于助手有两个基本的技术需要掌握：第一个是使动物的头部上仰，将口角向外拉，使颊与齿之间形成一个窝，液体由窝内慢慢滴入并沿后齿间渗过。滴入液体时一定要慢，以便给动物足够的时间吞咽；第二个技术就是要打开口腔。液体在舌的基部上缓慢地滴入，动物必须有足够的时间来吞咽才能再次给液。口服完液体药物后，用清水冲洗患病动物口腔，将残余药物冲下食道。

药片、药丸和胶囊

助手的职责常包括住院动物的给药以及教会动物主人如何给他们的宠物喂药。因此熟练口腔给药是一项非常重要的任务。一点解剖知识：气管位于舌基部后的正中，食管就在气管的左侧。口腔给药需要打开患病动物的口腔并且将药物放置在舌基部的后方靠近左侧的位置，让动物进行吞咽，接着用注射器给动物喂水以保证药物有效地进入胃内。这对所有的患病动物都十分重要，尤其是猫。

工作流程 4.8.1

打开犬的口腔给予药片或胶囊

准备工作

1. 戴检查手套。
2. 确认动物的身份。
3. 确认药物的医嘱。

4.将药物拿在手里。
5.将一个装满水的注射器放在药物的旁边。

操作步骤

1.用一只手打开患病动物的口腔。
 a.将手放在犬的鼻子上;
 b.将你的拇指滑入犬的口内,恰好放到上犬齿后;
 c.如果犬看上去反抗,将上唇的边缘放到你的拇指下;
 d.用力捏住口腔的上部,使头向上倾斜。
2.用另一只手完成以下任务:
 a.用拇指和食指将药物拿住;
 b.将药物尽可能远地放到舌的基部并且尽量靠左(若为大型犬你的手掌得伸入口腔);
 c.撤回你的手。
3.允许患病动物头颈回到正常的角度。
4.给患病动物足够的时间来吞咽。
5.重新倾斜头部。
6.重复上述的操作并给予水。
7.给患病动物足够时间将水咽下。

补充要求

1.确认患病动物身份(检查医院项圈和笼卡)。
2.将患病动物送回笼子。
3.立即在患病动物的病历和治疗记录板上记下本次给药信息。
4.清理区域和器械。
5.收拾好台面上所有的物品。
6.摘下并处理手套,洗手。

工作流程 4.8.2

打开猫的口腔给予口服药物

准备工作

1.将所需药物准备好。
2.将一个装满水的注射器放在药物的旁边。
3.确认动物身份。
4.检查患病动物的病历和治疗记录板确定药物的医嘱。

操作步骤

1.一只手掌放在患病动物的头上方,将第四指和第五指放在患病动物头基部的脖子上,将食指和拇指放在患病动物眼睛下的颧骨上,腕部用力使患病动物鼻子倾斜朝向天花板,如果做得到位,嘴就会慢慢打开。

2.用另一只手的食指和拇指将药物拿住,将中指放在犬齿之间的下切齿上把嘴打开,将药片放在患病动物舌的基部上并且稍微靠左,用食指将药物推下去。

3.允许患病动物恢复正常的姿势,给患病动物足够时间来吞咽,重新打开口腔,将注射器内的水慢慢送到舌后,然后并给患病动物足够时间来吞咽。

工作流程 4.8.3

打开鸟的喙部给予口服药物

准备工作

1.戴检查手套。
2.确认患病动物身份。
3.确认药物医嘱。
4.根据鸟的大小做一个大小合适的纸夹,或者将小的栖木放在药物的旁边。
5.将药物放入注射器内备好,注射器连有鸟的饲喂管。
6.将另一个注射器装满水放在药物旁边。

操作步骤

小型鸟和中型鸟

1.一只手放在鸟背部将其保定,用拇指和食指夹住鸟头。
2.用另一只手完成下面的动作。
　a.平拿纸夹,从左侧面接近喙部;
　b.将纸夹插入上下喙之间;
　c.旋转纸夹撬开喙部;
　d.把饲喂管从左侧的上下喙之间滑入,靠在纸夹后方;
　e.拿掉纸夹;
　f.把注射器向喙的中心移动(这样迫使喙张大并且增加了可见度);
　g.慢慢地将饲喂管滑到食管内,食管位于鸣管左侧;
　h.在嗉囊内触摸饲喂管的顶端;
　i.慢慢地将药物送入饲喂管;
　j.将管子抽出;
　k.用纸夹再次把喙打开;
　l.给予饮水。

大型鸟

1.一个人从鸟的背部保定鸟。
2.用一根小的栖木或者金属杆让鸟抓住。
3.用注射器从左边靠近喙部。
4.接下来的操作同小型鸟。

补充要求

1. 把患病动物送回笼中。
2. 立即将本次投药记录到动物的病历和治疗记录板上。
3. 清理区域和器械。
4. 整理好所有的物品。
5. 取下手套并处理。

提示：不要在鸟胸腔上施加太大的力量以免其呼吸受到抑制。

4.9 静脉穿刺

基本要求

静脉穿刺是指将针或导管直接插于血管中用于给药、输液或采血。很多血管都可以用来穿刺。如果只需要一滴血液，那么在耳缘静脉刺一小口或在皮肤上刺一小口就足够了。如果需要从小型患病动物身上采集大量的血液，那么就要采用大的血管如颈静脉。较大的患病动物从前肢的臂头静脉就可以采集到足够的血液。其他可用的血管包括猫的股静脉和犬的隐静脉。鸟可以从翅下静脉采血，啮齿类可以从眼眶血管中采血。不同的动物种类和采血部位都需要不同的保定技术以使涉及的血管清晰可见。必须确保患病动物不能活动，因为稍微活动会导致针头从血管中滑出，造成血管出血。血管周围的出血叫做血肿，对于动物来说不好看也不舒服，并且该处血管也不能再用，兽医技术人员或者兽医只能利用另外一条血管了。

兽医和兽医技术人员对血管有自己的选择，了解他们如何选择的。知道血管的解剖定位相关词汇以及暴露血管所需的动物保定方法(附录 D)。接下来是各种动物静脉穿刺时的常规保定程序。

工作流程 4.9.1
犬猫的颈静脉穿刺

准备工作

1. 戴检查手套。
2. 确认动物身份。
3. 将静脉穿刺所有需要的材料准备好并摆出来。
4. 采集血液前在所要用的采血管上做好标记。

操作步骤

1. 将患病动物的头部滑向检查台的一端直到胸部靠到检查台这端的边缘。
2. 一只手完成以下工作：
   a. 伸展动物的两前肢直到超过检查台边缘(特别注意将猫和小型犬的前肢伸出桌缘)；
   b. 将两个前肢用三指法抓住。
3. 另一只手完成以下工作：
   a. 握住患病动物头部使鼻子向上仰，不要过度弯曲头部，否则血管会塌陷；
   b. 用小手指勾住项圈；
   c. 将项圈向上拉，不要遮挡穿刺操作部位；
   d. 保定者前臂绕过动物躯体的上部并平行于动物身体放置；
   e. 将动物的身体紧靠保定者的胸部，注意将前肢伸出桌缘(图 4-2A 和图 4-2B)。
4. 大型犬采用俯卧，使头部向上伸以提供足够空间，便于穿刺者操作。

图 4-2A 大型犬静脉穿刺的站立侧位保定

猫或者小型犬可以采用下面 2 种姿势：

a. 仰卧。保定者将四肢抓在一只手里，动物身体被压在保定者前臂下并紧紧靠在保定者身上，另一只手压在动物下颌上伸展颈部。

b. 侧卧。两前肢可以用一只手以三指法抓住，保定者用前臂将动物的身体紧靠在自己的胸部，另一只手抓住尽可能靠近耳朵的颈背部，使动物头部伸展向后仰以暴露颈部。

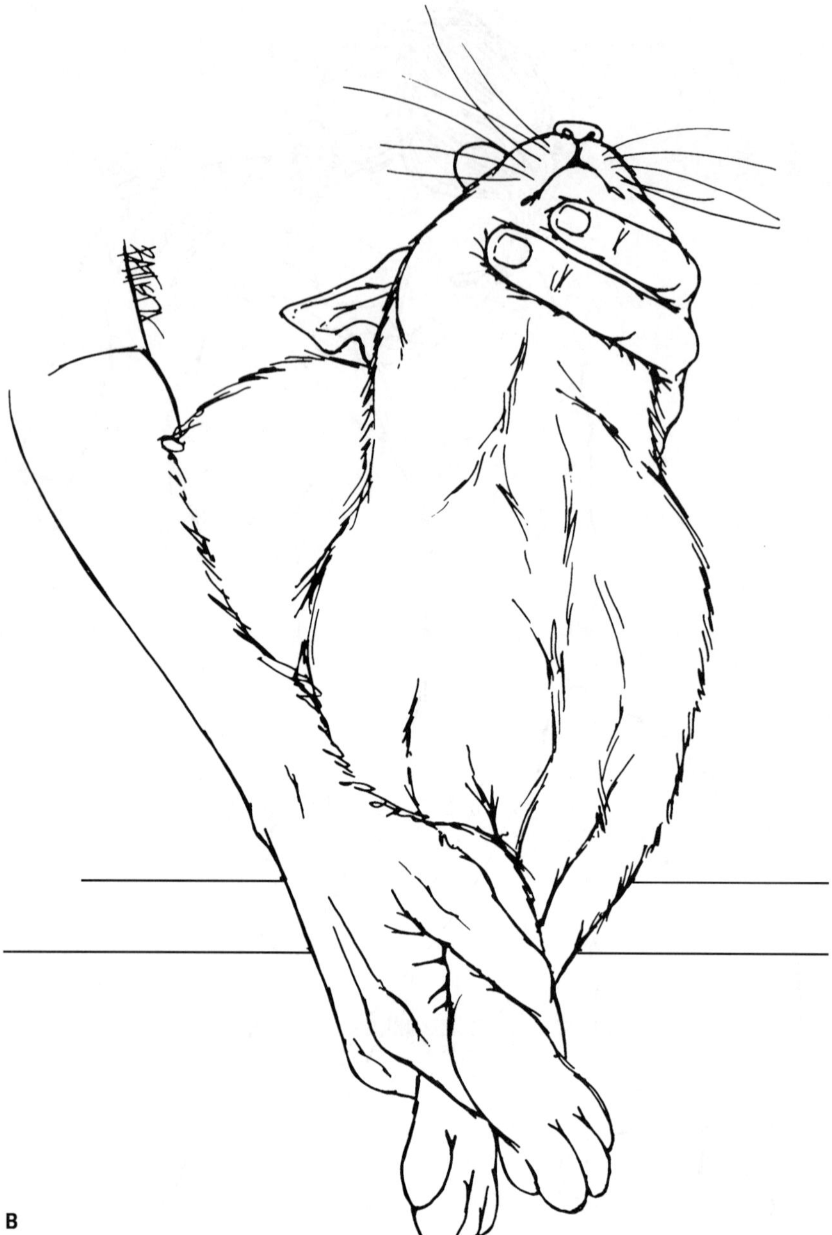

B

图 4-2B 猫或小型犬静脉穿刺的保定

5.针一旦从血管中滑出，保定者应立即用指尖按在穿刺点上以阻止出血。出血停止或者血管被封住后才可以将手拿开。（提醒：戴检查手套。）

提示：保定的目的是为静脉穿刺人员提供适当空间以利于操作，因此必须有足够的空间使注射器内芯能在血液逐渐充盈注射器时向下或向外抽出。血管必须清晰可见，在整个操作过程中必须对动物进行确实的保定，这样才不会使针从血管中滑出。

补充要求

1.在将患病动物送回到笼子或者交给客户之前要做一下清洁。
2.可以用双氧水将组织和皮肤上的血液除去。
3.清理台面和所有的器械。
4.保存好所有的血样直到被外送实验室接收或者由动物医院/诊所内部实验室化验。
5.冷藏样本。
谨记:不要在储存人或动物食品的冰箱里同时储存体液样本或者生物制品。

4.10 臂头静脉穿刺

基本要求

臂头静脉位于前肢腕关节与肘关节之间的背侧面，对于较大的犬足够用于做血液采集。对所有体型的犬猫它都是静脉输液的首选部位。

臂头静脉穿刺保定时有两方面必须牢记：第一，在整个操作过程中肘关节必须伸展，这意味着保定者必须在动物肘关节后向前方施加一个持续推力，保定要牢靠防止动物移动，因为动物在保定过程中总有向后回收前肢的趋势；第二，必须给血管本身施加一个持续的压力以使其凸现，让穿刺者看到血管。只有当药物或液体开始注入时血管上的压力才能解除。在这两种情况下动物前肢都要保持伸展。学会观察正在进行的操作以及估计穿刺者的需要。

穿刺者可以使用任何一个前肢进行操作。虽然也都是这样练习的，但大多数人都有一个偏爱的选择，保定动物时要知道穿刺者的习惯选择，学会从动物身体的任何一边去保定它。站在患病动物需要保定的前肢的对侧，将你的胳膊越过动物的背部去抓住要用的前肢。

头部的保定方法依赖于患病动物的体型大小。对于非常大的动物，另一只胳膊从底下环绕动物的颈部，使颈部紧紧地靠在保定者的胸部。如果患病动物很小，可以将手滑到动物下颌将手指环绕在鼻部。患病动物的头部与保定的前肢之间转动很小，以留出足够的空间利于穿刺者操作。

猫的头部的保定是拇指压住其头骨，四指抓住其下颌。利用颈背部皮肤来保定厉害的猫。记住抓住靠近耳朵的皮肤可以最有效的控制头部的活动。利用与保定动物前肢的手臂和肘部把猫的身体紧紧地挤向你的身体。

有两种压迫方法用于臂头静脉，用食指或者拇指按压。食指技术（图 4-3A）要求操作者握拳且食指伸出，食指夹在肘关节内面深部，通过关节弯曲施加压力并向外侧转拳，皮肤及下面的血管也向外旋转，并且在皮下固定并绷紧。这样减少了当针刺入血管时血管的滑动。拳头仍在肘后向前推，减小关节的角度。此外，操作时要注意将手指放在肘后并伸展肘部。

拇指技术（图 4-3B）需要手环绕动物腿部，拇指放在前肢上远离肘关节。食指缠绕在肘后的腿部，用力使腿伸直。拇指按压在血管上引起血管扩张，使静脉穿刺者清晰看见血管。这时有拇指轻微的外旋使血管上的皮肤绷紧。

一些兽医和兽医技术人员喜欢用止血带。可以采用简易的宽的橡皮绷带和小的止血钳或者商业化的止血带。

只有在穿刺者的要求下才能中止臂头静脉的压迫。当针头或者导管从穿刺点抽出时，助手滑动戴手套的手指按压到穿刺点上，施加压力直到所有的出血或者出血的危险停止。在针没有完全抽出之前手指要一直按在穿刺点上，也可以使用弹力绷带和棉球来维持压力。撤走你的手指后检查穿刺点是否清洁，用双氧水可以很容易把血迹擦去。用双氧水清理后，用水冲洗皮肤，烘干并梳理。

A

图 4-3A　犬臂头静脉穿刺的保定:食指技术

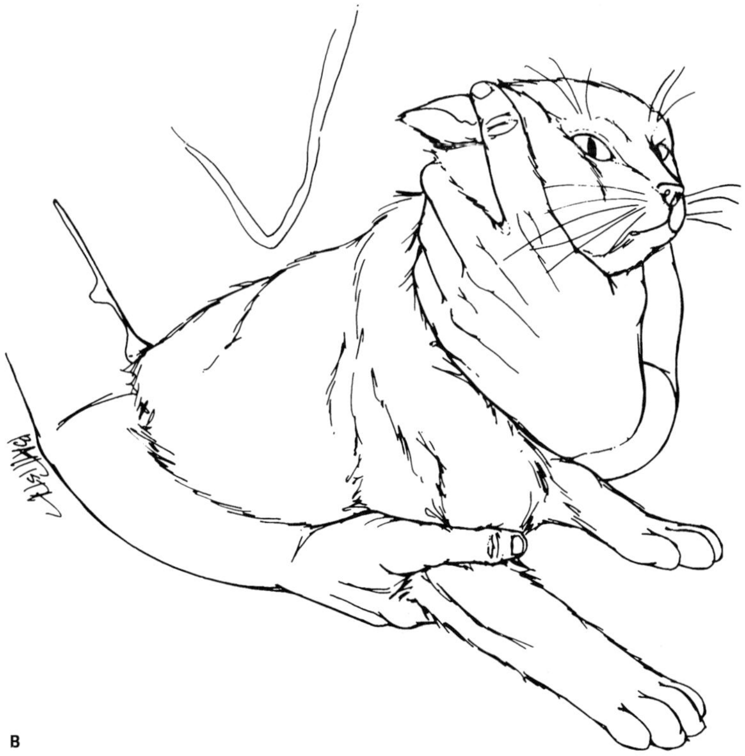

B

图 4-3B　猫臂头静脉穿刺的保定:拇指技术

工作流程

准备工作

1. 为穿刺者准备好所有需要的材料并摆好。主要有以下材料。
   a. 酒精棉缸或酒精喷壶；
   b. 干棉球；
   c. 低敏胶带；
   d. 40 号刀头的电剪；
   e. 静脉导管，注射器(注意所需的容量)，标记好的采血管或者静脉给予的药物；
   f. 如果静脉穿刺者选择使用止血带，准备止血带并与其他物品放在一个容器里；
   g. 患病动物的病历档案。
2. 将患病动物放置到检查台上。
3. 确认患病动物身份。

操作步骤

1. 确定使用哪一条腿。
2. 站到需要保定的腿的对侧。
3 一只手保定患病动物头部。
4. 用另一只手的食指或拇指按压血管直到静脉穿刺者指示你松开为止，在整个过程中保持前肢处于伸展状态。当针或静脉导管移出后将戴手套的食指滑到穿刺部位，持续按压直到出血停止或者用压力绷带止血。如果使用止血带压迫，只需将手放到肘后使肘关节伸展。
5. 如果皮肤上沾有血液，用双氧水清洗局部区域，接着用水清洗并且烘干。

补充要求

1. 将动物交给动物主人或者送回笼子。
2. 清理并且整理好所有的用具。
3. 如果血液收集用于实验室操作，贴好标签，密封并放入冰箱保存。
谨记：戴检查手套。

4.11　犬的隐静脉穿刺

工作流程

准备工作

1. 将所有需要使用的器械准备好并放在柜台上。
2. 将患病动物的病历档案放到柜台上。
3. 将患病动物放在检查台上。
4. 确认患病动物身份。

操作步骤

1. 询问穿刺者使用哪条腿的血管，左边还是右边。
2. 患病动物侧卧保定，所用的后肢应该在上方。
3. 按照左侧位常用的保定技术稍加改动进行，即将保定后肢的手握住上方的腿的膝关节或膝盖骨下方一点。在腿的外侧面持续地按压(图4-4)。注意用一只手固定静脉，另一只手固定动物的颈部和前肢。如果操作正确，围绕跗关节外侧上方的静脉血管就会隆起。
4. 持续地按压直到被告知停止。
5. 当针头抽出后将戴有手套的拇指滑到穿刺点。
6. 持续按压直到出血停止或者放置压力绷带。

补充要求

1. 如有需要，用双氧水清理血迹并且用水梳洗。
2. 将患病动物交给动物主人或送回笼子。
3. 清理操作区域、检查台和柜台。
4. 清理器械并且整理放好。
5. 血样采集好后，做适当的标记、密封，适度冷藏。

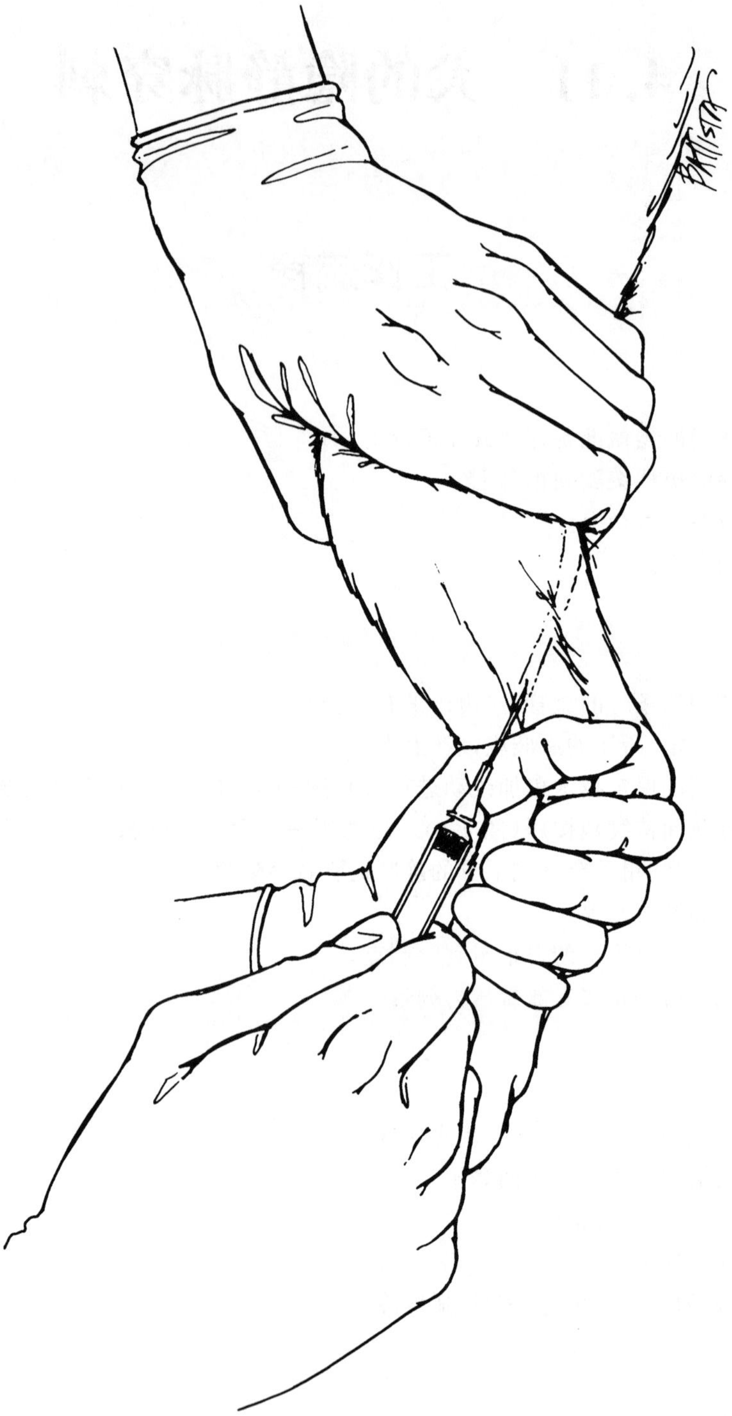

图 4-4 隐静脉穿刺的保定:后肢外侧

4.12 猫的股静脉穿刺

工作流程

准备工作

1. 将操作过程中要用到的所有材料拿出，主要有以下材料。
   a. 酒精棉缸或酒精喷壶；
   b. 干棉球；
   c. 低敏胶带；
   d. 双氧水；
   e. 带针的注射器、导管和/或真空采血管(询问注射器的型号、真空采血管的数量和顶盖颜色、所需针和导管的规格)。
2. 将患病动物病历档案和所需材料放在一起。
3. 确认患病动物身份。

操作步骤

1. 将患病动物侧卧保定，所用后肢在下方。
2. 用靠猫头部的手，以三指法抓住前肢或者抓住颈后部的皮肤来保定猫。
3. 另一只手展平。
4. 将手伸入后肢的腹股沟内且与台面接触。
5. 小手指与皮肤接触。
6. 用手腕将在上方的后肢向后推。
7. 按压血管(图 4-5)。

补充要求

1. 当被告知松开按压时才能松开手指。
2. 将戴手套的拇指滑到穿刺点上按压直到出血停止或者使用压力绷带。
3. 如有需要用双氧水清洗局部，烘干并梳理好。
4. 将动物送回笼子或交给动物主人。
5. 清理区域。
6. 清理并收好所有器械。
7. 标记、密封及适当地冷藏血样。

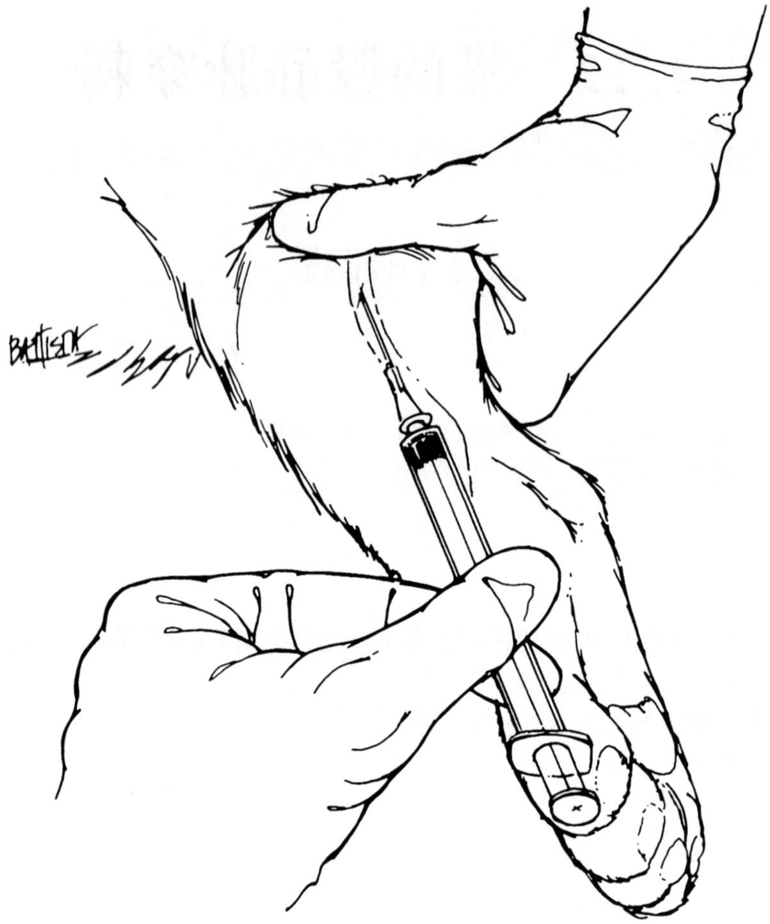

图 4-5 猫股静脉穿刺的保定:后肢内侧浅层

4.13 注射时的保定

基本要求

注射时患病动物的保定方式根据注射部位的不同而不同。注射点的选择由几个方面决定。

1.厂商说明。

2.如果厂商给了几种选项,那么选择基于:

a.药物的吸收速度。

b.如果吸收速度不是问题,那么患病动物的舒适度就要优先考虑。

3.药物吸收的速度决定于:

a.注射部位的血液供应情况。

b.药物佐剂和活性成分。(佐剂是与活性成分混合的液体,它们范围广,包括从易吸收的水到像油一样不易吸收的物质。)

4.患病动物的舒适度基于:

a.针头的规格。规格越高(直径越小),针越短,疼痛越小。

b.将要注射的物质。一些药物有刺激性,一些没有。一些药物比较黏滞需要用直径比较大或者规格比较低的针。

c.当一个部位将要进行注射时,皮下注射比肌肉注射疼痛要小。

在注射时大多数情况是由兽医助手来保定患病动物。助手必须知道药物的注射部位及注射方式。在有些情况下助手可以进行注射,这些常常是疫苗的皮下注射。有时有经验的助手会被要求为住院的动物进行肌肉注射,基于这个原因,这些操作在9.10中有描述。要知道注射通常是由注册过的兽医技术人员或兽医实施的。

工作流程

准备工作

1.将下面这些材料放到柜台上。

a.酒精棉缸和干棉球;

b.酒精喷壶;

c.适当型号的注射器;

d.适当型号的针头;

e.注射的药物;

f.患病动物的病历档案。

2.使患病动物放在检查台上。

3.确认患病动物身份。

操作步骤

1.询问药物注射的部位及注射方式。
2.使患病动物站立或适当的俯卧。
3.保定头部,通常采用“臂绕颈部”或“手指握鼻部”技术。
4.保定身体使注射部位显露。
5.与患病动物说话。

补充要求

1.表扬患病动物。
2.将患病动物交给动物主人或者送回笼子。
3.清理检查台。
4.清理并整理好所有物品。

4.14 接种疫苗时的保定

基本要求

通常在检查室内进行疫苗接种。兽医检查动物后决定是否适合进行疫苗接种。疫苗由助手准备并放在检查室的柜子内，供兽医或兽医技术人员使用。如果在疫苗瓶子上有可以揭下来的标签，将其贴在注射器的针筒上。如果没有，在每一个注射器的针筒上贴一块胶布，写上疫苗的名称，或先在胶布上写字再贴到注射器上，这样更容易一些。疫苗接种完后，揭下标签转贴到动物的防疫本上。如果没有可用标签，可以简单地把接种疫苗的类型、生产编号和接种部位、方法填到动物的防疫本上。有时候非常熟练的助手可以允许接种疫苗。参见 9.10 的关于注射描述。

无论何种动物在疫苗接种时都要询问在哪个部位接种以选择合适的保定方式。如果接种多种疫苗，动物就要以不同的姿势保定。疫苗可以皮下注射、肌肉注射或滴鼻。

犬一般在肩胛骨之间接种犬瘟疫苗，这要求动物取坐位保定。一只胳膊绕在犬的颈部，另一只手按在髋部向下施力，这样疫苗接种者就可以在肩胛间的区域进行注射了。依据厂家的说明，狂犬疫苗可以皮下注射或者肌肉注射。如果是皮下注射，就在注射犬瘟疫苗点的后方注射即可。如果是肌肉注射，常用的注射点是后肢肌肉或者腰肌。后肢肌肉注射需要暴露后肢前侧的肌群，保定者必须一只胳膊环绕动物的颈部，另一只手放在动物腹下，迫使动物呈站立位。如果是腰肌注射，动物仍然保持坐位。

猫的注射点非常特别。FVRCP 通常是指猫三联疫苗，在右前肢尽量靠远端的位置皮下注射。这就要求猫呈左侧卧，用左手以三指法保定猫的前肢。左腕放在猫的颈上，右手以三指法保定猫的后肢，助手的右手腕和前臂放在躯干上，向下按压髋部。还可以用的一个姿势是站立位，用左手围绕猫的颈部或者抓持其尽量靠耳后的颈背部皮肤以保定猫的头部，右臂绕过猫的背部，使右手到达猫的腹下向上抬，迫使猫呈站立位，动物的身体紧贴助手的身体。

猫的狂犬疫苗在右后肢尽量靠远端的部位注射。猫仍然呈左侧卧，但是右手腕和前臂得向后移动以暴露右后肢。也可采用站立位，使动物的右侧一直朝向接种疫苗的人。

猫的白血病疫苗在左后肢接种。这要求旋转动物，使动物的左侧面朝向接种疫苗的人。动物像接种狂犬疫苗时描述的一样既可以站立位也可以右侧卧。

滴鼻常用于接种呼吸系统的疫苗。大型犬必须取俯卧，而小型动物在站立位时可以更有效的保定。不论是给犬还是猫接种，将一只胳膊绕过动物的背部，将手放在胸下肘后的位置，用另一只手伸展动物颈部使鼻子朝上。对于犬，把手放在口套的周围；对于猫和短头犬，将手放在下颌下，拇指按在头顶上，紧紧地抓住头部，使鼻子维持向上的姿势，让药滴有足够的时间覆盖到鼻腔黏膜上。如果过早地松开抓持，动物可能会打喷嚏将药物喷出，所以一定要使药液有效地流进鼻腔。动物不喜欢鼻子里有水滴，为可能出现的鼻腔反应做好准备。

知道接种的是什么疫苗，在哪个部位接种，然后根据情况进行保定。

工作流程

准备工作

将所有需要使用的材料和药物准备好，包括酒精棉缸和干棉球或者酒精喷壶以及药物。

①疫苗：

a. 根据需要将疫苗混合；

b. 将混合后的疫苗抽到注射器内；

c. 用揭下的标签或者胶带标记注射器；

d. 阅读每个疫苗的标签以决定疫苗接种方法（皮下注射、肌肉注射或者滴鼻）。

②其他药物：

a. 根据需要准备适当型号的注射器和针头及动物病历档案；

b. 将动物放到检查台上；

c. 确认动物身份；

d. 知道每一种疫苗或药物将要给予的注射部位。

操作步骤

1. 犬

a. 犬瘟疫苗：大多数皮下注射，一般注射在肩胛间的区域，动物采用坐位或站立位。

b. 狂犬疫苗：采用肌肉注射，在腰肌注射时，动物采用站立位或坐位；在后肢肌肉（腘窝或股四头肌）注射时，动物采用站立位。

c. 滴鼻疫苗：大型犬俯卧，颈部伸展并且鼻部向上；小型犬采用站立位，鼻部向上。

2. 猫

a. FVRCP 疫苗：注射在右前肢，动物采用坐位，左侧临近助手，或者动物左侧卧。

b. 狂犬疫苗：注射在右后肢，动物采用左侧卧，或者动物站立以左侧靠近助手。

c. 猫白血病疫苗：注射在左后肢，动物采用站立位，以右侧靠近助手，或者动物右侧卧。

d. 皮下注射疫苗：一般注射在肩胛间或身体躯干部任何区域的皮肤松弛处下。

e. 滴鼻疫苗：动物采用站立位，鼻部向上。

补充要求

1. 立即在动物的病历档案和治疗记录板上填写疫苗或者药物给予的日期、数量、类型、方式和部位。

2. 将患病动物交给动物主人或送回笼子。

3. 清理并整理好所有的器械。

4. 将针头放在专门的容器内。

5. 清理检查室。

谨记：不要将不同疫苗混合在同一个注射器内。

4.15 胸侧卧保定

基本要求和操作流程

卧即躺下，胸侧跟胸骨有关，胸侧卧是指俯卧，即躺在胸骨上，胸部向下。这是检查头部时常常采取的一个姿势，也是保定大型犬时首先的姿势。因为大型犬站到检查台上时，兽医人员看不到或无法达到犬身体的上方。

要使动物呈胸侧卧需按照以下步骤操作。

1. 开始时让动物站到检查台上。
2. 在动物髋部施加压力，迫使其后肢蹲下呈坐位。
3. 将一只手滑到前肢后同时另一只手用力按压肩部。
4. 手放在肩部持续按压。
5. 前臂放在背部持续按压。
6. 用空闲的手的手指环绕犬鼻部以保定头部。
7. 如果动物非常大，用一条胳膊环绕颈部将头部向你的胸部拉，单保定鼻部已经不行。

4.16 侧卧保定

基本要求和操作流程

侧卧保定时动物的左侧或右侧与检查台接触。左侧卧是指动物的左侧面与检查台接触,保定时要运用整个身体去固定,而不只是双手(图4-6)。要记得一定要询问兽医他们需要在动物的哪个面操作。

侧卧保定前,首先要使患病动物在检查台上呈站立姿势,然后按照以下步骤操作。

1. 首先决定动物哪一侧面在下。
2. 然后站到将要在下方的一侧。
3. 分别将两只胳膊放到患病动物的背部和胸部上方。
4. 张开手掌放在胸部和腹部上方。
5. 紧紧抓住靠身体最近的两条腿。
6. 突然加速一推,将患病动物推倒侧卧。
7. 抓后肢的胳膊需要跨过侧腹部放在动物的上侧面,然后施加压力。
8. 抓前肢的胳膊跨过肩膀和颈部施加压力。

提示:只要把下面的腿保定结实,动物就不能站立了。

图4-6 犬左侧卧保定

4.17 仰卧保定

基本要求和操作流程

仰卧保定是使患病动物背卧或背侧在下。在进行腹腔手术时患病动物采取这种方式保定，同时这也是拆除腹部缝线时的保定方式。动物仰卧时，前肢向前伸展，头部位于两前肢之间，后肢向后伸展并且相互平行。

对于清醒的动物，这种姿势可以像侧位保定一样完成，但不只要抓住下方的腿，两侧的腿都要用三个指法抓住。动物只有局部能翻转，腿部伸展，试着将头放置在两前肢之间。

对于麻醉动物，可以使用胸部固位器或/和沙袋以防止胸部从一侧向另一侧旋转。使用软的棉绳以绳圈和半挽结的方法系在四肢上并用半挽环固定在台面下面的固定栓上。

4.18　头部保定：伊丽莎白项圈和颈支具

基本要求和操作流程

在各个环节中，患病动物总是比看管者更加灵敏，它们可以持续地啃咬绷带和身体的一部分。为防止这些，伊丽莎白项圈和颈支具有时会被使用。伊丽莎白项圈是一呈环状的装置，中间有孔可以使动物头部通过。商业化的可用的伊丽莎白项圈由泡沫包裹纸板或者塑料制成。这种纸板是可以降解的，常常卖给客户使用。塑料制成的比纸板的更耐用，它们可以借给客户使用，使用完后要还给动物医院/诊所。自制项圈可以用旧的X线片、塑料桶或者塑料瓶、纸板。记住要用胶带覆盖住所有尖的边缘。原则与商业化的相同：环绕颈部、围绕头部并且延伸至超过鼻部。

调整商业用的项圈：

1. 在患病动物的颈部上调整项圈，使其边缘伸展超过鼻部。这是非常关键的，因为项圈的功能是要防止嘴与身体的接触。

2. 调整项圈以使其稍微成圆锥形。一般用按扣或者用纱布穿洞来使项圈形成圆锥形，颈部可以有带子系到动物的脖圈上。在系带子之前确定动物的脖圈是否适合捆绑，否则可能会滑落。

伊丽莎白项圈对于动物来说是个累赘，非常不方便。有时也非常危险，例如当患病动物从两个物体之间走过时可能会被卡住，而原先不戴项圈时可以很容易地通过。戴项圈后的动物要保证确实的看管，戴上项圈后采食和饮水会变得困难，可将食盆和水盆放在稍高的平面以减小这种障碍。必须告知客户这种装置存在的危害。

颈支具并不累赘，但使用后患病动物还是能接触到前肢，所以不常用。它只能避免接近腹后部的区域。颈支具是由许多硬的木杆平行于颈部绕其一周制成的，使颈部不能弯曲。动物戴上后可以自由行走，没有卡在其他物体上的危险。像伊丽莎白项圈一样，尽管有一些商业化的产品，也可以由兽医人员自制。要做一个颈支具：把一些铝条按型号剪开，用棉花和纱布将末端包裹一下，然后间隔一定距离用胶带将一个个铝条在两端粘连起来。这些铝条放在脖子周围并且与颈部平行，适当调整使动物不能将头向任何一个方向转动。

4.19　腿部保定:足枷

基本要求和操作流程

足枷是传统的用于限制大型动物特别是马行走的工具。足枷也适用于防止小动物用它的爪子抓挠面部或身体。动物能够走动但比较缓慢。

足枷是由黏性胶带制作的。先在第一条腿的腕关节或者附关节上缠绕,然后将胶带拉到另一条腿上再缠绕,在两条腿之间留有足够的空间使其能迈短步。收紧第二条腿上的胶带,然后再将胶带拉回两腿间并覆盖在两腿间有黏性的胶带的表面,再一次缠绕第一条腿。当剪断胶带时在末端留一个折返段,便于以后拆除。

4.20　特别物种:兔的保定

基本要求

兔作为家庭宠物越来越受欢迎,其品种各异,从短小型到巨大型都有,它们一般是在笼子里喂养的。由于它们如此受欢迎,所以在动物医院/诊所里能够保定它们就非常重要。与老妇人讲的故事相反,决不能提兔的耳朵。它们天生有咀嚼绳子的癖好,应将电源线拔掉或者不让其够着,电话线也是一样。兔几乎不咬人,当处理宠物兔时要注意它们锐利的趾甲,其会对人造成伤害。保定兔时的伤害来自对兔潜在的损伤而不是对操作者的,这种伤害包括当兔试图从操作者身上挣脱时对兔骨骼、肌肉和神经造成的损伤。

带到兽医临床上的宠物兔一般都顺从操作。将其从箱子里拿出来,用一只手抓住颈背部皮肤,另一只手滑到兔的身下将其托起并移出箱外。如果兔需要被携带一段距离,把兔的头塞到你的胳膊的弯曲处并将兔的身体放到你的前臂上(图 4-7),继续抓住兔的颈背部皮肤。第二个技术是通过抓住兔的颈背部皮肤将其提起,另一只手支撑其身体后部(图 4-8)。

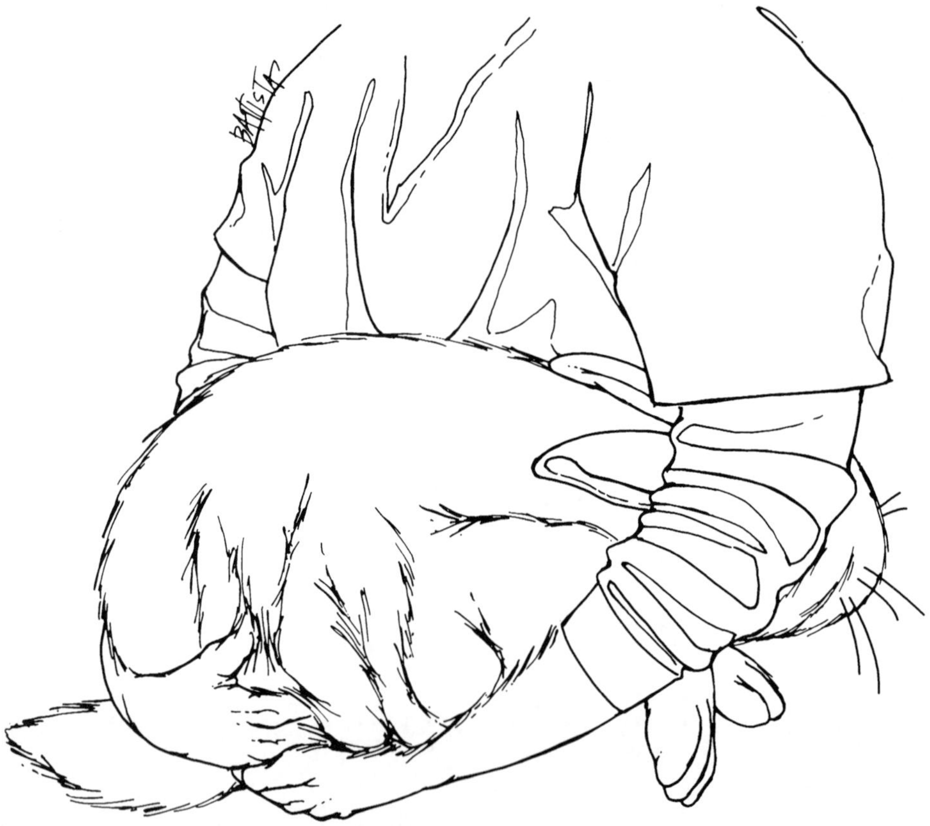

图 4-7　头塞位用于保定兔

(摘自 Crow SE, Walshaw SO. Manual of Clinical Procedures in the Dog, Cat, and Rabbit, 2nd Ed. Philadelphia: Lippincott Williams & Wilkins, 1997:300.)

图 4-8 托提位用于保定兔

(摘自 Crow SE, Walshaw SO. Manual of Clinical Procedures in the Dog, Cat, and Rabbit, 2nd Ed. Philadelphia: Lippincott Williams & Wilkins, 1997:300.)

在把兔放到检查台上之前先放上一块毛毯,用一只手抓住颈背部维持保定,另一只手放在髋部施加一个向下的力,这样防止兔乱踢。有报道对兔保定不良会导致脊柱损伤,造成后部轻瘫。把毛毯紧紧地围绕住兔的身体,盖住头和眼也是一种有效的保定方式。这是"墨西哥玉米卷式保定小猫"技术的变异。

工作流程

准备工作

1. 确定任何潜在的对兔可能造成的伤害。
2. 确定兔是否习惯被保定。
3. 在把笼门或箱子打开之前关闭屋门。
4. 将折叠好的毛毯放在桌子上。

操作步骤

1. 把笼子或架子缓慢地打开。
2. 同患病动物说话。

3. 用一只手抓住颈背部皮肤。
4. 如果箱子的门在顶部，将另一只手滑到兔的四肢下；如果笼门在前方，将兔拉到箱子前部。
5. 把兔从笼子里提出来。
6. 带着兔行走一段距离，一般采用以下两种方法。
   a. 方法一：一只手抓住兔的颈后部皮肤，把兔的身体放在对侧胳膊的前臂上，手放在后肢下面，然后把兔的头塞进胳膊的弯曲处，来承担兔的重量。
   b. 方法二：一只手抓住兔的颈后部皮肤，把兔的身体悬吊起来（仅很短暂时间），将另一只手放在兔后肢下方和臀部以支持兔的体重。
7. 将兔放在检查台的毛毯上。
8. 一只手持续抓住兔的颈后部皮肤。
9. 将另一只手紧贴在兔臀部以避免其用后肢向后乱踢。

补充要求

1. 当把兔放回动物主人的箱子或笼子时只需逆向操作以上步骤。
2. 当把兔子放到动物医院/诊所的笼子内时，始终将其放到笼子的深处并面朝笼门。

谨记：兔子同其他动物一样会对物理保定产生抵抗。

关于保定的参考资源：

AVMA：800-266-6310 或者 www.avma.org

AAHA：800-252-2242 或者 www.aaha.org

美国加利福尼亚大学戴维斯分校：530-752-1324

美国俄亥俄州大学，动物医学院（CVM）：614-292-0942

美国乔治亚州大学，CVM：706-542-5384

美国爱达荷州继续教育大学：208-885-7985

美国马萨诸塞州技术学院：617-253-1752

北美兽医技术人员协会：765-742-2216

动物临床培训（www.4act.com）中的犬舍助手培训之“动物保定”和兽医助理培训——第二部分“保定稀有动物”

第5章

诊室工作程序

“带Sidney回家后，我在院子里发现了这支温度计！”

本章培训目的

完成本章培训后，学员应能做到以下几点。

1. 为常规和特殊患病动物准备诊室。
2. 清洁和消毒患病动物使用过的诊室及器械。
3. 区别病史的3个部分：主诉、医疗史和生活环境史。
4. 记录患病动物住院期间的观察结果。
5. 混合疫苗，使用注射器从单剂量预混疫苗瓶、多剂量疫苗瓶中抽取疫苗，并抽取单剂量的稀释液。
6. 根据需要注射的液体量来选择合适大小的注射器，并根据注射部位以及药物黏性来选择针头。
7. 找到并准备好使用时绷带所需的物品。
8. 清洗伤口。
9. 拆除绷带。
10. 管理急诊药物和器材。
11. 当处理急诊病例时为团队中其他人员提供帮助。
12. 为患病动物称量体重。
13. 测量并记录患病动物的各项生命体征。
14. 区别猫的性别。
15. 根据牙齿大致判断犬猫的年龄。
16. 在患病动物临床检查结束后，为动物主人提供护理指导。
17. 为需要住院的动物办理住院手续。

前言

在诊室工作的兽医助理要具备大量的专业技能以及与人沟通的全部技巧。兽医助理必须了解诊室内每个工作者的需求，使他们能顺利进行工作。

1. 患病动物：没有一个患病动物会自愿接受诊疗，接待室的等待只会增加它们的不安，等待时间越长，不安感越严重，增加的不安感会降低动物的配合性。同时，大部分患病动物本来就感觉不舒服，或者忍受着不同程度的疼痛。

2. 客户：接待客户是兽医繁忙工作中的一部分，准时是首要的。客户都十分关心他们宠物的健康，担忧能否给宠物提供足够的照顾，他们需要得到兽医的帮助才能安心。

3. 接待员：接待员严格地按照时间来安排预约。接待员能有效满足客户需求，主要依赖于兽医团队中的其他工作人员能遵循预约时间表来迅速完成各自工作。

4. 兽医：排在最后讲但不是不重要，兽医需要有效率的工作。“时间就是金钱”这句格言用来描述兽医的工作非常合适。在诊室内接待客户和患病动物只是兽医职责的一部分，兽医能够胜任除此之外的其他工作。

提示：在每天工作结束前，查看一下第二天的预约，记下预约的类型和时间。通过提前准备工作来增加工作效率。

在每个病例诊疗的最后，由兽医决定患病动物是否需要住院治疗。该结果决定了兽医助理在诊室内对此病例的最后一项任务。

5.1 诊室的准备工作

基本要求

诊室的面积一般要小于动物医院/诊所内的其他区域，如接待区一样，它主要用于接待客户和患病动物。良好的检查环境有利于兽医团队工作的顺利进行。兽医助理负责接待和维持好的诊室环境。

在每个病例使用诊室前后，都要做好诊室的常规准备工作和特殊准备工作(参见工作流程 5.1.1)。

常规准备工作

在每次诊疗结束后，清洁诊室并补充好常用物品。这里说的清洁指常规清洁(污染物的清除)和常规消毒(使用消毒剂)，对所有表面以及患病动物直接及间接接触物品进行消毒，包括诊疗台、工作台、水槽和水龙头(参见工作流程 5.1.2)。检查地面和墙面是否有污染物，如有必要应进行清洗。每天至少拖地两次，上午诊疗完后一次和下午诊疗完后一次。所有非一次性器具如耳镜，必须经清洗(将物品上的肥皂冲洗干净，因为残留的肥皂可能会抑制消毒剂)和消毒后才能放回原位(参见工作流程 5.1.3)。检查各容器和抽屉以确定棉签、棉球、绷带、常规药物和化学药品是否准备充足。确保备有合适规格的检查用手套。如果垃圾桶内存在有异味的物质，应赶紧将其扔至室外指定的容器中(参见 12.6)。如有必要，可使用空气清新剂。

特殊准备工作

将每位客户和患病动物带入诊室前，先仔细查看动物病历档案，以确定需要使用的设备、物品和药物。将要使用的物品放置于工作台上备用。适当地做好诊室准备工作，使兽医无需为了拿额外的器材而离开房间或为了需要的物品而等待。

兽医助理具有代表性的一个职责是当接待员表明客户和患病动物准备进入诊室后，兽医助理要向客户以及动物致以问候。客户和患病动物及其病历档案被带入准备室。在进入诊室前，通常要对动物进行称重(参见工作流程 5.4.1)，并将体重记录在病历上。将客户带来的实验室检验样品来源、检验项目以及采集日期贴上标签；然后将其送至实验室待检验(参见第 7 章)。如果动物医院/诊所有实验室日志，将样品资料记入日志。所有检查样品都要记录在动物病历档案上，并在 SOAP 记录处留出空间用于记录结果。

工作流程 5.1.1

诊室的准备工作

准备工作

常规准备工作

1. 了解诊室中应放置哪些物品。

2.了解诊室中不应放置哪些物品。

3.清洗和消毒时戴上检查手套。

4.使用纸巾或类似的一次性材料进行清洁。

5.放置消毒剂、空气清新剂和垃圾桶。

6.按从最高表面至最低表面的顺序来清洁诊室。

7.客户和患病动物离开后应立即清洁诊室。

特殊准备工作

1.了解诊室中物品存放的位置。

2.知道不同类型的检查所需的不同物品(例如,拆线时要使用拆线剪)。

3.如果可能,在客户和患病动物进入诊室前就将所有要用到的物品都准备齐全。如果做不到,那么在客户和患病动物进入诊室后,将所需的物品带入检查室并整齐地放置于工作台上。

4.注意在接待区候诊的客户数量,尽可能快速地将他们带到可以使用的诊室去。

操作流程

常规操作流程

1.检查橱门、墙壁、门、门把手和电灯开关,使用清洁液和消毒剂清洗污迹。

2.消毒检查台,包括边缘。

3.整理工作台上的所有物品。清洗非一次性物品,并在消毒后在放回原位。将使用过的一次性物品扔进垃圾桶,将用过的针头放入盛锐器的容器内。

4.使用消毒剂擦拭耳镜手柄,将手柄放入插座进行充电。

5.使用酒精棉球消毒体温计并放回原位。

6.如果使用的是数字体温计,那么要检查探测头套是否充足。

7.清洁并消毒工作台、水池和水龙头,注意清洁边缘。

8.检查抽屉和工作台面,确保所有常用物品供应充足,不足的要及时补充。

9.检查地面,必要时拖地或清洗。

10.检查气味。如有必要,可将垃圾移至室外并放置于指定容器中。在垃圾桶中放入新的垃圾袋。提示:在垃圾桶中同时多套几个垃圾袋,这样就能保证垃圾桶内随时有干净的垃圾袋可用。

11.只有在需要时才使用空气清新剂,根据情况有节制地使用。

特殊操作流程

1.明确患病动物就诊的原因,最好的办法是查阅预约本或者病历档案上的主诉。

2.确定患病动物检查中需要的哪些物品。

3.将要用到的物品放置于工作台上。

补充要求

1.观察每种类型检查过程中所使用的物品。

2.记录检查中需要的但没有准备的物品,询问兽医在以后类似的检查中是否需要准备这些物品。

工作流程5.1.2
清洁并消毒诊室

准备工作

1. 确定诊室内可能存在的微生物。
2. 了解常见微生物的消毒程序。
3. 了解高度传染性微生物的消毒程序。
4. 准备好要用的物品。
   a. 装在喷壶中的清洁液;
   b. 装在喷壶中的水;
   c. 装在喷壶中的消毒剂;
   d. 纸巾。
5. 戴手套。
6. 将清洁液喷在纸巾上。
7. 将水喷在纸巾上。
8. 将消毒液喷在另外的纸巾上。

操作步骤

1. 收集用过的所有一次性物品并放入垃圾桶。
2. 将清洁液喷洒在微生物存在的区域内,包括门把手、抽屉把手以及检查期间接触过的物品。
3. 使用浸了水的纸巾清除清洁液。
4. 使用消毒剂。
5. 清洁并消毒检查台、工作台、水池和水龙头。
6. 对所有区域喷洒消毒剂后,使用纸巾擦干。可以让消毒剂在高度污染的表面保留几分钟再擦干。
7. 擦干各区域包括检查台和工作台的边缘,所有钢和铬合金表面应没有污渍。
8. 如有需要,使用拖把清除地面上的灰尘。
9. 使用纸巾清洁地面的污渍。

补充要求

1. 检查气味。如果存在异味,将垃圾放至室外,更换垃圾桶内的垃圾袋。如果异味很重,可使用气味较淡的空气清新剂。

2. 立即开始诊室的常规准备工作。

谨记

1. 做事情动作要迅速。
2. 制定一个常规的清洁程序。
3. 按从高表面到低表面的顺序进行清洁工作。
4. 在诊室内或附近放置清洁用品。
5. 如果存在有机物质(主要包括粪便、尿液、血液、呕吐物和任何其他身体分泌物),要在使用消毒剂前使用清洁液。使用消毒剂前要将肥皂冲洗干净。

工作流程 5.1.3

诊室的器材清洁

准备工作

1. 制定一个低温消毒的程序(液体化学消毒剂保存于有盖无孔的容器内)。有些器具要浸泡于托盘中,根据生产商的说明来准备和更换溶液。诊室内也需放有消毒托盘。

2. 手边需准备的物品有:

   a. 纸巾;

   b. 分别装有清洁液、水和消毒剂的喷壶;

   c. 板刷;

   d. 药用棉签。

3. 戴手套。

操作步骤

1. 首先使用清洁液清洗器具,用板刷清洁器具上的细凹槽和折叠处。可使用棉签来清洁耳镜上的小孔。

2. 冲洗干净。

3. 放置于消毒托盘内。

4. 如果医院规定某些器具不用放入消毒浅盘,那么在清洗后喷上消毒剂,尔后晾干。

补充要求

将所有物品放好。

谨记:在有机物和肥皂存在的条件下,消毒剂会失活。因此要先清洗以除去有机物和肥皂,才能使消毒剂有效发挥作用。

5.2 病史记录

基本要求

每个人记录病史可以有不同的方式。初步的一般性病史信息可制成表格由宠物主人在接待处填写。另外一种方式是由兽医或其他工作人员采用提问的方式向主人询问,问题涉及一般性的和更详细的。一般性的询问可由动物医院/诊所其他工作人员来完成,而更详细的问题由兽医来询问。兽医助理应该了解需要收集哪些信息以及由谁来记录病史。

以下是对病史内容的一般性解释。医学上的病史分为三部分,主诉、医疗史和生活环境史。后两项一般在首次就诊和客户信息更新时做记录。主诉病史在每次就诊时记录。

主诉病史是患病动物前来就诊的原因。主要询问以下几个问题:

1.何时发现生病或受伤的,尽量提供确切时间。

2.主人观察到的情况:帮助主人系统性地回顾(皮肤、肌肉和骨骼、胃肠道、泌尿生殖道、心肺系统、神经系统和感官系统),这样可减少遗漏信息。

3.病情的发展情况:好转、稳定或恶化。

4.做过何种治疗,效果如何。

医疗史包括以前罹患的所有疾病:

1.患过何种疾病和受过何种伤,包括对其治疗和疗效。

2.做过哪些手术及手术时动物的年龄。如果有,必须配套问。

3.疫苗接种情况:类型和时间。如果动物主人不清楚,可向动物主人询问接种疫苗的机构或医院,并致电咨询。

4.是否做过实验室检查和影像学检查(X线检查、心电图等),检查的时间和结果。如果主人还是不确定,那么询问检查地点后致电咨询。

5.驱虫情况:使用何种驱虫药、使用频率、效果如何以及动物有无不良反应。

6.专业的口腔和牙齿护理情况:洗牙、牙齿X线检查和拔牙情况等。

7.永久的身份证明:文身或电子芯片号码。

8.过去和现在的用药情况:要主人提供具体的药名、药量和使用频率以及开始用药和停止用药的时间。

生活环境史涉及到患病动物的家庭环境和日常照料。包括以下问题:

1.家里的其他宠物现在的健康状况,该宠物与其他宠物的关系。

2.谁负责宠物的日常照料?何时以及怎样照料?

3.家里的其他成员与宠物的关系。

4.将宠物饲养于室内还是室外?是否出去旅行过?何时?何地?

5.宠物一般的做什么运动,频率以及每次持续时间。

6.宠物睡觉习惯和地点。

7.饮食状况:食物的种类、数量以及饲喂的频率。是否吃人类的食物?种类?

8.排便情况:频率和粪便性状(颜色、性状、气味)。

9.饮水状况:24 h内的饮水量、水的来源和供给情况。

10.排尿情况:尿液外观、气味、频率、尿量、排尿地点以及排尿姿势。

11.预防保健:何时做过何种预防?处方还是非处方?

12.牙齿护理:频率、方式以及使用的产品。

13.美容:频率、方式以及使用的产品。

14.行为:训练水平、频率以及方法,有无任何行为问题。

15.繁殖史。未绝育雌性动物:最后的发情期、发情频率和持续时间、是否交配、怀孕频率、一窝产仔数以及并发症。未去势雄性动物:交配情况、交配频率以及使雌性动物受孕次数。如果动物已经绝育或者去势,那么记录手术时间和当时动物的年龄。

一般性的提问可引出更详细的询问。动物主人的回答可提示询问的方向。完整记录病史的重要性怎么强调也不过分。同样地,兽医助理应该知道谁有权了解哪部分病史内容以及了解多少内容。记住:不要逾越职责范围。

工作流程

准备工作

1.了解动物医院/诊所对员工的要求以及动物医院/诊所的工作流程。

2.了解兽医助理在记录任何病史中所担任的角色。

3.准备一些3″×5″的卡片,根据病史类型记录一些相关问题,将这些卡片作为提示卡直到养成提这些问题的习惯。

4.使用签字笔。

5.书写清晰。

操作步骤

1.和客户讲话时要面对客户。无论是用诊室的工作台书写还是使用检查台书写,都要面对客户。

2.仔细听客户的回答。如有必要,可反问确认。

3.记录完主诉后立即进入下一步。

4.对于新就诊患病动物,在记录完主诉后要记录医疗史和生活环境史,标题要写清楚。

5.对于复诊患病动物,要询问家庭状况和日常照料是否有变化。确认在两次来本院就诊之间的过渡时期是否在其他动物医院/诊所接受过治疗。

6.记录关于患病动物医疗和身体情况的任何特殊的情况。这些额外信息通常很有用。

补充要求

1.请有经验的同事从全面性和合理性方面来评价你的病史记录。

2.从工作的第一周开始,每天都要接受他们的评价。之后每周一次就可以了,直到你不再需要提示卡片。

3.注意:必须花时间来练习记录完整和准确的病史,而且记录还要有系统性。过分自信和仓促会导致病史记录散乱和不准确。

5.3 观察记录

基本要求

学会观察患病动物，这项技能如何强调都不过分。从客户和患病动物进入动物医院/诊所，在接待区受到接待一直到患病动物离开医院，观察是做好患病动物医疗工作和保定的一个关键因素。将就诊动物的行为和外在状态与该品种健康正常情况下的做比较。动物随着时间发生的任何变化都应记录，这些变化通常是细微的，可能是被毛的轻度竖起或是对动物医院/诊所环境的警觉性变化。

观察不仅仅依赖于看，还要闻、触摸和听。当抬起动物触摸腹部时，动物腹部的肌肉会异常紧绷。动物的耳朵感染时，可导致头部向一侧倾斜并能闻到恶臭。打喷嚏、喘息、咳嗽以及眼睛分泌物可见于许多呼吸道疾病。

兽医助理无需记录诊疗过程中所观察到的情况，因为这是兽医的职责。只有在某些特殊情况下，兽医助理要记录在患病动物接受兽医检查前所观察到的情况。通常是对具有潜在危险行为或者无法预料行为的动物做标记。另外，记录对该动物特殊有效的保定方法。

在患病动物住院期间，由兽医助理负责将观察到的情况记录于动物病历上，并标明日期，同时每天还要将这些记录于 SOAP 记录的 O 下面(O 即观察)。这两种情况的记录不能混淆了。

工作流程

准备工作

1. 了解动物医院/诊所常见动物种类和品种的正常行为和外观。
2. 记录在患病动物住院期间所观察到的情况。
3. 不要记录在患病动物接受检查过程中观察到的情况，除非这些情况有助于动物保定。
4. 记录要简明、清晰，使用红笔书写警告事项(只有对异常行为和过敏做标记时使用红笔)。

操作步骤

1. 初次检查只需记录有助于对患病动物保定的行为观察。这样可以警告被咬或提示保定时最有效的方法。
2. 如果要记录观察结果，那么记录在 SOAP 记录中主观资料(即客户的观察结果)之后。
3. 在记录后签名并标明日期。

补充要求

谨记：不要逾越职责范围记录。

5.4 生命体征

基本要求

人类医学中的生命体征是指病人的体温、脉搏和呼吸频率。兽医医学中的生命体征还包括患病动物体重，它是动物基本资料中不可或缺的部分。这4项指标是患病动物每次到医院就诊时必须要检测的，通常由兽医助理负责检测并记录结果。常见家养动物的正常生命体征值见附录E。

动物体重决定用药的剂量并显示身体的健康状况。以千克和磅为计量单位，两者之间的换算很简单，只要记住2.2就可以了。如果从千克换算成磅，那么只要乘以2.2，如果从磅换算成千克，那么只要除以2.2。动物医院/诊所一般都有2个秤，一个用于体重在20磅以下的动物，超过20磅的则使用台秤。具体操作由秤类型决定。平衡秤通过移动秤砣直到指针位于平衡点，秤砣的总重量就是动物的体重。在将动物放置在数字秤上之前，应先将数字秤归零。数字秤通常具有千克和磅两种计量单位，而秤砣秤只有其中一种或者使用其他的计量单位。

测定脉搏和呼吸频率需要一块能读秒数的手表。通过观察1 min内吸气-呼气的循环次数来测定呼吸频率。一吸一呼算一次完整的呼吸。气喘或受惊吓的动物呼吸很急促，以至于很难准确测定其呼吸频率。遇到这种情况时，就在病历上简单标注该动物气喘。微弱的呼吸有时也很难观察呼吸频率，观察肋弓后腹部有助于测定呼吸频率。测定脉搏是对心率以及心脏泵血功能的测定。小动物的脉搏可通过触摸腹股沟深处的股动脉来测定。可测脉搏的部位还有尾根腹侧部和腕骨掌侧，这两个部位更适合体型较大的动物。用指尖直接从后腿内后侧向膝盖上方的股骨移动，在靠紧髋关节附近，微施压力，找到脉搏后，计数30 s内的脉搏跳动次数。将结果乘以2就是每分钟的脉搏数。脉搏测量需要经常练习。

如果感觉不到股动脉的脉搏，可使用听诊器计数每分钟的心跳次数。将听诊器的耳塞朝前放在耳道内，将听筒放置在左侧肘关节后方的胸骨上，接近肋骨与肋软骨结合处。听到心音后，测定每分钟的心跳次数并做记录。与计数股动脉脉搏一样，计数30 s的心跳次数，将结果乘以2就是每分钟的心跳次数。如果使用了该方法测定，那么记录的结果应该写成心跳次数而不是脉搏数。

血压测量在动物医院/诊所内的应用正在逐渐增多。测量时，将橡皮套囊绑在后肢末端与跗关节之间。可使用多普勒或高频指示仪器，这两种测量方法很容易产生错误的结果，要严格按照每种仪器的操作程序使用。

动物的核心体温要通过测定直肠温度才能确定。常用的有数字体温计和标准直肠用水银玻璃体温计。人用体温计也可用于动物。不论是华氏体温计还是摄氏体温计都要校准。华氏体温计的刻度从90～100 s，摄氏体温计的刻度从30～40 s，单位分别用℉或℃。在将体温计的水银球插入直肠前，可使用水溶性润滑剂来润滑体温计前端，如凝胶，或者也可以在体温计外面套上具有润滑作用的保护套。要轻柔地一边转动一边插入体温计，不能用力直接插入直肠。确定体温计已达到足够深度并进入骨盆腔，但不要太深。停留足够长的时间以确保得到准确数据，可使用手表来计算时间。一只手将体温计固定在适当的位置，另一只手则固定动物尾巴。如果动物移动，体温计要随着动物一起移动。如果没有将体温计固定在适当的位置，那么动物会将它顶出来。

数字体温计

数字体温计是一种较快速、简单的体温测定工具。将体温计插入直肠前，在探测头上套上一次性塑料套。若没有预润滑，那么就要像用玻璃水银体温计一样在前端涂抹润滑剂。测量完成后会有嘟嘟声或闪光提示。

玻璃体温计

在每次使用玻璃体温计前，要将水银柱甩到最低刻度以下。甩时要小心，远离周围的所有物体和固体表面，不小心碰到某个物体就会打破体温计。除了损失体温计以外，还要浪费时间用来清扫碎片。水银是一种有害物质，清理它还需要一种特殊的水银溢出处理试剂。

玻璃体温计通常存放于诊室工作台上的含有消毒剂的容器内。从容器内拿出体温计后使用酒精棉球擦拭，润滑玻璃体温计，再插入直肠，然后像数字体温计一样固定于适当的位置，在动物体内至少停留 3 min。拔出体温计后用之前用过的酒精棉球擦拭干净，或者除去保护性塑料套。

读数时要转动玻璃体温计，直到有色的一面(通常是白色的)正好在刻度的对面，水银柱位于两个面之间。玻璃体温计的每个刻度是 0.2°，较长的刻度线表示整的温度。许多体温计每隔 2°在长刻度线旁边作标记，如 100°、102°和 104°。长刻度线之间的每条短刻度线代表 0.2°。用体温计读数完后要立即放回工作台上的容器内。容器内的消毒剂至少每周更换一次，重新加入消毒剂前，把容器的内外表面先用肥皂水清洗，再用清水冲洗干净。

制定一套测定生命体征的常规工作流程。考虑可省时省心的方法。在患病动物进入诊室前可充分利用诊室外面的秤。将病历档案和钢笔放在容易拿到的地方，系统性地正确记录所有资料。不要只记录一个数字，呼吸次数和脉搏数要写每分钟的，体温要写清是华氏温度还是摄氏温度，体重要写清是千克还是磅。每位兽医助理都要佩戴能够读秒且能正常工作的手表。同样，听诊器也要时刻挂在脖子上。这属于个人专用物品，可在上面贴上名字标签。每个诊室都要放置一个体温计。时刻谨记“效率”。

工作流程 5.4.1

测定动物体重

准备工作

1. 确定使用哪种秤。
2. 知道每种秤的使用方法。知道使用何种单位记录，是公制(千克)还是英制(磅)，或者是两者都有。
3. 手边备好动物病历档案。
4. 检查秤以确保干净。如有必要，可重新消毒。
5. 保定动物。

操作步骤

1. 放置动物前，将秤归零。
2. 将动物放到秤上。
3. 称重：
    a. 如果使用的是数字秤，在数字显示稳定后读数；
    b. 如果使用的是平衡秤，滑动秤砣直到指针落到平衡点，计算秤砣的总重量；
    c. 如果使用台秤，可先称自己的体重，然后抱着动物再一起称重，两者之差为动物的体重。这种方法对于不愿在秤上待的动物很有用,但不适于体重太轻或太重的动物。

4. 将动物体重记录在病历上。

补充要求

清洁并消毒秤。

谨记:可在秤的旁边放置清洁液、水和消毒剂,还有纸巾、一盒检查手套以便于方便快速地清洁。

工作流程 5.4.2

测量呼吸次数

准备工作

1. 佩戴可读秒的手表,可以是电子表,也可以是传统的指针表。
2. 手边备好动物病历。

操作步骤

1. 将患病动物保定于干净的检查台上。
2. 等待几分钟让患病动物平静下来。
3. 观察几次完整的呼吸,确定是完整的吸气-呼气过程。
4. 看表计时。
5. 计数 30 s 的呼吸次数。
6. 将计数乘以 2。
7. 在病历呼吸次数一栏内填写每分钟的呼吸次数。

补充要求

1. 如果对结果有疑问,可重新计数 1 min 的呼吸次数。
2. 如果动物表现气喘,此时则不要计数呼吸次数。

工作流程 5.4.3

测量脉搏和心率

准备工作

1. 手边备好动物病历。
2. 佩戴能读秒的手表。
3. 知道股动脉脉搏的位置。
4. 知道听诊心音的位置。
5. 听诊器要时刻挂在脖子上。使用你专用的听诊器听诊胸部,在左胸壁听诊心跳次数。

操作步骤

1.如果可能，让动物站立。

2.找到股动脉脉搏。

3.计数 30 s 的脉搏次数。

4.将结果乘以 2。

5.在病历脉搏一栏内填写每分钟的脉搏次数。

6.如果对结果有疑问，可重新测量。

补充要求

1.第一次触摸股动脉脉搏时，可请有经验的同事检查你是否找得准确。

2.如果找不到脉搏，可使用听诊器听诊测心率。但在病历上要说明是心率而不是脉搏数。

工作流程 5.4.4
测量体温

准备工作

1.手边备好患病动物病历。

2.知道诊室所用体温计的类型。

3.知道体温计的使用方法。

4.准备好测量体温要用的所有物品并放置在检查台上。如果是数字体温计需准备预润滑的一次性探测塑料套；如果是玻璃体温计需准备酒精棉球和润滑剂。

5.将患病动物放在干净的检查台上，除非动物太重而抬不起来。

预润滑的一次性塑料套也可用于玻璃体温计。先将水银柱甩到最低刻度之下再套上一次性塑料套。读数前除去一次性塑料套。如果不使用一次性塑料套，那么使用水溶性的润滑剂。

操作步骤

1.确定数字体温计归零，如果使用玻璃体温计，则水银柱被甩在最低刻度之下。

2.用一只手抓住动物的尾根，向上抬起尾部并暴露肛门。

3.轻柔地将体温计插入直肠，对于体重在 5 磅以下的患病动物，插入深度要能覆盖住体温计的探测部，而对于较大型的动物则要插得更深。

4.一手将体温计固定于适当位置，一手同时固定动物的尾巴。

5.让体温计在动物体内停留足够长的时间以确保测量准确。

6.将体温计取出，去掉一次性塑料套或立即用酒精棉球擦拭干净。

7.读数。

8.在动物病历上记录体温数值。记住要注明是摄氏温度还是华氏温度。

补充要求

1.将患病动物抱下检查台放回地上、笼子内或交给动物主人。

2.离开诊室,并关好所有门。

3.告诉兽医患病动物已准备好接受检查了,可以口头通知或者将病历放在诊室门口。按照动物医院/诊所工作流程进行。

谨记:在客户面前为患病动物测体温之前,可用住院动物练习测量,并请有经验的同事检查你的操作和读数是否正确。

5.5　猫的性别鉴定

基本要求

第一次看这个题目会觉得有点滑稽，但动物主人经常会弄错猫的性别，尤其是幼猫。这会导致给猫起的名字不恰当。导致该问题的部分原因是幼猫的睾丸很小，甚至几乎看不见。对于去势公猫的这种误会是因为没有睾丸造成的。

公猫和母猫有哪些不同呢？把它们的生殖器开口想象成标点符号，公猫的阴茎开口是圆的，像句号；母猫的阴道开口是道裂缝，像逗号。公猫肛门到生殖器开口之间的距离要比母猫宽。

鉴别猫的性别时，抓住尾巴轻轻地向上提起（图 5-1），查看肛门到生殖器开口之间的距离，判断生殖器开口的形状。注意：肛门到生殖器开口之间的距离（公猫的距离要较长一些）以及生殖器开口的形状（母猫的生殖器开口是道裂缝）。

公猫的生殖器开口形状：

1. 生殖器开口是圆的。
2. 肛门到生殖器开口的距离相对较宽。

母猫的生殖器开口形状：

1. 生殖器开口是道裂缝。
2. 肛门到生殖器开口的距离相对较窄。

正确的鉴别猫的性别除了给它适当的名字外更重要的是有利于它繁殖系统的诊疗。当猫第一次来医院时要正确的鉴定性别并记录在病历中。

准备工作

1. 手边备好动物病历，找到记录动物性别的一栏。
2. 将动物放置于检查台上。

操作步骤

1. 用手抓住尾根部，手指环绕住尾巴。
2. 抬起尾巴，露出肛门和生殖器。
3. 注意肛门到生殖器开口之间的距离。
4. 观察生殖器开口的形状。
5. 将观察到的结果记录于病历中。

补充要求

通过住院动物练习直到能正确鉴别。

谨记：对于长毛猫，可分开肛门至生殖器之间的软毛以便更好地观察。可用湿纸巾或棉球将肛门至生殖器之间的软毛弄湿。

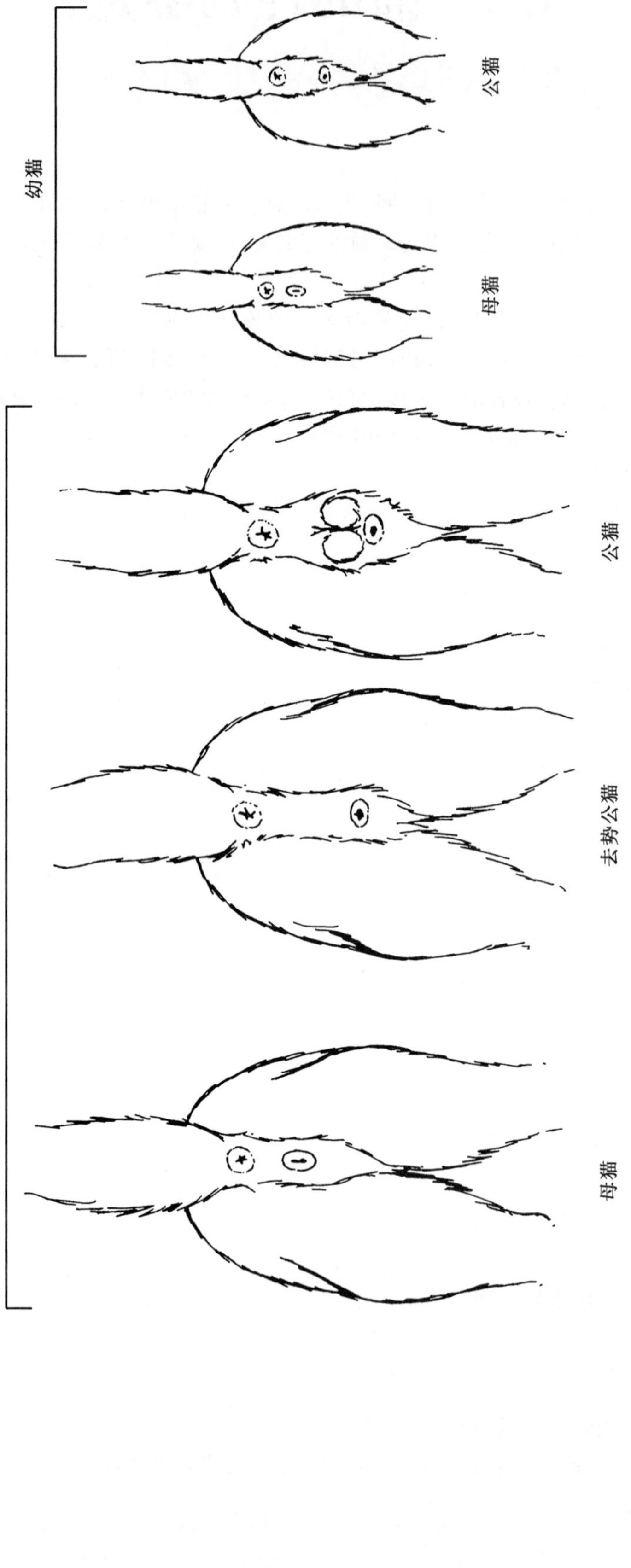

图 5-1　猫的性别鉴定

5.6　鉴定犬猫的年龄

基本要求

通过检查动物的齿式可初步估计动物的年龄。和人类一样，动物的乳齿和恒齿都在特定的时间内长出。犬猫的长牙时间见附录 F。动物的乳齿比恒齿更尖利，更小。随着幼年犬猫的成长，下颌骨也逐渐生长使乳齿间的间距增大，直到恒齿长出把乳齿顶掉。恒齿的磨损受饮食和年龄的影响。牙齿护理、饮食、品种以及全身的健康状况会影响牙菌斑的沉积和牙结石的形成。

动物的每一颗牙齿都有名称，左右两边的牙齿对称，上颌和下颌分别长有相对的两排牙齿。正中央的是切齿，紧接着切齿的侧后方是犬齿。猫同样也有犬齿。犬齿之后是前臼齿，最后是臼齿。

犬和猫的齿式见表 5-1。正确认识每颗牙齿对判断动物的年龄很重要。但知道长牙时间只能用来判断动物的大概年龄，要确切知道动物年龄的唯一方法是知道它的出生日期。当动物主人不能提供确切的出生日期时，只能靠兽医工作人员来估计。除非确切知道动物的出生日期，不然只能记录其大概的出生年月。

正常牙龈的颜色是粉红色的。如果有坏牙或牙齿脱落，牙龈就会发炎或/和有牙结石存在，要在病历上记录观察到的结果。

表 5-1　犬猫齿式

	乳齿	恒齿
犬	2(I 3/3, C 1/1, PM 3/3)= 28	2(I 3/3, C 1/1, PM 4/4, M 2/3)= 42
猫	2(I 3/3, C 1/1, M 3/2)= 26	2(I 3/3, C 1/1, PM 3/2, M 1/1)= 30

I：切齿；C：犬齿；PM：前臼齿；M：臼齿。

工作流程

准备工作

1. 记住犬猫长牙的时间。
2. 能区别乳齿和恒齿。
3. 知道每一颗牙齿的名称。
4. 假定动物主人不知道宠物的年龄，那么检查牙齿以确定。
5. 手边备好患病动物病历。

操作步骤

1. 将你的左手放在动物的面前。
2. 让患病动物慢慢熟悉你。
3. 轻轻打开患病动物的嘴，用食指将嘴唇向上卷起，这样可露出每颗牙齿。
4. 从中央向两边检查上下颌的所有牙齿。

5.注意每颗牙齿的类型及牙齿和牙龈健康状况。

6.记录检查结果。

补充要求

1.让有经验的同事检查你的判断,直到你有了一定的经验。

2.不要与动物主人争辩动物的年龄,在病历上注明动物主人的意见以及你的观察结果。

谨记:在开始练习判断动物年龄前,你必须要知道以下几点。

1.齿式(参见表5-1)。

2.长牙时间(参见附录F)。

3.能区别乳齿和恒齿。

5.7　混合疫苗

基本要求

动物医院/诊所内经常会有接种疫苗的预约。对于幼年犬猫，需要接受一系列的疫苗注射。而对于成年动物，则根据注射疫苗的种类以及与不同的疾病接触情况，间隔不同时间注射加强疫苗。对于接种疫苗的预约，要事先准备好将要使用的疫苗，并摆放在诊室的工作台上备用。根据主诉情况决定使用何种疫苗。如果因为动物可能同时患有疾病或者临近手术而不确定动物是否该接种疫苗，那么应谨慎行事，将未混合的疫苗瓶和未使用的注射器放置在工作台上。如果要接种疫苗，那么各种材料都要准备齐全。如果不接种疫苗，那么将这些材料放回药房。

疫苗可以是单剂量的，也可以是多剂量的。有预混好的装在一个瓶子里的疫苗，也有分装在两个瓶子里的，即稀释液和粉状疫苗，必须混合两者才能使用。稀释液可能只是注射用水，也可能是疫苗的一种活性成分。每种疫苗都有专门的稀释液，不能混用。必须用注射器抽出稀释液，然后注入粉状疫苗的瓶子内，将组合后的疫苗瓶快速颠倒数次使混匀充分，这样疫苗就可以使用了。混合好的疫苗必须在 1 h内使用，除非说明书有特别说明。疫苗是生物制品，因此必须存放于冰箱内。

工作流程

准备工作

1. 查阅患病动物当天病历和主诉以确定该接种何种疫苗。
2. 知道不同疫苗名称的缩写。
3. 了解所在动物医院/诊所经常使用的适合各种动物的疫苗种类。
4. 取出疫苗。
5. 取出注射疫苗用的注射器。通常使用 1～3 mL 的一次性无菌塑料注射器。
6. 注射器有的带针头，有的不带。如果没有针头，那么安上针头。通常使用短、细规格的针头(25 ga×3/8″)，因为这样的针头不会使动物太疼。

操作步骤

1. 把棉球浸入酒精中。
2. 用酒精擦拭每一个瓶盖。
3. 颠倒药瓶。
4. 插入注射器针头。
5. 3 种不同类型的疫苗的使用。
   a. 多剂量疫苗：从容器中抽出规定的疫苗量；
   b. 单剂量疫苗，预混型：将小瓶中的所有液体抽出；
   c. 有稀释液的单剂量疫苗：抽出所有的稀释液，注入装粉状疫苗(冻干粉)的瓶中，轻轻颠倒瓶子 5 次，使之混匀，再抽出所有混合液。

6. 换上新的注射器帽。

7. 在每个注射器上贴上从单剂量疫苗瓶上撕下来的标签，或者贴上写有注射器内容物名称的胶带。

8. 将带有针头帽、已注满疫苗液的注射器放置在诊室的工作台上。

补充要求

1. 在抽取疫苗前，确认疫苗标签与主诉所要求的是否一致。

2. 每次都要阅读疫苗标签 3 次：

  a. 从药房中取来疫苗时；

  b. 抽入注射器时；

  c. 抽入注射器后。

谨记：准备一张 3″×5″的卡片，在上面写上疫苗名称的缩写、是哪种病的疫苗及哪些种群接种该疫苗。

5.8　注射器的使用

基本要求

每次使用注射器前，要考虑到以下几个方面。

1. 疫苗瓶的外表面：任何瓶子的外表面都已经被污染。为了防止瓶内的无菌内容物被污染，在每次用针头穿透橡皮盖之前都要用酒精擦拭瓶盖。

2. 注射器的大小：选择容积比注射药物剂量稍大的注射器。这样便于抽吸，抽吸是注射过程中不可缺少的部分。当针头刺入注射部位后，为了判断针头是否不小心刺入血管，可轻轻回抽注射器的活塞，该过程称为抽吸。这是在药物注入机体前需要做的步骤。抽吸可防止将药物注射入血管内。

3. 针头规格：选择何种针头取决于药物的黏性和该药物的注射速度。黏性越大的药物，使用号码越低的针头；药物注射速度越快，也使用号码越低的针头（各号码对应不同的针头直径，直径越大号码越低，如 16 号针头的直径大于 25 号针头）。

4. 针头长度：选择针头的长度取决于药物注射的深度。皮薄的动物使用短针头，这样正好将药物注入皮内或皮下。肌肉注射要使用长针头。

5. 除非另有说明，否则不要在同一个注射器内混合不同的药物或者疫苗，因为它们会发生不良的化学反应。

6. 在装有液体的注射器外贴上标签，说明其内容物，并签上操作人员姓名。

7. 随着瓶内药品的抽出，瓶内就会形成真空，这样就很难抽出剩余的药品。出现这种情况时，可把注射器从针头上转下来，让空气进入瓶内，这样就消除了真空。再将注射器接上，继续抽吸药品。

按照以下操作吸满注射器：

1. 将装有需要药品的瓶子颠倒拿在手里。用手指圈住瓶子，小指头位于瓶子顶端的最近处。

2. 另一只手拿带有针头的注射器，向上对准瓶子。

3. 将针头穿透瓶子的橡皮塞。若针头刺入太深，高于药液，那么瓶中的药液不能被完全抽出。

4. 拔出针头后，使注射器保持向上。轻轻地弹打注射器使气泡上升至针头底部，轻推注射活塞，将气泡排出。一旦气泡完全排出，在针头的顶端会出现很小一滴药物。

5. 给针头盖上放置于检查台上的针头盖。使用空手的食指顶住针头盖的顶端，以防止其移动。然后将针头慢慢地滑入针头盖的开口并固定。

谨记

1. 每次吸药时核对病历上药名和剂量，并把药名和剂量写在注射器上。

2. 每次都要读 3 次药品的标签：

   a. 从药房中取出药品时；

   b. 药品抽入注射器时；

   c. 将药品拿回药房时。

工作流程

准备工作

1.查阅病历以确定注射器内的药物以及剂量。

2.将需要的药物放置在干净的工作台上。

3.准备一个酒精棉球。

4.确定合适的注射器和针头。

5.将酒精棉球、注射器和针头放置在药物旁边。

6.戴手套。

7.撕一条0.5″长的胶带，写上药物名称并签上名字。将胶带的一头翻折出一个边，便于胶带的去除。

8.将胶带标签贴于注射器上。

操作步骤

1.使用酒精棉球擦拭瓶盖。

2.将瓶子颠倒拿在一只手里，并用手指圈住瓶子，小指头位于瓶子橡皮塞的最近处。

3.取下针头帽。

4.将针头穿透橡皮塞，插入药瓶。

5.抽吸所需的药物量。

6.拔出针头。

7.排出注射器内的空气。

8.给针头盖上针头帽。

9.将注射器与病历放置在一起。

补充要求

1.将所有东西放好。使用消毒剂擦拭工作区。将注射器和针头盖、酒精棉球以及空药瓶按规定丢掉。将空的疫苗瓶扔进盛生物危害品的容器中。

2.将注射器和病历交给要进行药物注射的工作人员，或放置在诊室的正确位置。

谨记：无论何时准备药物或进行药物治疗时，必须牢记以下5点。

1.正确的动物。

2.正确的药物。

3.正确的药物强度。

4.正确的剂量。

5.正确的时间。

5.9　绷带包扎法

基本要求

绷带用于保护和/或固定某一部位。绷带一般由多层组成，每一层都有其特定的作用。打绷带前，兽医助理要准备好各种材料。包扎绷带的步骤以及所需材料和器具如下：

1. 选择一种创伤敷料：询问需要使用哪一种敷料。有很多类型可使用，根据伤口特点决定使用哪一种。

2. 第一层绷带：该层紧贴皮肤。如果存在伤口，那么要先除去感染部分并清洗创口（参见工作流程 5.9.2）。戴上手套，使用 40 号或 50 号刀头剃净伤口及其周围的毛发。用吸尘器将剃下的毛发吸干净，伤口周围区域的要使用带有软管的吸尘器。清创必需按照一系列规定的步骤进行。操作时要注意保护组织，不要造成进一步的损伤。如果伤口被污垢和碎片严重污染，那么应该使用生理盐水或稀释的外科消毒液进行冲洗，直到伤口干净。伤口冲洗干净后开始外科擦洗。对于开放性伤口，通过冲洗清洁伤口。伤口周围的皮肤则要使用擦洗液-酒精循环擦拭以及外科消毒液消毒。擦洗时使用纱布从伤口边缘开始从内到外做圆周运动，直至未剃毛区域。外科擦洗液为肥皂类物质，使用酒精按照类似的擦拭方式将该液体除去。至少重复擦拭 3 次外科擦洗液和酒精。在擦洗液-酒精循环擦拭后使用外科消毒液。擦拭方式与外科擦洗液相似，但无需使用酒精。最后再将消毒液喷洒在皮肤上（如何清创和进行皮肤准备工作，以及使用何种产品依据兽医个人喜好而不同）。将无菌、无黏性的敷料直接盖在清洁过的伤口上。如果不存在伤口，这一层可省略。

3. 第二层绷带：这一层用于固定第一层于适当位置。这一层由无黏性的材料组成（如纱布），将第一层完全覆盖。如果该部位需要填充，可使用棉花。如果这层绷带是用于固定某一部位，那么可使用较厚的材料。

4. 第三层绷带：作为最后一层，其起着支撑内层绷带的作用。通常具有防水功能，以保护下面几层。这一层完全覆盖在第二层绷带外面，同时边缘要粘在动物的被毛上，以防止绷带发生移动。两者接触面一定要足够宽以避免滑脱，但也不能太宽了，以至除去时引起动物疼痛。

关于绷带包扎的相关知识：

1. 根据使用绷带的目的以及部位选择不同类型的绷带。

2. 如果存在伤口，那么在绑绷带前有多种清创方法可使用。包括外科清创术、伤口探通术、缝合皮肤伤口、放置引流管。这些方法需要不同程度的麻醉、止疼以及手术包。这些过程由兽医来完成。

3. 绷带松紧要合适，既能适当固定又不会太紧而影响血液循环。

4. 对于容易产生滑动的部位，如四肢笔直的部分，可用胶带直接粘在对侧肢的皮肤上，第一层绷带不能使用该方法。要留出较长的末端便于向上拉紧并与第二层粘在一起，这称之为马镫式包扎。

5. 绷带的每一层都要保持干燥和整洁。这就要求时常给引流伤口更换绷带，以及核查门诊患病动物的预约。

6. 动物会啃咬、咀嚼绷带。可在第三层绷带的表面喷上难闻但无毒的物质，以阻止这些行为。对于顽固动物可采取更严格的措施，可佩戴伊丽莎白圈或其他限制装置直到拆除绷带。不要低估动物的智商。

7. 如果存在感染，那么拆除绷带时要戴上手套。使用绷带剪来剪开绷带材料，使用钝头接近患病动物的皮肤以避免损伤动物。如果绷带层太厚不能同时剪开所有层，可先剪开第三层绷带。快速撕掉粘在皮肤和被毛上的胶布。可使用绷带剪来剪开剩下的绷带层,或者只要简单地解开绷带材料即可。轻轻地将第一层从伤口上移走,不要碰到伤口。

8. 包扎绷带前,由兽医助理负责准备所需的所有材料和工具。绷带类型和绷带材料都有很多种。向兽医询问需要哪种绷带材料(参见工作流程 5.9.1)。由兽医或兽医技术人员负责包扎绷带。绷带拆除的时间由兽医决定,之后助理负责拆除绷带(参见工作流程 5.9.3),再由兽医复查患病动物。

工作流程 5.9.1

绷带的使用

准备工作

1. 确定所需的绷带材料。
2. 确定所需的工具。
3. 确定所需的药品和化学品。
4. 适当保定动物。

操作步骤

1. 摆放好所需的材料和工具。
2. 清洗伤口:
   a. 戴手套;
   b. 用 40 号或 50 号的刀头剪毛;
   c. 用吸尘器将毛吸干净;
   d. 使用生理盐水(也可以使用 1∶100 稀释的聚维酮碘溶液或 1∶40 稀释的洗必泰溶液冲洗,询问兽医用哪种)和带有针头的大号注射器冲洗伤口,或者是不带针头的输液管;
   e. 在动物身下放置一块毛巾,用来吸收冲伤口的液体;
   f. 钳子用来从广口瓶中夹出棉球或纱布;
   g. 一瓶装有浸泡了外科擦洗液的棉球或纱布的广口瓶;
   h. 一瓶装有用于除去擦洗液的酒精棉球或纱布的广口瓶;
   i. 一瓶装有浸泡了外科消毒液的棉球或纱布的广口瓶;
   j. 装有外科消毒液的喷壶;
   k. 装有抗菌素软膏的容器以及用于伤口的干净压舌板。
3. 根据兽医选择放置局部伤口敷料。
4. 第一层用无菌、无黏性的敷料,大小要正好盖住伤口。
5. 第二层用纱布缠绕,要使用较松软的材料,有时候使用松紧织物或棉花。
6. 第三层或外层具有黏性,或者结合使用兽医专用的包扎材料和胶带。将要用于粘贴前后绷带边缘的胶带按所需长度剪裁好,粘在检查台边缘备用。记住在胶带最后将其反折一小段,在拆绷带时就比较容易。

工作流程 5.9.2
清洗伤口

准备工作

1. 了解动物医院/诊所的手术准备工作流程。这里是指在使用擦洗液擦洗之前需要额外冲洗伤口的清创过程。

2. 戴手套。

3. 干净的毛巾。

4. 带软管的吸尘器。

5. 将电推、生理盐水(也可以使用 1∶100 稀释的聚维酮碘溶液或 1∶40 稀释的洗必泰溶液冲洗,不能用酒精或双氧水冲洗开放性伤口)和带大规格针头的 50 mL 注射器放置在工作台上。也可以将生理盐水装在带输液管和管夹的容器内,无需注射器(冲洗完后,丢弃所有剩余液体)。

6. 放置一个浸泡了擦洗液纱布的广口瓶和一个浸泡了酒精纱布的广口瓶。

7. 准备纱布钳,最好每个广口瓶内都有一把。

8. 1 L 无菌生理盐水。

9. 带有短而大规格针头的 50 mL 注射器,用于抽取生理盐水,或是将生理盐水瓶放在输液架上,插上不带针头的输液管。确定输液管是被夹紧的。

10. 能充分吸收冲洗液的干净毛巾,或在治疗室的金属台上冲洗伤口。

11. 无菌、无黏性的敷料,大小要正好覆盖清洗好的伤口。

操作步骤

1. 逆着被毛的生长方向,剃净伤口周围的被毛。剃毛的范围至少是伤口大小的 4 倍,边缘要整齐。

2. 用吸尘器将剃下的被毛清理干净。

3. 将生理盐水放在动物附近。

4. 在伤口旁边放置毛巾以吸收冲洗液,或将患病动物放置在治疗室的金属台上。

5. 轻柔地冲洗伤口,注射器或输液管的末端不能接触到伤口。

6. 重复冲洗,直到伤口干净。

7. 拿走湿毛巾,用干毛巾擦干剃毛区周围的被毛。

8. 开始擦洗程序。

   a. 用镊子夹取蘸了擦洗液的纱布;

   b. 从伤口的边缘开始,以划圈的方式由内向外擦拭,一直擦到剃毛区的边缘;

   c. 使用蘸了酒精的纱布,按上述方式再擦一遍;

   d. 使用新的纱布进行第二遍和第三遍的擦洗液/酒精擦拭,每擦一遍要换一块干净的纱布,不要让脏的纱布接触到已擦干净的区域。

9. 接下来使用外科消毒液,按照划圈的方式再擦拭三遍伤口,记住每擦一遍换一块干净的纱布。

10. 在剃毛区喷洒上外科消毒液,这时可以将无菌敷料直接覆盖在伤口上。

11. 立即将无菌敷料覆盖在伤口上,注意不要碰到要与皮肤接触的那面。

补充要求

1. 清洁工作区和用具。

2.按照生产商的说明书来拆洗电推的刀头，包括使用特定的产品清洗刀头和上油。
3.将绷带材料收拾好。
4.补充用掉的物品。
5.如果物品库存不足，将这些物品写在需求单上或告知动物医院/诊所负责人。
6.用吸尘器清理地面上的毛发。
谨记：处理组织要轻柔，不要对组织造成额外的损伤。

工作流程 5.9.3
拆除绷带

准备工作

1.在工作台上放置绷带剪。
2.将患病动物病历档案放在附近。
3.如果存在伤口感染，要戴上手套。

操作步骤

1.从绷带的远端开始，一直剪到近端。
2.用剪刀的钝头接触皮肤，剪刀面与皮肤保持相平。
3.将剪刀的钝端插进黏性绷带下，直到绷带处于两个刀刃之间。
4.开始剪。
5.快速地撕下粘在动物被毛上的胶布。
6.撕开或剪开所有的除第一层以外的绷带层。
7.如果有马镫式包扎，则快速地从动物被毛上撕下。
8.轻轻地移去第一层绷带。
9.通知兽医可以开始检查伤口。

补充要求

1.如果兽医要求清洁伤口，那么做好准备。
2.清洁消毒后将剪刀收拾好。
3.处理拆下的绷带，将感染的绷带放置在盛生物危害品的容器内。被感染的材料通常会散发恶臭，遇到这种情况，就将装有污染材料的垃圾袋移走，然后放置一个新的垃圾袋。将拿出来的垃圾袋扔至指定地点（一些医院使用高度生物危险品处理袋，一些医院按照预先制定方法做特殊处理）。

5.10 急救护理

基本要求

急诊病例会不可避免地出现在每个动物医院/诊所。出现重伤、出血、呼吸衰竭、休克或中毒的动物需要立即采取急救措施。要想成功救治这些急诊病例，所有的工作人员必须在主治兽医的带领下，团结一致地进行工作。兽医和兽医技术人员亲自参与抢救工作时，辅助人员要积极配合。兽医助理负责提供抢救设备和药品，并为护理工作人员提供帮助。为了有效率地工作，兽医助理必须做到以下几点。

1. 知道急救车和急救药箱的位置。

2. 维护急救车或急救药箱内的设备、药品和辅助物品。（由美国兽医协会和 Publications Division 编写的《Hotlines Every Veterinarian Should Know》一书是一件非常有用的可放在急救车内的物品，它为医护人员提供了所需的急救电话号码。）

3. 更新急救物品，不足的要及时通知相关负责人，使用新药，购买新的仪器设备。

4. 重新准备好不常储备或不和急救设备放一起的急救物品。包括喉镜、循环式温水毯、电推、器械包、监护仪以及胃管等。

5. 重新准备好常规物品，如静脉输液管、输液用的液体、绷带材料和导尿管等。

6. 如果需要，保定动物并摆出要求的体位。

7. 如果需要，做好皮肤准备。

8. 在动物医院/诊所内进行一些简单的实验室化验。

患病动物病情稳定后，兽医助理可以在兽医和兽医技术人员的帮助下，提供辅助的护理和监护工作。

最好是所有工作人员都能花时间来练习急救的工作流程。但遗憾地是很少有人这样做，因为每天都好似有十分紧迫的事情要做。如果是这样的一种情况，那么兽医助理必需花时间去记住抢救中可能需要的设备以及药品的存放处。了解一般的急救步骤，有助于兽医助理预料其他队员的需要，如果在急诊抢救中再去训练这些就太迟了。

维护急救物品是兽医助理的职责，可制定一套常规的工作流程，包括检查急救物品种类、数量和登记所有药品时间。现版的《动物医院/诊所工作流程和急救手册》以及《兽医技术人员临床手册》都列出了急救所需的设备和药品。阅读这些参考书，有助于兽医助理进一步制定维护急救物品的检查单和时间表。将书上的内容与动物医院/诊所的工作流程、设备和物品做比较，更新缺乏的急救物品，使用新药并购买新的仪器设备。不能忽略急救箱的准备工作，要使其装备齐全。做好充分的急救准备才能挽救动物的生命。

工作流程

急救前的准备工作

1. 知道急救车和急救箱的存放位置。

2. 知道辅助设备的存放位置。

3. 知道记录急救电话号码的地方。

4. 知道兽医助理在急救过程中的职责。

5. 了解常见急诊病例的一般急救过程，如胃扭转-肠扭转、难产、异物窒息等，这样能在遇到这些情况时预计团队的需要。

6. 能完成简单的动物医院/诊所内的实验室工作流程（参见第7章）。

7. 制定常规维护急救设备和药品的检查单和时间表，可制作一张卡片作为提醒。

8. 和其他工作人员共同练习。按照基本要求制定一份计划表，并进行实际操作。

急救的工作流程

总结为 LARK：

1. Listen 认真地听；

2. Anticipate 预计需要；

3. Respond 反应迅速；

4. Know 知道你做的是什么。

补充要求

1. 打扫工作区。

2. 将所有急救设备和药品放回指定区域。

3. 补充急救车和急救箱内消耗的物品。

4. 努力提高。向其他工作人员请教，再有类似情况发生时，如何才能使自己对整个团队的工作提供更有效的支持。

5.11 患病动物住院和出院

基本要求

在检查接受后，患病动物可能出院治疗，也可能需要住院治疗，兽医助理在这两种情况下的职责是不一样的。

出院治疗

检查完毕后，由兽医决定采取何种治疗方案，即配哪些药物给动物主人以及告诉动物主人是否需要复诊和复诊的时间。如果开了处方，兽医通常会将病历档案交给兽医助理(见第6章)。取完处方上的药物后，兽医助理再告诉动物主人一遍使用这些药物的原因和使用方法。兽医助理通过给患病动物喂第一次药并向动物主人演示如何喂药。如果实验室化验结果还未出来，那么告诉动物主人何时能知道结果以及通知其结果的方式。将动物主人和患病动物护送至前台并将病历档案交给前台工作人员。为动物主人的信任表示感谢，然后迅速返回诊室，并开始常规打扫。

住院治疗

告诉动物主人下一步治疗方案，并对其的信任表示感谢。轻柔地安抚患病动物使其离开主人，将动物和其病历档案带到治疗室。立即给患病动物戴上识别身份的项圈，准备好笼卡，将动物安置到病房并放上笼卡。兽医助理返回治疗区域，在治疗记录板上写上患病动物名称、病房号以及治疗用药。将其病历档案与其他住院病历档案放在一起，这些病历可以放在动物病房或治疗室。最后兽医助理返回诊室，并进行常规打扫。

不管患病动物是出院治疗还是住院治疗，强烈建议给动物主人一份书面注意事项。因为动物主人不遵医嘱将会严重影响患病动物的健康，而这种书面提醒更利于动物主人执行医嘱和提供必要的参考。可使用事先设计好的填空式表格或者选项式表格。不论使用哪种形式的表格，只要能每次给动物主人提供一份，都能起到积极作用。在动物主人离开动物医院/诊所前，兽医助理应和动物主人一起核查这张表格是否填写完整。

工作流程

准备工作

1. 确定患病动物是住院治疗还是出院治疗。
2. 知道每种情况下的工作流程。

操作步骤

出院治疗

1. 按照处方给药。

2.再告诉客户一次开这张处方的原因。
3.向客户演示所开药物的使用方法。
4.将继续为客户提供化验样品的相关信息。
5.与动物主人一起检查患病动物的出院注意事项表格。
6.护送动物主人及患病动物离开诊室。
7.将病历档案交回前台工作人员。
8.如果需要复诊,应通知前台人员。
9.对客户的信任表示感谢。
10.返回诊室,开始常规打扫。

住院治疗

1.告诉客户关于患病动物的下一步治疗。
2.将注意事项表格交给客户。
3.对客户的信任表示感谢。
4.给患病动物戴上牵引带。
5.安抚着患病动物离开动物主人。
6.将患病动物及其病历档案带到治疗室。
7.给患病动物戴上识别身份的项圈。
8.准备一张写有特殊说明的笼卡,如 NPO、特殊饮食、收集粪便等。
9.将患病动物安置在病房或犬舍内,并在笼子上放上写好的笼卡。
10.供给清洁的饮水(铺上垫子是笼子常规准备的一部分)。
11.如果可以,提供食物。
12.必须给猫提供砂盆。
13.返回治疗区域,在治疗记录板上写上动物名称、病房号以及治疗用药。
14.将病历档案放置在正确位置。
15.返回诊室,开始常规打扫。

补充要求

1.尽快返回诊室。
2.迅速完成常规清扫,这样下一个患病动物才能使用诊室。
3.脏乱的诊室不是让客户等待的理由。

第 6 章

药房技能

"医生，你能再向我演示一遍给它喂药的过程吗？"

本章培训目的

完成本章培训后，学员应能做到以下几点。

1.看懂处方。

2.在装药品的容器贴上标签。

3.使用药丸计数盘计算药片和胶囊的数量。

4.正确阅读药物的标签。

5.算出正确的药物剂量。

6.根据管制药品管理机构(DEA)的规定处理管制药品。

7.向客户示范如何给动物口服药物。

8.向客户示范如何给动物耳部上药。

9.向客户示范如何给动物局部上药。

10.向客户示范如何给动物眼部上药。

11.根据生产商说明书上的要求来贮藏药物。

12.按照职业安全与卫生条例管理局(OSHA)的标准给存贮容器贴上标签。

前言

从事药品工作，最重要的就是准确。但是，即使照方取药也会面临三个主要的挑战。第一个是正确阅读兽医笔迹。每位兽医的笔迹都各有特点，辨认起来有难有易。因此，熟悉动物医院/诊所内每位兽医的潦草笔记也需要一段时间。起初，可以向有经验的同事请教，甚至是有经验的工作人员也会不时向兽医请教，以确认理解正确。运用上下文的符号也可以帮助你理解笔者的意图。在不明白的情况下，询问兽医比贸然照方取药明智得多。

第二个挑战来自于处方中药物的缩写，这些缩写结合了拉丁文和英文。因此，必须将这些缩写转换为标准的英文，然后在药品容器上贴好标签，并告诉客户如何以及何时给患病动物使用这些药物。我们在工作中会遇到一些标准缩写，有些缩写具有多重含义，所以其含义主要根据它们所在的上下文而定。有些兽医会创造一些自己的缩写，这会让处方变得更难懂。处理这种情况的唯一的办法就是记住这些在动物医院/诊所内经常使用的缩写。可在一系列 3″×5″的卡片上写上缩写以及它们的意义，将这些卡片作为参考直到掌握这些缩写。在遇到非标准的缩写时，做上标记，将它们和标准缩写一起记录在 3″×5″ 的卡片上。附录 G 列出了一些处方中常见的缩写。

第三个挑战也就是药物的辨别。药物标签有可能很相似，有时从不同供货商处采购的同一药物，其标签也会不一样，有些药物的拼写很相似，例如阿莫西林(amoxicillin)和氨苄西林(ampicillin)，有些药物名称可能会很长，因此仔细阅读每个药品的标签是至关重要的。如果在处方中使用了药物名称的缩写，那么用缩写对照药物标签是无法找到药物的，应识别使用的缩写的全称。在照方取药前要花点时间正确辨别药物。

在处理药物时，确保以下 5 条正确。

1.正确的动物；

2.正确的药物；

3.正确的药物浓度；

4.正确的药物剂量；

5.正确的服用时间。

照方取药出错会危及患病动物的健康甚至威胁其生命，无论何时取药都要牢记“准确”。

6.1 阅读处方

基本要求

传统的处方是用拉丁文书写的，现在常用英语和拉丁文混合书写。有些药物名称需要全写，而一些很常用的药物名称可以使用缩写，在药物的使用说明中通常使用药物的拉丁文缩写。然而有时，一些兽医会使用英语和拉丁文混合书写药物使用说明。

处方以字母 Rx 开头，意思是“取药”。然后是书写药物名称，紧跟其后的是药物的浓度，通常采用公制的方式列出，之后列出用药方法和使用频率。可参考附录 G 列出的处方缩写和附录 H 列出的公制缩写。字母“X”表示次数，紧跟其后的是表明治疗持续时间的一个数字，可以是天、周或月。

药物的总量可能已在处方中列出，如果没有给出，按照 6.5 列出的方法计算药物总量。在处方的最后通常会列出可重复取药的次数，这是非强制性的。如果没有列出，一定要询问开处方的兽医，动物主人是否可以重复取药，不能擅自做主说可以再取药。初诊 6 个月后前来重复取药的要求重新进行检查。

注意

1. 取药时佩戴手套。
2. 不能辨认兽医笔迹时要询问。

工作流程

准备工作

1. 找出患病动物档案。
2. 翻到当天的日期或者原始处方的日期。处方通常位于患病动物当天就诊记录的末尾，查看 Rx。

操作步骤

1. 识别药物名称。
2. 找到药物浓度。
3. 确定用药次数。
4. 确定用药方法。
5. 确定用药疗程。
6. 确定配药量。
7. 确定可重复取药的次数。

补充要求

1. 核查对缩写的解释是否正确。
2. 核查对配药量的计算是否正确。
3. 如果对准确性存有怀疑，请其他工作人员检查。

6.2 处方药标签

基本要求

标签的目的在于告知动物主人容器里所盛放的是什么药品以及如何使用。大多数的动物医院/诊所会提前打印好写有必需信息的标签。这种情况下，你只需要在空格处填写即可。

另外，还可以将关于药物使用或储藏注意事项的标签也贴在装处方药的容器上。例如，有些标签上面写有“冷藏”或“仅做兽药使用”。这些通常是提前打印好、成卷的不干胶标签。

法律要求的处方药标签上应含有的信息主要包括以下几点。

1.开具处方的动物医院/诊所的名称、地址和电话号码。

2.开具处方的兽医的姓名。

3.客户姓名(如是管制药品还要填写地址)。

4.患病动物名字及注册证号码。

5.药物名称。

6.药物浓度。

7.配药量。

8.药物有效期。

9.可重复取药的次数。

10.用简单明了的英语书写使用说明，包括：

a.每次治疗的剂量；

b.治疗的频率；

c.治疗的持续时间。

11.如果药物用于经济动物，应标明停药时间。

工作流程

准备工作

1.在药房区域内工作。

2.在患病动物病历档案中找到处方。

3.根据药物类型(液体、片剂、药膏)以及配药量，选择大小、类型合适的容器。

4.找到所有将要使用的标签。

5.知道如何使用打字机或计算机软件来做标签。

操作步骤

1.将标签插入打字机或打印机。

2.使用英语在空白处填写所有必需的信息，不能使用患病动物病历中使用的缩写。确定在规定的空白处已正确填写了相关信息。

3.将标签端正地贴在容器的中间。

4.如果需要额外添加标签,也要居中且端正地贴。

补充要求

1.重读标签,以确保准确性和完整性(所有标签上的信息均与患病动物病历中的处方信息相符)。

2.检查标签上的拼写。

3.确保标签整洁(没有污垢和涂改的痕迹)。

4.确保信息都填在横线上。

谨记:如果盛药容器小于标签,那么就将初级容器放在一个较大的次级容器中,然后将标签贴于次级容器上。例如,一支眼药膏管,可以将标签贴在装眼药膏管的盒子上,而不是直接贴在眼药膏管上面。

6.3 处方药的包装

基本要求

装药物的容器必须对儿童是安全的，除非客户要求不用考虑此项。尽管那样，我们还是建议最好使用能够防止儿童和宠物打开的安全包装容器。遇到没有力气以及不能协调自己手脚的残疾人和老人时，可以不使用防止儿童打开的安全包装。对于主动要求不使用安全包装的动物主人，必须在动物的病历档案中做好记录。

带有拧开式或掰开式盖子的塑料小瓶具有各种大小。它的大小以英钱(等于 3.887 g)计算。通常我们会选用一个能够盛下所有药量，并在顶端可剩下一小部分空间的小瓶。这些小瓶通常是琥珀色的(棕色的)，以防止药物由于阳光的照射而发生变性。小瓶适合盛放干燥药物，如片剂和胶囊。

将液体药物盛放于带有拧盖的或滴管的长颈瓶内。通常在瓶子外面标有所能装的药物剂量，这些标注有助于向瓶子内灌注药物。装药时，可以借助漏斗或是大的注射器。应确保所使用的漏斗和注射器是干净的。

有些药剂是粉末状的，必须用定量的水配成溶液。可能会有一个滴管与盖子相连，且滴管上面标有“mL”，以此来表明滴管的容量。在配制药液前应仔细阅读标签。

将药膏盛放于镀锡铁罐或类似的容器内。在将药膏从原来的容器转移至要装的容器中时，可使用一个干净的压舌板将药膏装入罐内。装满后，要确保所盛药物中没有气泡。

工作流程

准备工作

1. 确定所需容器的类型。
2. 确定使用容器的大小。
3. 找出相匹配的容器和盖子。
4. 取药前，戴上手套。
5. 如果要装药丸、药片或胶囊，那么可以在药房柜台上放置一个药丸计数盘。

操作步骤

1. 使用药丸计数盘来计算药片和胶囊。
2. 盛装液体药物时，要使用漏斗。
3. 用干净的调药刀来取药膏和糊剂。
4. 安全牢固的盖好瓶盖。

补充要求

1. 将药装入小瓶时，向客户说明怎么打开它。

2.如果使用了药丸计数盘,用完后要收起来。

药丸计数盘的使用

1.将有凹槽的一面放在左边,开口位于正前方;
2.把药丸倒入盘子内;
3.打开凹槽上面的盖子;
4.使用调药刀或压舌板,将药片或是胶囊每5个一组推进凹槽内;
5.数到想要的药丸数量之后,盖好凹槽的盖子;
6.抬起盘子,将有斜口的一角朝向右后方,倾斜盘子,将剩余药物滑进原来的容器中;
7.把小瓶放置在柜台上;
8.最后将盖好盖的凹槽的开口对准瓶口,倾斜盘子,数好的药物就会滑入小瓶内。

6.4 照方取药:药物的识别

基本要求

准确按照每张处方取药是非常关键的。如果因为疏忽而没有遵照一些非常基本的规则办事,那么动物的健康可能会变得更糟,甚至是死亡。

注意:

1. 许多药物的名称拼写相似,每次必须对照处方上的拼写与药物标签上的拼写是否一致。
2. 许多药品具有多种浓度,每次必须对照处方上与药物标签上的药物浓度是否相符。浓度的单位通常是 mg/cc 或是 mg/片。
3. 不能使用过期药物。药物都标有有效期,通常印在标签的一侧。

规则:照方取药时要读 3 遍药物的标签。

1. 当你从药架上取走药物时。
2. 当你开始照方取药时。
3. 当你把药物放回药架时。

提示:在处理药物时,要牢记以下 5 条正确:

1. 正确的患病动物。
2. 正确的药物。
3. 正确的药物浓度。
4. 正确的药物剂量/配药量。
5. 正确的服用时间/频率。

工作流程

准备工作

1. 准备好配药容器,并贴上完整标签。
2. 贴上其他适当的备注。
3. 选择正确药物。
4. 将药物计数盘或其他所需用具放置于药房工作台上。
5. 戴上手套。
6. 将患病动物病历置于工作区域附近。
7. 配药方前打开病历。

操作步骤

1. 核对处方。
2. 核对配药容器上的标签。

3.核对药物容器上的标签,确保与配药容器上的标签一致。

4.计算或量取所需剂量药物于配药容器中,配药量的计算参见6.5。

5.密闭好容器。

补充要求

1.将原药物容器归位。

2.清理用具并归位。

3.将配好的药物与患病动物病历放在一起。

4.可将病历和配好的药物交给指定人员(接待员、兽医、兽医技术人员),或交到指定地点(前台或诊室)。

5.如果你还需要告知客户如何给患病动物喂药,那么最好在诊疗室内告知,然后陪同客户和患病动物去接待区(参见6.7)。

6.5　照方取药:配药量

基本要求

在处方末尾会列出配药量,通常写成,“配药:××(给出数字或数量)”。例如,阿莫西林 250 mg bid × 10 天,配 20 片。如果没有给出配 20 片这类提示,则由兽医助理决定。

这里有一个需要计算的处方例子。

处方:阿莫西林 250 mg bid ×10 天。

1. 将拉丁文翻译成英文,以确定给药次数,缩写“bid”意思是“一天两次”。

2. 确定用药持续时间,例子中的“×10 天”意思是“乘以 10 天”,即患病动物将接受 10 天的治疗。

3. 将每天的给药次数乘以治疗天数得到给药总次数,例子中为 2×10=20 次。

4. 找到指定药物,即药物浓度要尽可能与处方上所写的一致。例如,放在架子上的阿莫西林,浓度有 100、250 和 500 mg 的。本例子中,250 mg 是最合适的。

5. 确定每次用药的单位,本例子中需要每次服用一片 250 mg 的药片。

6. 将每次用药的药片数乘以用药次数(1×20),即得出应发的药片数。

7. 确定每次用药量。这由每次用药量以及所用药物的浓度决定。例如,如果只有 500 mg 浓度的药片时,那么每次的用药量应该是 0.5 片才能达到每次用药 250 mg 的要求。0.5 乘以 20 即可得出配药量为 10 片。如果只有 100 mg 浓度的药片时,那么患病动物每次的用药量应该是 2.5 片才能达到每次用药 250 mg 的要求。2.5 乘以 20 即可得出配药量为 25 片。

总结:

1. 确定治疗期间的药物总剂量(将每天的给药量乘以治疗天数)。

2. 确定每次给药的药片数/胶囊数或者药物体积。(这由所用药物浓度和处方规定的每次用药量决定。其计算公式为:所需浓度除以所用药物浓度。)

3. 将步骤 1 的结果与步骤 2 结果相乘,即得出配药总量。

工作流程

准备工作

1. 将患病动物病历翻至要配药的处方页。

2. 找到处方。

3. 确定是否给出了配药量。

操作步骤

如果未给出配药总量,则遵循以下步骤:

1. 确定每天的给药次数。

2. 确定给药天数。

3.找到与处方所写浓度最接近的药物。(如果没有找到浓度相符的药物,那么询问兽医技术人员或开处方的兽医该如何做。例如,患病动物处方上写了每次 200 mg 阿莫西林,那么应该每次发 2 片 100 mg 的还是发 1 片 250 mg 的,虽然 1 片 250 mg 的阿莫西林要比 2 片 100 mg 的更容易饲喂,但是量不符合处方要求。)

4.确定每次用药量。

5.将每次用药量乘以给药总次数,即得出配药总量。

计算公式

第一步:每天给药次数(步骤 1)×治疗天数(步骤 2)=给药总次数;

第二步:处方所写的每次用药量/所用药物的浓度(步骤 3)=每次的药片数/胶囊数(步骤 4);

第三步:每次的药片数/胶囊数×给药总次数=配药总量(步骤 5)。

补充要求

检查你的工作,计算是否正确,如果不正确,则重新计算。

6.6 管制药物的管理

基本要求

药物可以分为以下3类：

1.非处方药(OTC)：无需处方即可出售的药物。

2.处方药(Rx)：只有出示有兽医执照的兽医所开的处方后才能获得的药物。

3.管制药物：会让人上瘾的处方药物，被称为管制药品。管制药品管理机构(DEA)对这些管制药物的定购、储存以及使用都有特殊规定。必须严格遵守这些规定。

动物医院/诊所管理管制药物必须遵守的规定有：

1.只有同时持有DEA执照和兽医执照的兽医才能定购和开出管制药物。DEA执照由DEA颁发且每三年更换一次。持有此证的兽医必须将执照贴在动物医院/诊所的显著位置。

2.对管制药物的存放要求使用两道锁，即将它们存放在保险柜或其他能锁得十分牢固的地方。

3.动物医院/诊所内只有一人或两人能接触这些管制药物。

4.发放任何管制药物时，必需使用签字笔在牢固装订的日志上做好记录，且至少保存两年，但各地区的要求可能有所不同。

5.在日志上记录所有管制药物的出入库情况。通常使用图表形式记录。

6.使用管制药物时，日志记录内容应包括：

a.药物名称；

b.剂型(液体、片剂)；

c.浓度；

d.配药量；(量：原容器内最初的量，从原容器中取出的量，配完药后原容器内剩余的量。AAHA有关于药物使用记录的推荐格式。)

e.配药日期；

f.配药时间(可写也可不写)；

g.动物主人完整的姓名和地址；

h.动物种类；

i.配药人签名。

以上规定参见由DEA出版的DEA临床兽医手册，可通过AVMA订购，电话是847-925-8070和商品序列号0030i-57000。

工作流程

准备工作

确定处方所开药物是否是管制药物可参考以下几点。

1. 标记Ⅴ：有弱成瘾性；对重复取药无限制。如，止泻宁、偌比舒咳。

2. 标记Ⅳ：弱成瘾性，且有一定的依赖性；6个月内可重复取药5次。如，安定、苯巴比妥。

3. 标记Ⅲ：中等成瘾性；6个月内可重复取药5次。如，二氢可待因酮、含可待因泰诺林、合成代谢类固醇。

4. 标记Ⅱ：可致强依赖性；不可重复取药。如，羟吗啡酮、戊巴比妥注射液。

5. 标记Ⅰ：不做医疗用。动物医院/诊所内没有这些药物，仅限科研单位使用。

操作步骤

如果你不是管理管制药物的工作人员，那么应告知相关工作人员需要发放管制药物。如果你是管理管制药物的工作人员，那么应遵循以下步骤。

1. 找到所需管制药物。

2. 确定所需剂量后，从该药物的原容器中取相应的量。

3. 在DEA日志上按规定做好所有相关记录。

4. 将日志和药物放回原来的位置。

5. 和配其他药物一样，按照处方配制从原装容器中取出的药物。

补充要求

将所有钥匙归还原位或原负责人。

6.7　指导动物主人用药

基本要求

兽医可能已经向动物主人解释了如何使用配好的药，但其他工作人员应确定客户是否已经真正明白具体需要做什么和怎么做。这是因为客户可能不熟悉兽医使用的专业术语，或者因其宠物而分散注意力，或者被数据混淆，或者不熟悉相关步骤等多种原因。任何这些情况之一都会使动物主人不能完全、准确地理解如何用药，以至不能遵循兽医建议为宠物提供治疗，最终导致患病动物康复延迟或不能康复。通常需要在诊室和动物主人一起回顾关于患病动物正要接受治疗的说明。这些说明在患病动物病历内的SOAP记录页的P下面。

门诊病例

应在本次就诊结束时向动物主人解释相关说明，即在动物主人及其动物离开诊室之前，兽医完成检查后。

住院病例

应在患病动物住院结束时向动物主人解释相关说明，即在将动物交给动物主人办理出院前，在兽医商讨完患病动物的后续治疗后。如果向动物主人提供一份书面说明，那么会更有效。不仅仅是将书面说明交给动物主人，而且还要对其进行讲解。

讲解内容包括以下几点。

1. 药物。
   - a. 用药原因；
   - b. 如何给药；
   - c. 何时给药。
2. 后续治疗。
   - a. 下次预约；
   - b. 如何做好家庭护理；
   - c. 在恢复期间有哪些变化。
3. 其他方面。
   - a. 食物：食物、进食量和采食频率；
   - b. 水：饮水量和饮水频率；
   - c. 锻炼：形式、持续时间和频率。

患病动物出院时，向办公室主任或兽医询问关于兽医助理在患病动物治疗方面应该做的事情有哪些。不要逾越你的职责范围。

工作流程

准备工作

1.将患病动物病历放在手边。

2.准备好所需药物。

3.准备好一份完整的客户指导用药说明。

操作步骤

1.进入房间时：

a.问候动物主人；

b.问候患病动物。

2.面对动物主人，缓慢且清晰地解说。

3.向动物主人说明药物名及其作用。

4.向动物主人展示药物的标签，并解释上面的使用说明。

5.示范如何打开和关上药物容器。

6.示范如何给患病动物饲喂药物。

7.将药物和指导用药说明交给动物主人。

补充要求

1.询问动物主人是否还有其他问题。

2.对于较复杂的程序，你可以要求动物主人在你示范完之后重复一遍。

3.告知动物主人，如果在患病动物的后续治疗中出现任何问题都可通过电话咨询。

4.询问动物主人是否还有其他需求。如果没有，则陪同动物主人和患病动物至接待室；如果有，则通过你或者其他合适的工作人员来满足其要求。

5.返回诊室。

6.清理诊室，并为接待下一位病例做好准备。

谨记：向动物主人提供书面说明以增加客户对医嘱的依从性。如果工作的动物医院/诊所没有这样的表格，可以与办公室主任商讨制定一份客户指导用药说明。如果有这类表格，则要坚持使用。

6.8 口服给药

基本要求

口服给药即通过口腔给药，具体如何操作取决于以下几个方面。

1. 动物的种类。如何使犬、猫张口，请分别参见工作流程 4.8.1 和工作流程 4.8.2。

2. 动物的脾气。

   a. 对于温顺的动物，可直接用手给予片剂和胶囊。

   b. 对于难驾驭的动物，必须使用投药器。

3. 药物的剂型(片剂、胶囊、液体制剂、膏剂)。

   a. 片剂、胶囊可涂上一层起酥油或黄油使其变得光滑，以利于它们通过咽喉。

   b. 片剂可涂上美味的食物或将其插入某种食物中，如热狗。但动物可能会很快吃出有药，所以要注意的是：动物只吃下包裹药的食物而吐出了药片。

   c. 片剂可研磨成粉，与水混合，像液体制剂一样给药。

   d. 液体制剂可使用不带针头的注射器给予，这样还便于计算用药量。

   e. 通常将膏剂从其容器中挤出，直接从牙齿之间的空隙进入口腔。

提示：处理药物和患病动物时都应戴上手套。

工作流程

准备工作

1. 正确的动物，找到将要给药的患病动物。
2. 正确的药物，找到指定的药物。
3. 正确的浓度，确定合适的药物浓度。
4. 正确的剂量，计算好给药量。
5. 正确的时间，制定好给药的正确时间。

操作步骤

片剂和胶囊

1. 根据工作流程 4.8.1 和工作流程 4.8.2 的指导，打开口腔后，用另一只手的食指和拇指取药。
2. 将中指置于其下颌的犬齿之间。
3. 将中指向下压，使其口腔张大。
4. 将控制上颚的拇指放在犬齿后面，并向上推硬腭。将药投入口腔后部(图 6-1)。
5. 用食指将药推到口腔深处。
6. 抬起犬的下颚，合上嘴。
7. 握住其嘴巴，直至咽下药物。

8. 将其头放低到正常的水平位置。

9. 将其嘴角向外拉，使其在牙齿和面颊之间形成一袋状，向内灌少量水，使水顺牙缝流入口腔，这样动物会再次吞咽，以确保药物进入胃内。

10. 对于难驾驭的动物，可将药装入一投药器中，通过投药器将药物送入口腔中，然后按照第 9 步一样给水。

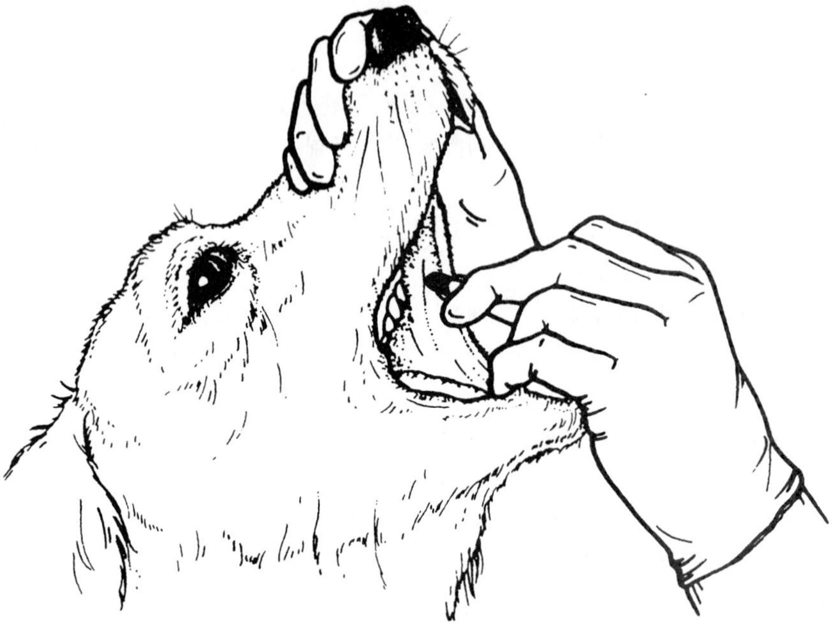

图 6-1　口服给药

（摘自 Crow SE，Walshaw SO. Manual of Clinical Procedures in the Dog，Cat，and Rabitt，2nd Ed. Philadelphia：Lippincott Williams & Wilkins，1997：69.）

液体制剂和膏剂

方法 1：

1. 将其鼻子朝上；
2. 像给片剂和胶囊时一样打开其口腔；
3. 将药物喷至口腔后部；
4. 合上嘴；
5. 握住嘴巴，直至其咽下药物。

方法 2：

1. 使其合上的嘴向上翘起；
2. 将嘴角朝外拉，形成一袋状；
3. 将药物喷在臼齿和面颊之间形成的袋内；
4. 放开嘴角；
5. 继续使动物的头向上，直到吞咽。

方法 3：

1. 使其合上的嘴向上翘起；
2. 将上犬齿后面的上唇翻起；

3. 将注射器或药膏置于上犬齿的后面；
4. 将药物对准口腔顶部；
5. 缓慢给药；
6. 待患病动物咽下药物后，将其头放低并取下口套。

补充要求

1. 及时在患病动物病历内做好用药记录。
2. 对于住院病例，需在治疗记录板上记录治疗时间和用药。
3. 脱下手套，并将其扔进放有害物品的垃圾桶内。

6.9 耳部给药

基本要求

Aural指的是耳部，而药物被涂抹在耳道的深处或者耳廓的表面。（注意：oral和aural的发音相同。仔细阅读处方，或者让开处方的医生详细说明给药方法。）

耳道开口的头侧边缘长着软毛即耳屏，尾侧是未长毛的耳廓。耳道本身的形状像字母“L”，起始端是较长的、垂直的部分，而在中耳则是较短的、水平的部分。可以通过耳道开口下面的以及向下颌下方延伸的皮肤触摸到或感觉到耳道。它是由软骨组成的，所以比骨骼软，但是足以维持耳道的形状，感觉像一个硬的橡皮管。

耳朵的发病原因有很多。耳朵会经常发生感染，尤其是长耳犬。有些犬，例如贵宾犬，它们的耳道中长有毛发，这会阻碍通风换气且增加感染的发生。犬猫都极易感染寄生虫，例如耳螨和蜱，它们都深藏于其耳内。苍蝇会叮咬犬猫的耳朵边缘，从而引起出血和结痂。草芒和狐尾草会寄生于耳道深处。打斗的伤口会损害耳廓及其周围组织。长耳动物剧烈摇头时，表明在皮肤与耳廓的软骨间可能存在血肿。摇头通常与疼痛有关，因此血肿通常是继发于某种原发病。

耳部通常使用液体药物，溶液或是软膏。有些药物包装在软管里，有些放在含有滴管的瓶子内，有些甚至放在带喷嘴的瓶子内。这些药物包装是为了方便给单个或多个患病动物使用。治疗耳朵通常需要的用具包括以下几种物品：

1. 用于检查耳朵的、大小合适的锥状耳镜。
2. 棉球。
3. 棉棒。
4. 药物。所需药物可能多于一种，如先要使用洗耳液，然后再使用抗生素软膏。

兽医或兽医技术人员通常会亲自为感染或发炎的耳朵进行首次清洗，而兽医助理负责保定动物。兽医助理通常只能给首次诊断后的耳朵上处方药，或者在给宠物做美容时清洗正常耳朵。如果在美容过程中发现耳道异常，应立刻告知兽医。

在操作过程中需要注意以下几点：

1. 给动物用药时记得戴上手套；
2. 如果给多个动物使用同一种药物，在每次使用前后要用酒精消毒瓶管顶部，且用完后要盖好；
3. 不要将棉棒插入耳道深处，那样可能会导致鼓膜破裂或者使碎屑更深入耳道。

工作流程

准备工作

1. 将患病动物病历放置于检查台附近的工作台上。
2. 将病历翻至所开处方页。
3. 将所有需要的用具放在病历旁边。
4. 与另一名工作人员合作，因为必须要保定动物。回顾4.7的内容，在洗耳过程中正确保定动物。

5.将动物放在检查台上。

操作步骤

1.将喷嘴或滴管插入耳道深处,但只要插到垂直部分的深处,无需到“L”形的底部。

2.将少量药物挤入耳内,直到看到药物正好到达耳道的上开口附近。

3.将药物容器移走。

4.按摩耳道外侧,如果按摩正确,你就会听到咯吱声,而且还有可能观察到药物在耳道开口附近上下浮动。

5.如果要清洗耳道,那么使用棉球将耳内的溶液擦干。可以让动物的头向一边倾斜,从而使溶液从耳道底部流出。重复此过程直至耳道干净。对于较小的患病动物,可以使用棉棒,但仅限于耳道垂直部分的上部。

6.可用棉棒来清洗耳道上部的耳沟。

7.使用蘸了洗耳剂的棉棒来清洗耳廓的里边。

8.只有在清洗完耳朵后才能使用处方所开的药物。

9.如果耳朵已经清洗或不需要清洗,那么根据说明书使用药物。

10.从外面充分按摩耳道,有助于药物涂抹于整个耳道的表面。

补充要求

1.及时在动物病历上详细记录进行的治疗过程。

2.在治疗区的治疗记录板上注明已完成的治疗。

3.将患病动物送回安排的病房。

4.将所有的用具收拾好,并打扫该区域。

6.10 局部用药

基本要求

皮肤表面的损伤或感染可能需要直接将药物敷到伤口表面。在给任何受伤皮肤表面用药前，都应该先清洗受伤区域。如何清洗伤口及其周围皮肤已经在工作流程5.9.2中详细介绍了。在每次局部用药前，如果皮肤保持干净，那么就不需要重复清洗了。

在除去死皮和痂前，最好先使其浸润至软化。可使用温水、生理盐水或消毒溶液。将纱布用需要的溶液浸湿，然后将湿润的纱布放到伤口直至疮痂软化。这可能需要几分钟的时间，并且需要反复浸湿纱布。用另一块纱布轻轻擦掉疮痂。一旦伤口清洁后，再用一块干净的纱布拍干。如果动物很温顺，只要一个人就可以完成局部上药的工作。可以将大型犬拴在大门的门栓上，小型动物则可以在它们的笼子里接受治疗，而无需保定。

治疗技巧

1.如果药物来源于只给单个动物使用的药物容器中，那就不能给其他动物使用该药。

2.可将某一患病动物的专用药物放在一个未密封的、贴有动物名字标签的袋子内。

3.使用大的回形针或者铁夹子将这个袋子与患病动物病历夹在一起。这会使药物易拿，且只限给专门的患病动物使用。

提醒：

1.清洗和处理皮肤时要戴上手套。

2.不要引起皮肤的进一步损伤。处理皮肤时要轻柔，因为组织容易受伤。

3.所有被感染的材料都是有害的，因此都要扔掉。

不要将污染物放进药物的原容器内(例如，不能将脏的或戴有未消毒手套的手指、压舌板或者棉棒伸入软膏瓶内)。

工作流程

准备工作

1.将要使用的药物和用具放置在工作区域的附近。

2.可以将患病动物带至治疗区治疗，也可以在动物病房治疗，视情况而定。

3.检查皮肤表面是否需要清洁。如果需要，那么治疗的第一步就是清洁伤口。伤口有任何的变化都要记录于动物病历上。

4.戴上手套。

操作步骤

1.确保受损皮肤的清洁、干燥。

2. 使用一个干净的压舌板，将所需药物转移到戴着手套的食指上。

3. 从伤口中心开始，然后一圈一圈往外抹药，直至伤口边缘。

4. 如果还需要将其他的药物涂抹在皮肤上，那么使用一个干净的压舌板或不带针头的注射器来取药，不要使用已被污染的手套或压舌板。

补充要求

1. 及时在病历上记录治疗情况。并签上名字。

2. 在治疗记录板上标注完成的治疗。

3. 将患病动物送回安排好的病房。

4. 打扫并收拾所有的物品。

5. 将已被污染的物品扔进盛放生物有害物质的垃圾桶内。

6.11 眼部用药

基本要求

眼科药物应在眼部使用。眼科药物的剂型通常是液体的,例如滴剂或软膏,可直接将药物涂抹于角膜表面。眼科药物通常要频繁使用。要遵循处方上规定的用药间隔时间和治疗次数。

眼科药物的包装通常只适合于单个患病动物使用。这意味着一瓶或一管眼药只能给处方所指的单个患病动物使用。拧开盖子后,应该使用蘸了酒精的棉球擦拭药物容器顶部。用完药后,在盖上盖子前重复这一过程。与耳用药物一样,眼科药物也可以放在一个封袋里,然后与动物病历夹在一起。

眼部给药时需注意:

1.不要使药物容器的顶部碰到眼球表面。

2.戴上手套。

工作流程

准备工作

1.将病历翻至处方页。

2.将药物放置在病历旁边。

3.将患病动物带至工作区。

4.如果眼角有分泌物,那么使用蘸了室温生理盐水的棉球擦拭干净,不要接触到眼球。

5.在病历上记录眼睛发生的任何变化。

操作步骤

1.将一只手放在头部,用食指和拇指向上拉上眼睑。

2.用另一只手的食指和拇指夹住药。

3.使用中指将下眼睑往下拉。

4.将持药手的无名指和小手指放在眼睛下面的颧骨上。

5.将患病动物的口朝向天花板。

6.使患病动物头部朝上,分开眼睑,将规定量的药物滴入或挤到眼球表面,注意将眼药水滴在上眼睑和角膜侧面的位置(图6-2)。

7.药物容器或手指不能碰到眼球表面。

8.松开眼睑,使头部恢复到正常位置。

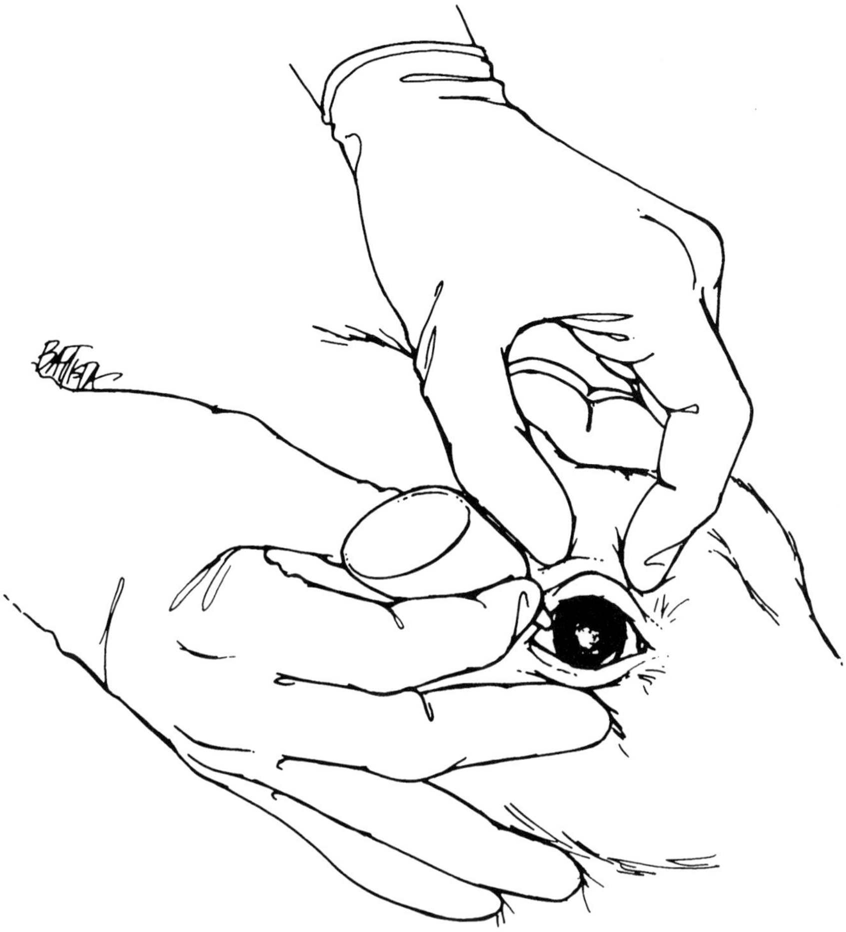

图 6-2 眼药水的给药方法

补充要求

1. 及时在病历上记录治疗情况，并签上名字。
2. 在治疗记录板上标注治疗时间。
3. 将患病动物送回安排的病房。
4. 将干净的药物放入与病历一起的封袋内。
5. 打扫所有的工作台面。
6. 将手套扔进盛放生物有害物质的垃圾桶内。

6.12 药物储存

基本要求

药物与食品一样都有一个有效期,不能使用过期药物。有效期可见于药物原容器的标签上,所有药物都应按照有效期放置到货架上。将最先过期的药物放在货架的最前面,将最晚过期的药物放在货架的最后面,这被称为“先进先出(FIFO)”。将过期药物立即从货架上撤走,将它们交给办公室主任,由他负责将其还给经销商或是报废。

大多数药物容器都是透明的或是棕色的。所有的药物都应该存放在阴凉、干燥处,避免阳光直射。有些药物在阳光照射下会加速失效,这些应该存放在照不到阳光的封闭橱柜或抽屉内。

有些药物需要冷藏。生物制剂,特别是疫苗,都要存放在冰箱内。应该有一个专门存放药物的冰箱(存放药物的冰箱内不能存放午饭、零食之类的食物)。

药物通常是独立包装,每个包装内还含有一个药物使用说明。如果药物没有独立包装,那么将使用说明通常直接贴在放药的容器壁上。药物使用说明上的信息包括适应症、剂量和用法,以及注意事项。通常在药物使用说明末尾写有药物的储存信息。如果没有任何关于储存的信息,则表明该药物可以放在药房的货架上,只要阴凉、干燥且没有阳光直射。

药物的管理与库房内的其他物品的管理一样(参见 3.16)。当一种药物储备不足时,应将该药物列入动物医院/诊所的需求单内且/或通知办公室主任。不要让动物医院/诊所内的任何物品耗尽,但也不要囤积过多。

提示:保存药物使用说明。将它们按字母顺序夹在活页本内。将每个使用说明放在一个单独的、干净的塑料套里,这样可以阅读到使用说明两面的信息。这些塑料袋称为保护膜,可以在办公用品店购得。将活页本放在药房内,随时参考。

工作流程

准备工作

1. 任何货物到货时,首先应该打开发货单查看目录。
2. 从箱子中取出每样物品,对照发货单上的种类与数量。只有种类和数量相符的货物,才可在发货单的货物名称后面签名。如果不符,那么记下偏差。任何不符都要立即告知办公室主任。
3. 打扫将要存放新货物的区域。
4. 重新整理货架上的现有药物,把有效期最近的放在架子的前面,而有效期最远的放在架子的最后面。

操作步骤

1. 检查药物使用说明以确定适合的存放地点。
2. 检查每个药物的有效期。
3. 根据有效期和储存说明存放每个药物。

补充要求

1.将发货单交给办公室主任。

2.将所有的空盒子压平并收拾干净,这通常在室外进行。如果纸板可重复利用,那么单独将其与其他可重复利用物品一起存放。

3.将药物使用说明插入活页夹内。(如果夹子内已有同样的药物使用说明,那么不用再放。如果某种药品发生了除有效期以外的任何变化,那么可将新的药物使用说明放入活页夹。)

4.打扫工作区。

谨记:参见3.16以获得更多关于库存管理的信息。

6.13 分装容器标签

基本要求

装药的原始容器上都贴着含有所需信息的标签。标签的作用是提供安全使用的方法以及告知潜在的危险。动物医院/诊所员工不能撕掉或遮盖原始标签。将该标签贴在原始容器上,并且保持清晰易读。当原始容器内的药物转移至另一个容器或分装容器时,需要给这个容器贴上正确的标签。这里有两种方法。

1. 复印一份原始标签,然后贴在第二个容器上。

2. 一个可以填写产品名称和其他必要信息的通用标签,例如产品名称和浓度,可以贴到第二个容器上。喷壶作为第二个容器时,标签应使用不退色的笔书写。危险警告也应该贴在此容器上。危险警告包括易燃、危害健康以及可能的反应,这样的标签可以在商店购得。每种物品的危险信息可见于提前准备的化学品安全技术说明书(MSDS)中。向安全协调人员要一本 MSDS 手册。

提示:将一个容器内的药物转移至另一个容器时,在容器下面放置一个无孔托盘(玻璃的、金属的或塑料的),在该托盘上进行操作。如有药物溢出,就会滴在托盘上,这样方便清洗。

警告:

1. 当接触任何有潜在危险的药物时,要戴上手套。

2. 当处理可能会飞溅的液体药物时,要戴上护目镜。

3. 对于易挥发的药物,建议戴上防毒面具。例如,在将液体麻醉剂从原始容器转移至麻醉机的挥发罐内时,需戴上防毒面具。

工作流程

准备工作

1. 找到原始容器。
2. 确定所需分装容器的大小和类型。
3. 找出产品的 MSDS。
4. 为分装容器准备好含有必需信息的标签。
5. 准备好危险物标签。
6. 给分装容器贴上标签。
7. 在容易打扫的区域工作。
8. 戴上手套。

操作步骤

1. 如果原始容器里面的药物需要稀释,那么根据说明书操作。如何稀释浓缩的消毒液在 12.1 中有详细叙述。任何一种稀释都使用同样的方法。

2. 打开原始容器,使用酒精棉球擦拭瓶口。

3.将原始容器内的药物转移入已经打开的分装容器内。

4.完成转移后,使用酒精棉球擦拭原始容器和分装容器的开口。必须将容器上溢出的或流出的药物擦拭干净。

5.将两个容器的盖子盖严。

补充要求

1.冲洗手套,但是别脱下。

2.将容器收好。

3.将工作台擦干净。

4.脱下手套,扔进盛放有害物质的垃圾桶内。

第 7 章

实验室技能

“你觉得我到底在干嘛？医生告诉我需要收集小河中的尿液样本！”

（注：英文中“中段”与“小河”都是“mid-stream”，此处医生的本意是“收集中段尿液”。）

本章培训目的

完成本章培训后,学员应能做到以下几点。

1. 会使用动物医院/诊所内常用的实验室仪器。
2. 准备和维护皮肤检查托盘。
3. 准备粪便涂片。
4. 为粪便漂浮法做好准备工作。
5. 会粪便漂浮法检查粪便。
6. 会辅助静脉穿刺和采血。
7. 准备外送实验室的血液样本。
8. 准备血涂片。
9. 会使用瑞氏染色剂对血涂片进行染色。
10. 会测定红细胞压积。
11. 会使用折射仪测定血浆蛋白。
12. 会使用动物医院/诊所内的分析仪进行血液生化和电解质的测定。
13. 会使用各种血清学检测试剂盒。
14. 会采集中段尿液样本。
15. 会尿液常规检查。
16. 会测定尿比重。
17. 会尿液化学的测定。
18. 准备尿沉渣,用于显微镜检查。
19. 会采集适当患病动物样本用于微生物培养和药敏试验。
20. 会配制革兰氏染色剂。
21. 会接种血琼脂平板。
22. 会操作抗生素敏感试验。
23. 准备尸体解剖所需的器械和材料。

前言

实验室结果有助于疾病的诊断、预后以及治疗。实验室化验有很多不同的方法,一般情况下大多数的实验室化验都在询问病史和临床检查后进行。虽然兽医助理不负责决定做何种实验室化验和解释化验结果,但是正确准备化验所需样本,进行简单的动物医院/诊所内实验室化验以及记录化验结果则是兽医助理的职责。兽医依靠助手进行的完整精确的实验室化验结果为患病动物提供及时妥当的治疗。

随着医学技术的进步,已经可以检测并监测动物体内发生的变化,而这些变化靠临床检查无法发现。体内化学成分的变化表明机体器官功能发生了改变,可能存在或将发展成疾病。监测药物浓度,确定是否存在由疾病产生的物质,机体排泄物、分泌物、血液和细胞都是用于分析的依据。后面将叙述兽医助理该如何完成实验室化验的任务。

动物医院/诊所内实验室化验水平的不断提高表明了技术手段的不断进步。同样,实验室化验物品供应商以及仪器生产商也在不断地增加。每家动物医院/诊所都有自己的化验设备和操作程序。如今的问题是:现在了解和使用的仪器设备和物品在不久的将来就会被淘汰,这就要求兽医团队的所有成员必须具有一定的应变能力,每个员工都必须不断地学习以适应这些变化,成为一个终身学习者。

7.1　动物医院/诊所内的实验室

基本要求

实验室化验可以在动物医院/诊所内进行，即所谓的动物医院/诊所内部实验室；还可以送至商业实验室化验，即所谓的外送实验室。根据需要使用的仪器设备和化验项目，可以选择在动物医院/诊所内化验还是送至外送实验室。

常用仪器

1.双目显微镜　不用的时候，用布盖上显微镜。使用擦镜纸或是柔软的布擦拭镜头。每次用完油镜后，要将油清理干净，可以使用擦镜纸加上少量的市售镜头清洗液、酒精或二甲苯。按照生产商的说明书来清洁和维护显微镜。制定一个显微镜的日常维护制度。使用干净没有缺口和裂纹的载玻片和盖玻片。

2.离心机　大多数动物医院/诊所拥有两台离心机，一台专门用于离心微量血细胞比容管，另一台是用于大容量液体离心的、具有不同转速和带定时器的标准离心机。使用离心机时要注意以下 3 个事项。

a.每次开机之前要使离心机保持平衡。

b.一直保持盖子锁紧。

c.不要试图使运转的离心机减速或停止转动。

3.折射仪　每次使用后，要按照生产商的说明书来清洁折射仪。应每周使用蒸馏水将折射仪校对至零。并且简单记录何时何人对折射仪进行了校对。不经常校对折射仪，会导致错误的结果。可制定一张提醒任务卡，使校对折射仪成为周期性基础工作。

4.血液分析仪　有两种类型的血液分析仪，一种用于测定血液生化和电解质，另一种用于测定血液参数，如全血细胞计数(CBC)。按照生产商的说明书来维护和使用该仪器，将其作为常规工作的一部分。

5.市售试剂盒　有很多厂家生产大量的用于检测特殊疾病的试剂盒。这些试剂盒都是单独包装的，一次测试使用一份。根据生产商的说明书来操作和解释结果。

建议：使用一本内有干净塑料保护套的三环活页本，将每种试剂盒和生产商的使用说明放入塑料套内，这可以为操作以及解释化验结果提供长期便利的参考。在活页本上贴上“化验说明书”的标签，并将其放在实验室内。按照生产商的要求保存试剂盒，有些试剂盒常温保存，有些则需冷藏保存。注意：尽管有时疾病的化验是相同的，但是如何储藏试剂盒以及根据生产商的使用说明来操作和解释结果却是因品牌的不同而不同的。

提示：将用于一项化验的所有试剂放置在一个贴有标签的拉链包里。这样可防止将一项化验的试剂与另一项化验的试剂相混淆，并能快速方便地找到所需材料。也可以将一份生产商的产品手册以及对化验结果的解释放置在拉链包内。

6.染色剂、试剂和试纸条　如果没有可靠的材料可用，最好的兽医助理也不能获得可靠的化验结果。染色剂往往容易发生沉淀或者蒸发。如果是重复使用的，如那些存放在染色缸的染色剂，则容易发生污染。将所有容器的盖子盖紧，不能将新的染色剂加入旧的染色剂内。试剂和试纸都应该标有日期，提醒需要更换的时间。拧紧盖子，避光和防尘，并按照生产商推荐的温度保存。

7.各种设备　每个实验室都会备有各种设备和试剂。例如，分发给动物主人的用于收集粪便样品的容器，以及用于检查粪便的浮选液。要了解每一种设备和试剂，并知道如何使用，以及如何储存。

记录实验室检验结果

通常将化验结果记录在患病动物的病历中，有时还记录在有日期的实验室日志上。化验一结束，应立即记录结果，并告知动物主人，然后是给动物主人提供建议。化验结果都带有单位，这些单位总是与化验的数值记录在一起。如果给出了正常参考值范围，那么也应该记录在病历内。将正常参考值范围记录在化验结果右边的括号内。参考值范围因实验室和化验项目不同而不同。

注意：在实验室工作时要时刻戴上手套。

提醒：动物医院/诊所内所有仪器设备的使用和维护应记录在单独的活页本上。另外使用内含塑料保护套的三环活页本，将使用说明按字母顺序分类放入干净的塑料套内。在活页本的书脊和前面贴上“设备说明书”的标签。将它存放在一个动物医院/诊所所有员工都可以方便拿到的地方，如药房、实验室或治疗区。

工作流程

准备工作

1.要知道需做哪项化验。

2.要知道怎样记录化验结果，包括其单位。

3.知道实验室操作流程。

4.要知道所有仪器的使用方法。

5.检查所有试剂和试纸上的日期。

6.戴上手套。

7.对患病动物有关的所有的材料进行标注(载玻片、试管等)。玻璃物品需要使用蜡笔做标记，如载玻片，纸标签用签字笔。

8.在一个干净整洁、容易打扫的环境下工作。

9.将患病动物病历和实验室日志放在手边以便及时记录化验结果。

10.及时进行化验，有些样本储存后会变质。

操作步骤

1.准备好每项化验所需的设备、试剂和标记的样本。

2.根据说明进行操作。

3.使用准确的试剂度量单位。

4.如果需要定时，则要使用准确的计时器。

补充要求

1. 根据动物医院/诊所规定记录患病动物的化验结果，使用恰当的单位。
2. 清洁工作区域。
3. 根据生产商的建议清洁仪器。
4. 将样本和手套扔进放生物危害品的垃圾桶内。
5. 将所有材料收拾好。

7.2　常见的体外寄生虫

基本要求

寄生虫是一种通过伤害宿主来维持生命的生物。寄生虫分为体外寄生虫和体内寄生虫。体外寄生虫是动物的常见疾病。寄生虫不但可以引起疾病，还可以传染其他疾病。寄生虫的种类因地理位置的不同而不同。体外寄生虫包括跳蚤、蜱、螨、虱、苍蝇和蚊子。有些肉眼可以看得到，有些要在显微镜下才能看到。体外寄生虫的治疗和控制要从诊断开始。

跳蚤

成年跳蚤在宿主身上生活和交配。跳蚤的平均体长为 5 mm，鸡蚤除外，只有 2～4 mm。跳蚤在宿主身上产卵，卵随后掉入动物生活的环境中，经过孵化、幼虫期、蛹期最后变为成虫。跳蚤可间接传播，当未感染跳蚤的动物进入被跳蚤污染的环境中时就会被感染。在宿主身上有时能看到成年跳蚤，有时看不到。证明跳蚤存在的迹象就是发现它们留下的粪便。它们的粪便是黑色的，将粪便放在一张纸巾上润湿，它会溶解，然后留下红色至铁锈色的斑点。跳蚤卵很小(大约 0.5 mm)，白色，呈椭圆形。将一张纸巾放在动物身下，轻拨上方的感染动物的被毛，虫卵和粪便就会掉落在纸巾上。它们的外形呈“盐和胡椒”样。

虱

虱不像跳蚤，它在宿主身上完成整个生命周期。它们大小约 3 mm。成年虱在宿主身上交配，随后雌虱将卵产在宿主皮毛上，称为虱卵。虱卵呈白色，大小约 1 mm，卵之后孵化出若虫。虱直接通过感染宿主与未感染个体的接触而传播。

苍蝇

苍蝇生活史中的两个阶段会影响到宿主。成年苍蝇以血液、眼泪或者黏液为食。它们的存在能对动物组织造成损害。幼虫在组织上发育，呈白色蠕虫样，称为蛆。成年苍蝇大小有很大差异，从只有 1～3 mm 大小的小沙滩蝇，到 3.5 mm 长的马蝇。

蜱

蜱是吸血生物，吸足宿主血液后再掉入外界环境。没吸食血液的若虫只有 3 mm 大小，吸饱血液后的成虫比若虫大 3 倍。蜱的传播是间接的，当未感染的个体进入感染的环境时就有可能被感染。当皮肤上观察到蜱时，就表明发生了感染。当蜱吸完血液掉落后，被咬部位就会出现皮肤发红、凸起。

蚊子

蚊子除了刺激皮肤和吸食血液外，还是许多疾病的传播者。蚊子常见于有水的地方，特别是不流动的水。它们在晚上和早上的几个小时内较活跃，避开这些时段外出是目前最好的控制方法。

螨虫

大多数螨虫的诊断需要使用显微镜。对于诊断蠕形螨、背肛螨和疥螨，皮肤刮片检查是必不可少的。脱落的皮屑和姬螯螨可以使用胶带粘取。虽然耳螨属可以使用检耳镜在4倍镜下观察到，但它的诊断仍然需要使用棉棒刮取耳分泌物涂抹到载玻片上，再用显微镜检查以确诊。

提示：除了兽医其他任何人做这些诊断都是违法的。兽医助理的职责是辅助兽医，使诊断能够顺利进行。为兽医准备好进行体外寄生虫诊断所需材料，如皮肤检验托盘，以利于诊断的顺利进行。

工作流程

准备工作

所需材料主要有以下几种：

a. 长、宽、深为8″×5″×2″的塑料箱；

b. 一卷干净的透明胶带；

c. 用于标记载玻片的蜡笔；

d. 一盒载玻片；

e. 一盒盖玻片；

f. 一小瓶油镜用油；

g. 装有冷消毒剂的小瓶；

h. 一些用过的10号手术刀片；

i. 一把蚊式止血钳；

j. 标签。

操作步骤

1. 在塑料箱外面贴上标签，用记号笔写上“皮肤检查箱”。
2. 将使用过的手术刀片放置在装有冷消毒剂的小瓶内，盖紧盖子，然后放在皮肤检查箱内。
3. 将其他所需物品放置在皮肤检查箱中。
4. 将准备齐全的皮肤检查箱放置在实验室内。

补充要求

1. 当有动物来进行皮肤检查时，将皮肤检查箱放置在诊室的工作台上。
2. 补充需要物品。
3. 保持干净。

7.3 粪便样本

基本要求

肠道寄生虫的诊断需要通过鉴别粪便内的各种虫卵和偶见的成虫。粪便性状发生改变可表明疾病的存在。

实验室粪便化验包括三部分。第一部分是对粪便的大体检查(此检查是用肉眼观察)。将观察结果记录在患病动物的病历上。记录内容包括以下几方面。

1.颜色。

2.软硬度。

3.气味。

4.是否有血液存在及血液颜色,它的颜色范围可以由鲜红到暗红到煤焦油样不等。

5.是否存在黏液。

6.是否存在蠕虫成虫或绦虫节片(绦虫节片看起来像小粒的米饭或种子,它们可见于粪便表面)。参考关于鉴别寄生虫的标准资料。将一些含有寄生虫成虫和其虫卵的图片做成图表张贴在实验室内。

7.是否存在一些其他异物或未消化的食物。

第二部分是粪便涂片检查,兽医助理负责制备涂片。使用棉棒取少量粪便,直接涂抹在贴有标签的载玻片上。如果粪便特别干燥,那么在载玻片上滴上一小滴生理盐水,使用棉棒尾端将两者混匀,然后将混合物在载玻片表面涂成薄薄的一层。

第三部分是粪便显微镜检查。此项检查可以使用粪便漂浮法。粪便漂浮法的原理是卵的密度比与粪便混合的溶液密度低,结果虫卵漂浮在溶液表面,能够附着于载玻片或盖玻片上。然后将玻片放在显微镜下检查。

兽医助理负责粪便的大体检查、制备粪便涂片和准备粪便漂浮实验。动物主人通常会带着粪便样本前来就诊,在患病动物检查前,将样本交给兽医助理。兽医助理立即进行粪便的大体检查、制备涂片以及准备粪便漂浮实验。如果粪便量过少而不能进行大体检查的,应在病历内简要说明,写上“大体检查:量不足”。

建议:同皮肤检查箱一样,准备一个粪便检查箱。塑料箱必须足够大,可以盛放装有粪便漂浮液的瓶子、小的装有复方碘溶液或新亚甲基蓝的滴瓶(记住:所有容器都要贴上标签)、一盒干净的载玻片和盖玻片、棉棒以及一支蜡笔。如果有粪便漂浮法的说明书,那么将说明书装在一个干净的塑料套内,再放入箱中。放置一个小托盘作为粪便漂浮实验的工作台面。小托盘必须带有浅边沿且不透水,以防止液体溅出而污染旁边区域。将粪便检查箱存放在实验室内。

提醒:通过粪便检查确诊的大多数疾病都人畜共患,应小心处理,且必须采用个人防护措施(PPE)。

工作流程

准备工作

1. 戴上手套。
2. 将一托盘放在干净的工作台上。
3. 将“粪便检查”箱放在该托盘附近。
4. 将患病动物样本放在托盘内，用蜡笔写上标签。
5. 在托盘内操作。

操作步骤

1. 进行粪便大体检验。
2. 记录结果。
3. 制备新鲜涂片，主要包括以下几个步骤。
   a. 用蜡笔标记载玻片；
   b. 使用棉棒取少量粪便置于载玻片中央；
   c. 滴加一滴生理盐水；
   d. 可选择加入一滴复方碘溶液或新亚甲基蓝溶液；
   e. 用棉棒混匀，制备薄的涂片；
   f. 盖上盖玻片；
   g. 放置在显微镜旁边。
4. 准备粪便漂浮实验。如果使用商品化的粪便漂浮系统，那么按下面的步骤操作。
   a. 如使用 Ovassay 系统(分析粪便的器械)，将瓶子或管子连接到底部，注意将末端口朝上，始终按照生产商的说明来操作，一些漂浮实验需要用到标准离心机；
   b. 装入半试管粪便漂浮液；
   c. 使用棉棒充分混匀；
   d. 插入过滤器，过滤器底端朝下；
   e. 装满瓶子，直到顶端出现溶液的圆顶，注意别装得溢出；
   f. 在载玻片写上患病动物的名字；
   g. 小心将载玻片放在浮集瓶的一侧边缘；
   h. 缓慢下降载玻片直到接触到溶液表面(从试管的一侧边缘开始，慢慢放低载玻片以防止气泡进入)；
   i. 记录载玻片接触液面的时间(该实验中，载玻片的放置有一个最短时间。放置时间可以超过最短时间，但也不能太长，因为载玻片和溶液边缘会形成结晶)；
   j. 一旦超过最短时间，慢慢移开载玻片，将载玻片翻过来，使其附着溶液的一面朝上；
   k. 轻轻地将盖玻片盖在溶液上，从一侧边缘开始，慢慢放下盖玻片，以减少气泡的产生；
   l. 将制备好的载玻片放在显微镜旁边；
   m. 告知兽医或兽医技术人员，载玻片可以镜检了。

补充要求

1. 清理工作区和所用过的材料。
2. 将物品放回箱子内。
3. 补充材料。
4. 将粪便和手套扔进放生物有害物的垃圾桶内。

7.4 采 血

基本要求

采血是一项需要两个人共同完成的工作，一人保定动物，另一人静脉穿刺采血。采血时的保定技术在第 4 章已有详细介绍。下文主要详细介绍静脉穿刺采血。

应预先准备好的材料。

1. 如果要将样本送至外送实验室化验，那么填写完整申请表格。

2. 采血所需材料：

  a. 针头和注射器；

  b. 真空采血包括一个持针器和可旋拧的采血针。

3. 市售真空管适于多种化验项目(参考附录 I 关于真空管类型的介绍)。对于外送样本，参看外送实验室的建议来选择试管类型和决定各项目所需的血液量(采血量的标准是采集的全血量至少是所需血浆量或血清量的 2.5 倍)。对于动物医院/诊所内实验室化验的样本，参考血液生化分析手册。最常用的真空管有红色顶帽的、斑纹状顶帽的和淡紫色顶帽的。参考附录 I，可以看到试管的相关描述。

4. 酒精，可以装在喷壶里或是浸泡棉球。

5. 可选择使用止血带、Nye(一种润滑剂)或是蚊式止血钳加橡胶带。

6. 标签和笔：在采集样本之前，给所有试管标记上患病动物名字以及采样日期/时间。

7. 准备检查手套。

下面介绍一下防止溶血(溶血是指因红细胞破裂而使血浆或血清变为粉红色)的方法：

1. 使用新的无菌针头，至少 22 号针，以及没用过的至少 2 mL 的无菌注射器。最好是直接将血液采集于真空管内，以减少用注射器采集和转移至真空管时引起的溶血。

2. 当对小动物要采集 2 或 2 mL 以上的血液时，从颈静脉采血。

3. 处理血液要轻柔。转动血液采集管使之与抗凝剂混匀，但不能左右摇晃采集管。

4. 用注射器抽吸或推出血液时，要避免施加压力过大。直接将血液采集于真空管可以避免这种情况。

5. 装满采集管。

6. 立即冷藏采集的血液样本。

7. 离心前使样本充分凝结，大约 30 min，但不能超过 60 min。

8. 根据生产商的建议确定离心时间和速度。

患病动物采血方法：

1. 患病动物进入动物医院/诊所后，在开始治疗、输液和摄食之前，先采集血液和尿液。

2. 让患病动物保持安静，避免不必要的刺激。

3. 适当保定动物以便找到要穿刺的静脉。

4. 分开要穿刺静脉上覆盖的被毛，使用酒精擦拭静脉使之怒张，增加可见度。如有需要，可使用 40 号或 50 号的刀片剃净静脉处的被毛，以增加可见度。

5. 针尖的斜面朝上刺入静脉。

6. 如果穿刺外周静脉，应从静脉的最远端开始。如果穿刺失败，可以再在近端重新穿刺。

7. 如果只需要一滴血，可以划破耳缘静脉或者剪短指甲获得。

8. 不要在血肿的地方穿刺静脉。

9. 针头撤离后，立刻压迫静脉穿刺的地方，至少持续压迫 2 min。如果持续出血，可使用压迫绷带。先用双氧水清洁被毛再用水洗净，并晾干。

采血是每个兽医技术人员或者兽医助理每天最常做的工作之一。正确地完成，是保证实验室检验结果可靠的基础。

工作流程

准备工作

1. 采集材料。
2. 选择正确类型真空管来收集血液。
3. 确定需要的血液量。
4. 选择合适的注射器和针头或者真空管的持针器和针头。
5. 给所有采集管都贴上标签。
6. 如果样本需要送检，填写完整的外送实验室申请表格。
7. 核对患病动物病历以确定要做的检验。
8. 找到动物，将身份鉴别项圈与病历做比较，以确定选择的是正确的动物。
9. 与另一名工作人员一起工作，由他负责采血时的动物保定。
10. 确定静脉穿刺部位。
11. 戴上手套。

操作步骤

1. 接近静脉穿刺部位前，使用适当的方法保定动物。
2. 分开穿刺部位的被毛并使用酒精擦拭。
3. 针尖斜面朝上刺入静脉内。
4. 慢慢将血液吸入注射器内，或是连着的真空采血管内。
5. 将采集管装满。
6. 如果血液不是装在带红色顶帽或斑纹顶帽的真空管内，那么需要轻轻转动采集管使管内的物质混匀。
7. 冷藏样本直至离心。
8. 根据生产商的建议，确定离心机的离心时间和速度（淡紫色顶端的真空管可以冷藏但不能用来离心）。
9. 离心后血浆或血清与血细胞分开。用带针头的注射器抽出血浆或血清，将其放入一个运送管内，贴上标签：包括收集样本的真空管类型、动物名称、采集的日期时间。
10. 把样本放回冷藏室。

补充要求

1.如有需要,清洁患病动物或使用压迫绷带。

2.将患病动物送回病房或是诊室。

3.通知外送实验室前来取样。根据动物医院/诊所工作流程,应在下班后前来取样。

提示:如果采血的患病动物是门诊动物,那么将它带离诊室,远离动物主人,至治疗室接受采血。动物往往远离动物主人后会更合作,而动物主人也不会因亲眼看到真正的采血过程而增加紧张度。

7.5 全血细胞计数

基本要求

全血细胞计数就是CBC，由一组检测指标构成，主要包括以下几种指标。

1. 血涂片用于白细胞的分类计数(WBC)和白细胞的形态检查、血小板数量估测、红细胞(RBC)形态检查以及是否存在血液寄生虫的检查。

2. 血细胞压积(PCV)。

3. 血浆蛋白的浓度。

4. 白细胞总数。

5. 红细胞指标，如平均红细胞体积(MCV)。

6. 血红蛋白浓度。

7. 血小板计数。

其中有些指标在动物医院/诊所内部的实验室内进行，由兽医助理完成。有些检验则必须由外面的商业实验室进行。随着血液分析仪成本的降低，越来越多的动物医院/诊所拥有自己的血液分析仪，这使得全部的全血细胞计数可在其内部实验室进行。

工作流程

准备工作

1. 给所有样本做标记。
2. 会使用所有仪器设备。
3. 动物医院/诊所实验室的仪器都很昂贵，要小心使用。
4. 在干净区域操作。
5. 避免样本的交叉污染。
6. 戴上手套。

操作步骤

1. 在外送实验室进行CBC：
   a. 将申请表格填写完整；
   b. 制备好血涂片，不染色，放置在载玻片容器内；
   c. 用淡紫色顶帽的试管装满样本；
   d. 将同一个患病动物的所有样本，连同申请表格一起装在一个拉链包内；
   e. 按要求装入冷藏袋内；
   f. 联系外送实验室确定前来取样的时间；
   g. 必须在一天工作结束前确保所有样本都取走。

2. 如果在动物医院/诊所内部实验室进行全部的 CBC：
   a. 知道各检测项目所需的仪器；
   b. 知道如何正确使用这些仪器；
   c. 严格遵循生产商的说明；
   d. 确定所有机器都干净且能正常工作；
   e. 如有需要，应校准仪器；
   f. 检查试剂的有效期，不能使用过期的试剂。
3. 如果部分全血计数在动物医院/诊所内部实验室进行，而部分送至外送实验室进行：
   a. 血细胞压积可以在内部实验室进行(参见 7.8)；
   b. 血涂片可以在内部实验室制备(参见 7.6)；
   c. 瑞氏染色也可以在内部实验室完成(参见 7.7)。

补充要求

1. 将所有实验室化验结果记录在患病动物的病历上。如果有打印出来的结果，那么将其粘贴在病历上。在实验室日志本上也要记录所有化验结果。
2. 清洁工作区域和使用的仪器。
3. 将所有材料整理好。
4. 将被血液污染的材料，包括手套，扔进放生物危害物的垃圾桶内。

7.6　血　涂　片

基本要求

采集针头末端残留的一小滴血液后立即制备血涂片。将这滴血液滴在干净的已标记的载玻片的一侧，将第二块载玻片一端呈45°放置在第一块上，从前往后移动直到与血滴边缘接触，再向前持续快速推动至第一块载玻片的另一端(图7-1)。在推片过程中，对第二张载玻片要施加持续的压力。如果操作正确，血滴对面的涂片边缘呈羽状，剩下的血滴将会形成一个半圆与涂片开始处相连。

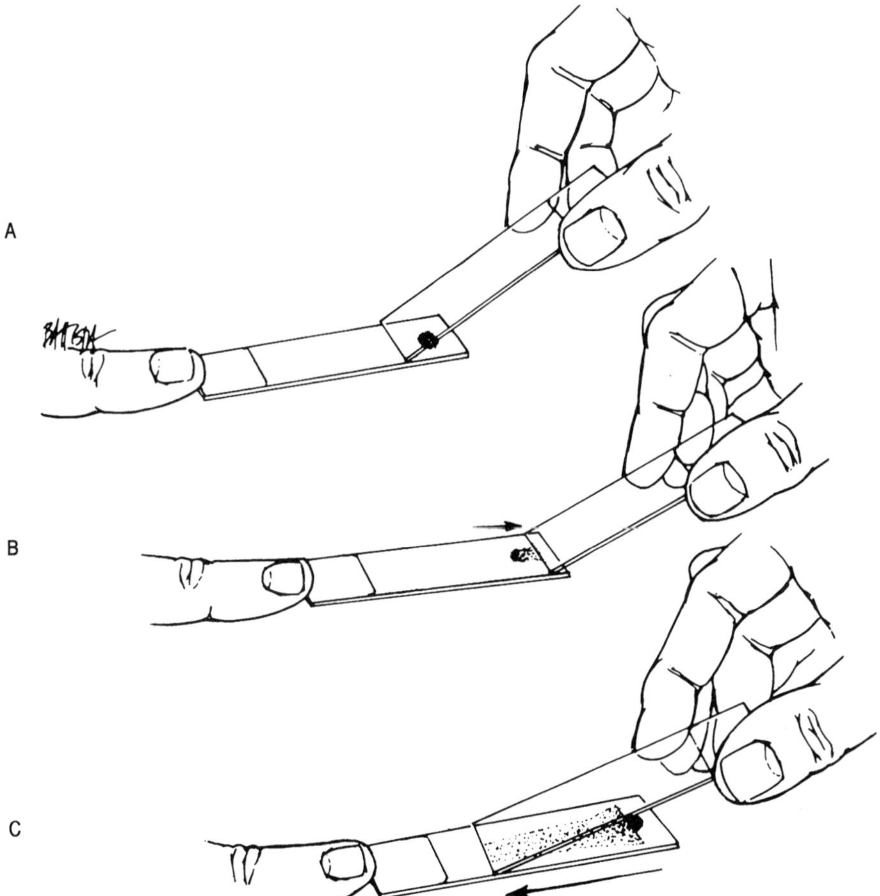

图7-1　制备血涂片

(A)将一滴血液滴在载玻片的一侧，将第二个载玻片(推片)放在血滴前面，与第一块呈一定角度；(B)将推片靠着血滴；(C)快速向前推。

有很多操作都可能导致涂片失败，其中包括以下几点。

1. 使用的载玻片有缺口或不干净。载玻片表面应没有残渣。

2. 血滴太大或太小。

3.推片边缘没有靠到血滴。两块载玻片所成角的两边最宽距离处应该是从含有血滴的载玻片末端和兽医助理手持的推片的末端之间的距离。

4.推片边缘浸入血滴太多。血液延展到推片末端边缘3/4的宽度就可以了。

5.没有使两载玻片呈45°角。

6.在整个推片过程中,没有保持均匀的力度。

7.制备血涂片太慢。推片经过含有血液的载玻片时动作要快。

一旦制备好血涂片后,应放置在一边晾干。完全晾干后,进行瑞氏染色。制备两张血涂片,一张染色,另一张不染色,两张血涂片都要标记。

工作流程

准备工作

收集材料:

1.两块干净且没有缺口的载玻片;

2.用蜡笔标记血涂片。

操作步骤

1.如果使用针头和注射器采集的血液,那么先将真空管装满。从注射器上拔下针头,将残留在注射器末端的一小滴血液滴在载玻片离标签近的一端。

2.如果使用真空采血管采集血液,那么从静脉中拔出针头后立即将针头末端与载玻片离标签近的一端接触。

3.使用第二块载玻片或推片制备血涂片。

4.确保形成羽状边缘。如果不行,使用两块新的干净的载玻片重复该过程。

5.将涂好的血涂片放置在一边晾干。

6.血涂片晾干后,使用瑞氏染色剂进行染色。

补充要求

1.继续使用剩下的血液进行检验,如测定PCV、血浆蛋白浓度以及其他需要的血液生化检测。

2.清理完采血部位后,将患病动物送回病房或送还给动物主人。

7.7 瑞氏染色

基本要求

瑞氏染色的目的是当在显微镜下镜检血涂片时，可以方便地鉴别各种细胞。细胞的分类计数也是全血细胞计数的一部分内容，需要使用瑞氏染色。瑞氏染色剂包含蓝色和橙色染料，细胞核和细胞内的其他酸性结构被染成蓝色或紫色，而碱性结构，如血红蛋白，则被染成橙色。大多数动物医院/诊所采用的都不是真正的瑞氏染色，而是一种替代性的"快速"改良方法，这种方法可以产生与 Diff-Quick 和 Dip Stat（一种染色方法）相似的染色结果。

染色过程可能会因为使用的染料不同而有轻微的差异。给血涂片染色时，要参考生产商的说明。各种化学物品浸泡血涂片的时间都有一定限制。步骤包括：

1. 制备一个质量好的、已风干且具有羽状边缘的血涂片。
2. 使用甲醇固定血涂片。
3. 使用嗜酸性（橙色）染色剂。
4. 残渣。使用 pH 值 6.4～6.8 的蒸馏水冲洗。
5. 使用多染性（紫色）染色剂。
6. 残渣。使用蒸馏水冲洗。
7. 将载玻片斜靠在另一物体上，厚的一端朝下，羽状边缘朝上，在空气中风干。

红细胞被染成粉红色或是橙红色，白细胞的核被染成深蓝色至紫色，血小板则是蓝紫色至紫色。细胞质和细胞质颗粒的颜色依据其 pH 值从粉红色到紫色不等。一张染色较好的血涂片，用肉眼观察时，整张片子呈紫色略泛粉红色。

将染料密封保存在染色缸内。因为蒸馏水会被染料污染，所以应该经常更换。染料也应经常添加以保证染色缸内有足以完全浸没血涂片的染料。使用的乙醇应该绝对不含甲醇和丙酮。

兽医或经验丰富的兽医技术人员在油镜下观察血涂片，以测定每一种白细胞的百分比，并观察所有细胞的形态，以及是否存在感染的微生物或寄生虫。兽医助理负责制备一张易观察的血涂片。如果血涂片质量以及染色不是最理想的，那么兽医或者兽医技术人员就不能做出准确的诊断。

工作流程

准备工作

1. 制备一个易读的、标记的、风干的血涂片。
2. 准备染料、固定剂和冲洗液。
3. 在整个染色过程中使用镊子夹载玻片。
4. 参考生产商关于染色步骤的说明。
5. 戴上手套。

操作步骤

1.用镊子将血涂片放入装有固定剂的染色缸里，将血涂片完全浸入，浸泡时间参照生产商的说明。

2.用镊子夹起血涂片，并倾斜玻片让多余的固定剂重新流入染色缸内。

3.将血涂片浸入玫瑰色的嗜酸性染料中。将血涂片完全浸入，浸泡时间参照生产商的说明。

4.用镊子夹起血涂片，并倾斜玻片让多余染料流下。

5.将血涂片完全浸入蒸馏水中，用镊子夹起血涂片，上下提拉数次，以洗净玻片上的染料。

6.用镊子夹起血涂片，并倾斜玻片让多余的冲洗液流下。

7.将血涂片浸入多染性染料中，即深蓝色或紫色的染料中，将血涂片完全浸入，浸泡时间根据生产商的说明。

8.用镊子夹起血涂片，并倾斜玻片让多余染料流下。

9.将血涂片浸入装有蒸馏水的第四个染色缸内，将血涂片完全浸入，用镊子夹起玻片，并上下提拉数下使多余的冲洗液流回染色缸内。

10.用镊子将玻片从冲洗液中夹出，倾斜玻片使多余冲洗液流回染色缸内。

11.将血涂片放在纸巾上，涂片厚的一端应该离纸巾最近，涂片的羽状边缘应朝上，斜靠在另一物体上。

12.完全风干。

13.擦掉玻片背面残余的染料。擦之前先仔细看一下载玻片，不要擦掉涂有血液的一面。

补充要求

1.血涂片风干后，将其连同一瓶油镜用油放置在显微镜旁边。

2.通知兽医或兽医技术人员，血涂片已经完成可以镜检了。

3.清理工作区域。

4.拧紧染色缸的盖子。

5.收拾好所有的东西。

7.8　血细胞压积

基本要求

未凝固的全血由红细胞、白细胞、血小板以及含有可溶解物质的液体（血浆）组成。红细胞压积（PCV）是未凝固全血中红细胞的百分比。红细胞即红血球，是血液中携带氧气的成分。本化验简单、快速且只需要很少量的血液。此化验项目被称为红细胞压积（PCV）或红细胞比容（hematocrit 或 crit）。

进行该化验所需材料包括一个微量血细胞比容离心机（图 7-2）。这是一种专门用于微量血细胞比容管的离心机。和其他离心机一样，它必须保持平衡，盖子必须盖紧，转速应接近生产商的建议。毛细管或微量血细胞比容管有两种类型。使用普通试管来装加了抗凝剂的全血，使用加了肝素的毛细管来装未经处理的全血。

图 7-2　微量血细胞比容离心机

（摘自 Thrall MA，Baker DC，Campbell TW *et al*. Veterinary Hematology and Clinical Chemistry. Baltimore：Lippincott Williams & Wilkins，2004.）

将毛细管的一端插入血液中，血液通过毛细作用进入管内，至少要达到毛细管的 3/4 处。有些毛细管有一条黑线，用来指示装量。让血液上升到标记处，但不要求十分精准。将一指尖放在毛细管没有插入血液中的顶端。使用纸巾轻轻地将带血的管的末端擦拭干净，再将此末端插入一种黏性密封剂内，同时移开放在管另一末端的指尖。准备一个装有等量自来水的毛细管，用于平衡离心机。将两根管相对着放进离心机，且密封端面朝外，这一点很重要。如果没有将密封端朝外将会导致样品在离心机旋转时丢失。盖好盖子后，设置转速和时间。

当离心机停止后，松开盖子，拿走毛细管。含有全血的毛细管，在最靠近密封端处有一层由红细胞组成的深红色层。深红层的上面有一条几乎看不见的白线是血沉淡黄层，由白细胞和血小板组成。在正常血液的血沉淡黄层上面是清亮的液体，即血浆。

使用微量血细胞比容比对卡来测定红细胞的百分比（图 7-3）。比对卡有的是线性的，也有的是圆形的。无论使用何种类型的比对卡，将密封端放置在 0 刻度线处，将血浆层的顶端放置在 100 刻度线处。红细胞层和血沉浅黄层交界处的线就是红细胞的百分比。PCV 以红细胞的百分比形式被记录。

记录完 PCV 后，保留红细胞比容管，血浆还可以用来测定血浆蛋白浓度。

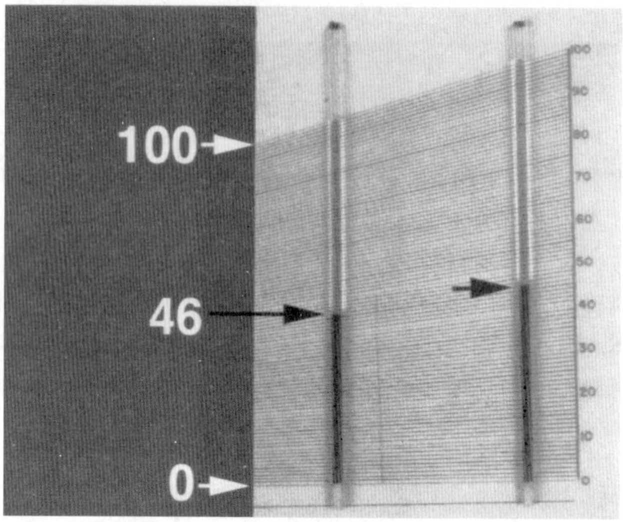

图 7-3 微量血细胞比容比对卡

（摘自 Thrall MA，Baker DC，Campbell TW *et al*. Veterinary Hematology and Clinical Chemistry. Baltimore：Lippincott Williams & Wilkins，2004.）

工作流程

准备工作

1. 收集材料：
   a. 微量血细胞比容离心机；
   b. 适用于血液样本的毛细管（普通管装处理过的血液，也就是说血液样本中已含有某种抗凝剂；肝素管装未经处理的全血）；
   c. 黏性密封剂；
   d. 用装有自来水的普通毛细管作为离心机内的平衡物；
   e. 血液样本。（建议：使用注射器抽取血液样本时，在装满试管后，在注射器内剩下 0.25 mL。取下注射器的针头，将肝素管的末端插入注射器的末端。如果血液被直接抽入真空管，那么从紫帽管中回抽 0.25 mL 至注射器内。像上文描述的那样，取下针头，将血液注入毛细管中。）
2. 准备微量血细胞比容比对卡。
3. 戴上手套。

操作步骤

1. 在一个毛细管中装入患病动物血液，另一个管装入等量的水。
2. 擦拭试管末端。
3. 使用黏性密封剂封闭试管。

4.放入微量血细胞比容离心机内，且密封端朝外。
5.平衡离心机。
6.拧上盖子，并拧紧。
7.离心时间和转速参照生产商的说明。
8.离心机停止后，取出装有患病动物血液的试管。
9.放在微量血细胞比容比对卡上，密封端放置在0刻度线处，血浆层端放置在100刻度线处。
10.读取红细胞层和血沉浅黄层交界处线的百分值。

补充要求

1.将结果以“__%RBCs”的形式记录在患病动物病历以及实验室日志上。
2.清理工作区域。
3.收拾好所有材料。
4.将血液污染过的材料扔进放生物危害物的垃圾桶内。

7.9 血浆蛋白

基本要求

血浆蛋白浓度可以使用折射仪或者总固体物测量仪测定(图 7-4)。折射仪可测定一种溶液的折射率。折射率是指光线在空气中的弯曲度和在液体中的弯曲度的比率。使用蒸馏水将折射仪校准至零,最好每天都校准折射仪。校准过程请参考生产商的说明书。折射仪最具代表性的作用是用来测定尿比重和血浆蛋白浓度。

使用折射仪时,将一滴样本滴在干净的棱镜上,然后在液滴上盖上盖板。将此端朝向光源,一只眼睛对准目镜,旋转目镜以调节焦距。正确读出明暗交界处的刻度。视野中有 3 条刻度线,分别指示尿比重,血浆蛋白和折光率。当使用蒸馏水校准折射仪时要使用折光率的数值。使用完折射仪后,按照生产商的说明清洁棱镜和盖板。

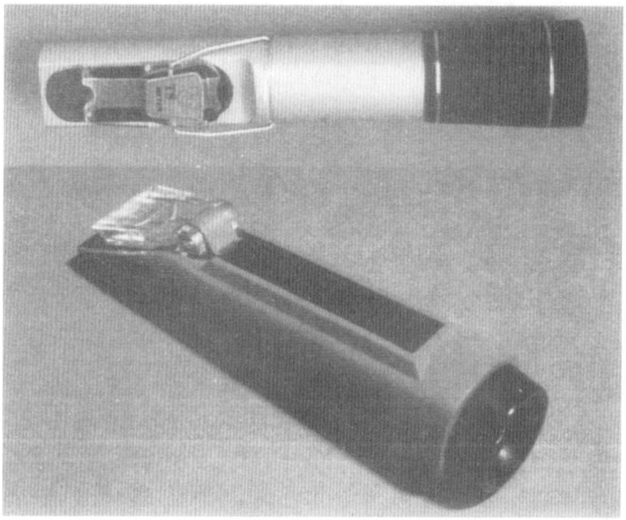

图 7-4 折射仪

(摘自 Thrall MA, Baker DC, Campbell TW *et al*. Veterinary Hematology and Clinical Chemistry. Baltimore: Lippincott Williams & Wilkins, 2004.)

为了测定血浆蛋白浓度,在测完 PCV 后,将毛细管在浅黄层与血浆层交界处的附近折断。使血浆滴在棱镜上,盖上盖板。一只眼睛对准目镜,将棱镜末端对着光源,旋转目镜以调节焦距。在明暗交界线处读数,该数值就是血清或血浆蛋白的浓度(图 7-6),其单位为 g/dL(g/100 mL)。这是一项简单快速的检测,每个兽医助理都应该会操作。

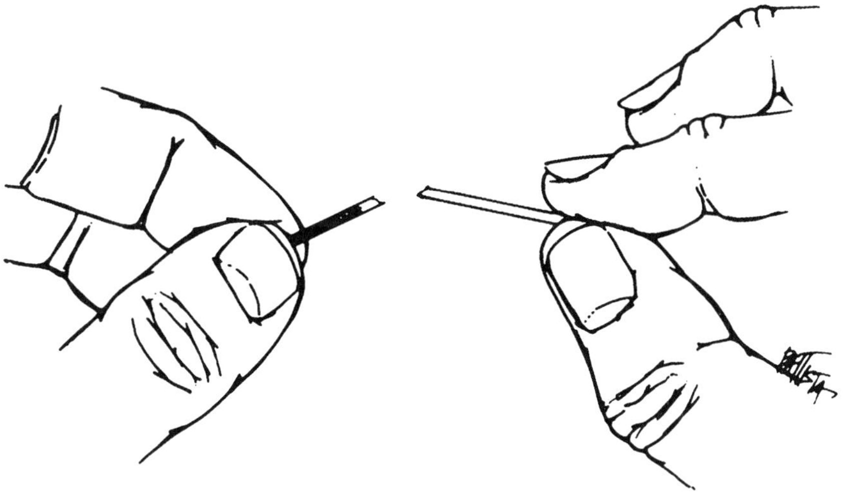

图 7-5　在血沉浅黄层上方折断的微量血细胞比容管

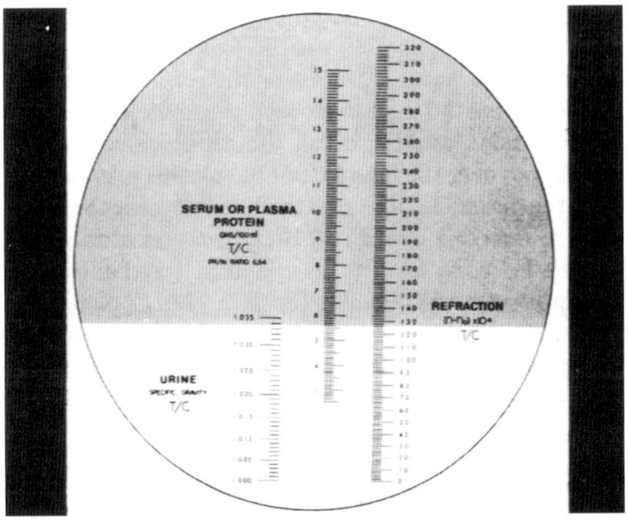

图 7-6　折射仪刻度盘

（摘自 Thrall MA，Baker DC，Campbell TW *et al*. Veterinary Hematology and Clinical Chemistry. Baltimore：Lippincott Williams & Wilkins，2004.）

工作流程

准备工作

1. 按照生产商的说明，每天使用蒸馏水校准折射仪。
2. 按照生产商的说明来清洁棱镜和盖板。
3. 使用已备好的测完 PCV 后的毛细管。
4. 戴上手套。

操作步骤

1. 在浅黄层与血浆层交界处上方折断含有患病动物血液的毛细管。
2. 使血浆滴在折射仪干净的棱镜上。
3. 盖上盖板。
4. 将折射仪直对光源。
5. 调节目镜的焦距。
6. 找到明暗交界处。
7. 使用血清或血浆蛋白浓度的刻度线读数。
8. 在患病动物病历中记录检测结果，单位为 g/dL。

补充要求

1. 按照生产商的说明书清洁折射仪。
2. 将折射仪放好。
3. 清理工作区域。
4. 将血液污染过的材料扔进放危害物的垃圾桶内。

7.10 血液生化和电解质测定

基本要求

以前，血液生化和电解质测定都被送到商业实验室进行，即所谓的外送实验室。现在有些动物医院/诊所也仍这样做，但是随着动物医院/诊所内实验室检测仪器的添置，使其化验水平得到了提高，且能更快速地得到化验结果，从而使为所有患病动物提供更快速的健康检查成为了可能。在青年动物卵巢切除或去势前，可进行麻醉前化验，以判断是否存在异常。对老年疾病的配套化验可以使我们在老年动物表现出临床症状之前发现正在发展的疾病。大约10%的表面上看起来很健康的动物，在每年一次的体检中会诊断出疾病。

动物医院/诊所内部实验室由生化、电解质和血液分析仪组成。血液分析仪用于全血细胞计数。电解质分析仪用来测定血清、血浆或全血中的钠离子、钾离子和氯离子。生化分析仪可以做单项化验，也可以做一组化验，即配套化验。这些化验可提供关于各器官功能的详细信息。分析仪在技术方面不断进步。现今动物医院/诊所内仪器设备的升级，将会使实验室的化验水平更上一层楼，化验的速度会更快，化验的类型将更多，误差将会更小，操作更方便。兽医助理是这些仪器设备的操作者，并负责维护它们。

1. 仪器会打印出化验结果，这保障了病历记录的准确性。
2. 一般都有检测项目的参考值范围(同一个品种的健康动物做相同化验的结果)，参考值取决于实验室或使用的仪器。
3. 有些仪器要求周期性的校准，要记录校准人和校准时间。
4. 不能使用过期的试剂，对于所有医疗物品、药品和试剂都必须检查有效期。
5. 校对化验项目，核查病历以确定化验项目或配套化验。
6. 确定需要哪种试剂，读3遍标签。
7. 必须保持仪器的干净，以防止患病动物样本间的交叉污染，尤其是使用移液枪时非常重要。应按照生产商的说明来维护仪器。
8. 小心操作，仪器很昂贵。
9. 精确度很重要，检测方法和检测时间必须准确。
10. 阅读说明书。
11. 按说明书使用。

结果的准确性取决于操作者的熟练程度。

工作流程

准备工作

1. 阅读病历，以确定需要做哪些化验。
2. 准备好患病动物的病料。(要有足够的血清、血浆或全血用于做要求的所有化验。)
3. 给所有样本材料贴上标签。

4. 想想如何进行这些化验。

5. 收集化验所需物品，检查试剂的有效期并读 3 遍标签。

6. 戴上手套。

操作步骤

1. 打开仪器。

2. 如果需要，先预热。

3. 严格遵照生产商的说明。

4. 准备病料。

5. 放入机器内。

补充要求

1. 将打印出的化验结果附在病历内。

2. 清洁仪器。

3. 将所有物品收拾好。

4. 如果需要额外的试剂或物品，那么填写需求单。(对于很少进行的化验类型，不应该库存太多该化验用的试剂，因为容易过期。)

5. 清理操作区域。

6. 将被血液污染的材料及一次性物品扔进盛放有害物的垃圾筒内。

建议：在尝试自己动手前，先观察有经验的工作人员是如何进行各项目的化验的。第一次单独操作时，请其他工作人员在旁观看。如果有疑问，要及时询问。询问他人总比犯错好。

提醒：和其他所有实验室检测一样，把化验说明书装在塑料套内，然后夹在实验室的“化验说明”装订本内。按照字母顺序将化验说明归档，这样便于查询。

7.11 血清学试剂盒

基本要求

有超过10个厂家在生产特殊疾病的检测试剂盒。这些试剂盒快速又方便且包括范围很广，从牛的布鲁氏菌病到犬的莱姆病都有。检测涉及到抗原抗体反应，如果存在抗体，试剂条就会出现颜色变化。有的试剂盒用于检测单一疾病，有的能检测出一种以上的疾病(如，猫白血病病毒和猫免疫缺陷病毒使用的是同一种试剂盒来检测)。甲状腺功能可以通过使用一种试剂盒来检测T4水平是否在正常范围之内，然后兽医可以根据结果进行更精确的甲状腺功能的检测。检测试剂盒是使用血清、血浆和/或全血，取决于不同的检测项目和生产商，大多数检测结果都能在10～15 min内出现。由于检测结果快速易得，所以通常在兽医临床检查完患病动物时，检测结果就出来了。

试剂盒的包装内装有检测所需的所有材料，并附带一本小册子，上面有对操作步骤的详细说明和对检验结果的解释。像其他实验室化验说明一样，将每种试剂盒的说明书装一份在干净的塑料套内，然后夹在三环装订本内。将装订本放在实验室内，以备参考。

有些试剂盒需要冷藏，有些则不需要。打开试剂盒包装前，阅读包装上的厂家说明，以确保合理存放。试剂盒都有有效期，因此在存放和使用前都要检查有效期。

注意：把一种试剂盒的所有试剂放在一起，这样就不会错用另一试剂盒的试剂。

提示：将一个试剂盒内的所有试剂、使用说明书以及检测结果解释放在一个贴有标签的袋子内。这样可以防止一个试剂盒内的试剂与另一试剂盒内的试剂相混淆。确定检测样本的取量适当且类型正确(血浆、血清或全血)。如果不是立即进行检测，要冷藏已标记的样本。

兽医助理将会发现这些检测都易于操作且不易犯错。由于试剂盒之间都存在差异，因此兽医助理必须仔细阅读说明书。对于所有的实验室工作，精确是成功的关键。

工作流程

准备工作

1. 查看病历以确定要进行何种检测。
2. 选择正确的试剂盒。
3. 检查试剂盒的有效期。
4. 查看操作步骤。
5. 采集足量样本用于检测。
6. 给样本贴上标签。
7. 计时器。
8. 戴上手套。

操作步骤

1. 准备好使用的样本。

2.遵循生产商的说明操作。

3.使用正确试剂。

4.在检测板上添加试剂或在病料中加入试剂。

5.一旦检测开始,马上计时。

6.计时器一响,马上观察结果。

7.根据小册子的描述解释检测结果。

补充要求

1.立即将检测结果记录在患病动物的病历上。

2.将所有被血液污染的材料和化学试剂扔进放有害物的垃圾桶内。

3.收拾好所有材料。

4.清洁工作区。

建议:在你最初几次使用试剂盒时,让一个经验丰富的工作人员监督你的操作。

7.12 尿液采集

基本要求

兽医助理在尿液采集时的主要工作是保定动物。尿液采集的一大不同是在动物正常排尿过程中，需采集中段尿液。下面是一个关于尿液采集的简短概述。

尿液采集方法的选择取决于采尿原因。用于检测是否含微生物的样本最好采用膀胱穿刺。这可以防止尿液通过尿道时被尿道内的正常微生物污染。膀胱穿刺是一种入侵性技术。穿刺针穿透腹壁直接进入膀胱,尿液被吸入注射器内。由兽医进行膀胱穿刺,兽医助理保定动物。

兽医助理可以收集排出的尿样。样本必须是“中段”尿液,即采集排出的中间部分的尿液,不能是最前段的或是最后段的。使用小的塑料杯采集犬的尿液样本,将塑料杯钳在大小合适的线圈支架内。这样兽医助手采尿时就不会妨碍动物的正常排尿姿势。使用蘸了消毒水的棉球擦拭尿生殖道开口周围的被毛,并拨开该处被毛。将犬带到室外散步,直到它开始排尿。将钳在线圈内的塑料杯滑到动物尿生殖道开口下方采集尿液。

猫的尿液在压迫其膀胱时最容易采集。兽医通过腹壁压迫膀胱,同时兽医助理负责收集尿液。尿生殖道开口周围被毛的清洁和犬一样。样本最好是采集中段尿液,除非膀胱里面的尿量较少,这时就需要收集所有的尿液。如果猫愿意在没有猫砂的盘内排尿的话,可使用干净的猫砂盘来收集尿液样本,盘子必须是干净且完全干燥的。猫排尿完毕后,将尿液倒入一个小杯子内。将盘子清洗干净,放进猫砂,然后将猫砂盘放回动物的笼子内。

导尿是另外一种采集尿液的方法。导尿管是一种长的细橡胶管或塑料管,通过外泌尿道开口一直插入膀胱。放置导尿管时由兽医助理负责保定动物。导尿管体外部分的开口处连接注射器,用于抽吸尿液。对于雌性动物,导尿管通过阴门进入位于阴道底部的外括约肌内。对于雄性动物,导尿管直接从阴茎末端的尿道开口插入。给雄性动物导尿要比给雌性动物导尿容易。导尿管的放置必须采用无菌技术。(无菌技术是指在操作过程中保持组织、设备、器械、人员及周围环境的无菌状态。这就要求患病动物周围和能接触到的物品不能带有任何微生物。)因为这是另一种侵入性的操作,兽医在进行插管时,由兽医助理负责保定动物。

采集尿液时动物的保定方法取决于采尿方法和兽医喜好。例如,有的兽医可能喜欢让动物侧卧或仰卧,而有的兽医则可能喜欢让动物保持站立姿势。一旦兽医助理熟悉了兽医的个人喜好,就无需再询问对某种采尿方法采用哪种保定方式了。在达到此状态前必须询问清楚。

工作流程

犬中段尿液的采集

准备工作

1. 收集材料:

a. 贴有标签的尿液收集容器;

b. 尿杯支架。

2. 患病动物：

a. 牵引患病动物；

b. 检查动物的身份识别项圈；

c. 检查动物病历以确保采集正确样本；

d. 如果可能的话，早上的第一件事就是采集尿液，或者在下午 3 点以后采集，这 2 个时间可能尿液产量较多；

e. 用浸了外科消毒液的棉球擦拭清洗阴门或阴茎开口。

操作步骤

1. 使用安全带牵引动物。
2. 在尿杯支架上放上收集尿液的容器，随身携带。
3. 把患病动物带至室外。
4. 使患病动物在指定的区域内悠闲活动。
5. 一旦患病动物出现排尿姿势，将准备好的采尿容器放到尿流的下面。
6. 患病动物开始排尿后，迅速将采尿容器放到尿流中。
7. 在患病动物结束排尿前，且杯子内已装有一半尿液后，撤走容器。
8. 允许患病动物完成排尿。
9. 将患病动物带回至医院内病房。
10. 把标记好的尿液容器放在实验室内。

补充要求

1. 开始尿液的化学分析。
2. 制备显微镜检查样本。
3. 在治疗记录板上说明样本已经采集。
4. 清理并收好盛尿液杯的托架。

提醒：不能使用动物主人提供的任何控制绳索。

7.13 尿液检查

基本要求

尿液检查分为三部分：物理性状、化学分析以及显微镜检查。尿液检查的正确名字和拼法是"urinalysis(尿液分析)"。兽医助理负责尿液检查的操作，记录检查结果，但尿沉渣的显微镜检查结果除外。尿液样本采集后，最好在30 min内进行尿液分析。

尿液分析的第一部分是记录尿液的物理性状：颜色、透明度、气味和泡沫。在病历的"尿液分析"标题下，创建一个简单的目录：颜色、透明度、气味和泡沫。然后在各项后面填上检查结果。正常尿液清亮，呈黄色，尿液颜色可以从无色到棕色。药物可以改变尿液颜色，有些疾病同样也可以。正常尿液是清亮的，异常时透明度可以从混浊到絮状，絮状尿液中通常悬浮有大量的沉积颗粒。气味通常不具诊断意义，但是有细菌存在时就会散发出氨水味，而有酮体会散发出水果味或甜味。剧烈地摇晃尿液样本(记住盖上盖子)通常会产生少量白色泡沫。尿液中如果含有大量蛋白质就会产生较多的泡沫，且会维持很久才散去。胆色素会使泡沫呈黄绿色。

使用折射仪或尿比重计来测定尿比重。在室温下测定尿比重。尿比重不会低于1.000，即蒸馏水的比重。尿比重是带小数的，如1.023。

折射仪同样可以用来测定血浆蛋白质，测定步骤是相同的，不同的是读数时读的是血浆蛋白的刻度。参考7.9关于折射仪的正确使用方法。使用折射仪的优点就是只需一滴或两滴尿液就可以，而尿比重计需要较大体积的尿量，有的可达10 mL，需要的尿体积量主要取决于尿比重计的大小。

尿比重计由两部分组成，一部分是独立的、类似于试管的有底导管，另一部分是含有尿比重刻度的浮标。导管内装入足量的尿液，这样浮标就不会接触到导管的底部。然后将浮标放入导管内，旋转使其不会紧贴到导管壁上，然后读取尿液的凹液面的刻度。

测完尿比重并记录好结果后，进行化学分析。这通常使用试纸条，即所谓的化学试纸条或标尺来完成化学分析。每项化验对应试纸条上的经简单化学处理后的一个小方格，试纸条贴附于塑料条上。一条试纸条上可进行1～10个化验。这些试纸条的包装盒上附有外标签，为每项化验的颜色变化提供了解释以及读取每种化验结果的时间。将试纸条上的序号与外标签上的序号配对，并比较结果。

首先在病历的尿比重结果下面记录试纸条上每种化验的名称。将试纸条浸入尿液中，使每个方块都完全浸透。按照生产商的说明读取结果，根据给出的标准记录结果。有些化验有数值，有些则使用阴性、1＋、2＋、3＋等符号记录。

尿沉渣是最后一步检查。在锥形底试管内注入尿液，然后放入标准离心机内。记得要平衡离心机。按照生产商的说明来设置尿液的离心时间和每分钟的转速(rpm)。通常推荐1 500～2 000 r/min，离心5 min。离心完后，取出试管，轻轻倒出尿液，把沉渣留在试管底部。使黏附在试管内壁上的尿滴流到试管底部，用指尖轻弹试管底部使沉渣与尿滴混合。这时可以把染色剂加入尿液中，可以使用一小滴亚甲蓝或市售的专门用于尿液染色的染色剂，如Sedi染色剂。一些兽医喜欢不染色就读片。如果染色了，那么使用指尖轻弹试管底部以混匀染色剂和尿液。将一滴尿液滴在一张干净的、贴了标签的载玻片中间。按照7.3描述的方法盖上盖玻片，以减少气泡形成。将该载玻片和患病动物病历一起放置在显微镜旁边。通知兽医技术人员或兽医尿沉渣压片已制备完毕。

工作流程

准备工作

1. 采集尿样。
2. 将样本保存在室温下。
3. 在尿液采集后的 30 min 内进行尿检。
4. 将病历放在旁边。
5. 准备所需仪器物品。
   a. 笔；
   b. 手套；
   c. 试管架；
   d. 两只锥形底试管；
   e. 标准离心机；
   f. 载玻片和盖玻片；
   g. 标记载玻片的蜡笔；
   h. 尿液染料(可选)；
   i. 尿比重计或折射仪；
   j. 化学分析试纸条。
6. 在病历上写上“尿液分析”的标题，或者在病历 SOAP 记录的 O 下面贴上“尿液分析”的贴纸。
7. 在标题下面列出要做的所有检查并记录结果。

操作步骤

1. 检查尿液的物理性状。
   a. 颜色；
   b. 透明度；
   c. 气味(可选)；
   d. 泡沫(可选)；
   e. 比重。
2. 化学分析。(提醒：先在病历上列出要化验的项目)
   a. 化验依靠化学试纸条，主要测定最低 pH 值、葡萄糖、蛋白质、血液和胆红素，可选择的化验项目有：尿胆素原、亚硝酸盐和白细胞；
   b. 将试纸条浸入尿液中；
   c. 取出试纸条；
   d. 根据标签上的说明计时每项化验；
   e. 在规定的时间内读取结果；
   f. 根据标签图对照颜色的改变，注意：按正确方向排列试剂条。
3. 制备尿沉渣。
   a. 将尿样装入一个锥形底试管中；
   b. 在另一个试管中装同等量的水；
   c. 将试管相对着放入标准离心机内；

d. 根据生产商的说明设置转盘上尿液离心的转速和时间，注意不是血液的；
e. 离心结束后，轻轻倒出尿液使尿滴与沉渣混合，加入一种染色剂（可选）；
f. 将一滴制备好的尿沉渣滴在干净、做好标记的载玻片上；
g. 盖上盖玻片。

4. 将患病动物病历和制备好的载玻片一起放置在显微镜旁边。
5. 通知兽医或兽医技术人员尿沉渣压片已制备完毕。

补充要求

1. 清洁尿比重计或折射仪，并收好。
2. 将剩余尿液倒入下水道，用水冲洗下水道。
3. 把化学试纸条收好。
4. 用热的肥皂水清洗化验试管，冲洗干净倒置于试管架上晾干。
5. 丢掉使用过的化学试纸条。
6. 清洁工作台。
7. 将剩下的物品收好。
8. 摘下手套并扔进放有害物的垃圾桶内。

7.14 微生物鉴定

基本要求

对疾病的正确诊断和选择最佳药物治疗关键在于对引起疾病的微生物的鉴定。大多数动物医院/诊所都通过两种方法来处理这个问题。首先是一些初步的诊断工作，如在动物医院/诊所内部实验室进行的革兰氏染色。药敏试验和细菌培养可以在动物医院/诊所内部进行也可以送至外送实验室进行。这取决于兽医个人喜好、动物医院/诊所内的可用设备以及工作人员的技能水平。处理有传染性的样本时一定要小心，因为被传染的可能性很高。

样本污染会导致错误的检查结果，因此小心采集和处理样本非常重要。

1.样本采集。使用2根无菌棉签，第一根放在转运培养基内或用来接种的血液琼脂平皿内。将与病灶接触过的第二根棉签放在将要染色的载玻片上滚动几下。

2.革兰氏染色。

3.送至外送实验室进行染色，并等待结果，或者在动物医院/诊所内部实验室培养，在血液琼脂培养基内培养24～48 h，如果没有微生物生长，继续培养24 h。如果还是没有微生物生长，那么就在报告上写“不生长”；如果微生物生长，那么可进行下面的操作：

a.选择典型菌落，重新进行革兰氏染色；

b.使用筛选的培养基继续进行鉴别；

c.结合革兰氏染色的结果，使用已知的能有效抗革兰氏阳性或阴性菌的抗生素纸锭进行药敏试验。（兽医会决定选择哪一种进行试验。）

将结果记录在患病动物病历上，在所有记录结果后面签上姓名和日期。

7.14.1 采集样本培养

基本要求

采集的样本必须是无菌的。如果样本不小心被污染了，无论是要进行染色还是培养，其结果都是不准确的。这就意味着，如果在采集样本过程中有可能发生细菌感染，那就要使用无菌棉签来采集样本。第一根棉签采集的样本用于培养，第二根棉签在相同病灶采集的样本用于革兰氏染色。用手抓住离棉签头最远的末端。

如果要将棉签浸入液体培养基来转移或培养，用拿棉签的手的第四和第五个手指固定试管顶部，用空闲的手拧开试管盖子，将棉签头浸入试管内，注意不能接触到试管口。将棉签棒斜靠着试管口，在离棉签头 1/3 处折断棉签棒。然后将试管上的盖子紧拧。如果棉签头未掉入液体培养基中，那么振荡几下使其掉入。另一种转移棉签的方法是使用培养管装置，将无菌棉签放在无菌的塑料管中，将试管盖打开时下面连带着棉签，当棉签再次插入试管后，再将盖子拧紧。在试管底部施加压力。碾碎底部，流出液体培养基，将棉签头浸润。然后将整个试管送至外送实验室。

如果使用棉签来接种血液琼脂培养基，用空闲的手抬起培养皿的盖子，只要将培养皿盖子的一边顶起，足够把棉签塞进培养皿的上下部分之间而不会碰到任何部分即可。任何情况下都不能把培养皿的盖子完全打开，因为这样很容易使空气中的污染物进入培养基内。棉签头轻轻扫过培养基，从培养皿的最远端开始横向滑动，逐渐向中央接种。将培养皿旋转 45°，在培养皿剩余的部分上重复刚才的步骤。再将培养皿旋转 45°，给最后剩余的琼脂培养基接种。

创口

如果采集引流创口的样本，那么先将创口周围的区域剃毛，并使用酒精擦拭干净。酒精干了以后，用 把无菌镊子提起创缘，将棉签插入创腔内部，不能接触到创缘或酒精消毒过的区域。轻轻转动棉签，然后取出。

耳朵

对两只耳朵都进行细菌培养以做对照，因为耳内本身含有正常的菌群。用酒精擦拭耳道边缘，但不能让酒精流入耳道内。抓住耳翼，向上提起，将棉签插入耳道内，不能插得太深，会伤到耳膜，旋转棉签然后取出。同样，棉签头不能接触到耳道的入口或者耳翼。根据来源、左右耳，标记琼脂平皿。

尿液

尿液培养最好是通过膀胱穿刺采样。如果要培养排泄的尿液样，那么使用消毒液清洗阴茎包皮或阴门，将中段尿液收集在无菌试管中。

粪便

粪便内含有许多类型的正常微生物，更复杂的是有些病原菌呈间歇性排泄。对于小动物，从尾巴根部朝上提起尾巴，清洗肛门周围的区域，然后消毒，使用无菌棉球或无菌纱布擦干。慢慢地将棉签头插入直肠，旋转后撤出。出了直肠入口，不能让棉签头接触到任何皮肤表面。

眼睛

把下眼睑往下拉，沿着结膜轻轻旋转无菌棉签，不要接触到角膜或是睑缘。

皮肤和被毛

对于疑似真菌感染的皮肤和被毛，其样本的处理方法与疑似细菌感染的皮肤和被毛样本的不同。将 Wood 氏灯照射在患病动物身体上，寻找被毛上散发的荧光。被毛不散发荧光，并不表示检查结果呈阴性，这只是说明了不存在可散发荧光的真菌，因为有些真菌不散发荧光。接下来使用钝的刀片刮取皮肤，将被毛以及皮肤细胞放置在干净、已标记的载玻片上，并与 2 滴 10%的氢氧化钾混合。将载玻片加热 20 s，然后由兽医技术人员或兽医在显微镜下观察菌丝体和孢子的特征。真菌培养是确诊的最佳方法，但是要等待 6 周才能获得结果。使用浸了酒精的脱脂棉轻轻擦拭真菌感染区域，使用无菌镊子拔下皮肤病灶周围的一些被毛，将被毛放入含有皮肤真菌培养基(DTM)的试管中。Pitman Moore 生产了另外一种真菌培养基——Fungassay 。新的琼脂培养基需要的培养时间较短。无论是何种产品，将拔出的被毛轻轻按在琼脂培养基的表面，拧上培养基的试管盖，但不要拧得太紧，保留一些空气的流通，也不能太松，不然盖子会掉下来。标记好容器，然后在室温下暗处培养，如抽屉内。间歇性的观察琼脂，至少 6 周。如果被毛周围的琼脂颜色发生改变，那么说明样本存在真菌，呈阳性结果。培养基包装内一般附有图表，用于解释颜色变化。

提醒：采集和处理任何具有传染性的病料时，要戴上手套。穿上实验室制服以防止污染自己的衣服。如果病料有飞溅和吸入的危险，应戴上护目镜和防护面罩。在与常规门诊活动隔离的地方进行这些工作并保持工作场所的干净和整洁。完成工作后，使用消毒剂进行全面消毒。在弄干消毒液前，让其在物体表面停留至少 20 min。

工作流程 7.14.1

准备工作

1. 确定从患病动物哪个部位采集病料。
2. 准备好所需材料。
   a. 检查手套；
   b. 消毒液或酒精；
   c. 纱布或棉球；
   d. 无菌棉棒；
   e. 用来标记载玻片的蜡笔；
   f. 干净的载玻片和盖玻片；
   g. 如果怀疑是细菌感染，且可在动物医院/诊所内部的实验室培养，那么需要血琼脂平皿、密封接种平皿的胶带并将培养箱的温度设置到体温；
   h. 如果要将可疑的细菌送到外送实验室，那么需要运输培养基或培养试管、申请单、盛放载玻片的容器和装上述物品的拉链包；
   i. 如果怀疑真菌感染，那么需要 Wood 氏灯、10%的氢氧化钾、干净、做了标记的载玻片、盖玻片、热源、DTM 或其他真菌琼脂培养基、无菌镊子和酒精棉球。

3. 确定患病动物身份。
4. 将患病动物病历放在旁边。

细菌培养的步骤

1. 采集样本时，让另外一名工作人员保定患病动物。
2. 清洁将要做细菌培养的病灶周围的区域。
3. 使用第一根棉签采集样本。
4. 将棉签放入转运培养基中。将试管以及填写完的申请单一起装入拉链包内。
5. 密封或立即接种血液琼脂平皿，然后使用蜡笔标记平皿，再使用胶带密封，倒置于培养箱内。
6. 使用第二根无菌棉签采集样本。
7. 将棉签在干净、已标记的载玻片上滚动几下。如果要送至外送实验室，再制备一张不染色的涂片。风干所有载玻片。

真菌鉴别的步骤

1. 让另外一名工作人员保定患病动物。
2. 在一间暗室内，使用 Wood 氏灯照射动物身体，在毛发上观察是否有荧光。
3. 从病灶周围拔取几根被毛，将被毛放在干净、做了标记的载玻片上。
4. 滴上 2 滴 10%的氢氧化钾。
5. 盖上盖玻片。
6. 在火焰上加热载玻片 20 s。
7. 将载玻片放在显微镜旁边，让兽医或兽医技术人员镜检。

补充要求

1. 将患病动物带回病房或交还给动物主人。
2. 清理工作区。
3. 在动物病历和实验室日志上记录结果，包括何时采样和如何采样，签上姓名。
4. 将任何被传染性物质污染的物品都扔进放有害物的垃圾桶内。

工作流程 7.14.2

革兰氏染色

准备工作

1. 收集材料：
   a. 给风干的、已标记的载玻片染色；
   b. 在滴瓶里染色或染色缸内染色；
   c. 如果不使用染色缸，则要准备染色架；
   d. 手套；
   e. 油镜用油。

2.动物病历。

操作步骤

方法1:染色架

1.将一染色架放在水槽上面,使用装有染色剂的滴瓶进行染色。

2.步骤。

a.将干的载玻片放在染色架上;

b.使用结晶紫染色,30 s;

c.使用自来水轻轻冲洗;

d.在载玻片上滴上卢弋氏溶液(一种复方碘溶液),30 s;

e.使用自来水反复冲洗;

f.使用脱色剂冲洗载玻片大约10 s,或者直到将载玻片上面紫色全部冲洗干净(注意不要过度);

g.用自来水冲洗;

h.使用石炭酸品红溶液或盐基性红色染料,30 s;

i.用自来水冲洗;

j.风干或吸干。

方法2:染色缸

1.使用镊子将载玻片从一个缸转移到另一个。

2.在染色缸内进行染色。按照染色缸排列顺序和染色时间转移载玻片。转移载玻片前,将其靠在染色缸边缘,使其末端的染色剂流干,以减少试剂交叉污染溶液。

a.使用结晶紫染色,30 s;

b.用自来水冲洗;

c.使用卢弋氏液,30 s;

d.使用95%酒精(脱色剂),10 s;

e.用自来水冲洗;

f.使用石炭酸品红溶液或盐基性红色染料,30 s;

g.用自来水冲洗。

补充要求

1.将载玻片垂直于纸巾上风干,或使用吸水纸吸干。

2.干了以后,将其连同一瓶油镜用油放在显微镜旁边。

3.将动物病历放在载玻片旁边。

4.制备好载玻片后,通知兽医或兽医技术人员。

5.如果要将样本送至外送实验室,那么将干后的载玻片和未染色的载玻片一起放入玻片盒内,连同外送实验室的申请单一起密封在拉链包内。

工作流程 7.14.3

接种血液琼脂平皿

准备工作

1. 培养箱的温度在 98～100℉，内有富含水分的琼脂培养皿。
2. 准备材料：
   a. 酒精灯、火柴和接种环；
   b. 如果没有酒精灯，可使用成包的具有圆形末端的无菌玻璃棒；
   c. 蜡笔；
   d. 血液琼脂培养皿；
   e. 胶带；
   f. 手套。

操作步骤

1. 打开部分培养皿上方的盖子。
2. 使用第一根棉签接种 1/2 面积的琼脂，从远侧开始一直到中间。
3. 方法 1：用酒精灯燃烧接种环；冷却接种环，直到不再炽热。
4. 方法 2：如果没有酒精灯，可以使用无菌玻璃棒来代替接种环。
5. 旋转平皿 45°。
6. 接种剩余 1/2 琼脂的方法如下：
   a. 使用冷却的接种环或玻璃棒；
   b. 从剩余 1/2 琼脂的顶端开始；
   c. 在琼脂上来回轻扫接种环或玻璃棒，进入先前接种的区域 3 次，继续往下直至到达剩余的培养基中间部分；
   d. 重新燃烧并冷却接种环或者使用新的无菌玻璃棒；
   e. 在剩余的 1/4 琼脂上重复该步骤，这次将接种环或玻璃棒在第二次接种的区域轻扫 3 次；
   f. 如果使用的是接种环，在每次接种前要重新燃烧并冷却；如果使用的是玻璃棒，那么将其放入装有消毒剂的盘子里；
   g. 盖上培养皿的盖子；
   h. 倒置，在平皿底部标记时间和患病动物名字；
   i. 使用胶带密封；
   j. 倒置在培养箱内；
   k. 每天拿到灯光下从底部观察菌落生长情况。

补充要求

1. 如果有细菌生长，那么将典型菌落的特点记录在病历中，记住写上记录时间并签名。
2. 使用燃烧并冷却后的接种环或无菌玻璃棒转移单一菌落，并在新的培养皿中培养用于药敏试验。

3.使用相同的方法转移第二株菌落，在载玻片上制备涂片。使用革兰氏染色法对该涂片进行染色，然后在油镜下再次观察。

说明：琼脂上的这种接种方法的原理是试着减少菌落的数量，最终能获得数个单一的菌落。单一菌落更容易采集，且不会与其周围的菌落形成交叉污染。

7.15 抗生素药敏试验

基本要求

不是所有抗生素对同一种微生物的抗菌效果都相同，抗生素的药效取决于病原体对它的敏感性。对患病动物最理想的治疗选择是通过鉴定病原微生物，并测定该病原对各种抗生素的敏感性来决定的，这个过程需要数天才能完成。

试验成功的关键在于选择最可能有效的抗生素进行试验，因为抗生素的种类很多。选择结果取决于革兰氏染色。因此，第一步就是进行革兰氏染色，如果病原微生物呈革兰氏阳性，那么就被染成紫色；如果呈革兰氏阴性，那么就被染成粉红色。病原微生物的外形都有所不同，这也有助于鉴别诊断。有些抗生素对抗革兰氏阴性杆菌有效，有些对抗革兰氏阳性球菌有效。兽医在检查完革兰氏染色的片子后决定该使用哪种抗生素纸锭进行药敏试验。

第二步包括分离病原微生物。分离到病原微生物后，在血液琼脂培养基内培养。使用冷却的接种环或消过毒的玻璃棒从原始培养皿中取出一株菌落，这次将该病原微生物均匀地涂抹在琼脂表面。

将小纸锭放进塑料试管，每张都浸透一种抗生素，然后将它们放在一个纸锭分装器内。分装器的每个孔内装一个试管，一个分装器能装多个试管，直接放在培养皿上方。将控制杆推向一侧，使每种类型的一个纸锭掉在琼脂表面上。每张纸锭都根据它包含的抗生素来编码。比较纸锭上的编码与试管上的编码以确定抗生素的名称。使用一个无菌的玻璃棒或灼烧后冷却的接种环将每张纸锭按在琼脂上，然后密封平皿，倒置并做好标记，然后在培养箱内放置 24 h。24 h 后拿出平皿，在明亮的地方观察每张纸锭的抑菌区。细菌不生长区域越大，则抗生素越有效。有些抗生素表现为没有抑制作用或部分抑制作用，而有些出现大的抑菌环。抑菌环最大的就是最有效的抗生素。

工作流程

准备工作

1. 确定要检测哪种抗生素。
2. 准备材料：
   a. 原始培养皿；
   b. 酒精灯、火柴和接种环或成包的无菌玻璃棒；
   c. 血液琼脂平皿；
   d. 纸锭分装器；
   e. 药敏纸锭；
   f. 胶带；
   g. 蜡笔；
   h. 手套。

操作步骤

1. 将选好的装满纸锭的试管装入分装器。
2. 将原始琼脂培养皿和未用过的琼脂培养皿放置在一个干净、整洁的工作台面上。
3. 松开原始平皿的胶带，将正确的一面朝上。
4. 找到单一典型的菌落。
5. 使用接种环或玻璃棒从原始平皿上取一个单一的、典型的菌落。
6. 揭开新培养皿的盖子。
7. 在琼脂表面完全均匀地接种菌落。
8. 将纸锭分装器放置在平皿表面上方。
9. 推控制杆。
10. 使用接种环或玻璃棒把每个纸锭压在琼脂表面。
11. 倒置平皿。
12. 用胶带密封。
13. 用蜡笔标上患病动物名字和日期。
14. 倒置放入培养桶内 24 h。

补充要求

1. 重新密封原始平皿，并放回培养箱内，成功完成药敏试验后再扔掉。
2. 每 24 h 检查一次琼脂平皿的敏感性，直到细菌生长得足以说明结果为止。
3. 在病历上记录结果。
4. 完成试验后，将密封的培养皿扔进放有害物的垃圾桶内。

7.16　尸体剖检

基本要求

尸体剖检是用于描述对动物尸体的检查，其操作过程与人的尸体解剖相同。剖检目的是为了能使兽医得出更完整的诊断结果，并增加专业知识。在患病动物死亡或安乐死后应尽快进行尸体剖检，耽搁时间过长会导致尸体自溶、组织分解，从而导致剖检结果不正确。

将尸体剖检时取下组织送至外送实验室的病理学家处做显微镜检查。组织的包装以及运输由兽医助理负责，另外，尸体剖检的准备工作也由兽医助理完成。外送实验室通常会提供装组织样本的容器，如果有特殊要求，那么在剖检前先与该实验室联系以确定如何采集、处理和运输样本。

填写完整申请表格。该表格提供患病动物的简要病史和其组织的大体描述。为组织准备装福尔马林的小瓶，为细菌性样本提供转运培养基，在采集细菌性样本前先准备好酒精灯、火柴和刮铲用于烧焦组织表面，将载玻片、尸体剖检器械放置在要进行尸体剖检的地点附近。需要的器械包括一把用来剪骨骼的咬骨钳、一把大的尖刀、一把劈刀、一把手术刀、一把钳子、一把钝头剪、一把持针器、一根大的缝合针和不可吸收的缝合线。兽医应穿上防水围裙，还要戴上面罩、护目镜以及厚的橡胶手套。

尸体剖检应该在远离普通门诊的地方进行。最好是在一个靠近自来水的水槽的架子上进行。使犬猫尸体左侧卧，使腹部面朝兽医。

完整的尸体剖检是漫长而详细的。兽医需要一个录音机通过自己的口述去记录在尸体剖检中的发现。最理想的是录音机配有脚踏板。剖检工作完成后，再将口述记录转至动物病历上。这就可以减少对重要观察结果的遗漏。

对疑似死于狂犬病的患病动物，在死后要立即将其整个头部送至公共卫生防疫部门做分析。这看起来似乎有点不近人情，但是为了保障曾与该动物接触过的人类和动物的健康这样做是有必要的，因为狂犬病是一种人畜共患病。通知公共卫生防疫部门样本正在送出，确认送检的是整个头部还是只是大脑部分。确认标签、包装和运输。

剖检完成后，将所有组织和器官全部滞留在体腔内，然后将体腔缝合。将尸体放入尸体袋中密封，贴上写有死亡动物名字、动物主人名字和动物死亡时间的标签，附上对安葬的特殊说明，火葬完后是否把骨灰还给主人，是团体埋葬还是单独埋葬。尸体在被送到公墓、动物管理机构或动物主人(法律允许范围内)之前，要存放于专门用于储存尸体的冷藏柜内。

工作流程

准备工作

1. 与兽医商量在何时何地进行尸体剖检。
2. 确定要进行哪些特殊检查。
3. 如果要做特殊的检查，要向外送实验室做另外说明。
4. 准备好所有需要的材料。
   a. 兽医所需：防水围裙、护目镜或口罩、防护面具、厚的橡胶手套、脚踏板控制的录音机(可选)、动物病历和笔。

b. 样本所需：申请单、拉链包、装有福尔马林的瓶子、转移培养基、酒精灯和火柴、平的刮铲和载玻片。

c. 步骤所需：大尖刀、劈刀、咬骨钳、手术刀、镊子、钝头剪、持针器、1～2个弯的缝针、尼龙线或丝线。

d. 尸体所需：尸体袋、身份证明或处理说明标签以及密封袋子的胶带。

操作步骤

剖检前：

1. 将尸体左侧卧，四肢朝向兽医。
2. 将所有要使用的材料放在尸体旁边。
3. 将所有采集样本需要的物品放在邻近的另一个台子上。
4. 将兽医的装备也放在台子上。
5. 将动物病历放在旁边。
6. 将录音机放在台子上，其脚踏板放在兽医将站立进行剖检的地方（可选）。

尸体缝合后：

1. 将尸体放进尸体袋。
2. 用胶带将袋子封紧。
3. 贴上身份证明或处理说明标签。
4. 将尸体袋放进冷藏柜。

补充要求

1. 清理时戴上手套。
2. 用消毒皂清洗器械，冲洗干净。
3. 然后将器械放入消毒液中消毒 20 min，晾干、放好。
4. 用消毒液清理水槽和架子。
5. 联系外送实验室来取样。

第 8 章

放射学与影像诊断技术

“Henderson，从X线片上我们能清楚地看到你手的结构，但是犬的脊柱部分被曝光过度。”

本章培训目的

完成本章培训后，学员应能做到以下几点。

1. 时刻实施防辐射安全措施。
2. 每次拍片后填写放射日志。
3. 识别放射学体位术语及其简写。
4. 拍片时根据兽医放射学标准给患病动物摆位。
5. 使用游标卡尺测量照射部位的解剖厚度，单位是厘米。
6. 使用拍摄条件对照表设置X线机操控台上每个旋钮的参数。
7. 使用身份标记物标记动物的X线片。
8. 用自动洗片机冲洗X线片。
9. 人工洗片。
10. 在片盒中放入或取出X线片。
11. 清洁片盒。
12. 清洁增感屏。
13. 将患病动物的X线片归档。
14. 维护暗室。
15. 在超声波检查中做好动物准备和保定。
16. 在内窥镜检查中做好动物准备和保定。
17. 清洁和保养内窥镜。

前言

对患病动物体内结构的观测大大提高了兽医全面和准确诊断的能力。光导纤维实现了直接观测体内结构的可能，其内窥镜的末端可直接插入动物体腔或天然孔进行检查。间接观测方法包括X线片、超声波成像、CT(一种计算动物每个切面密度的影像方法)和MRI(磁共振成像技术)。由于后两者成本较高，所以主要局限于专科动物医院和大型的教学动物医院。

光导纤维是一束细小的玻璃条，光线通过玻璃条发射。操作者可从光导纤维的一端看到另一端的情况。内窥镜分为软镜和硬镜两种。视频耳镜就是一种硬镜内窥镜。当内窥镜需要在器官之间穿行时，需使用软镜内窥镜，例如从食管进入胃或从气管进入支气管。

使用软镜内窥镜来检查的名称术语依据其使用部位的不同而不同。支气管窥镜检查支气管，胃窥镜检查胃，腹腔窥镜检查腹腔，每项检查过程使用各自的内窥镜。软镜内窥镜的长度和直径取决于检查的器官和现有的器材。

影像学检查是用于间接观测体内结构最古老的方法。1895年在德国伍兹堡的伦琴发现了X射线。自从那时起，这项技术和其设备就在不断改进。由于X线片是用X线成像的，所以安全性成为了首要的问题。使用合理的保护设施是必须的，还有X线照射量测定软片用于检测佩戴者的照射蓄积量。X线片的拍摄质量决定了它的辅助诊断的有用程度。因为X线片是由兽医技术人员和兽医助理拍摄的，所以他们能否拍出高质量X线片是非常重要的。这其中包括准确的患病动物摆位和拍摄部位厚度的测量，恰当的胶片曝光量，适当的X线片冲洗。将一系列患病动物信息写入X线片日志后，再进行以下的操作过程。操作过程包括核查对动物的摆位是否正确；保定动物以测量待检部位的解剖厚度；根据拍摄条件对照表设定千伏(kV)、毫安(mA)以及曝光时间；把患病动物放在片盒上摆位；校准投照区域；曝光、洗片；完成X线片日志。现已有数字影像放射技术，其图像可在计算机显示器上观看，所以需要使用特殊片盒而不是胶片和胶片处理设备。这项技术目前还相对昂贵，未被普遍使用，相信成本降低后这种状况会有所改变。

超声波成像是基于从探头发出的声波穿过组织时反射回来，然后被传感器收集而成像的原理。兽医助理的职责是做好动物的准备和保定。

CT 的成本没有 MRI 高，但 CT 提供的信息不如 MRI 多。两者操作时患病动物都需要全身麻醉或深度镇静，都可提供动物的分层图像。MRI 提供的信息图像与 CT 相近，但是不需要造影剂。CT 扫描需要 X 线，MRI 不需要离子放射即可生成图像。

兽医助理应当熟悉这些检查的操作过程，以在此过程中提供适当的辅助。虽然不需要很专业的知识，但在操作过程中具有能提供建设性的辅助的能力是很重要的。

8.1　安全放射措施

基本要求

在思考如何协助拍片前，兽医助理需要了解安全放射知识。地方卫生部门都制定了关于设备和人身安全的规章制度。更详细的放射安全知识可参考所在地区关于管理放射危害的地方法律和兽医放射学专业书籍。

射线是有害的，可对体细胞造成广泛的损伤，引起生殖细胞基因发生变化从而影响生育能力。射线引起的细胞损伤程度是不同的，快速分裂的细胞如胎儿、骨髓、皮肤和未成熟的细胞对放射最为敏感。单次大剂量接触和长期多次小剂量累积均可造成损害，对基因的伤害会在后代中显现。始终遵从合理的安全措施可防止放射伤害的发生。

射线不能通过嗅觉、味觉或触摸感受到，因此在放射源附近的工作人员必须佩戴放射量测定仪，以监测放射操作者的受辐射程度。从业人员的放射积累量标准是每年 0.005 Sv，一般公众可以接受此标准 1/10 的放射量。任何人不可把身体的任何部位暴露于射线直射的地方。只有 18 岁以上的人员才能在有射线的房间工作，孕妇也不可以在有射线的地方出现。

放射保护和剂量委员会(NCRP)推荐一个称为“最低标准”的操作程序(ALARA)，此程序是最大限度降低工作环境中放射危害的指导方针，有些地区甚至禁止在 X 线拍摄过程中人工保定动物，即便法律没有这样的要求，这样做也是明智的。另一个降低危害的方法是让放射操作人员轮班。

当置身于放射线的辐射范围时，放射防护应从使用个人防护装备(PPE)开始，包括铅手套、铅围裙、铅围脖和铅眼镜。所有铅保护设施使用后必须悬挂，不能折叠。手套必须放在手套架上或往手套内塞入两头去底的易拉罐以确保通风，再把它平放。所有含铅用品必须定期放射检查是否有裂缝，建立所有的个人防护装备的定期检查计划。工作时始终佩戴自己的放射量测定仪如辐射量测定片，放在铅围裙的领口上，面须朝外。尽量不要在放射区域停留。

减少放射危害的第二步是减少人工保定动物。如果可以的话，患病动物应该麻醉或深度镇静，摆位时可借助沙袋、泡沫楔和绳索，这两种方法都可以显著减少人工保定。通过正确的拍摄条件设定、合理的动物摆位、准确测量检查部位厚度和正确的洗片技术来减少不必要的重复拍摄。尽可能使用能包含所需解剖部位且最小的片盒，使用束光器减少被照射范围。

安全放射措施的第三步与使用的设备有关。使用增感屏清洁剂每月定期清洁增感屏，增感屏上的任何裂缝和缺损都要向主管报告。片盒外表面要用温和的肥皂水清洁，至少每月一次，也可根据需要增加清洁次数。确保 X 线管和准直仪间有 2.5 mm 的铝板过滤器，用于吸收无用的散射线。请经过认证的设备维护人员每年校对 X 线机一次。为每次拍片建立拍摄日志，包括日期、动物名字、摆位、所拍部位厚度、曝光参数及操作人员名字。

严格地遵照这些规定可减少放射危害，需要注意的是，一旦造成伤害，它是不可逆的。对于放射线辐射过度的动物和操作人员的最佳治疗方法是支持性疗法。对怀孕期或怀孕前的雌性动物进行放射线辐射会导致新生动物的终生残疾。每次放射操作中采取简单的预防措施会避免对健康的伤害。

谨记：放射危害可终生蓄积。

工作流程

准备工作

1. 准备个人防护装备。
2. 准备保定设施(沙袋、泡沫楔)。
3. 确定是否能安全地使用麻醉剂或镇静剂。
4. 知道正确的拍摄条件。
5. 想想拍摄患病动物各部位的正确摆位。
6. 确认动物身份。
7. 确认待拍部位。

操作步骤

1. 穿戴上所有个人防护装备,包括手套。
2. 确认佩戴了自己的辐射量测定片。
3. 确认辐射量测定片正面朝外,固定在铅围裙的领口上。
4. 确保操作人员头部和身体其他部位置于射线直射之外。
5. 尽可能使用小片盒。
6. 片盒上留一点未被 X 线照射的边缘。
7. 避免人工保定,使用沙袋或其他保定设施。
8. 如果需要人工保定,即便已戴铅手套,也应将手远离射线直射。

补充要求

1. 在日志上记录曝光参数。
2. 收好个人防护装备。
3. 制定片盒和增感屏的每月清洁计划并参照实施。
4. 制定检查安全设施是否有裂隙的计划,两年一次;用 X 线照射检查手套和围裙。
5. 记录上一次 X 线机校对日期,每年校对一次。

谨记:时刻谨记安全第一。

8.2 放射日志

基本要求

建立放射日志主要基于以下3个目的。

1. 它符合法律和美国动物医院协会认可的动物医院/诊所的行业标准。
2. 它有利于与某患病动物的后续拍片进行技术对比。
3. 记录每一张胶片的拍摄参数,作为提高拍片质量的参考。

放射日志保存在放射区内的文件夹内,并在文件夹上拴一支笔,拍片过程中可随时记录。

所有的记录格式都相似,由行和列构成。列的数量不尽相同,但必须能提供法律所需的信息。美国动物医院协会认证的动物医院/诊所需要记录更多的内容。所有拍片均要求记录,无一例外。

下列内容是符合美国动物医院协会认证的动物医院/诊所标准的放射日志格式,记录内容包括以下几点:

1. 日期 ;
2. X线片编号;
3. 患病动物身份信息;
4. 品种;
5. 性别;
6. 年龄;
7. 体重;
8. 拍摄部位;
9. 拍摄部位厚度(cm);
10. 体位;
11. kV参数;
12. mA参数;
13. 时间(s);
14. 拍摄质量;
15. 诊断;
16. 备注。

工作流程

准备工作

1. X线拍片日志本。
2. 把患病动物带入放射室,确认动物身份。
3. 把病历记录放在旁边。

操作步骤

1. 在拍片前记录日期、X 线片编号、患病动物身份、品种、性别、年龄和体重。

2. 测量解剖部位时确认解剖部位和测量每个投照部位的厚度(cm)。

3. 测量厚度后用拍摄条件对照表确定 kV、mA 和时间,记录设置的参数。

4. 洗片后记录 X 线片拍摄质量、诊断结果(在兽医诊断后)、备注(例如动物是否被麻醉)、谁拍摄的(签名)和影响拍片质量的因素(例如在拍摄胸片时动物喘气)。

补充要求

1. 确定日志本中有足够的空行以满足当日记录需要。

2. 复印所需的空白页夹在记录本内。

小窍门:

1. 在文件夹最后准备一个空白记录页,用于复印。

2. 文件夹脊上标记日志的开始和截止日期。当文件夹较多时,它有利于找到某一特定日期的记录。(这些记录必须同病历档案和法律文件一样,保存相同的时间。)

8.3 动物摆位

基本要求

美国兽医放射专家与解剖专家委员会(ACVRA)是制定兽医放射解剖和方向性术语及其简写的权威机构。缩写的第一个字母代表射线进入体内之处,第二个字母代表射线射出体外之处。为了正确标记X线片和满足兽医的需要,兽医助理必须要熟悉体位术语和缩写。

下列是一些体位术语及其缩写:

左(Lt):动物左侧或左肢。

右(Rt):动物右侧或右肢。

背或脊(D):身体的上部,包括头、颈、背和尾的背侧。

腹(V):身体的下部,包括头、颈、胸、腹和尾的腹侧。

掌(Pa):前肢腕关节以下,用于替代"末端"。

跖(Pl):后肢跗关节以下,用于替代"末端"

内侧(M):肢体的内表面或靠近身体中心。

外侧(L):肢体的外表面或远离身体中心。

头侧(Cr):相对于某一点处于头侧的部位,也可用前部表示。

尾侧(Cd):相对于某一点处于尾侧的部位,也可用尾部表示。

远端(D):相对于某一点,四肢或尾部所有远离躯体的点。

近端(P):相对于某一点,四肢或尾部所有朝向躯体的点。

嘴(R):头上任何朝向鼻孔的部位。

斜(O):45°角,水平和垂直面间的夹角。

卧(recumbent):平躺。

一个运用术语的例子:

兽医要求VD和L的腹片。拍VD片时,动物仰卧,前肢平行向前伸展至头部之前,后肢平行向后拉直远离身体,射线的焦点对准动物第十三根肋骨的末端。第二张片子要求动物右侧卧,即动物躯体右侧躺在台面上,该摆位拍的腹片有利于检查动物的肾。同样,射线的焦点对准动物的第十三根肋骨的末端。

动物的摆位可参考相关书籍。这些参考书通常与放射日志文件夹放在一起。特别推荐下列书籍:

- Douglas, S. W., Herrtage, M. E., and Williamson, H. D. *Principles of Veterinary Radiography*. 4th ed. Bailliere Tindal. Philadelphia. 1987.
- Lavin, L. M. *Radiology in Veterinary Technology*. 2nd ed. W. B. Saunders. Philadelphia. 1999.
- Morgan, J. R. *Techniques in Veterinary Radiography*. 5th ed. Iowa State University Press. Ames. 1993.
- Ticer, J. A. *Radiographic Technique in Veterinary Practice*. 2nd ed. W. B. Saunders. Philadelphia. 1984.

确定动物的正确摆位后,兽医助理及相关人员必须使动物把姿势摆好。沙袋、泡沫楔、绳子和胶带的使用可参考相关书籍。摆位的目的是尽量维持正常的解剖结构,避免其他组织重叠在检查部位上,射线中心要位于检查部位正中。每个检查部位至少拍两张互成正确角度的片子。

在动物进入放射室前，回想待检部位相关的摆位知识。这可以帮助准备保定辅助用品、确定片盒大小和铅标记物。只有在准备工作完成后动物才可带入放射室，这可减少动物应激又能使兽医助理专心做准备工作。

谨记：拍片时应始终穿戴个人保护装备。在某些地区，拍片过程中人工保定动物是不被容许的。虽然不是每个地区都有此规定，但确实是个值得遵循的安全方式。

工作流程

准备工作

查看病历并确定拍摄部位。

1. 查询参考书籍确定拍摄部位的正确摆位。
2. 准备所需的保定物品，如沙袋、泡沫楔、绳子和黏性胶带。
3. 其他工作人员的配合工作。
4. 确定片盒的大小（切记需要拍 2 个体位）。
5. 了解方位和解剖术语。

操作步骤

1. 按照参考书上描述的摆位进行操作。
2. 根据不同摆位测量解剖部位厚度。
3. 每次摆位都要单独测量厚度。
4. 每个检查部位都应拍两张互成正确角度的片子，有时还需要拍更多角度的片子。
5. 尽量避免人工保定动物，可采用化学保定或辅助保定物品。
6. 射线中心位于检查部位正中。
7. 拍片时动物保持静止状态。

补充要求

1. 比较片子和参考书中的范例，看是否达到了摆位要求？怎样改善摆位？能否采用其他保定方法？

2. 请经验丰富的员工评价你的动物摆位和保定，每天至少一次，直至你所拍摄的 X 线片质量稳定为止。

8.4 正确使用卡尺

基本要求

组织厚度会影响X射线的穿透力。为测定组织解剖厚度，必须使用卡尺。它是由平行的固定尺和活动尺构成的，活动尺上下移动的垂直杆上有厘米和英寸的刻度。由于拍摄条件对照表是用厘米表示的，使用卡尺时必须读取厘米刻度。使用卡尺时，应把待检部位最厚的部分置于卡尺之间，上下移动活动尺以使其正好固定在待检部位。读取活动尺下的刻度线，切记不可读取活动尺上面的刻度，否则会导致错误读数。

下列是如何使用卡尺的例子。假设要拍犬右腕骨或腕关节的X线片，拍照体位是AP(背掌位)和ML(内外位)。首先把右腕骨摆位成AP位，然后置于卡尺之间。固定尺在关节下，活动尺轻轻放在关节上。假设活动尺下缘对应的刻度是3 cm，在日志本的厚度栏记录测定的厘米数并在同一行的体位栏下标出AP。拍完第一张X线片后，再次测量关节厚度，但这次固定尺位于关节的内侧面，活动尺位于关节的外侧面，再次读取活动尺下缘的厘米刻度值。由于腕骨较扁，宽度大于高度，所以这次的数值可能是5 cm。再次记下厚度5 cm和体位ML，用这些信息和拍摄条件对照表来设置X线机的曝光参数。切记将这些信息与有动物名字、其他数据以及体位和厚度记录在同一行。

切记应将卡尺放置于记录本附近以方便使用。随着经验的增多，有些人会倾向于眼估而不用卡尺测量，这是造成胶片质量低下和多次重拍的原因。花点时间测量不同摆位时每个解剖部位的厚度实际上会节约很多时间。切记要测量待检组织最厚的部位。正确使用卡尺是提高X线片质量的基本要素之一。

工作流程

准备工作

1. 患病动物的准备。
2. 确认动物身份。
3. 确认投照要求。
4. 查看动物摆位知识。
5. 准备卡尺。
6. 准备日志本和笔。

操作步骤

1. 把卡尺固定尺置于X线穿出部位之下。
2. 把卡尺活动尺置于X线穿入部位之上。
3. 沿检查部位移动卡尺，测量最厚的部位。
4. 读取紧贴动物身体处的活动尺下缘的厘米刻度。
5. 记录厘米数、体位和动物的其他数据。

6. 拍片。
7. 重复上述步骤拍摄第二张片。

补充要求

1. 卡尺用完后放回原处。
2. 需记录每张 X 线片的测量厚度和体位。

8.5　运用拍摄条件对照表

基本要求

拍摄条件对照表是设置 X 线机上各参数的基本模式，它由被拍照部分的厚度决定的。对照表由行和列构成，第一列标明了检查部位的厚度(cm)。一旦厚度确定后，从该行其他列找出相对应的 kVp、mA 和曝光时间(s)或毫安秒(mAs)。毫安秒就是 mA 乘以时间(s)。

X 线机的控制台有几个刻度盘、开关和旋钮。首先找到电源开关，使用时 X 线机应处于开机状态。兽医助理要使用 3 个选择性旋钮，kVp、mA 和时间旋钮。有些机器将 mA 和时间旋钮合并成为 mAs 旋钮，其目的是采用高 mA 和低曝光时间。根据拍摄条件对照表中的数值调整 3 个旋钮的参数。控制台上还有个曝光按钮，当完全按下这个按钮时就会曝光。有些机器的曝光控制采用脚踏板，这样使保定动物的人能同时进行曝光控制。当按下曝光按钮时，刻度盘上会有红光闪过，表明 X 线正在释放。老一些的机器的稳压器会测定输入电压并允许手动调整输入电压，新型的机器会自动调整。

每台机器的拍摄条件对照表是不同的。在拍摄条件对照表制作之前，系统常量已设定完毕，因此兽医助理不必调整它们，只要知道有哪些常量就可以了。拍摄条件对照表的常量如下。

1. 射线源-图像距离(SID)　这是光源至胶片之间的距离，通常为 91.44～101.6 cm。由于这个距离是固定的，所以在使用滤线栅时，X 线机的投照管必须比台面拍片低 15.24 cm，这个距离通常标明在投照管架上。无论使用滤线栅还是台面拍片，投照管与台面的距离都会标在拍摄条件对照表上。

2. 铝板过滤器　铝板过滤器安装在 X 线管和准直仪之间，通常厚度为 2～2.5 mm。过滤片会吸收软 X 线，也就是散射 X 线，它是从物体上折射回来的在原 X 线通路上的射线。

3. 滤线栅　这是放置于动物和台面下胶片之间的装置，用于减少散射线。滤线栅一般使用栅栏比来描述，即铅带的高与间隙的宽度之间的比(如 6∶1)。

4. 增感屏　置于片盒内前后两面的薄片，它可把 X 线转换为可见光，引起胶片曝光。它有高中低速之分，高速增感屏可减少曝光时间，而低速增感屏能使拍摄更清晰，但更易因动物的晃动而模糊。

5. X 线片　X 线片根据(曝光的)速度而分类。高速 X 线片曝光时间短但缺乏清晰度，低速 X 线片曝光时间更长但细节更清晰。

胶片-增感屏系统是二者功能的结合，其目的是在最高速的情况下获得最清晰的图像效果。生产商会提供胶片-增感屏速度等级表，兽医通常使用的是 300～400 的中速系统。

放射室的工作之一是制作拍摄条件对照表。通常有多种类型的对照表，每种表用于特定的情况。虽然有些动物医院/诊所只用一个常规拍摄条件对照表，但我们推荐制作 5 种适用于小动物临床的拍摄条件对照表。

1. 无滤线栅(台面拍摄技术)。
   a. 四肢或头颅。
   b. 鸟类和爬行动物。
2. 有滤线栅(台面下拍摄技术)。
   a. 胸腔；
   b. 腹腔；
   c. 骨盆腔。

所有的这些易引起混淆，但只需记住如何正确使用拍摄条件对照表和测量检查部位的厚度即可。

从表中找到相同的厚度并在同一行中找出相应的参数，接着用这些参数来调整 X 线机上的旋钮。如果把台面拍摄技术转换为台面下拍摄技术（使用滤线栅），应把 X 线管降低 15.24 cm。

虽然需要记住许多细节，但放射工作是团队工作。观察你搭档的操作，记住多看、多听、多学。

工作流程

准备工作

1. 确认动物摆位。
2. 确认待检部位在不同体位下的测量厚度。
3. 判断使用何种拍摄条件。
4. 记录拍摄部位厚度和体位。

操作步骤

1. 在对照表中找到厚度列。
2. 在列中找到与测量厚度相符的数据。
3. 在同一行中找出 kVp、mA 和时间的参数。
4. 在动物放射日志中记下这些参数。
5. 根据参数调整 X 线机控制台上的旋钮。

补充要求

1. 确定 X 线机上调整的数值与条件对照表中的一致。

2. 如果 X 线片质量有问题，先检查调整旋钮和开关键。如果未发现任何问题要重新测量动物待检部位厚度。

8.6 胶片标记

基本要求

X线片是病历档案的一部分，因此它也是具有法律效力的文件之一。X线片的永久标记方法有两种。

曝光前应把体位性标记放在片盒上，铅字母R代表右，L代表左。体位性标记应放在身体待检部位的相对应侧。它们用于指示四肢、头部、胸腔、腹腔、骨盆腔的一侧以及躺卧侧。特殊标记，例如重力标记和时间标记用于特殊病例。重力标记用于站位片，时间标记用于标明动物的拍片时间以此和之前或以后所拍片相比较来对患病动物实施医疗。确保所有标记均在X线投照范围内但不被动物身体压着。

根据使用的设备的不同，动物信息、拍片日期和医院信息可以在曝光前放在片盒上，也可以在曝光后贴在X线片上。两种方法各有利弊，选择哪种方法是由动物医院/诊所决定的。基本的信息包括患病动物和动物主人名字或者病历档案号、动物医院/诊所名称和拍片日期。根据动物医院/诊所的要求，还可添加其他信息(如X线片编号等)。

最重要的是要记住每个X线片上必须包含体位性标记和动物身份信息标记，确定这些信息在X线投照范围内并且完整准确。

工作流程

准备工作

1. 查看拍片要求。
2. 回想动物医院/诊所的X线片标记步骤。
3. 准备体位性标记。
4. 核查患病动物信息，并将其添加于身份标记上。
5. 了解如何使用身份标记。
   a. 标记是放在片盒上吗？如果是，放在哪个部位？标记是否是能在上面写信息的石墨标记？如果是，找到药剂箱并截下7.62～10.16 cm的胶带。标记是否是在上面的放字母的铅标记？如果是，找到字母并组合成所需要的信息。把标记放在片盒上且在X线的照射范围内，标记不能被动物身体任何部位遮盖。
   b. 是否使用暗室内的闪光标记器？曝光时是否需要铅板盖住片盒的标记区域，防止其曝光？如果是，在暗室内把患病动物的信息写在3″×5″的信息卡上，然后放在暗室内的标记器的闪光盘上。洗片前切记把未曝光的X线片部分放入标记器并插入信息卡将其曝光。
   c. 如果X线片需要编号，把铅数字粘在片盒上。
   d. 把编号标记放在片盒上且在X线照射范围内，但不能被动物身体任何部位遮盖。

操作步骤

1. 一旦动物摆位完毕，如果使用片盒上标记，那么在 X 线照射范围内放置编号标记。

2. 在片盒上放置体位标记。只需用一个 L 或 R 标记，无需同时使用。左右标记一定要放在待检部位相对应的一侧或对应的一侧肢。如果动物侧卧，标出哪侧靠近 X 线片。

3. 把完整的动物身份信息标记放在片盒上。

4. 如果使用闪光标记器标记动物信息，那么在胶片曝光时使用铅板遮盖将标记区域。

5. 当使用暗室内的闪光器标记动物信息时，切记洗片前将未曝光的 X 线片部分曝光。

补充要求

1. 当第一次拍片时，应请有经验的同事检查你的标记放置情况。

2. 洗片完毕后，检查 X 线片以确保所有需要的信息都已标记上。

8.7 冲洗胶片

基本要求

冲洗 X 线片的方法有两种，老方法是人工冲洗，新方法是自动洗片机冲洗。自动冲洗相对人工冲洗有很多优势，最显著的优点是速度快，还有其每次洗片时恒定的溶液温度、恒定的时间都大大减少了冲洗失误，提高了冲洗质量。这些都使兽医助理花在冲洗上的时间显著缩短。自动洗片的缺点是洗片机成本高，还需定期维护。理想情况下，自动洗片机还配有一套手动冲洗备用设备，以便在自动洗片损坏的情况时使用。由于有些动物医院/诊所的暗室空间有限，无法留置备用的手动洗片设备。

人工冲洗不需要备用设备，而且既便宜又易于维护，但不足的是洗片温度和时间变化很大，且洗片时间较长。洗片的时间长短需要根据观察 X 线片效果来判定。

无论采用人工还是自动冲洗，都需要经历几个步骤，包括显影、清洗、定影、清洗和干燥，从片盒中拿出未冲洗的胶片到冲洗完成的整个过程都需要在暗室内进行，另外片盒内还需装入新的 X 线片。暗室内要装配低瓦的安全灯，这种灯中含有暗红色的过滤罩，不会影响 X 线片质量。在暗室内工作时，应始终保持暗室门紧闭，隔绝外源光线，保持暗环境，且只能使用安全灯提供照明。

8.7.1 自动洗片机洗片

基本要求

每天早上兽医助理应做的任务之一就是打开洗片机，以使机器内的药液达到适宜的温度，同时检查外部补充药液槽的液体量，如果药液过少，应及时添加。滚轴要定期取下放在温水中清洗，根据使用的频率，可每周至每月一次。遵循厂商的建议定期清洁和保养机器。洗片机是很复杂的机器，需要请专业的技术人员清洁和保养。但定期补充药液和清洁滚轴则属于兽医助理的工作。

使用自动洗片很简单，先把装有已曝光的 X 线片的片盒放在工作台上，盒面朝下。打开安全灯并关紧暗室门，打开暗盒并把盒面翻过来，提起片盒顶部使 X 线片自动从片盒中掉出，抓住 X 线片的一角并放入洗片机的进片口。胶片应对准并紧靠着滚轴，然后 X 线片会自动进入机器内冲洗，就像复印机的进纸口一样。在前一张胶片正在冲洗时，可给空片盒装上新片，盖紧片盒，然后把 X 线片箱盖严并放回贮存箱内，这时才能打开暗室门，关闭安全灯，最后收好片盒或再次使用。当冲洗好和已干燥的 X 线片从洗片机的出片口出来后，把它交给兽医阅片。

工作流程

准备工作

1. 打开洗片机是兽医助手每天早上的常规任务之一，一旦洗片机达到适宜的温度，就可以使用了。
2. 确保暗室是干净的，工作台面是干燥的。
3. 如果 X 线片标记采用闪光器，准备好动物身份信息卡。
4. 打开安全灯。
5. 关紧门。
6. 让眼睛适应暗环境。

操作步骤

1. 把片盒面朝下放在台面上并打开。
2. 把片盒翻过来并提起顶部。
3. 让 X 线片掉在指尖上并捏着 X 线片的一个角。
4. X 线片与进片口对准。
5. 朝滚轴方向轻轻推送。
6. X 线片会自动进入洗片机。
7. 当洗片机在洗片时，在片盒内装入新片。
8. 把 X 线片箱放回贮存箱内。
9. 当重新装片后把片盒收好。

补充要求

1. 按厂商的说明制定常规的洗片机保养程序。
2. 保持暗室清洁和台面清洁干燥。
3. 如果台面上或洗片机进片口内有未曝光的X线片，那么不能打开暗室门。

8.7.2　人工洗片

基本要求

正如自动洗片机需要保养一样，人工洗片槽也需要定期维护，所不同的是此工作由兽医助理完成而不是专业保养人士。每天早晨兽医助理应检查槽内药液温度是否达到了 68℉，如果不是，需往洗片槽内添加温水或冷水以调节温度。用一搅拌器搅拌药液以溶解滞留在容器底部的化学物质。每个搅拌器专用于一种药液，不能混用，否则会出现交叉污染，降低药液的效力。根据需要及时更新洗片槽内药液，新配药液可与洗片槽内原有的药液搅拌混合。洗片槽内药液的高度必须足以覆盖 X 线片的顶部。

定期把洗片槽内的水和药液倒出，清除槽内的细菌和藻类，充分清洗，最后再加入水和药液。清洗频率取决于使用频率和污染状况。定影液中含有重金属离子，会对环境造成污染，可以请回收陈旧定影液的商业公司回收。动物医院/诊所内部还应具有对显影废液完善的处理措施。

洗片前，先检查药液温度，这对显影时间有决定性影响。暗室内一般有个时间/温度表，表栏的左列是温度，右列是相应的显影时间。使用该表时，先找到显影温度并在其右列找出相应的时间。温度越低，显影时间越长。

洗片时，打开安全灯，进入暗室并关紧门，将含已曝光 X 线片的片盒放在台面上，打开并取出 X 线片，以进行冲洗。

取出 X 线片后，应把它夹在相同大小的持片器上。先夹持片器底部的夹子，底部夹子夹紧后，旋转持片器，把持片器两顶角的夹子朝下推夹住 X 线片。这样持片器上的 4 个夹子就夹住了 X 线片的 4 个角，然后用手提着持片器上的手柄。当 X 线片沉入洗片槽时，持片器的手柄末端放在洗片槽顶部。

持片器夹住 X 线片后，把它浸入显影液槽里，显影液槽一般位于洗片槽内的最左边。持片器应提起浸下数次以去除 X 线片表面的气泡，然后让它在显影液内浸泡一段时间，这个时间长短参照温度/时间表确定。通常使用 68℉的药液浸泡 5 min。到规定的时间后，取出持片器，然后在清水槽内提起浸下反复数次，洗去残余的显影液，然后把持片器浸入定影液箱中。定影液槽通常是位于水箱右侧小一点的那个。定影的时间一般为显影时间的两倍。定影后，把持片器放在清水槽中浸泡 30 min。最后把持片器挂在清水槽上晾干，让水滴回槽内。

在洗片过程中，重新装新片。收好片盒和 X 线片箱。最后一次冲洗完毕后，盖上槽盖，方可离开暗室。

当 X 线片完全干燥后，从持片器上取下。持片器上的夹子会造成 X 线片 4 个角出现划痕，这些划痕应作适当处理。可选用一个机械裁刀，把 X 线片的每个角都放在里面剪裁一下。当按下裁刀顶部时，X 线片的直角能被裁成平滑弯曲的弧角。如果没有上述器械，也可用剪刀沿 45°剪去 X 线片的 4 个直角。

工作流程

准备工作

1. 检查药液的温度并根据需要调整，这是每天早晨的常规工作之一。
2. 用特定的搅拌器混合药液。根据需要添加药液，添加后应搅拌混合。

3.找到合适的持片器,放在片盒旁清洁而干燥的台面上。

4.找到定时器。

5.洗片前检查药液温度。

6.根据温度/时间表确定显影时间。

操作步骤

1.片盒面朝下,打开片盒。

2.把片盒翻过来,提起顶部,让X线片落下。

3.捏住X线片的一角。

4.如果用闪光标记器作标记,把患病动物的身份信息卡放在里面,然后把未曝光的X线片部分放在卡上,使其曝光。

5.把X线片夹在金属持片器上,先夹持片器底部的夹子。

6.旋转持片器,用其顶部的夹子夹住剩下的2个角。

7.把持片器浸入显影液中,提起浸入反复数次。

8.用定时器设定显影时间。

9.显影时,给片盒重新装片,然后收好片盒。

10.显影结束后,提起持片器并浸入清水槽中,提起浸入反复数次。

11.把持片器浸入定影液中,提起浸入反复数次。

12.用定时器设定两倍显影时间。

13.盖上各洗片槽相应的盖子。

14.把X线片箱放入贮存箱中。

15.离开暗室。

16.定影完毕后,回到暗室把持片器放入清水槽中。

17.用定时器设定30 min。

18.30 min后,把持片器挂起晾干。

19.X线片晾干后,用剪刀剪去4个角上粗糙的边缘。

20.告知兽医X线片已经准备好了。

补充要求

1.在下列情况下不可打开暗室的门:X线片箱的盖子未盖、未冲洗完的X线片在洗片槽内或未曝光的X线片在打开的片盒里。

2.保持台面的清洁和干燥。

3.盖上X线片箱盖子,把它放回贮存箱内。

4.把X线片箱放回贮存箱前重新给片盒装片。

8.8 片　　盒

基本要求

片盒可保持 X 线片平整并使之不被日常光线曝光。它的顶部和底部都有锁键紧密地卡紧，以防止光线进入，其上下内表面还粘贴有增感屏。片盒需要定期保养。外表面可用温和的肥皂水洗去污物和毛发，洗涤后充分晾干，至少每周清洗一次，有时需要清洗更勤一些。

片盒内面的增感屏也需要保养。清洗时应使用增感屏清洗液。在 4″×4″的纱布块蘸少量清洗液，然后擦拭增感屏表面，再用另一块纱布块擦干洗涤液，最后保持片盒打开以晾干。片盒内面的清理最好在临近下班前进行，这样片盒可以晾一个晚上，第二天早上再重新装片。增感屏的清洗应每月一次，可在片盒背面贴一小块胶布，记下清洗日期和清洗人名字，每次清洗后更换胶布。每次使用时检查清洗日期，不要让片盒和增感屏的清洗间隔时间过长。

装片

在暗室内操作，关上暗室门并打开安全灯。片盒面朝下，铰链侧远离操作人员，把盒底部翻开远离操作人员。然后取出适合大小的 X 线片的片箱，打开盖子。每张 X 线片都由一层橘黄色的纸包裹着(有些 X 线片箱没有单独包装纸)，纸的折线位于顶部且盖在 X 线片顶部边缘上。抓住 X 线片包装纸并取出 X 线片，把 X 线片放入打开的片盒中并使包装纸缘朝向操作者，把包装纸向外抽去，X 线片就落入片盒中。为确保 X 线片完全在片盒内，可用一个手指按在 X 线片的一个角上，使之上下左右运动，如果 X 线片完全在片盒内，片盒的边缘会完全限制它的运动。把片盒的底部盖在 X 线片上并锁紧片盒。这时可把片盒放在通常保存的地方待用，切记不要误用未装片的片盒。

取片

在暗室内操作，关上暗室门并打开安全灯。把片盒面朝下放置，铰链侧远离操作者。如果片盒背侧是横杆卡住，将其压向边缘，旋转，使得其远离片盒边缘的卡槽。再把片盒翻过来，铰链侧仍朝墙，片盒顶部向上翻起，片盒底仍在台面上。当顶部翻起时，X 线片仍在片盒顶部。当 X 线片向下掉时，抓住其的一个角，只需用指尖夹住 X 线片的一个角即可且手指必须干净。把 X 线片放进洗片机或夹在持片器上。片盒仍开着，等待装片。

规范的片盒和 X 线片操作可防止划痕、污点、头发、其他污物和防止意外曝光，这是 X 线片质量控制的一部分。

工作流程 8.8.1
装　　片

准备工作

1. 在暗室内操作，关上暗室门并打开安全灯。

2.保持台面清洁、干燥。

3.知道各种规格X线片包装盒的保存位置。

操作步骤

1.片盒面朝下,铰链朝墙。

2.打开片盒。

3.掀起片盒底部,暴露片盒内表面。

4.将与片盒规格相同的X线片箱放在片盒旁边。

5.打开X线片箱。

6.抓着它的保护性纸套(如果有的话),取出一张X线片。

7.盖上X线片箱的盖子。

8.包装纸缘靠近身体侧,朝身体方向抽去下面的包装纸,暴露X线片。

9.把X线片的远离身体侧放在片盒中。

10.当朝身体方向抽去下面的包装纸时,包装纸的边缘松开,整张X线片会掉入片盒中。

11.为确保X线片完全在片盒内,用一手指按在X线片的一角,前后左右移动X线片。如果X线片在片盒内的位置合适,它的活动会受到片盒边缘的限制。

12.压下片盒底盖并锁紧。如果是横杆插锁,将末端按下,并旋转使之进入片盒边缘的卡槽内,直到片盒上下边缘平行对齐。

补充要求

1.开门前把X线片箱放回贮存箱内。

2.重新装片前,检查增感屏的清洗日期。如果已经超过一个月,临下班前清洗增感屏。如果当天不需要再拍片,需要清洗增感屏的片盒就不要再装新片了。

3.将即将清洗的片盒或清洗后需晾干的片盒保持打开状态(只有此时才一直打开)。

4.切勿将空片盒放入贮存箱。

工作流程 8.8.2

取　片

准备工作

1.在暗室内操作,关上暗室门并打开安全灯。

2.应在清洁、干燥的台面上操作。

3.如果人工洗片,把大小合适的持片器放在片盒旁。

4.片盒面朝下放置。

操作步骤

1.铰链朝墙,打开片盒。

2.翻转片盒使之正面朝上,但铰链仍朝墙。

3.朝墙方向掀起片盒顶部。

4. 当片盒顶部被向上掀起时，X 线片会自动掉出。
5. 用手指抓住 X 线片的一角。
6. 从片盒中取出 X 线片。
7. 把 X 线片夹在持片器上或放入洗片机时，片盒保持打开状态。

补充要求

1. 当 X 线片在洗片机内或在显影液内时，重新装片。
2. 锁紧装有 X 线片的片盒，将之放好。
3. 把 X 线片箱放回贮存箱内。
4. 记住每周清理片盒外表面一次。
5. 每月清理片盒内表面一次。

工作流程 8.8.3
清理片盒

准备工作

清理片盒外表面

1. 找到清理用品：
   a. 肥皂；
   b. 温水；
   c. 4″×4″的纱布块。
2. 已经锁紧并装好片的片盒。

操作步骤

1. 先用纱布块蘸肥皂水擦洗。
2. 用另一纱布块蘸清水擦拭。
3. 用干净的 4″×4″纱布块将片盒擦干。

补充要求

此时片盒可立刻使用。

提示：通常只有片盒的顶盖表面需要经常清洗。

准备工作

清理片盒内表面

1. 找到清理用品：
   a. 增感屏清洗液；

b.4″×4″纱布块。

2.打开空片盒。

3.清理工作应在临下班前不需要再拍片时进行。

操作步骤

1.把增感屏清洁剂涂在清洁、干燥的纱布块上。

2.擦拭两面增感屏，直至无污物、毛发和线头为止。

3.用另一块干纱布块擦干增感屏。

4.打开片盒过夜或直至干燥为止。

补充要求

1.增感屏晾干后，盖上底盖并贴上标签。

2.写下增感屏清洗日期和清洗人的姓名。

3.新标签可贴在旧标签的位置上。

4.在暗室内操作，关上门打开安全灯。

5.片盒面朝下，铰链朝墙，用清洁完增感屏的片盒装片。

6.把装完片的片盒放回通常保存的位置。

8.9 胶片归档

基本要求

只有随时能找到 X 线片，它才会发挥最大作用。但 X 线片有时较大，无法放在动物的病历档案里。因此 X 线片通常单独保存在较大的片袋内，但必须建立一个管理这些片袋的系统。片袋应放在一个特殊的、开口的档案柜内，其分格高度应与 X 线片规格相符。

如果病历档案按动物姓名字母顺序归档，那么按字母顺序管理 X 线片是最合适的管理系统。如果病历档案是按数字排列归档，X 线片袋上也应标上病历档案号并按其顺序归档。在这两个管理系统中，每个患病动物的所有 X 线片都放在一个片袋中，没必要采用其他新的方法来归档片袋。

另一种用于寻找 X 线片的管理系统是结合拍片日期和动物名字或病历档案号，在这个管理系统中，只有同一天拍的 X 线片才放在一起。这个管理系统的优点在于能很快找到 X 线片，缺点是需要更多的 X 线片袋，造成成本增加且需要更多的放置空间。同样，它也需要归档更多的资料，增加了错误的几率和劳动量。

按日期登记是另外一个管理系统，所有同一天拍的 X 线片都登记在一块。虽然它需要的归档量和片袋较少，但由于有些患病动物的几张 X 线片可能不是同一天拍的，要找到它的所有 X 线片来进行对比就比较麻烦。如果一天拍了多张 X 线片，要找到特定的一张也很费时。

读片后，诊断结果、片子质量和评价都应记录在放射日志内。兽医助理可以从动物病历上获得这些信息，因为兽医已经将诊断结果记录于病历中。此后可将 X 线片归档保存。将 X 线片放进专为 X 线片设计的大片袋里，片袋上登记动物和动物主人姓名、兽医姓名和拍片日期。有些兽医师也倾向于每天将病历归类摆放。

当取走 X 线片后，应使用借阅表，完全类似于病历的借阅表。借阅表索引按照字母或者病历号进行，以方便正确归档 X 线片。这种方法将 X 线片进行了小的归类。

无论用什么管理系统来归档，兽医助理都应严格遵照执行。准确归档可使 X 线片很容易找到，从而增加了它的有用率。对于兽医助理来说，归档 X 线片是每天的任务之一，不要积压 X 线片。

工作流程

准备工作

1. 了解归档流程。
2. 找到所需材料：
   a. 收集所有需要归档的 X 线片；
   b. 在观片箱旁归档；
   c. X 线片袋；
   d. 笔；
   e. 病历记录；
   f. 放射日志；

g.归档架。

操作步骤

1.把每个X线片放在观片箱上观看。

2.读取病例信息。

3.把信息填在片袋上。

4.读取病历记录上的日期、检查、诊断结果和评价等。

5.把信息填写在片袋上。

6.把信息填写在放射日志上。

7.所有片袋填写完毕后,全部送到归档架边。

8.按流程归档。

9.将每个片袋归档时,取出借阅表并标上归档日期。

补充要求

1.将借阅表一起归档,通常放在每格架子的最前面,方便拿取。

2.标出剩余的片袋数。如果需要进货,填写需求表或通知相关负责人,应考虑到足够的订货和送货时间。

3.如果是门诊病例,把病历送回前台做归档。

4.如果是住院病例,把病历送回住院病历存放处。

5.把放射日志放回放射室。

6.采用索引加速归档。

7.归档要仔细。准确是十分重要的,片袋归档错误会造成X线片存放混乱。

8.10 暗室维护

基本要求

如果暗室维护的不好，可能会成为影响X线片质量的一个因素。关上暗室的门检查暗室内是否有日常光线进入，如果门缝或其他地方有光线进入暗室，需告知相关负责人。检查安全灯时，关上门，打开安全灯，把一个未曝光的X线片放在台面上，其上放一金属物体例如金属纸夹，暴露2 min后，把X线片冲洗出来。如果金属物体能在片子上显现出来，则说明安全灯异常或还有其他的光源进入室内。

保持台面整齐、清洁、干燥。台面上需要有足够的空间来处理片盒和X线片箱。如果用闪光标记器作X线片标记，应确定它能正常工作的。如果是像更换电源这样简单的问题，助理就可以解决了。如果问题比较复杂，告知相关负责人。所有物品都必须按厂商的说明保养。使用闪光标记器时，必须确保有充足的病例信息卡。

一个暗室应该有两个区，一个干区和一个湿区。洗片槽和/或药液箱应放在湿区，X线片盒应放在干区。未曝光的X线片应保存在台面下干燥防光的柜子或箱子内，并使其一打开就能拿到X线片箱。

地板和台面都有可能变湿，室内准备一条毛巾用于擦去所有溅出的水，使台面干燥。如果地板湿了就要立刻拖地或至少每周拖一次。暗室内应放一盒检查手套，用于接触化学药品时使用。

在暗室的库存单上保持足量的物品和化学药剂。使用物品时注意它们的剩余量，如果较少，把需求量添加在需求清单上或告知相关负责人，留出足够的时间订货和送货。

制作出每日、每周和每月的暗室维护表和物品清单，该表由多个行列组成，表8-1是每日清单的例子。清单根据需要各动物医院/诊所的要求不同而不同。

表8-1 每日维护表

任务	日期和值日人	日期和值日人	日期和值日人	日期和值日人	日期和值日人	日期和值日人
洗片机是否已开？						
药液温度合适吗？						
显影液合适吗？						
台面清洁了吗？						
地板清洁了吗？						
物品补给充足吗？						
安全灯正常吗？						

参考片盒的维护（参见工作流程8.8.3）和洗片机或洗片槽的维护（参见8.7），并把这些总结成一个表。另外，任务卡可用于提醒工作，可将其放入个人任务箱内。台面每天至少要擦洗并干燥一次，化学药剂要每天检查并及时更换，药剂温度每天监测并根据需要及时校正，地板每周拖一次，用于擦干台面和水滴的毛巾应根据情况每天至每周更换一次，洗片机滚轴应每周至每月清理一次，洗片机应每月请维修服务部门前来保养。保养洗片机一定要请专业保养人员来做。如果保养时发现问题，告知相关负责人。

记住X线片的质量与负责放射室的兽医助理的知识水平大大相关。引起X线片质量下降的潜在暗室因素包括化学药剂不匹配、药液温度不合适、安全灯不合格、暗室中有日常光，以及人为引起的因素包括手上或片盒内有化学药品。制定一个维护计划表并且严格遵照执行有助于改善放射影像的质量。在放射学中，没有可以忽视的东西，高质量来自对细节的注重。

工作流程

准备工作

1. 回想暗室内需要维护的物品。
   a. 暗室本身；
   b. 设备：洗片机和洗片槽。
2. 确定如何维护暗室。
   a. 含清洁剂的喷壶；
   b. 擦干台面的纸巾；
   c. 擦水的绒布毛巾；
   d. 化学显影剂；
   e. 检查手套；
   f. 灌注化学药品时戴的护目镜；
   g. 增感屏清洁剂；
   h. 4″×4″纱布块，放在一个拉锁袋内；
   i. 装有温和软皂水的喷壶，用于清洗片盒外表面；
   j. 标签；
   k. 笔。

操作步骤

1. 准备3种维护表格或任务卡。
   a. 每天；
   b. 每周；
   c. 每月。
2. 检查表格或卡中每日工作内容、记录是否完整和是否已签名。
3. 准备一个规格合适的塑料箱装维护的消耗品。
   a. 清洗片盒外表面和增感屏；
   b. 清理台面；
   c. 个人防护装备(检查手套、护目镜、防水围裙)、笔和便笺。

补充要求

1. 切记使用维护表和任务卡。
2. 需要购买的用品或需要修理的设施用便笺记下，然后填写到需求清单上或者告知相关负责人。

8.11　超声波检查

基本要求

放射技术是兽医医学中最早使用的影像学技术，接着超声波的应用也逐渐增加。多数人对超声波的了解来自于它被用于监测妇女的妊娠状况。如同在妇女中的运用一样，超声诊断也能用于小动物的妊娠和子宫卵巢疾病的诊断。

超声影像技术可以用于所有身体器官的疾病和损伤诊断，从身体末梢到眼部都可以。超声波可以提供器官的形态和结构的影像。相对于放射技术来说，其优点是设备体积相对较小且无射线，因为它使用的是声波，主要原理是当声波遇到动物体内的组织后被反射回来，再由探头接收反射回来的声波，最后转换于屏幕上而成像。返回的声波越强，屏幕上的影像越白。

超声波检查时，兽医助理的任务是动物的准备和保定。准备工作完善与否对影像质量有很大影响。任何能使空气夹杂其中的东西都会降低影像质量，包括毛发、灰尘或皮屑，所以动物备皮是非常重要的。探头放置的位置应使用40号或50号刀片剃毛。剃毛前该区域先用外科皂清洗，再用水冲洗干净，最后完全干燥。为了加强探头与皮肤的接触，皮肤上要涂上大量的耦合剂。

动物摆位取决于待检部位。超声波检查小动物腹腔时，动物应仰卧。兽医助理用三指法保定四肢，向前伸展前肢，向后伸展后肢，可用胸部固位器协助摆位。因检查部位的不同，有时也需要侧卧保定，如检查心脏的动物就需要侧卧，剃毛区为左右肘后的胸壁。有些部位的超声波检查也可采用站立。

兽医助理还负责把超声设备送到检查区，插上电源打开电源开关，并把所需的保定用品放在检查台上。首先准备设备，然后准备动物。待动物剃毛清洗后，可通知兽医准备工作已完成。在备皮过程中，需要另一个人来保定动物。检查完后，把动物送回病房，清理设备并收好。按厂商说明常规维护设备，耦合剂应和超声波设备保存在一起。

如果影像需要打印出来，应标上日期并折好放在病历档案内以供将来参考。如果用录像带录实时的超声影像，磁带上的标记应与病历档案记录格式类似，并作为该动物病历档案的一部分与其他病例的磁带保存在一起。

工作流程

准备工作

1. 查看病历档案以确定待检部位。
2. 确定在动物医院/诊所的哪个地方进行超声波检查。
3. 如果必要，询问兽医应剃去患病动物哪个部位的毛。
4. 准备设备。
   a. 超声波机；
   b. 耦合剂；
   c. 摆位辅助用品；
   d. 40号或50号刀片；

  e. 外科皂；
  f. 温水；
  g. 4″×4″纱布块。
5. 找到待检动物。

操作步骤

1. 超声波机的启动。
  a. 放置在检查区；
  b. 插上电源；
  c. 打开开关。
2. 动物的准备。
  a. 确认动物身份；
  b. 用 40 号或 50 号刀片剃去探头接触区域的毛；
  c. 真空吸尘器吸毛；
  d. 清洗皮肤。先用 4″×4″纱布块涂布外科皂清洗液清洗待检部位；然后用 4″×4″纱布块和温水清洗待检部位；最后用 4″×4″纱布块擦干。
3. 告知兽医准备工作已完毕。
4. 按兽医要求用泡沫楔或沙袋保定动物。

补充要求

1. 把患病动物送回病房。
2. 关掉超声波机。
3. 擦净探头。
4. 收好超声波机。
5. 把打印图像放入病历档案。
6. 清理台面和收好保定用品。

8.12 内窥镜检查

基本要求

内窥镜可提供患病动物体内的直接影像。内窥镜是一束通过患病动物体腔开口进入体内的光导纤维。光能顺着光导纤维一直照射进去,使操作者可以看到体腔内的真实影像,所以叫做内窥镜。内窥镜的使用受其直径和到达目标器官路线长度的局限。内窥镜顶的小孔可装一些微小器械,如活组织钳或篮式捡拾器。兽医助理的任务是内窥镜使用前的动物准备、使用中的动物保定和使用后的动物护理。内窥镜操作需要深度镇静或全身麻醉。

内窥镜内的光导纤维非常脆弱,如果一条光导纤维折断,其传递的影像就会失去。内窥镜最好保存在厂商提供的盒子里或者特殊设计的柜内,这样可将其悬挂在里面以保持垂直不弯折。内窥镜每次用后必须清理、消毒、晾干,以防出现动物间的交叉感染,清理消毒应按厂商的说明进行。

使用内窥镜过程中,如果要采集病料如气管冲洗物或活检物,那么准备一个送检的申请表并通知外送实验室取样,按特定要求处理和送检样品。

动物是需要深度镇静还是全身麻醉,主要取决于待检部位。开腹探查需要全身麻醉,这同其他手术切口一样需要剃毛、清洗并铺上创巾,动物苏醒时也同其他麻醉一样需监测至出现咳嗽反射为止。

内窥镜检查时动物的保定也取决于待检部位。如同放射检查一样,应使用摆位辅助用品帮助摆位。

兽医助理的工作内容随操作流程的不同而不同,通常与内窥镜相关,主要包括以下内容。

1. 内窥镜:
   a. 小心取拿;
   b. 用后清理和消毒;
   c. 正确保存;
   d. 使用前找到内窥镜及其配件,并放在台面上;
   e. 将润滑剂放在内窥镜旁,操作时便于润滑内窥镜使其顺利插入。
2. 动物准备:
   a. 镇静或诱导麻醉后保定动物;
   b. 给动物摆位;
   c. 根据需要备皮;
   d. 操作过程中根据需要协助兽医的工作;
   e. 操作后清理和观察动物。
3. 采样:
   a. 填写申请表;
   b. 打电话给外送实验室,让其前来取样并咨询特殊的样品处理要求;
   c. 操作过程中,把试管、培养基和组织保存瓶放在其他要用的物品旁边。

工作流程

准备工作

1. 了解整个操作过程。
2. 确定患病动物需要备皮的解剖位置。
3. 确定所需的摆位。
4. 列出所需的设备。
5. 把病历和笔放在内窥镜旁。
6. 如果需要采集活检样品,准备外送实验室申请单。
7. 采集样品前,询问外送实验室关于特殊样品的处理要求。
8. 确定动物化学保定的剂量。
9. 找到并确认动物身份。

操作步骤

1. 注射化学药物或诱导麻醉后保定动物。
2. 按操作需要摆位。
3. 根据需要备皮。
4. 辅助兽医完成检查。

补充要求

1. 如果采集样品,处理样品并准备送检。
2. 打电话与外送实验室联系前来取样时间。
3. 监护动物苏醒,直至出现咳嗽反射为止。
4. 清洁动物并送回病房。
5. 按厂商要求清洗和消毒内窥镜及其配件。
6. 收好内窥镜。
7. 检查结束后清洁台面和其他用过物品。

第9章

医疗护理

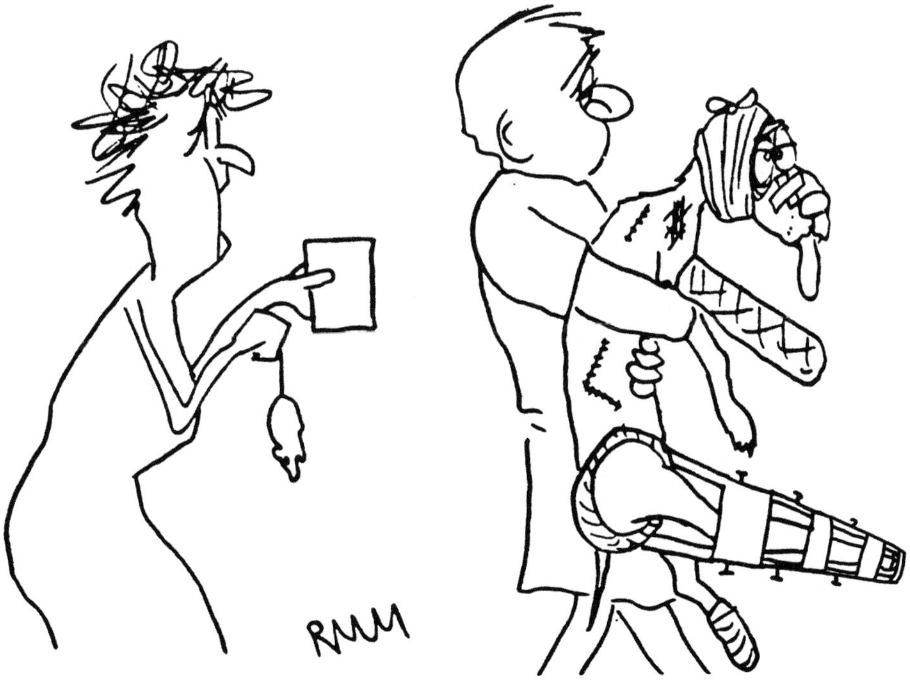

“等等！这是它的玩具鼠和零食！”

本章培训目的

完成本章培训后，学员应能做到以下几点。

1. 观察和记录患病动物的基本生理参数。
2. 使用诊疗记录板来提醒和指导对患病动物的护理工作。
3. 为每只患病动物提供舒适的住院空间。
4. 根据患病动物需要给予食物。
5. 为每只住院动物提供充足的饮水。
6. 带动物出去锻炼和玩耍。
7. 保持住院动物的清洁和美观。
8. 为患病动物提供牙科护理。
9. 为动物主人示范适当的宠物日常牙科护理。
10. 防止医院内的交叉感染，提供合理的医院环境消毒和传染病动物的处理。
11. 掌握皮下注射或肌肉注射给药。
12. 监测静脉给药。
13. 保持静脉通路畅通。
14. 辅助执行安乐死。

前言

护理指为患病动物提供各种必要的服务以帮助其恢复健康，或为那些生活不能自理的动物提供疾病的预防(摘自 Dorland's Illustrated Medical Dictionary. 25th ed . Philadelphia：WB Saunders，1974.)。这些动物都属于兽医助理护理的对象。

本章中肯定会涉及疾病的定义，因为它是兽医助理工作的一部分，即与疾病的预防和恢复有关。疾病可简单地定义为动物不正常的状态。一些传染病如细小病毒病很容易被认同是一种疾病，而很多人却不把骨折当作一种疾病，但是事实上骨折和细小病毒病都是疾病。

疾病的分类很多，这可用 DAMNIT 几个字母进行概括，每个字母代表一特殊的疾病群。

D＝药物(drugs)，由于各种药物反应而产生的疾病。D 也指 DNA，即遗传性疾病，这是由于细胞核和线粒体 DNA 异常引起的，这类疾病易与其他类疾病混淆，但其实不完全一样——它们是单独的一类。

A＝解剖异常(anatomical abnormalities)，如动脉导管未闭。同时 A 也代表过敏反应性疾病(allergic reaction)，像自体免疫性疾病如斑状狼疮。

M＝代谢性疾病(metabolic diseases)，如猫糖尿病和甲状腺机能亢进。同时 M 也代表心理疾病(mental)，这指一些动物的行为异常。

N＝营养性疾病(nutritional disease)，宠物最常见的疾病之一是肥胖。同时 N 也代表肿瘤疾病(neoplasia)，宠物的肿瘤类型很多。

I＝感染性疾病(infectious diseases)，这是公共卫生中最常考虑的疾病，涉及除植物以外的所有按生物分类的疾病。一些甚至不能仅靠生物进行分类，因为不能符合所有的标准。感染性病原包括朊病毒蛋白、病毒、细菌、原生生物、真菌和其他门属动物。

T＝中毒病(toxins)，环境中存在大量的毒素。同时 T 也代表外伤(trauma)，包括犬车祸伤、猫从高楼坠下伤和鸟被猫咬伤等情况。

至此，护理和疾病都已下了定义，接下来是定义“健康恢复”。健康指良好的生理、精神和社交表现，而不仅仅指没有疾病，这里面包含了许多预防兽医学的内容(摘自 Dorland’s Illustrated Medical Dictionary. 25th ed . Philadelphia：WB Saunders，1974.)。各种动物的正常生理、精神和社交表现是不一样的。兽医助理必须知道各种动物正常的特征，而且还需要掌握如何满足动物的这些需求。

本章的意旨不在于描述现代动物医院/诊所内的数不清的各种护理措施，而只讲述了最普遍的一些方法。对部分护理操作已经熟练的兽医助理将很快找到他/她自己的护理技巧，以提高自身的护理水平和拓展自身的护理知识，尤其是在动物的品种和具体操作方法方面。兽医医学需要持续不断地知识积累和终身学习的精神。

9.1 诊疗计划

基本要求

任何一个患病动物的诊疗计划都从诊断疾病开始，然后发现病因和监测动物在治疗过程中的病情变化。兽医助理不参与制定诊疗计划，因为这由兽医来做，但兽医助理在计划的实施和监测病情变化方面扮演着重要角色。兽医助理对患病动物进行观测记录，观测不仅仅是看，还包括听、触和嗅。

观测记录开始于记录基本生理参数。最重要的症状是兽医助理见到动物时最先观察到的症状，这也是诊室内检查记录的一部分。如果患病动物住院，则在其住院期间还要记录额外的生理信息，包括食欲、肠蠕动、饮水量、排尿、精神状态等。

观测结果写在动物的笼卡上或/和病历档案内，格式由每个动物医院/诊所决定。笼卡记录可简单也可详细。表 9-1 是一个笼卡的范本，观测结果可在缩写的字母上打个圈即可。一些笼卡上有空白的表格，兽医助理可填入观测结果和观测时间，如表 9-2 所示。无论用什么格式的笼卡，也不管是填在病历档案内还是笼卡上，兽医助理都需要根据格式填写所有的观测结果。

表 9-1 简单笼卡(范本)

时间		采食量	肠蠕动	饮水量	排尿量	其他症状
1/20/03	AM	0 1/4 1/2 1	0 N S D BD	0 N LV	0 N LV BU	
1/20/03	PM	0 1/4 1/2 1	0 N S D BD	0 N LV	0 N LV BU	

注：0：无；N：正常；S：软便 D：腹泻；BD：血性腹泻；LV：大量；BU：血尿。在所见症状上画圈。

表 9-2 简单笼卡(空白卡)

日期/时间	食欲/食物	肠蠕动	饮水量	排尿量	其他	医嘱

随着记录正常肠蠕动经验的增加，观测者能清楚知道不同种类或不同个体的正常肠蠕动状态。粪便仅仅用硬软来表示是不够的，必须记录粪便的分级硬度。这可用＋号来表示，即＋、＋＋、＋＋＋。这些描述性符号比“正常”更科学。记录动物 24 h 的总饮水量，饲喂的食物量、类型以及其真正的采食量。如果患病动物比前一天更警觉，描述其行为程度。兽医助理必须全天观测动物，并且记录要简洁，因为所有动物都要照顾到。动物出现与之前不同的任何表现都应记录下来。如果病情恶化，必须马上通知兽医。

诊疗计划应写在病历档案内。每日计划要记录在治疗室的治疗记录板上。记录板通常是一个白色的写字板，记录着动物姓名、动物所在位置、一天需要的治疗和特殊医嘱。每项治疗完成后，由完成该任务的兽医助理核对并签名。当新的患病动物入住时，把其姓名和治疗项目添加在治疗记录板上。在兽医完成每日早晨的检查后，更新诊疗计划。治疗记录板可以说是所有工作人员的一种交流平台，互相告诉需要做什么，哪些已经做了和谁做的。

工作流程 9.1.1
观测工作

准备工作

1. 查看所在动物医院/诊所的观测记录格式。
2. 口袋里随时装一支笔。
3. 询问兽医技术人员或兽医对患病动物的观测记录有哪些要求。
4. 了解每个动物或该品种的正常状态。
5. 观察新进入动物医院/诊所的患病动物。
6. 即使是简单记录,也要全天观测每个患病动物。

操作步骤

1. 比较患病动物与同种正常动物的行为和表现。
2. 比较该动物正常时与现在的行为和表现。
3. 比较该动物刚入院时与现在的行为和表现。
4. 按动物医院/诊所的要求和步骤填写观测记录。
5. 在病历档案上填写发生的变化和时间并签名。
6. 如果病情恶化或观察到其他并发症,应马上通知兽医,并在病历档案上记录观察结果和时间并签名。
7. 用量化性描述或程度记录结果(如早上 10:00 呕吐,约 200 mL,只有黏液,无食物)。

补充要求

1. 学习使用简写,包括动物医院/诊所内的处方、治疗和度量的描述(参考附录 G、H 和 K)。
2. 区分不同动物的观察频率。重症病例应比即将出院病例观察得更频繁些。

工作流程 9.1.2
治疗记录板

准备工作

了解治疗记录板的使用要求。

操作步骤

1. 当患病动物从诊室进入病房时,在治疗记录板上记录动物名字,动物所住位置和每天需要的治疗及一些特殊的医嘱。
2. 当一项治疗完毕后,做上标记,记录治疗时间和签名,同时还要在病历档案上做相同的记录。
3. 留一空白区记录一些信息,如当动物即将出院时某兽医有话要对动物主人说,或者手术已完毕等。同时还可放置一些警示性标志,如咬人、对某物过敏等。

4.患病动物出院后,从记录板上擦去患病动物信息。

补充要求

每天核对记录板,修改诊疗计划,记录新入住动物信息和擦去出院动物信息。

9.2 病舍管理

基本要求

患病动物恢复至理想健康状态的要素之一是舒适安全的居住环境。笼舍必须大小合适，以便动物能够轻松的站立、走动和转身。笼子的栅栏必须足够密集，以免动物钻出。对于小猫和小犬，一定要在笼子的下半部分加一个护栏，以防止它们逃跑或受伤。笼与笼之间必须装挡板，防止动物之间相互接触。笼锁应该选择动物无法打开的类型，或者门闩必须能挂上挂锁，以保证对聪明的试图逃跑者也绝对安全。始终保持动物与医院以外的空间至少有两扇紧锁的门。

笼舍的表面必须是防水材料，便于清洗和防止传染性物质嵌入缝隙中，但这样的表面一般都比较冷而硬，笼舍洗后也比较潮，这些都会增加动物的不舒适感。因此，每个动物的笼垫必须清洁、柔软和干燥，且要足够大便于动物随意伸展。笼垫需要每天清洁。

有些动物喜欢咀嚼或撕扯笼垫。对于这种情况，可以使用带孔的橡胶毯。它的空气流通性好，使动物与地面潮气隔离。这些小毯子的表面光滑，容易消毒。

一些宠物会抓挠笼底，搅乱报纸和笼垫，这通常意味着患病动物需要额外增加寝具以便其藏匿。有时候动物试图逃离或是因禁闭而一蹶不振。可在笼门外盖一条毛巾或毛毯，为动物提供一个安静黑暗的环境来休息。毛巾的一条边固定在笼门的顶部，剩余的部分从上到下垂悬在笼门外。不能站立的患病动物需要增加笼垫厚度，以防形成褥疮。除了增加笼垫厚度外，患病动物的体位必须每天更换几次，包括滚动动物身体和用泡沫块或泡沫楔支撑胸壁，使其能够采食和饮水。

啮齿类动物应关在鼠笼里，选择适宜该类动物的垫子。笼底下应垫木屑并且填满下面的支架，还要为动物提供一个躲藏之处。这些袖珍宠物最好与其他常规宠物分开住院。

对于宠物鸟，最好用它的饲养笼子装到医院进行住院。如果鸟笼很小，可把它放在笼舍内。最好不要把鸟与犬猫合住在一个房间，这会惊吓到鸟并分散其他动物的注意力。

工作流程

准备工作

1. 知道医院病房内有多少空笼舍。
2. 知道空笼舍的面积和它们的位置。
3. 知道住院笼垫的存放位置。

操作步骤

1. 每个新住院动物住院时，笼舍必须足够大，使动物在里面能站立、转身和自然伸展，同时还有空间放食物和水。猫笼内还应有空间放砂盆。
2. 把笼垫放在笼舍内。
3. 所有动物居住的空间必须清洁、干燥且空间足够大。

补充要求

1. 每天至少清理笼舍一次，如果较脏，应更频繁些。患病动物永远不能住在肮脏的笼舍内。
2. 当笼垫变的潮湿或脏时应及时更换。

提醒：关注动物居住的舒适程度。

9.3 环境因素

基本要求

考虑动物的需求必须从动物个体的角度出发。影响动物健康的环境因素不仅仅是住宿条件，温度和通风也是十分重要的因素。进入笼内的气流是有限的，所以笼内的温度要比环境温度高些。因为笼内的气流流动基本趋于停滞，所以笼内的气味和湿度都较高。被毛长厚又肥胖的动物比被毛短直的动物体温高些。术后恢复动物需要的温度比活泼的动物要高些，所以术后动物身上盖一个毯子是有益的。另外还可以使用其他一些热源如热水垫、电热灯或是重症监护设施(ICU)。如果给动物加温，一定要全天仔细监测，防止温度过高或烧伤。

所有的陆生生物的生活方式都受昼夜循环的影响，且体温和活动规律都受日照的影响。动物医院/诊所的人工环境要随着黑夜和白昼而改变。动物所住的房间应白天亮灯晚上熄灯。

噪声是很烦人的，对动物也是如此。动物医院内奇怪的噪声会惊扰动物。病房或监护室应当尽可能隔音。一些爱叫的动物应尽量与其他动物隔开。

由于动物的嗅觉非常灵敏，就像噪声干扰一样，气味也会干扰动物。动物对气味比人敏感，它们可以从气味中“闻出”周围的环境。发情期母犬的气味会让未去势公犬坐立不安，甚至由于无法交配的挫败感而造成食欲减退。

虽然动物用它们的嗅觉去更准确地识别周围世界，但它们也和人类一样使用视觉。大犬经过房间的时候会惊吓小猫，而犬也会因为不能去追捕小猫而沮丧。

一个体贴的兽医助理会考虑每只患病动物所需的环境，根据当前情况选择最佳的住宿安排，再根据个别动物的需要去修改。猫最好不要与犬住同一个病房。如果发情的母犬要住院，必须与未去势公犬分开。患病动物永远不要合住一个笼舍，唯一的例外情况是两个动物来自于一个家庭，两者待在一起会让彼此得到安慰。

兽医工作人员遇到的最大挑战是如何去满足动物的需求，而动物是不会用语言表达自己需求的。动物需求的满足应基于现有的资源，这对兽医助理的创新和细心是一个挑战。在忙碌的一天中，要一直保持发现动物需求的敏锐性。

工作流程

准备工作

1. 了解动物医院/诊所内所有病房的型号和数量。
2. 时刻了解未用病房情况。
3. 考虑每只患病动物的需求。

操作步骤

1. 把了解医院内病房的数量和型号作为熟悉新医院的一部分。
2. 每天早晨走进病房就像第一次进入病房一样。

a. 注意可用房间的型号和数量；

b. 注意每只患病动物的外观；

c. 注意每只患病动物的特殊问题，如需要加温或散热。

3. 每天早上为患病动物选择病房时，对所需考虑的环境因素做个列表，把它当作一个住宿安排指南。这个列表必须包括：

a. 笼子的型号、温度和通风情况；

b. 笼垫；

c. 房间温度；

d. 房间通风情况；

e. 灯光和昼夜循环；

f. 噪声；

g. 气味；

h. 视觉威胁。

补充要求

1. 每天下班时核对列表，并比较得出怎样满足每只患病动物的需求。

2. 始终尝试改善患病动物的环境舒适度。

9.4 住院动物的喂养

基本要求

在动物医院/诊所里，许多因素都会影响住院动物的食欲和对食物的采集，包括动物的年龄、由于病情所需的额外营养、由于疾病和对食物不熟悉引发的食欲减退、对环境的陌生程度，这5个因素影响着动物健康的恢复。

首先按年龄给予适宜的食物，动物是幼年、成年还是老年？年龄会影响动物对食物的选择，没有一种食物配方适合所有年龄阶段的动物。疾病也同样会影响动物对食物的选择，充血性心衰的患病动物需要低盐的食物，肾衰动物需要低蛋白食物，兽医通常会给患病动物选择合适的处方粮食。

其次是要注意食物的适口性，这对患病动物非常重要。首先要知道动物是喜欢干食还是湿食，干食的形状和颗粒大小也会影响适口性。然后是味觉，一些动物只吃某些品牌和口味的粮食。如果所有的饲喂方法都失败了，就应联系动物主人，询问动物平时吃的粮食品牌，如果库房里没有这种粮食，可叫动物主人带来一些该动物常吃的食物以刺激它的食欲，有时甚至可以让动物主人为动物做自家饭饲喂。在这种情况下，动物唯一可接受的食物就是动物主人自己准备的。

环境也是一个影响因素。有些犬会害怕其他犬而需要独自进食，而有些犬的行为正好相反，如果有其他犬在旁边，它会迅速地吃光食物，以确保食物不被其他犬分得。有时离开自己的居舍也会抑制犬的食欲，为了不影响动物进食，在可能的情况下还是让它多次门诊治疗为好。

具有创造力的兽医助理可满足患病动物的特殊需求和癖性。增加食物适口性的两个小窍门是温度和水。加热食物通常可以增加它的香味，可选用微波炉加热食物，一般加热至体温即可，不要过烫。有时在食物中加入少量的水也能增加适口性，其黏度应与婴儿食品相仿，软而不稀。搅拌器或食物处理机可用于搅拌食物和水，并能使食物柔软有黏性，易于被舐食。有时把少量食物涂在动物的爪子或鼻子尖上可促使动物品尝食物(但不要堵住鼻孔)，这往往是自主采食的开始。

如果所有的方法都失败了，强制饲喂是必要的。把食物和动物放在同一视平线上，轻轻打开动物的嘴，再用手指蘸满食物往动物口腔顶部抹。操作时要像对待婴儿一样同它们讲话，动作要慢以便确保每次涂抹的食物被吞咽干净。另外一种强迫饲喂的方法是将食物充分液化，使之能够通过注射器(去除针头)的尖部。注射器吸满食物后，将注射器尖部放在临近后臼齿的嘴角部，把嘴角处的嘴唇向外牵拉形成一个小口袋状，稍稍抬起鼻尖，用注射器把食物缓慢推到小口袋内。每次推入之后要留出动物吞咽的时间。将食物分成多次推注，而不是一次性将所有食物饲喂，饲喂要有耐心。饲喂时一定要慢，以免食物误吸入肺。实际上有些动物在强制饲喂几次之后便开始自主采食了。

有些动物对强制饲喂的反应很剧烈，使之无法实施。可询问兽医关于给它们放置鼻胃管或咽管的意见，这些饲管的放置都由兽医来完成。鼻胃管是从鼻孔进入，经鼻、咽、食管到达胃部，饲管可缝在动物头顶上，液体食物可经此管注入。咽管的放置需要短暂的麻醉动物，在左下颌角后作一切口，如同鼻胃管大致一样，咽管从切口插入，经咽、食道进入胃。管口缝合在切口处并用绷带包扎整个颈部，以保证管口朝向颈基部。如果需要长期饲喂，这种方法是十分有用的，如下颌骨骨折恢复期的饲喂。液体食物的制备需要与兽医讨论，以满足动物的总热量需要和由疾病本身产生的特殊需要。

猫吃食时更注重气味而不是口味，因此在饲喂鼻塞的猫时需要特殊处理。简单地清洗鼻部，轻柔清洁两个鼻孔。先加热食物，如果猫仍无食欲，换成鱼味食物可能会有效。因此需要常去超市买鱼罐头，鲭鱼和沙丁鱼对于鼻塞的猫非常有帮助。当猫拒绝采食时，会引发潜在的致命的并发症——脂肪肝，决不要让食欲废绝超过 48 h 的猫出院，而必须开始强制饲喂并且一直持续到猫能够自己采食为止。除非动物已经处于饥饿状态，否则住院的前 24 h 并不十分关键，在这前 24 h 里患病动物可能需要调整自己以适应新环境，所以不想吃东西也是正常的。

饲喂住院动物没有硬性和特效的法则，它要求灵活、有创造性、耐心和坚持不懈。

工作流程

准备工作

1. 动物医院/诊所内保存不同口味的婴儿肉食品。
2. 货柜里储备一些特殊的犬猫小罐头。
3. 动物医院/诊所内保存一些沙丁鱼和鲭鱼罐头。
4. 知道动物医院/诊所的处方食品储存地点。
5. 执行特殊饲喂操作时，核对患病动物的笼卡和病历记录。
6. 住院的前 24 h，只饲喂少量动物医院/诊所常规食物或兽医处方开出的处方食品，检查患病动物是否有食欲。
7. 如果患病动物吃完提供的食物，可再多饲喂些。
8. 如果患病动物不吃，在笼卡和病历档案上做标记。
9. 在开始更换食物时，询问兽医。
10. 如果改变食物仍不能改善食欲，要开始强制饲喂。
11. 佩戴无菌手套。

操作步骤

方法 1

1. 准备规定的食物。
   a. 根据 24 h 的饲喂量确定第一次的食物饲喂量；
   b. 加少量的水；
   c. 搅拌直到均质柔软；
   d. 在一小容器内盛 1/4 的量；
   e. 稍稍加热容器内食物；
   f. 冷藏剩余的食物；
   g. 用小容器内食物饲喂动物。
2. 对于小型患病动物，可打开笼门饲喂。
3. 对于大型患病动物，让其坐在笼舍地板上。
4. 用手指挑起一团食物。
5. 让患病动物闻一闻食物。
6. 如果患病动物不舔手指上食物，轻轻地打开患病动物的嘴饲喂，其方法同喂药片。
7. 把食物抹在口腔顶部。
8. 松开患病动物让它吞下食物。
9. 持续慢饲喂，给予患病动物足够的吞咽时间，避免噎着，防止吸入性肺炎。

10. 重复这个过程,直到患病动物拒绝喂食或者喂完食物。

11. 一天多次重复此过程,直到冰箱里食物被吃完为止。切记每次强制喂食前一定要热一热食物。

方法2

1. 食物准备同方法1,除此之外还要多加水直到它被稀释到可以很容易地流过针管。食物要绝对均质平滑,可使用搅拌器或食物处理器。

2. 用针管吸取加热后的液体,针管的型号应该适于患病动物的嘴,但也不能太小,那样会增加吸取液体的次数。先饲喂需要量的1/4。

3. 在患病动物的笼舍前饲喂。

4. 轻轻地抬起患病动物的头并把其嘴角向外扯,形成一个小口袋状。

5. 轻轻地把液体推到颊与后臼齿间的口袋内。

6. 让食物顺牙齿和颊间流入口腔,同时保持鼻子轻度朝上。

7. 在注射更多液体前,给予患病动物充分时间去吞咽。

8. 在一天中,多次重复这个过程,直到食物喂完。

补充要求

1. 每次喂完要清洁患病动物。

2. 必要时清扫饲喂区域。

3. 清洗和消毒用过的餐具,并把它们收好。

4. 未用完的食物要冷藏起来,标明内容物、制备日期和患病动物的名字。

5. 把全天实际食入量记录在治疗记录板上和病历档案内(注意吐出或洒出的食物不计算在内)。

9.5 水的需求

基本要求

水不是一种营养成分,但却是生命必不可少的(注:译者认为水是六大营养素之一)。如果不能摄入足量的水,患病动物将会很快脱水。除特殊情况外,水应该持续足量供给。动物医院/诊所常发生两个问题,动物容易弄翻盛水容器或是够不着容器。为防止将水弄洒,用一金属环将盛水的碗固定在笼子门的前面。在笼舍内,如果盛水的碗直接放在地上,会比固定在笼门口更容易洒。理想的办法是容器应该用较重的金属制成,使之不易倾倒。容器的尺寸必须足够大,才可以提供长达 12 h 的饮水量。有些动物需要的饮水量比其他动物需要的多。容器的水变浅但未空前应及时续水。

除非患病动物非常小,否则够着盛水容器一般不成问题。若将盛水容器已经固定在常规高度,那么笼中的小猫和幼犬会很难够得着。所以应该在笼子地上为它们准备一个小盛水容器,或者在固定的金属环上安装个可以升降的螺丝,以便于降低金属环,这样容器就可以放在地面上了。即使将碗放在地上,对于一些极小的患病动物来说,盛水的容器沿还可能太高,所以要为特别小的动物准备一个十分小的盛水容器。另外一些平底的重陶瓷容器对一些大的犬也是有用的,因为它们不像不锈钢容器那么容易被犬弄翻。对于袖珍动物和兔子,可在笼子上安装一个水瓶。每天监测流水软管是否通畅。因为这些软管有可能阻塞,导致水无法被吸出来。

如果患病动物不能喝水或已脱水,就需要静脉输液。兽医技术人员或兽医会给动物安置一个静脉导管,然后由兽医助理监测输液过程。也可以像强制饲喂一样给患病动物喝水,注意在强制饲喂食物时,食物中也含有水分,这也可部分补充动物消耗掉的水分。

工作流程

准备工作

1. 查看患病动物病历档案。除非有特殊嘱咐,否则应提供水和适合该年龄动物的粮食。
2. 备有不同型号的干净且消过毒的饲喂容器。

操作步骤

1. 一旦患病动物入院,除非有禁忌,否则应提供饮水。
2. 如果在笼门口有一个金属圆环,放一个合适大小的容器在圆环里。
3. 根据需要 24 h 添水。
4. 下班前,确保所有的患病动物碗里都有水。
5. 查看患病动物是否能够着水,如果有需要可改变容器的位置或降低其高度。
6. 如果水碗被打翻,发现后应立即清扫和干燥笼子,换一个不易打翻的水碗并尽快填满水。

补充要求

1.经常查看病历档案和笼卡以确定是否有饮水限制。

2.算出24 h内患病动物的饮水量,并记录在病历档案和笼卡上。

提示:测出每个容器所盛的水量,在容器边上作永久性的记号。加水时使用量筒,在笼卡上记录加水的量和时间。

9.6　社交和运动

基本要求

宠物习惯于与人互相交流，住院治疗后改变了它们与熟人的接触。无论是治疗、打扫笼舍还是其他操作，积极地与患病动物进行交流是很重要的。与动物交流时，要用温和、安慰的语气，如同与婴儿交谈一样，还可以抚摸它们，轻轻地在耳后至整个后背上抓痒，或者搂抱它们，夸奖它们，使之消除疑虑。这些积极主动的交流可使它们很放松，如果患病动物在心理上很放松，那么它们更可能自己采食，得到更好的休息且恢复也更快。

运动和玩耍对于住院的动物是很重要的。对犬来说，每天至少要锻炼 2 次。如果能出去遛犬，许多住院犬都不会在笼舍中大小便。因此，犬需要在医院/诊所遛犬区内短时间散步。遛犬时一定要戴上动物医院/诊所专用的脖圈和牵引绳，对于充满野性的大型犬，系上两条牵引绳可以增加安全系数。不要把牵引绳挂在患病动物自带的脖圈上或使用它们自带的牵引绳，因为其安全性是未知的，患病动物常从自己的脖圈中脱出逃逸。遛犬时，应带上一个塑料袋捡拾粪便，然后扔进垃圾箱。

如果不能进行户外散步，就在动物医院/诊所的病房内运动，这意味着要将犬关在犬舍或笼子里。如果这样也不能做到，那就想其他的办法。可以关上过道或病房的门，然后把动物放出来运动一会儿。扔飞盘或球来开展互动性的交流和锻炼。当一个患病动物在病房内闲逛时，一定要提醒其他工作人员，可以在门上做好标记或把门锁上，这样可以防止有人突然把门打开，而造成动物逃逸。遛犬时间 3～5 min 即可，但益处是不可估量的。

猫的运动不像犬那么重要，它们习惯使用猫砂盆。猫笼的空间要足够大，可让病猫在内走动且不会受笼垫、猫砂盆、食水容器的限制，这是最起码的要求，另外一个理想的猫笼里还应该有个栖木供猫休息。一些制造商把猫笼做成两层，两层间有一个圆口开口，猫可经此口上下活动。对于一些住院时间较长的猫，可定期把它从笼中放出来，扔一些小玩具逗它玩，以增加它的运动量和社交。如果猫的住院时间等于或小于一周且笼内的空间很大，就没必要放出来玩。

运动和社交都取决于患病动物，如同动物护理的其他阶段一样，聪明的兽医助理通过自己的判断并根据个体情况来满足患病动物的需求。“一刀切”是不能满足所有动物的需求的。

工作流程

准备工作

1. 查看每只患病动物的病历档案以决定其运动的限度。
2. 对于有攻击性、害怕或凶猛的患病动物，不要与之有不必要的接触。
3. 按动物医院/诊所规定遛动物。
4. 为每只患病动物提供大小合适的笼舍。

操作步骤

1. 户外遛犬：

a. 用动物医院/诊所的脖圈和牵引绳；

b. 带塑料袋。

2. 室内遛犬：从笼子转移到一个更大的犬舍或一个安全的封闭区域。

3. 猫：

a. 提供一个足够大的笼子，里面除了可以放笼垫、猫砂盆、食水容器外，还有足够的空间活动；

b. 提供一个有栖木或双层的笼子更佳。

4. 与所有患病动物交流：

a. 与它们说话；

b. 抚摸它们；

c. 积极与它们沟通。

补充要求

处理每只患病动物前都要洗手。

谨记：不要把与动物沟通作为不干活的借口，积极的沟通只需要很短的时间。

9.7 皮毛护理

基本要求

基本护理包含皮毛护理,平时应保持患病动物干净且应每天梳毛。控制寄生虫不仅对住院动物很重要,而且对动物医院/诊所内其他动物也很重要,因为它们也有可能被传染。当新的患病动物要住院时,应快速检查一下动物的皮毛,看是否有跳蚤、虱子或其他体外寄生虫,记录寄生虫的种类,并告知兽医,询问选用哪个药物驱杀动物身上的寄生虫。患病动物的体外寄生虫的治疗应在进入病房之前。有些患病动物的体质过于虚弱,所有的驱虫药都有可能对其造成伤害,可考虑用柔和的香波洗澡以机械性去除寄生虫,或者用蚤梳梳毛也是很有效。白毛患病动物不可用报纸作笼垫,因为铅印会把毛染成灰色,可考虑使用未印刷的纸张或包肉白纸。

日常护理要求保持患病动物清洁,尿液、粪便、呕吐物、血液或药物都会弄脏患病动物的皮毛,所以皮毛护理是日常护理的一部分,如果皮毛脏了,一定要清洗。如果患病动物的脚踩着食盆,那么需要用一条湿毛巾擦拭其脚垫;如果伤口渗出的血液污染了的皮毛,最好先用双氧水清洗,再用水清洗。

卧地不起的患病动物需要多加注意,不可让它们卧在粪便或尿液上,同时在它们的身下垫上厚厚的垫子以防止生褥疮。刮去肛周和泌尿道口周围的毛发有助于患病动物的清洁。动物应安置在一个高于地面的金属网上,金属网上的所有区域除动物最后躯外都要垫有垫子。这样,尿液和粪便能从网格中落下并防止尿液灼伤皮肤。另外,还应在会阴周围涂一层厚厚的羊毛脂或凡士林以保护皮肤。

如果是长毛动物且尾部瘫痪,那么尾巴有可能会垂在尿液和粪便中,应用绷带把尾巴包扎起来。首先用没有黏性的纱布把整个尾巴缠起来,然后再用不透水的黏性胶带包裹纱布,最后把胶带粘在尾巴近端的皮毛上。如果弄脏,更换绷带比清理皮毛容易多了。

如果患病动物在住院治疗期间身上出现臭味或变脏了,出院前一定要洗澡,可选用气味温和的芳香剂。由于有些动物主人可能反对使用有气味的产品,使用气味芳香剂之前,应先核对一下动物医院/诊所关于该气味产品的说明。出院前一定要清洗和梳理皮毛,皮毛应干净,无毛结,无明显异味。

梳理动物时应用钝齿的金属梳,最好是不锈钢的,且一头密一头疏是最合适的。一般从尾根基部开始,然后逐渐前移,这样可使梳子把已脱落的毛梳下来,从而防止被毛打结。梳理的方向是由四肢指向身体和由尾尖指向身体。

短毛动物无须梳理,其皮毛的清理只需用湿毛巾擦拭即可。只有梳毛完毕后,才可以用刷子去刷毛,刷子只用于蓬松未打结的被毛并使松动的毛脱落。使用金属刷时,一定要小心,用劲过大会划伤皮肤。刷毛的顺序与梳毛相同,从后至前,从远端至近端。

当梳到毛结时,应先毛结的边缘开始。用梳齿插入靠皮肤侧的毛结内的少量毛中,然后把这些毛一次拉开,逐渐地梳过整个毛结使其完全散开。注意梳理时避免用力过大或一次梳太多的毛。有时也可选用开结梳,它有许多锐利的梳齿,可把毛结分成几个小部分。使用时应小心,因为它的刃很锋利且末端很尖,其曲刃应在毛结下皮肤上滑行。用拉锯样的动作把梳子往上扯,把毛结切开。犬猫的毛结也可以撕开。开毛结很耗时但能使毛结处保留一些毛发,如果刮毛的话,毛结处就全秃了。

参考第 11 章更多关于洗澡、清洗耳朵、挤肛门腺和剪指/趾甲方面的信息。必须用干净、已消毒的皮毛护理工具。每次梳理后,清去工具上脱落的毛,放在消毒皂盆内浸泡 30 min 以上,然后刷洗、漂洗、烘干并妥善保存。皮毛护理后的动物会感觉更舒服且看起来更好看。

工作流程

准备工作

1. 准备一个大塑料箱子保存皮毛护理工具。
2. 用一个不易洗掉的标签贴在箱子上面，写上“皮毛护理工具”。
3. 把工具放在箱子里，可随时拿到任何要皮毛护理的病房。
4. 箱子里的工具应该包括：
   a. 至少3个结实的钝齿金属梳和一个开结梳；
   b. 至少3个金属刷；
   c. 装有外科洗涤剂的小挤压瓶；
   d. 用于浸泡工具的小盆；
   e. 用于晾干工具的小碗；
   f. 至少2个折叠的绒布毛巾，一个用于清洗动物皮毛，一个用于擦干；
   g. 一个装有温和香波的小挤压瓶，香波应对所有的动物都安全。记住要贴上标签；
   h. 用于皮肤的羊毛脂或凡士林的小罐。
5. 在治疗区准备一些动物医院/诊所常用的驱虫药，给新住院的动物用。

操作步骤

1. 新患病动物入住前，检查体外寄生虫。
2. 根据需要选用合适的驱虫药，使用前先咨询兽医。
3. 每天检查动物的清洁程度，根据需要及时清洗动物。
4. 至少每3天梳理一次，梳理时可与动物讲话。在笼卡上记录已梳理和签名。
5. 如果动物身上有大量污物，用温和的香皂清洗和冲尽，并完全吹干。
6. 如果动物即将出院，检查清洁程度和有无异味。如果需要，出院前先洗澡和吹干，或者至少梳理一下。
7. 当把动物交给动物主人时最后给动物刷洗一次皮毛。

补充要求

1. 根据需要更新箱内的皮毛护理工具。
2. 每只动物每次都应使用干净、消毒的皮毛护理工具。

提示：快速的梳理和刷洗可提供一个仔细观察动物的良好机会，还能增加人与患病动物的交流机会。

9.8 牙科护理

基本要求

从大动物到袖珍动物，牙科护理的需要与日俱增。除拔牙和口腔手术外，其他牙科护理都是兽医助理的职责。因此，牙科护理是动物护理的一个重要部分。预防性牙科护理是提高口腔健康的最重要因素，包括每天刷牙，饲喂干粮和提供常规的专业刮牙和磨光，同时还要预防牙科外伤。由于存在牙折的危险，动物主人不应饲喂任何大小的熟或生的骨头，且应注意防止宠物啃咬链栏。检查永久齿的出牙情况以确保永久齿排列情况良好，这些检查是在兽医进行定期体检和首次注射疫苗时进行。

日常牙科护理

日常牙科护理就是刷牙和预防损伤。动物主人常把宠物的牙齿护理与他们自己的牙齿护理等同起来。如果动物主人在护理宠物牙齿时不作适当的修改，宠物将难以接受且动物主人也会很快放弃这一有益于健康的操作。第一问题是牙膏，动物不能用人的牙膏，动物专用牙膏的香味可增加动物的接受程度，包括鱼味、禽味、牛肉味和麦芽味，然而这些对于我们人来说是难以接受的，但对于动物来说这些可比薄荷味好多了。

第二个问题是牙刷。人用的牙刷对任何猫来说都太大了，猫用牙刷有一个小而圆的刷头和短而细的柄，而犬用牙刷的柄很长，两头都有刷头，小而圆的一头为小犬用，大的一头为大犬用。还有一种塑料的套管状的牙刷，可戴在人的食指上，刷面上覆盖着小而软的塑料毛用于刷牙。

除了刷牙的舌面或内面以外，给宠物刷牙和人刷牙的方法基本相同。对于动物主人来说，要使宠物充分张开嘴并允许刷牙齿的舌面是很困难的，要完成这个操作不仅要有耐心，还要花很多时间。因为在牙刷进入口腔后，宠物是不可能一直保持张嘴的，刷牙时先刷上颌齿的舌面，再刷下颌齿的舌面。

宠物通常愿意接受动物主人在地板上给其刷牙，先在手边备好牙膏、牙刷，在手指上抹少量牙膏，让宠物闻一闻，整个过程中动物主人要一直柔和地和宠物说话并鼓励和表扬它，宠物有可能会把指尖上的牙膏舔掉。一旦宠物熟悉了牙膏的味道，动物主人可把少量牙膏放在牙刷上，然后再让它闻一会儿，接着把牙刷插入宠物口中，动物主人一只手抓住宠物的嘴使其合上，另一只手用牙刷刷牙齿的外表面或颊面。如果动物反抗，应将牙刷拿出，等动物平静后再刷，应不断重复该操作直至所有牙齿都刷干净为止。

宠物在其幼年时期就可以接受日常口腔护理，这时它们渴望着这种人与动物之间的交流，而这种操作会让宠物及其主人都感觉愉快。要达到这一阶段需要时间和耐心，但一定要鼓励动物主人坚持下去。在口腔护理最初几周，来自兽医助理的一个友好电话就能够达到鼓励动物主人，减少操作困难的效果，并帮助建立一个终生的日常口腔护理习惯。

兽医助理可以引导住院动物进行日常口腔护理，与兽医或相关负责人商量一套引导住院动物进行口腔护理的方案。动物出院时，可把其使用过的牙刷和牙膏样品一起送给动物主人。在动物最后进入诊室准备出院前，兽医助理可用牙齿模具向动物主人演示该如何刷牙。后续的追访电话内容中必须询问日常刷牙的情况。正如宠物需要动物主人的鼓励一样，动物主人也需要鼓励。在专业牙齿刮牙和磨光后，在动物出院前，兽医助理应向动物主人演示正确的刷牙方法并送动物主人一套口腔护理用品。

专业牙科保健

美国兽医口腔学校规定兽医助理可进行下列操作：龈上刮牙、磨光、拍摄和洗牙片、取牙模及模型制作。兽医助理经过适当培训后且必须在兽医的直接监控下才可执行这些操作。兽医助理不可以做拔牙和与牙齿相关的手术。美国兽医口腔技师协会(ASVDT)有一项家庭学习教程,包括一个培训操作手册和两个培训光盘。教程结束时有一次考试,顺利完成学业并通过考试的人将获得一本合格口腔技师的证书。兽医助理可以参加学习并参与考试,因为借此可以提高自身作为兽医团队中的一员的价值。课程的学费是95美元,学期仅2～3个月,一些人可能只需1个月就能完成。因为是家庭学习教程,所以学员可自我安排学习时间和学习进度。报名学习可联系ASVDT,并索要相关资料和缴费。地址是ASVDT,PO Box 1636,Venice,FL 34284-1636,电话(800)613-3647。获得口腔技师证书是终身学习的一种表现。

工作流程

准备工作

1. 为每一动物选择一个合适大小的牙刷,或用手套牙刷,或在手指上缠些干小的纱布代替。
2. 选择口味合适的牙膏,犬猫一般都易接受鸡肉口味的。
3. 戴上检查手套。

操作步骤

1. 在戴着手套的食指尖上抹少许牙膏。
2. 让动物闻一闻。
3. 把牙膏涂在牙刷上。
4. 让动物闻闻牙刷。
5. 捏住动物的嘴并将其嘴唇上翻,暴露牙齿的外表面。
6. 先刷正中切齿,接着向后刷直至最后的臼齿。
7. 刷上齿弓的左右两侧。
8. 轻柔地撬开嘴露出下齿弓,对下颌牙重复上述步骤。
9. 如果不反抗,在其上下牙弓之间快速滑动牙刷,旋转牙刷使刷毛能与上齿弓内表面接触。
10. 刷上齿弓的舌面的两侧。
11. 重复操作上述步骤刷下齿弓的舌面。
12. 将动物的脸洗干净。
13. 在笼卡上记录刷牙日期并签名。

补充要求

1. 把动物的牙刷放在一个拉锁包内,拴在其笼门上,或用夹子把包夹在笼卡的把手上。
2. 动物准备出院但未最后进入诊室前,用口腔模型向动物主人演示刷牙过程。
3. 动物出院后的头10天至少给动物主人打两次追访电话,讨论牙齿护理过程中遇到的问题,特别是动物对刷牙的接受程度。鼓励该动物主人坚持下去。

提示:应该鼓励每一位动物主人每天给其宠物刷牙。

9.9 预防医院/诊所内感染

基本要求

医院/诊所内感染指患病动物在住院期间受到的感染，这些感染对抗生素有很强的耐药性并且具有传染性。所有医护人员都应该预防医院/诊所内感染，环境消毒和隔离传染病动物是最好的预防措施。病原的传播可分为直接传播和间接传播。直接传播指通过易感个体与已感染个体的接触而传播。间接传播是指通过接触被传染性的病原污染的物体而发生的传播。当患病动物咳嗽或打喷嚏时，一些病原可通过空气传播，这也是最难控制的一种疾病。有些病原可通过水传播，还有的可通过被污染的或被感染的昆虫作为媒介如苍蝇、跳蚤等来传播。

公共卫生

公共卫生包括清洁和消毒，这是为了控制微生物的间接传播。每一位医护人员都必须清楚地认识到所有的非生命物体表面、空气中、人和动物的身上都存在各种微生物。公共卫生涉及任何时候的每个人、每个地方和每样东西。任何人都必须遵守公共卫生条例，不遵守这些条例会导致动物受到伤害，客户流失，动物医院/诊所信用度下降和最终失业。

动物医院/诊所内消毒产品的选择取决于室内和周围可能存在的微生物种类。仔细阅读产品标签以了解每种产品所能杀死的微生物种类，如有些产品不能杀死细小病毒，必要时应使用 1∶6 的漂白粉消毒病毒污染区域；一些产品对有机残渣无效；一些产品遇到肥皂时失效。使用每种产品时还应注意其杀死每种微生物所需的接触时间，一些微生物能比其他更快被杀死。还有当哪些物质存在时，哪些消毒剂禁止使用。仔细阅读标签以便了解你所使用的产品的禁忌情况。参见第 12 章公共卫生消毒程序和集中消毒的准备。

谨记处理患病动物时要戴手套，并且每处理一新病例要换一次手套。准备一件备用的工服，以便工服被污染或弄脏时可及时更换。当处理被污染物品或传染病动物时，可在工服外套一件隔离服以避免污染衣服，谨记隔离服穿过后要清洗。当与水接触时需穿防水围裙，如给动物洗澡。

不要忽略任何与患病动物接触过的物品。动物笼垫是显而易见的，同时还要保持用来处理动物的用具的清洁，即要经常清洗口套和牵引绳，动物护理的所有设施和器械都应该消毒，从停车场、人行道至各个房间、走廊都必须每天做常规消毒。笼子的清洗和设备的保养将在第 12 章讲述。工作人员通常会把清洁工作看作是仅仅打扫一下，但实际上这比打扫重要得多。它是预防动物医院/诊室内感染的不可缺少的一部分。

隔离

为进一步减少医院/诊室疾病的传播，具有高度传染性疾病的动物是必须要隔离的。如果患病动物疑似有高度传染性疾病，例如窝咳，应当告知动物主人等诊室准备好后再带动物进入，最理想的方法是将患病动物直接从车内进入诊室。如果必须住院，患病动物直接从诊室进入隔离病房，这些病房是供传染病动物住院用的，它有一个独立的通风系统，可减少传染病原通过空气和灰尘传播。进入隔离病房要穿隔离服，出去时把隔离服留在房间里。从隔离病房出来时，鞋子应消毒，也可以在进入隔离病房前用鞋套套到鞋上，出来前及时脱掉。任何在隔离区使用的东西要放进装有害废弃物的垃圾袋里并封好。扔这些垃圾袋时，要直接送出建筑物外，而不是穿行整个医院/诊所。

隔离区的患病动物的诊疗应该在其他住院动物诊疗完毕之后进行，并且它们应在隔离区内接受诊疗。最理想的状况是能将护理隔离区动物与护理常规区动物的人员分开安排，但这通常是很难办到的。如果常规区的工作人员处理隔离区动物或者甚至进入隔离区病房，要仔细清洁双手和前臂，同样也要更换衣服和消毒鞋子。

每位工作人员对于动物-动物和动物-人之间的潜在传染性疾病必须有高度的认识，只有保持高度的警惕性才能防止医院/诊所内的感染。

工作流程

准备工作

1. 判断：
   a. 有传染性吗？会传染同一种类其他个体吗？会传染其他种类的个体吗？会传染人吗？始终采取常规的预防措施。
   b. 患病动物接触过什么？房间？笼子？人员、衣服、手？设施和器械？这种病原可通过空气传播吗？是直接还是间接传播？还是兼有？
   c. 哪些办法可以杀死这种致病菌？消毒剂可以吗？哪些条件会降低消毒剂的功效？配成多少浓度的消毒液？消毒时间？
2. 候诊区、每个诊室、化验室、处置室、放射室和每个病房都应放一个消毒用具箱。
3. 消毒用具箱内贮存下列物品：
   a. 一盒检查手套；
   b. 一盒纸巾；
   c. 消毒喷雾器、香皂、水和消毒液。
4. 准备一套备用工作服。

操作步骤

1. 每只患病动物都当作传染病动物来处理。
2. 消毒患病动物用的每件物品。
3. 高度传染病动物应马上隔离：
   a. 每件进入隔离区的东西都不能带出去；
   b. 如果它是一次性的物品，把它装入垃圾袋内直接带离隔离区扔掉，千万不要穿行动物医院/诊所出去；
   c. 如果不是一次性的，在隔离区内清洗和消毒；
   d. 如果不是一次性的，又必须拿出隔离区，先在隔离区内消毒，然后拿出去后再马上消毒；
   e. 隔离病房的脏垫子洗涤时应与其他物品分开，把它从隔离区拿出去后要直接放到洗衣机里，用热水和漂白剂洗涤；
   f. 当从隔离区出来时，用消毒盆洗鞋或摘除鞋套。如果用消毒盆，每天需要清洗和更换里面的消毒剂；如果使用鞋套，则需将一盒干净的消毒鞋套放在隔离门外。
4. 处理患病动物时要戴检查手套。
5. 脱掉手套后要用消毒香皂洗手。
6. 当处理传染病动物、它们的体液或接触他们碰过的物品时要穿隔离服，以防污染工服。

7. 做接触水的工作时，应穿防水围裙。如在清洁笼舍时，要避免水溅到身上，因为水中可能含有传染性病原。

8. 当有可能被传染性物质溅到头部时，应戴上护目镜或者面罩。

9. 工服被污染时要及时更换。

补充要求

消毒用具箱内物品用完后要及时补充。

9.10 注射技术

基本要求

第 5 章诊室工作流程描述了许多患病动物治疗,这也适用于住院动物。4.13 和 4.14 讨论了注射时动物的保定方法,本章的重点是注射技术。对于兽医助理是否应该实施注射操作一直存有争议。如果仔细参看许多地方的条例,可以发现答案很可能是"可以",兽医助理可以在兽医的直接监督下进行注射操作。但如果参看美国北部兽医技术人员协会(NAVTA),答案是"不能"。注射操作只限于有执照的兽医技术人员实施。实际上,"能"或"不能"取决于每一家动物医院/诊所自身的规定。如果兽医希望助理能够进行注射操作,那么助理就有必要学习怎么实施。

复习 4.14 的知识,那里重点介绍了接种疫苗的位置。以下介绍注射药物和疫苗的实际操作知识。

皮下注射(SC)是最容易掌握的操作,它也是最经常使用的疫苗注射方法。小动物躯干部的皮肤较松,肩关节和髋关节之间的背外侧皮肤或肩胛骨之间的皮肤最适合皮下注射。先用酒精清洁注射部位,用未持注射器的手的拇指和食指捏起动物躯干部松弛的皮肤,形成一个三角锥体,针从手指与三角锥体底面之间的皮肤扎入。入针方向应与动物身体平行(图 9-1)。如果针头特别短,一直扎到它的针座为止,长针头则只需要部分扎入。针头扎入后,松开皮肤,用食指摸一下皮下的针,如果针尖完全在皮下,回抽注射器活塞,如果没有血被回抽到注射器中,就可以注射药物(图 9-2),然后拔出注射器。轻轻地按压针眼一会儿并表扬一下动物。

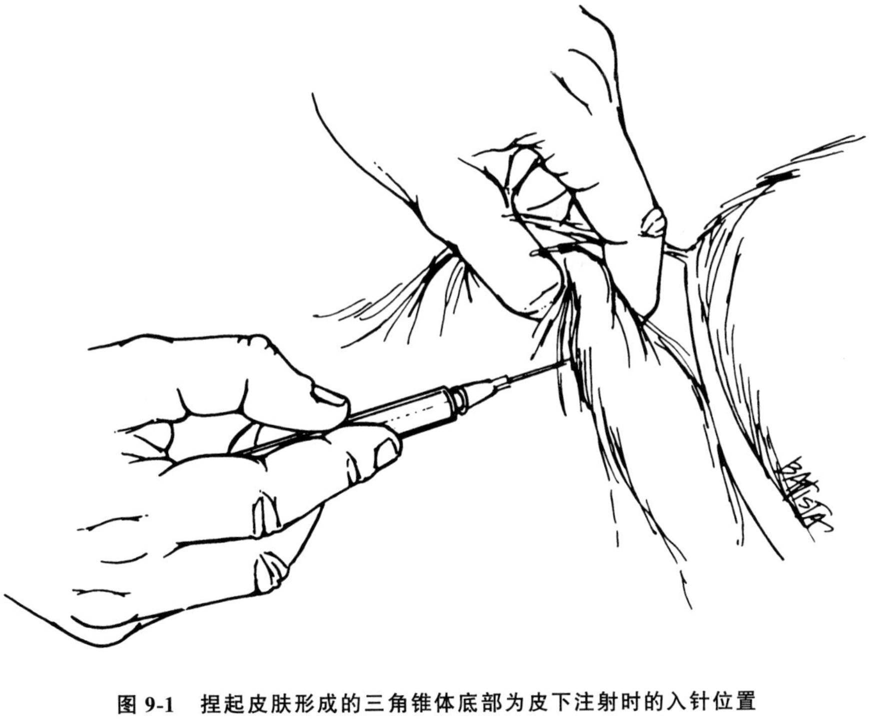

图 9-1 捏起皮肤形成的三角锥体底部为皮下注射时的入针位置

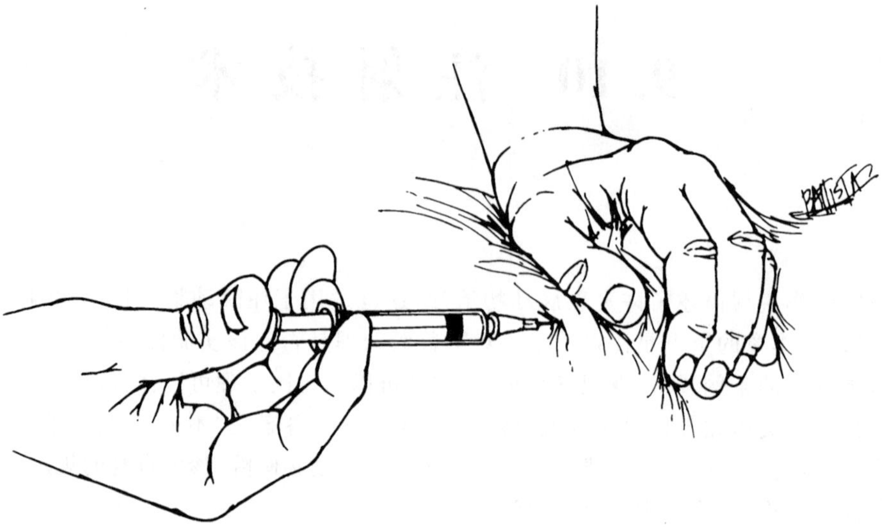

图 9-2 当确保针头放置好且回抽注射器无血液后开始皮下推注液体

美国猫兽医协会推荐猫疫苗的注射部位主要有以下 3 个部位。

1. 右前肢:猫三联疫苗(猫病毒性鼻气管炎、杯状病病毒和泛白细胞减少症(FVRCP))。

2. 右后肢:狂犬病疫苗。

3. 左后肢:猫白血病疫苗。

如果把左后肢的 L 代表白血病疫苗,右后肢的 R 代表狂犬病疫苗,右前肢的 F 代表猫三联疫苗,上述的内容就很容易记住。这些都需皮下注射且尽可能靠近肢体远端。

肌肉注射要求注射得深一些。动物身上有许多部位可用于肌肉注射(图 9-3)。最常用的部位是后肢。通常把药物注射在股四头肌或腘绳肌群内。

选择注射股四头肌时,用未持注射器的手向后靠近大腿,把拇指放在腿的外侧面中部而其他手指放在腿的内侧面中部(图 9-4),用指尖触摸到股骨。将拇指和股骨前方的注射部位用酒精棉球消毒,针扎在膝关节与臀部之间,即股骨前方大约中间的部位,入针角度与股骨平行,针先稍稍朝内进入股四头肌,然后平行股骨运针以达到注射深度。对于小动物,一定要避免扎穿肌群或针头扎在股骨上,入针完毕后回抽注射器活塞以确保针头不在血管里。如果注射器内没有血液流入,缓慢将药物注入。拔针后,迅速处理针眼,以减轻动物不适感。再次肌肉注射时应选择另外一只后腿。腰肌和腘绳肌群也可用于肌肉注射。股四头肌注射与腘绳肌群相比,前者可避免损伤坐骨神经。

进行任何注射前,应先征得兽医的同意。

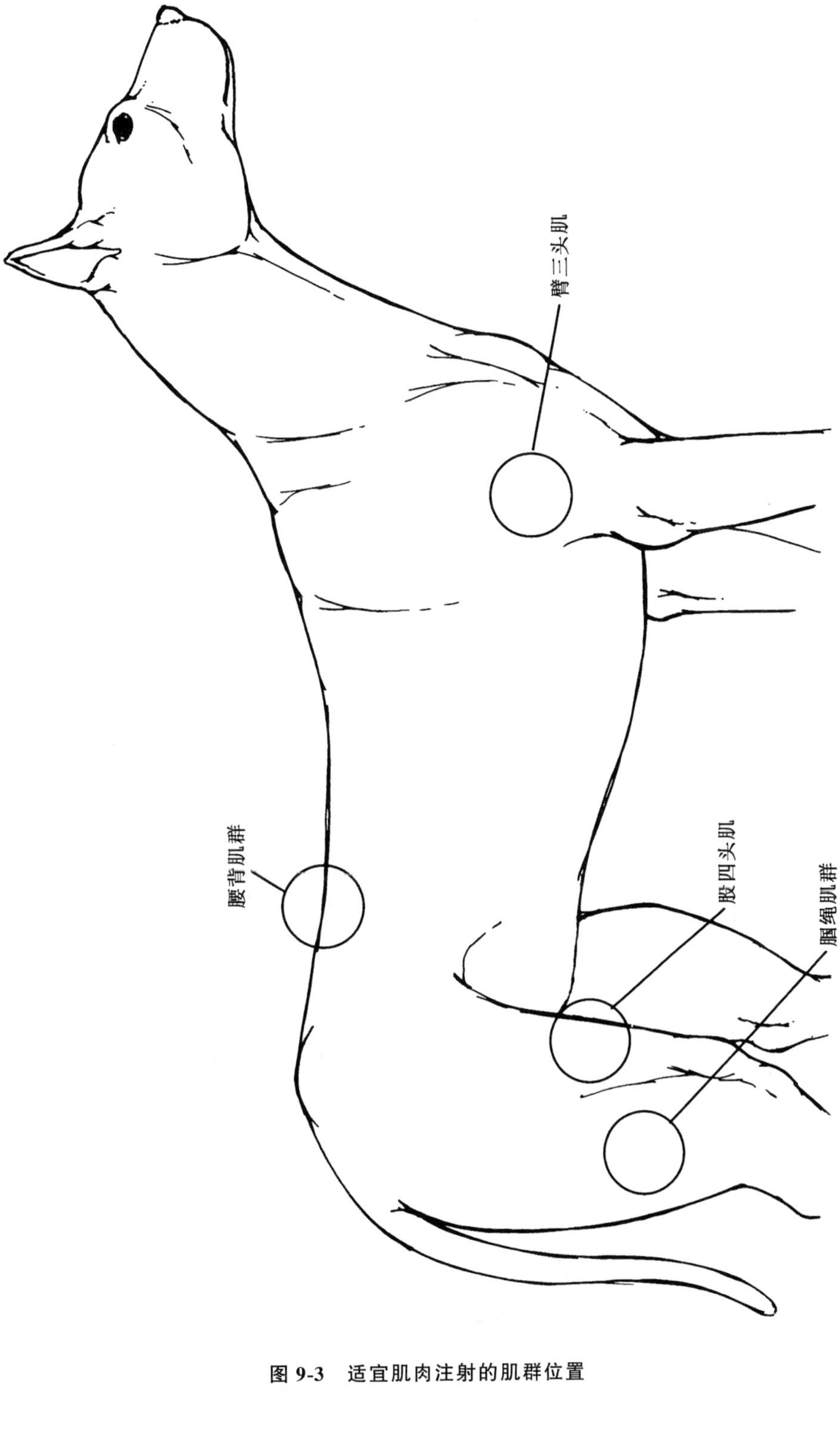

图 9-3 适宜肌肉注射的肌群位置

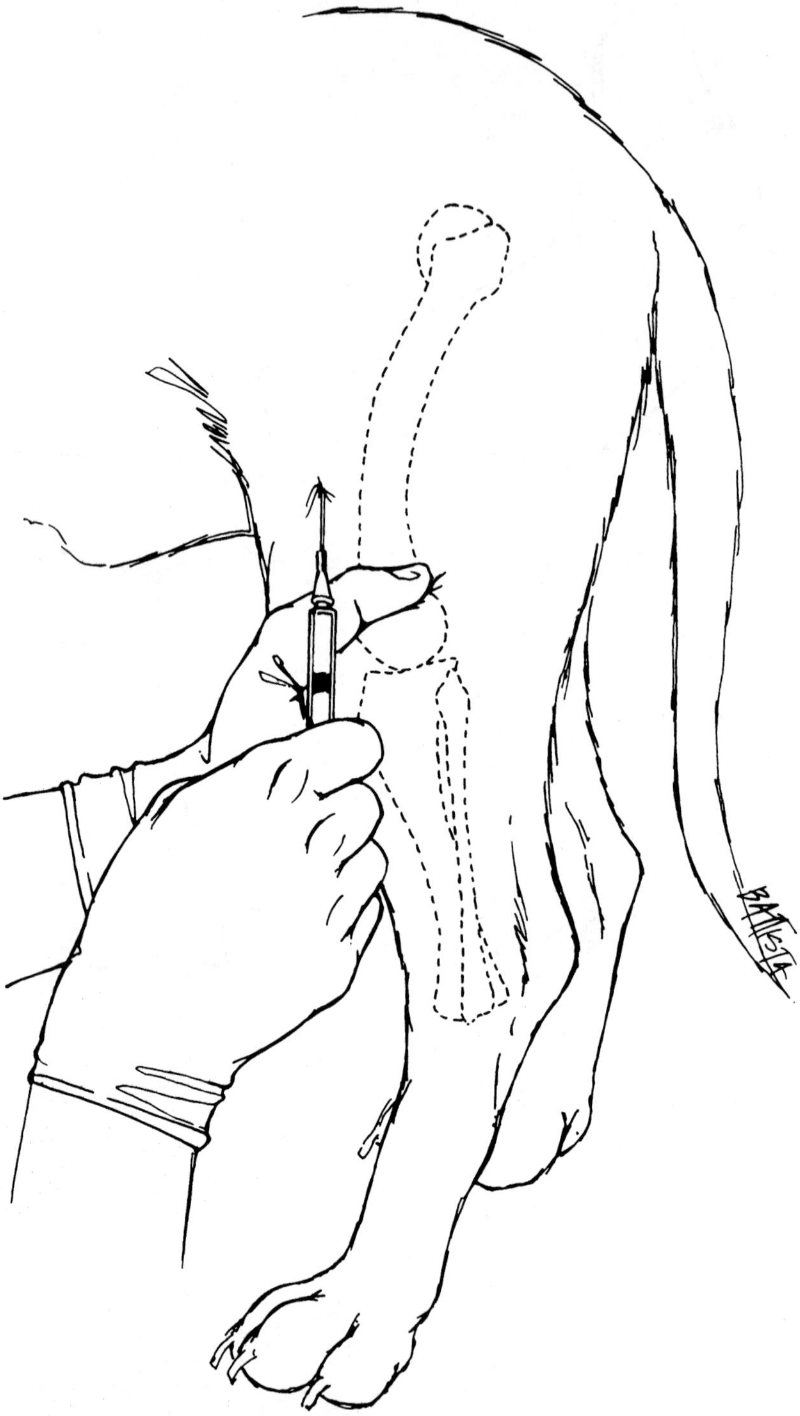

图 9-4　后肢股四头肌肌肉注射

工作流程

准备工作

1.确认允许注射。
2.查看患病动物治疗方案以确定药物、剂量和注射方式。
3.戴检查手套。
4.抽药，盖上针帽并贴上标签。
5.谨记阅读药物标签3遍。
6.无论何时进行注射操作，谨记之前讲的5个"正确"。
7.重新阅读病历档案，确认药物、剂量和给药方式。
8.把酒精棉球或酒精喷雾器放在注射器旁。
9.请另一名工作人员准备保定动物。

操作步骤

1.确认患病动物身份。
2.根据注射方式不同，选择合适的保定方式。
3.皮下注射：
  a.用未拿注射器的手的拇指和食指提起肩关节与髂关节之间背外侧的皮肤；
  b.皮肤形成三角锥体或帐篷状；
  c.用酒精棉球擦拭注射部位皮肤或用酒精喷壶喷洒酒精；
  d.握住注射器针筒，在拇指和食指的下方沿平行躯体方向入针；
  e.一旦扎入针头，放开皮肤；
  f.用食指触摸一下皮肤下的针头，确保针头在皮下，没有刺穿皮肤；
  g.改变持注射器的方式，以便于回抽活塞；
  h.回抽；
  i.如果没有血进入注射器，注射药物；
  j.拔出针头；
  k.擦一下注射部位并表扬动物。
4.股四头肌肌肉注射：
  a.把手指放在股骨中段；
  b.拇指放在股骨中段的外表面上；
  c.用酒精擦拭或喷洒酒精以清洁注射部位皮肤；
  d.向内入针，然后与平行股骨运针；
  e.手持针筒，把针头直接扎入膝关节与髋关节之间的股骨前方的皮下肌肉组织内，不可穿透肌肉组织或针尖扎到股骨；
  f.改变持注射器的方式，以便于回抽活塞；
  g.回抽；
  h.如果没有血进入针管，注射药物；
  i.拔出针头；

j.擦一下注射部位并表扬患病动物。

补充要求

1.将患病动物送回病房。

2.及时把此次治疗记入病历档案和治疗记录板上,并签名。

3.收拾好所有物品。

4.清理桌面。

9.11 静脉输液的监测和留置针的维持

基本要求

静脉穿刺用于采集血液、输液和静脉给药。静脉穿刺的位置取决于穿刺的目的，动物的体型大小以及所输液体或采血量。颈静脉穿刺主要用于要从小动物身上采集较大量的血液，前臂头静脉是最常用于输液和给药的血管，另外也可以采用后肢隐静脉和颈静脉。

静脉穿刺时，兽医助理最重要的任务是维持输液管通畅、调整和监测液体流速。每天都要去除静脉绷带并检查穿刺部位，将抗菌和防腐药膏涂在该部位并重新绑好留置针。穿刺部位易发生静脉炎，还要注意检查有无感染的迹象：炎症（红、肿、热和痛）和全身发热，这些都是兽医助理应该做的。不论是否发生败血症，留置针应该每 3 天更换一次，更换应该由兽医或兽医技术人员来完成。

放置留置针、静脉给药和采血

当需要放置留置针用于长期输液或药物治疗时，必须采取无菌操作。留置针的放置需要较高的专业技术，且都是由兽医或兽医技术人员来操作。静脉给药用于诱导麻醉或药物治疗，这也是由兽医或兽医技术人员来操作的，但兽医助理可做采血的工作。血液采集是一项两人的工作，一个人负责保定动物，另一个人负责采血。对于初学者来说最好是先做保定者，同时观察有经验的静脉穿刺者是如何操作的，并让他讲述一下整个操作过程。当初学者进行静脉穿刺时，应由一个有经验的静脉穿刺者帮助保定动物并指导他操作。

输液速度

兽医确定患病动物需要的总液体量和总输液时间，兽医助理必须根据要求执行。在输液的容器上沿液平面贴一条胶带，用笔在胶带上标出初始液体量和时间，剩余液体量和输液完成的时间也标在与最终液面水平的胶带上。

最理想的输液方法是使用输液泵，它可控制输液速度。可以根据厂商的说明来调节液体流速。每个输液器上都印有一表格，说明了输液速度和需要调节的液体流速的关系。当无液体通过输液管时，输液泵还会发出警告音，例如发生阻塞或液体输完时。

另一种调节流速的方法是确定 1 mL 液体含多少滴。查看输液器的标签，确定输液器的类型（常规滴管或微滴管）和该管的 1 mL 液体滴数。常规滴管一般是 1 mL 含 15 滴，微滴管一般是 1 mL 含 60 滴。确定每毫升的滴数以后，在按处方要求的输液时间来计算输液速度。例如一患病动物要输 250 mL 液体，且 4 h 内要输完，平均每毫升是 15 滴，那么每分钟要滴多少滴呢？总时间为 240 min，用总液体量乘以每毫升滴数就是总滴数，即 3 750 滴，总滴数除以总分钟数，得出每分钟滴数，即 15.6 滴/min，约为每分钟 16 滴，这就是输液速度。最后用手表测量每分钟滴数和用输液器调节流速。

保持输液管通畅

输液中，最常见的问题是输液管的弯折和阻塞，从而引起液流不通，留置针尖部的凝血块也会影响液体的流速。用几毫升的液体或肝素生理盐水（肝素生理盐水：将 100 单位的肝素加到 100 mL 的无菌生理盐水中（即 1 mL 的 0.9%的无菌盐水中含有 1 单位的肝素））冲洗可去除回流到留置针内的血液，从而减少血凝块的形成和保持输液管的通畅。每次拔除输液器以后，留置针都应冲洗一次。

为了避免输液管弯折和阻塞，可在动物的前肢上弄一装置，防止其肘部弯曲。市场上有销售专用于伸展患病动物前肢的输液夹板。如果没有夹板，还可以用托马斯架把整个腿拉直，但很繁琐。托马斯架固定需要两个人配合操作，新手应先辅助熟练的操作人员固定，等熟悉整个操作过程后才可独立操作。还可以用一长金属夹板固定，但肘部伸展效果不如输液夹板。

把金属夹板的凹槽部分放在肘上，用棉卷垫在肘后部以增加关节的伸展性。切记使用夹板和绷带时不能影响循环，经常检查末梢是否肿胀和其冷热程度。患病动物有时会舔或啃咬绷带和留置针，用伊丽莎白圈或口套可以防止它们的这种行为。经常观察患病动物和所输液体的情况，调整静脉流速。

日常检查

维护好静脉绷带是兽医助理护理工作的十分重要的一部分。观察绷带是如何缠在留置针上的，然后才能知道如何拆除它。每天拆去外层绷带检查穿刺部位，检查时不要移动留置针或内层固定留置针的胶带。沿留置针触摸，注意穿刺部位是否有红肿、发热，绷带是否太紧和有无渗出物。如果有渗出物或发炎，先通知兽医，再重新缠上绷带；如果没有渗出物和炎症，针管也很通畅，可用压舌板把灭菌药膏或广谱抗生素软膏涂在一块2″×2″的纱布块上，将其盖在留置针和皮肤上，纱布以入针点为中心来覆盖。然后在纱布块上接着包第二层、第三层。留置针必须每天检查，并且即使没有可见的并发症，也必须3天更换一次。

留置针的维持、输液速度的调整和输液管通畅的维持都来自于对患病动物的细心观察。

工作流程 9.11.1

放置留置针

准备工作

1. 查看患病动物病历以确定静脉输液的液体类型和用量。
2. 准备一个标有“放置留置针用具箱”的箱子。其内应装有：
   a. 2个不同型号的静脉留置针；
   b. 2″×2″的纱布块；
   c. 一卷2″或4″的黏性胶带；
   d. 一卷纱布卷；
   e. 一卷兽医专用绷带或弹性绷带；
   f. 压舌板；
   g. 一支抗生素药膏；
   h. 一个酒精喷壶；
   i. 一个装有外科用清洗剂的喷壶；
   j. 一个装有外科用消毒剂的喷壶；
   k. 裁缝剪；
   l. 2～3个无针头的无菌注射器。
3. 准备止血钳和40号或50号刀片。
4. 把输液管和准备输液用的液体放到台面上，靠近止血钳、放置留置针用具箱和病历档案。
5. 静脉输液架。

操作步骤

1. 把患病动物带到处置室。
2. 确认患病动物身份。
3. 按穿刺者要求保定动物。
4. 把液体挂在输液架上然后关上调液夹。
5. 把黏性胶布贴在输液瓶上，在胶布上标出输液的起始时间和液面，输液的终止时间和液面。
6. 放置留置针后，需要冲洗，然后把输液管接在留置针上，松开调液夹开始输液。
7. 包扎留置针。
8. 用输液夹板固定肘部，使之伸展(可选用)。
9. 用一只手抱着患病动物，一只手推着静脉输液架。
10. 将患病动物送回病房。

补充要求

1. 计算流速。
2. 调节流速。
3. 如果用输液泵，把输液管安在输液泵上，根据患病动物的需要按提示信息调节流速。
4. 返回处置室收拾好所有的物品。
5. 补充“放置留置针用品箱”内的物品。
6. 全天定时检查患病动物以确保液流通畅。

工作流程 9.11.2
保持留置针通畅

准备工作

自备一个 3 mL 注射器，吸满无菌生理盐水、乳酸林格氏液或肝素生理盐水。

操作步骤

1. 观察输液管内液体流动情况，如果停止流动，寻找发生的问题。
   a. 抓住患病动物指部向外牵拉腿，使之伸展，如果液流重新通畅，用输液夹板或者用托马斯架或者用金属夹板强制肘部伸展；
   b. 如果仍不通畅，去除留置针的绷带。如果留置针处肿胀且存在指凹性水肿，说明留置针已不在静脉内，需要拔除旧留置针，再放置新的；如果存在肿胀但没有发炎，说明已形成血肿，需拔除旧留置针并在其他部位放置新的；如果存在肿胀和炎症，需拔除旧留置针并在其他部位放置新的。如果未对患病动物使用抗生素，此时兽医一般会给开抗生素。如果留置针处无肿胀，拔开输液管，用之前准备好的注射器冲洗留置针。如果液流重新通畅，装上输液管，检查液流情况，如果恢复，重新包扎留置针(即使没有出现任何问题，留置针也必须在 48～72 h 之内更换)。
2. 如果上述操作之后液流仍不通畅，需要通知兽医或兽医技术人员。

输液泵操作步骤

1. 如果使用输液泵：
   a. 检查穿过输液泵的输液管；
   b. 确保输液管没有弯折或阻塞。
2. 如果只用调液夹控制流速：
   a. 确保夹子打开；
   b. 挤压夹子下的输液管，确保液体能在输液管内流动。

工作流程 9.11.3

计算输液速度

准备工作

1. 仔细阅读输液器说明。输液器的类型是常规的还是微型的？每毫升有多少滴？
2. 输液总量是多少？这可在患病动物的病历上查到。
3. 输液时间多长？这也可在病历上查到。
4. 计算每分钟输液滴数。

操作步骤

第一步计算总滴数。每毫升滴数乘以总毫升数等于总滴数，例如 15 滴/mL 乘以 300 mL 等于 4 500 滴。

第二步计算每分钟的滴数。输液的总滴数除以总时间等于每分钟的滴数，例如 4 500 滴/240 min (4 h×60 min=240 min)=18.75 滴，接近 19 滴/min。

补充要求

1. 考虑计算步骤是否合理？
2. 结果是否合理？
3. 调整流速。
4. 定时检查输液速度是否正常。

工作流程 9.11.4

更换绷带

准备工作

1. 准备所有需要的材料。
   a. 第一层绷带：2″×2″的纱布块，上面涂有灭菌药膏或抗生素软膏；
   b. 第二层绷带：纱布卷；

c. 第三层绷带：兽医专用绷带、弹性或有黏性的胶带；

d. 剪刀。

2. 请一名工作人员保定动物。

3. 确认患病动物身份。

4. 把患病动物的病历档案放在身旁。

5. 戴检查手套。

操作步骤

1. 用剪刀剪开第三层绷带。

2. 打开第二层绷带。

3. 去除第一层绷带。

4. 注意不要碰到固定留置针的绷带。

5. 通过触摸和观察检查穿刺部位，如果正常，用新绷带重新包扎。

6. 输液管可绑在第三层绷带上，以减少对留置针的压力。

7. 如果发现各种原因引起留置针不正常时，重新包扎前应告知兽医。

8. 检查后，听从兽医的指示继续监护和使用留置针。

补充要求

1. 如果不能确定造成穿刺部位异常的原因，找兽医检查。

2. 绷带不要裹得太紧，否则会影响循环。

3. 用无黏或微黏胶布把第三层绷带粘在皮肤上，过黏会增加每天更换绷带的难度和拔出时带出留置针的风险，绷带有所滑动也比带出留置针好。

提示：如果怀疑留置针出了问题，应该马上检查。

9.12 安 乐 死

基本要求

安乐死这个词来自希腊，原意是无痛苦、正常地死亡，因此，安乐死是无痛苦或轻松地死亡。当然，看过死亡的人都知道自然死亡很少是轻松或无痛苦的。当动物主人选择终止宠物的生命时，这不是一个医疗性决定，而是人基于个人价值、宗教信仰和面对死亡或濒死的经历所做出的决定。虽然很多时候兽医不同意动物主人的决定，但宠物是属于动物主人的，所以最后的决定是由动物主人来做。如果兽医选择不给动物安乐死，动物主人将会带宠物去下一家愿意给予安乐死的动物医院/诊所。决定安乐死这个过程对于动物主人和兽医工作人员来说都是艰难的，当动物主人的决定与兽医的价值观念不相符时，实施安乐死将会给医护人员带来更多的精神上的痛苦。

安乐死的作用是减少患病动物的精神和身体上的痛苦，相反，此措施对动物主人是一个巨大的心理压力，决定何时做安乐死和如何确定适宜的实施时间常常是一个漫长的过程。我们必须谨慎接待那些悲伤欲绝的动物主人，悲伤发展的每个阶段将在随后讨论，这些阶段可能连续、同时或延迟出现。动物主人可能早期表现出坚决拒绝并且愤怒，对此，工作人员一定要有心理准备。之后动物主人会提出各种问题和要求、然后沮丧抑郁直到最后的接受。最后接受的时间是不同的，有些动物主人需要 12～18 个月才能从痛苦中完全解脱出来。对于突然死亡的病例，动物主人从悲痛中解脱的时间会更长，直到完全接受动物经历漫长疾病后的最终离开。在整个安乐死过程中，所有的医护人员必须对动物主人表示同情和支持。

这段时间对于所有医护人员来说也是压力倍增的，强烈的集体责任感和抛弃个人感情可妥善解决许多问题。医护人员对该动物安乐死的个人感情是不同的，它取决于患病动物和动物主人认识时间的长短及动物的疾病发展过程。每个人对悲伤和压力的反应各不相同，敏感的人需要有更大的忍耐度。出于对患病动物的尊重和动物主人的隐私的保护，最好不要和参与此事的成员讨论此事。一天中的休息时间和工作后同其他工作人员一起活动有助于消除压抑情绪，要学会分享情感，学会认识自己的痛苦和压力，寻求有过这种感情经历的人的支持，前提是要尊重别人的隐私。

工作流程 9.12.1

安乐死的准备

一旦决定实施安乐死且确定安乐死时间，可按照下列安乐死的大概流程进行。

接待人员

1. 接动物主人要求预约安乐死。
2. 前台尽可能把安乐死安排在当天临下班前。
3. 前台需要询问下列问题：
   a. 动物主人想要与宠物共同经历整个过程还是放下动物后就离开？

b. 动物主人是否愿意提前来签署相关文件?

c. 告知动物主人市区内是不允许埋葬宠物的。(查阅一下动物主人所在地区的法律规定,还有一些限制是全国范围的实施的。)

d. 对于动物的尸体有什么要求? 我们提供(假设):无标记宠物公墓需花费 \$X;火化后在宠物公墓埋骨灰需花费 \$Y;火化后骨灰返回动物医院/诊所,取走需支付 \$Z;如果您希望自己去埋葬,这是宠物公墓的电话号码,你可以直接与他们商量相关事宜。

4. 动物主人到达前,准备好所有需签署的文件,其中包括安乐死同意书。

助理准备

1. 动物主人到达之前的 15 min 就应该把诊室准备好。诊室内应准备下列物品:
   a. 检查台上放一条折叠好的毛巾或毯子;
   b. 工作台上放一盒纸巾;
   c. 为动物主人准备一把椅子;
   d. 一个折叠好的尸体袋、一卷胶带和一个已填写完整的尸体袋标签,这些要放在动物主人视线外的柜橱抽屉或隔壁房间内;
   e. 工作台上放要用的药品,主要有一贴有标签的注射器,其内含有适量的安乐死药液,针头大小要合适(确定好所要使用的药液量,并在管制药物日志上做记录)。一些动物医院/诊所在实施安乐死前常用的镇静剂,这种情形下,镇静剂应放在工作台上,一事先抽好镇静药并贴了标签的注射器应放在安乐死针旁边。
2. 如果这个操作需要放置留置针,那工作台上还要准备留置针和相关用品。

补充要求

让一名有经验的工作人员检查你准备的物品是否充分。

工作流程 9.12.2

安乐死的实施

助理工作

1. 一旦动物主人和动物到达:
   a. 立即带动物和动物主人到诊室;
   b. 把动物放在检查台的毛巾或毯子上,尽量让它舒适些;
   c. 完成所有未完成的文件;
   d. 请动物主人就座,把纸巾放在他(她)身边;
   e. 告知动物主人一切就绪;
   f. 兽医进入房间后,兽医助理留在诊室内帮助保定动物;
   g. 如果注射镇静药,动物和动物主人可以单独待在一起等待药物起作用,这期间兽医助理应常进去看看动物主人是否需要帮助或有无问题咨询;
   h. 如果要放置留置针,则由兽医或兽医技术人员,兽医助理帮助保定动物,这个可能需要在麻醉药起作用或在注射安乐死之前实施;

i. 如果不放置留置针，只做静脉穿刺，那么兽医助理要负责保定动物；

j. 安乐死药物应注射地越快越好；

k. 一旦注射完安乐死药物，兽医助理能感觉到动物的身体完全松弛；

l. 拔出针头；

m. 这时应让动物侧卧，其姿势应尽可能正常；

n. 动物可能会出现濒死期呼吸、瞳孔散大、黏膜发绀至变白、膀胱和直肠括约肌可能松弛，动物有时会有排尿和排粪；

o. 兽医可检查有无残余的心音和反射；

p. 动物的叫声减弱；

q. 动物主人的反应是各种各样的，从简单的解脱至突发的晕厥，应做好应对动物主人各种反应的准备，让他们尽可能地感到舒适，尽量满足他们需求，如与宠物的尸体单独相处几分钟。把动物的项圈等东西取下并交给动物主人，可介绍动物主人参加丧失宠物的帮助团体。

2. 如果有可能，陪同动物主人从侧门走出动物医院/诊所。

提示：

1. 安乐死对动物主人来说是一个极大的刺激，需要帮助和支持。

2. 对动物主人的不同反应要做好应付的准备(从忍受痛苦到歇斯底里)。

3. 特别要控制好自己的情绪。

第10章

手术室工作

“你刚刚说的是每分钟2L还是20L氧气啊？”

本章培训目的

完成本章培训后，学员应能做到以下几点。

1. 填写手术工作日志。
2. 根据情况实施无菌操作。
3. 准备手术器械包。
4. 协助准备麻醉前用药。
5. 协助诱导麻醉。
6. 插管时保定患病动物。
7. 剃毛和准备术野。
8. 无菌地打开灭菌手术包。
9. 清理和准备刷子、手术衣、手套、器械、创巾和手术包布。
10. 识别常用手术器械。
11. 协助手术医生穿手术衣。
12. 将患病动物保定在手术台上并完成备皮。
13. 将监护仪安在患病动物身上。
14. 识别麻醉的阶段和深度。
15. 麻醉期和麻醉后期监护患病动物。
16. 完成麻醉记录。
17. 识别麻醉机各部件。
18. 需要时补充挥发罐药液和更换碱石灰吸收罐。
19. 选择合适尺寸的呼吸气囊。
20. 会启动麻醉机的复吸式和非复吸式系统。
21. 使用前检测麻醉机功能。
22. 调节麻醉诱导期、维持期和恢复期的气流量。
23. 使用开放法和闭合法戴手套。
24. 护理术后的患病动物。
25. 拔除气管插管。
26. 告知动物主人患病动物的术后护理要求。
27. 拆除缝线。
28. 用高压灭菌器消毒手术包。
29. 用乙烯氧化物消毒手术包。
30. 术后清洗手术器械。
31. 讨论常规外科手术步骤：绝育术、去势术、断尾术、悬趾切除术和剖腹产等。

前言

任何手术中最重要的原则是无菌术。这要求与外科患病动物接触时，必须对所有事物保持高度的警觉性。在准备患病动物、打开手术包和帮助手术医生穿手术衣的过程中，无菌操作都占首要地位。另外，在清洗器械和准备手术包的过程中，无菌操作也非常重要。在任何一个环节中，未做到无菌操作都有可能导致患病动物感染、痊愈延迟和潜在的致死性后果。因此要时刻保持无菌操作，时时想到要无菌。

术前、术中和术后的工作是一个连续的过程，本章就重点介绍这一工作流程。10.1～10.9 讲述术前准备，包括患病动物和手术医生的准备以及填写所有手术记录。患病动物在麻醉、剃毛和清洗后就可以转移到手术室的手术台上，所以 10.10～10.14 接着讲述手术室中所要求的各项技能。必须记住手术室是极其干净的环境，这里所做的一切比起医院其他地方有更高的清洁要求，这也是保持无菌操作的内容之一。还有掌握监测仪和麻醉机的使用是为了优化术中对患病动物的监护。

手术存在着一定风险。麻醉剂被认为是一种"可控性毒素"，麻醉过度会导致患病动物死亡。这就是为何麻醉机要定期保养且在每次使用前都必须检查其功能是否正常。手术过程本身也存在风险，这需要不断地监测患病动物，按时调整麻醉深度和必要时打开特殊器械包。患病动物在手术过程中可能出现休克和手术本身引起的并发症。各种监测仪的使用有助于手术工作人员发现患病动物身体状态的变化，并随之改变对患病动物的护理。

手术医生在术中主要专注于手术操作，手术刀的滑脱或不正确的打结都可能导致动物死亡。因此，手术医生必须全神贯注，不要分散注意力。兽医助理在术中要帮助监测患病动物和协助手术医生操作。这要求兽医助理动作轻巧、迅速、有效，缺少任何一项都可能使患病动物处于危险之中。

术前工作和手术本身成功的关键因素之一是正确的术后工作。术后工作(10.15～10.20)包括两部分：患病动物麻醉或手术后的护理；手术室和手术过程中所有用过物品的清洁。

一旦撤去麻醉机，患病动物便开始自主呼吸，这时就应开始麻醉后护理。麻醉后护理应一直持续到患病动物拔管和所有的保护性反射恢复之后。一些兽医认为麻醉后护理应一直持续到患病动物能够完全正常站立为止。术后患病动物的护理从手术切口的闭合开始直到 7～10 天后拆除缝线结束。术后初期由兽医工作人员护理，当患病动物出院时，护理工作转交给动物主人。必须告知动物主人在患病动物回到家后应如何进行合理的护理。

为进行下一个手术，手术室必须尽快打扫并恢复到其本身的清洁水平。通常每天会安排许多手术，即使到了一天的最后一个手术，还有可能有突发的急诊患病动物就诊。所有的手术包都需要清洗并高压消毒以备下次使用。保持手术室、设备和手术包处于备用状态。

在外科手术室工作需要较高的专业技能和知识、注重细节的品质、始终专注于本职工作的能力。手术的成功很大程度上依赖于技术娴熟的兽医助理对患病动物的护理和对医生的协助。

10.1 手术日志

基本要求

为了获得法律的保护，强烈建议保存术前各种资料。手术同意书、手术费预算单、麻醉记录和恢复日志是患病动物病历档案中的一部分。手术日志需每天填写，以记录做过的所有手术。手术日志像放射日志一样，是为了遵循法律和美国动物医院协会的要求。记录信息内容与前面所述的各种医院日志相似，包括如下信息。

1. 手术日期。
2. 病历档案号。
3. 患病动物身份(动物主人和患病动物的名称)。
4. 品种。
5. 性别。
6. 体重。
7. 手术过程。列出所有的操作，首先是主要的，随后是次要的(例如，犬的去势术和左后腿悬趾切除术)。
8. 麻醉前给药的药物名称、剂量和给药途径。
9. 麻醉药物和途径。如果是注射麻醉，标明其剂量。
10. 术前评分(由美国麻醉师协会制定)。
    a. 轻微危险：正常且身体健康的动物；
    b. 轻度危险：有轻微的全身性疾病，无临床症状的疾病，幼年、老年或肥胖的患病动物；
    c. 中度危险：有中度的全身性疾病，有轻微临床症状的疾病；
    d. 高度危险：有严重的全身性疾病，有严重临床症状的疾病，可能危及生命；
    e. 重度危险：濒死的患病动物，无论手术进行与否，都可能在 24 h 内死亡的患病动物。
11. 兽医技术人员和兽医助理签名。
12. 兽医签名。
13. 从手术切开到闭合的总时间。
14. 组织学：记录收集的任何组织或样品、采集位置和所需的检验项目。
15. 备注(可能发生的并发症)。
16. 费用(可选记录)。

手术日志保存在外科组，操作前和操作后都应做好记录。

除了手术日志，还要保存麻醉记录(附录 O)和恢复日志。尽管后两者不是法律上要求的，但还是强烈建议保存。麻醉记录提供了手术过程中患病动物的状态信息(心率、血压、脉搏、体温和呼吸频率)，输入液体量和类型以及药物和麻醉剂(麻醉前给药、诱导麻醉药物、氧气流量、氧化亚氮流量、挥发罐内麻醉药的气流量)。每隔 5～15 min 记录一次，直至拔管为止。任何并发症及其发生的时间都应记录下来。

恢复日志记录手术后所用的止痛剂、药物名称、给药剂量、给药途径和给药时间。在猫和犬的体温达到 99℉或患病动物能够完全站立之前，需要每 30 min 记录一次重要生理参数，并且随时注意发生的并发症且详细描述过程。兽医有时会要求护理人员在术后对动物进行特殊护理，这些都要记录在恢复日志中以备参考。恢复日志的格式和麻醉记录相似，但它要适时调整。一些麻醉记录把麻醉后信息合并到麻醉表中，这就形成了一个包括诱导麻醉、麻醉中和麻醉后3个阶段的完整记录。

在手术之前动物主人必须签署手术同意书。要给予动物主人口头或书面的术前注意事项。最理想的情况是术前注意事项应至少在术前7～10天邮寄给动物主人，并在患病动物就诊前24 h内打电话提醒。

在动物主人签署手术同意书时，还要签署手术费预算单。术前检查前，兽医助理要确认手术费预算表和同意书已签署完，并且放在动物病历档案中。将一张空白麻醉记录表和恢复日志也放入病历中，以备术中和术后阶段完成。

提示：详细的资料对于患病动物的护理是必要的，并且也是一个必要的法律保护手段。它看起来很耗时，但长远看来，其所提供的信息可以节省时间。

工作流程

准备工作

1. 找出日志本。
2. 用一条长线把一支黑色签字笔拴在日志本上。
3. 熟悉你需要记录的信息。

操作步骤

1. 在患病动物准备好之前，使用其病历档案将下列几项内容填在日志中：
   a. 日期；
   b. 病历档案编号(可选)；
   c. 患病动物身份；
   d. 品种；
   e. 性别；
   f. 体重；
   g. 确认动物主人已同意手术，即确认已签过了同意书和手术费预算单；
   h. 术前评分，按ASA分为Ⅰ～Ⅴ等级。向兽医确认患病动物的评估等级。
2. 麻醉记录：
   a. 任何麻醉前用药、诱导麻醉药和使用的麻醉剂以及药物的名称、剂量及给药途径；
   b. 记录切开创口时间；
   c. 记录闭合创口时间；
   d. 记录送去做组织病理学检查的组织；
   e. 任何备注；
   f. 如果手术中的助理是你，签下你的名字。
3. 术后日志包括：
   a. 附加的备注；
   b. 费用(可选)。

补充要求

1. 日志本要固定放在一个地方。
2. 在放日志本处填写日志。
3. 填写日志要及时且完整。
4. 保留一张空白的日志表以备复制新表。
5. 当需要新表时，把它放在已填好的表的上面，这样可方便以最新至最早的记录顺序查看。

10.2 无菌操作

基本要求

无菌操作的原则是防止微生物进入患病动物体内。外科手术的一个特殊问题就是皮肤,它是阻止微生物进入机体的第一道防线,但手术过程中首先需要破坏的就是它。随着技术的进步,外科手术中控制患病动物潜在性致病菌感染的能力不断提高,这就是所说的无菌操作。

患病动物感染是致病微生物和宿主之间发生的复杂关系。致病微生物通过皮肤、黏膜进入机体,还可以通过母体传给胎儿。同样,它们也可以通过排泄物如血液、呕吐物、尿液、粪便、呼吸排泄物、创伤和乳汁被排出体外。感染可以是直接的——即动物与动物的接触;或者是间接的——即动物传给昆虫媒介(蜱、蚊子和跳蚤等)后再传给另一动物,也可能传给无生命的物体(空气、水、土壤和机械物体等)后再传给另一动物。病原体进入机体的第一道屏障是动物的皮肤、被毛或黏膜分泌物。如果病原体破坏了第一道屏障,它必须战胜机体的非特异性免疫机制——吞噬细胞。感染进一步发展时,炎症和获得性机体免疫使感染局灶化或减弱感染的程度。

消毒是减少环境中存在的病原菌数量,灭菌则是杀死所有有害和无害的微生物。在手术环境中,人们认同灭菌物品为无菌的或"清洁的",而没有灭菌的物品则是污染的或"脏的"。任何非无菌操作都将导致物品不能再使用,无菌操作的目的就是保持手术场所中的每一件接触物品都是无菌的。手术持续时间越长、暴露更深部体腔或患病动物本身有免疫缺陷等都会使感染的危险性增加,故对无菌的要求也就越高。环境的每一方面都必须考虑,包括手术室的通风都应该采用与医院其他部门独立的通风系统,且手术室的门必须随时关闭。无论有用与否,手术室都不允许车辆通过。所有物品表面的清洁是最重要的。任何有污染的操作,如脓肿的切开,都不应在手术室内进行。任何直接或间接接触手术部位的物品都必须是无菌的,并一直保持到手术结束。在任何情况下都不能让这些物品被污染,这就是为什么外科手术医生要穿手术衣和戴手套,为什么手术包要按一定的方式打开。兽医助理在术前、术中和术后的任务都以无菌原则为指导,决不能违反无菌操作。

工作流程

准备工作

1. 思考:是否需要无菌操作或是否实施得当。
2. 评估患病动物:
   a. 病情如何?是否存在免疫缺陷?抗感染屏障是否已被破坏?是否存在创伤?是否存在感染?
   b. 准备手术室最好的方法是什么?准备目的:最大限度地减少病原菌,尽量避免损伤组织。
3. 估计手术过程:
   a. 部位?
   b. 持续时间?
   c. 深度?

4. 估计环境：存在何种污染和怎样预防？

a. 考虑所有不直接与手术部位接触但暴露在手术室内的物体表面：最大限度的消毒可达到何种程度？何种产品提供最广谱的灭菌活性？

b. 考虑所有与术部接触的物体怎样消毒最好？消毒药物是否对组织或设备本身存在潜在性危害？始终保持无菌。

操作步骤

1. 操作：如果需要无菌操作，按程序操作。
2. 准备：

a. 患病动物；

b. 环境，包括手术室内所有与术部间接接触的物品以及所有与术部、手术包和术者直接接触的物品。

3. 保持无菌：

a. 自己的行为；

b. 手术室内其他人员的行为；

c. 整个手术过程中所用的物品。

补充要求

再消毒：

a. 对环境和间接与患病动物接触的设备进行消毒；

b. 对所有与术部直接接触的物品进行消毒。

10.3　手术区的管理

基本要求

手术区由不同功能的区域组成，它们可能单开或者共用，包括：

1.患病动物准备区。这可能在处置室，但决不能在手术室中准备。

2.手术人员准备室。这可能是个单独的房间，也可能和手术包准备间共用，或在处置室。

3.手术室。这是一个仅用来做清洁（无感染）手术的封闭房间。门必须保持关闭，非室内工作人员和车辆不得入内。

4.患病动物恢复区。这经常是处置室或与手术室相邻的房间。

5.手术包裹准备室。这是一单独的房间，或与处置室共用，或与手术人员准备室共用。

这些房间无论是单开还是共用，都必须比医院的其他区域更加卫生。手术室则需要最严格地清洁维护。

地面的类型应适应不同的需要。操作步骤的重复实施是提高环境清洁的关键因素。谨记清洁操作要从高至低。

天花板清洁

每天要清洗污点，每周使用海绵拖布和双桶法进行清洗。在清洗墙壁之前清洗天花板。因为一些天花板是由不可刷洗的材料制成且表面不规则，因此要使用真空吸尘器干燥。真空吸尘器选择有过滤系统的，最理想的过滤过敏原的装置是高效特殊空气（HEPA）过滤器。每次使用的吸尘器必须装有干净的过滤器和清洁袋。无论过滤器和袋子是否装满，都必须每周进行更换。如果袋子不是一次性的，在倒空后先冲洗再用消毒剂清洗。每周更换通风系统中的过滤器。

墙壁清洁

同地板一样采用双桶法，但使用海绵类拖布，这种拖布只用来清洗墙壁和天花板。每天下班前用消毒剂和纸巾清洗墙上的污点，然后再拖地板。每周彻底擦洗一次墙壁。

台面、药柜和器械架清洁

每天喷洒消毒剂，用纸巾和其他一次性材料进行擦洗。清洗台面和器械架的平面和边缘，还有药柜的末端和基部。两次手术间隔期清洗污渍。

水槽和废物箱清洁

保持清洁。在每次手术后要进行清空、清洗、消毒并干燥。

设备清洁

动物医院/诊所所有设备的厂商资料都保存在一个文件夹内。在归档前仔细阅读并准备一份简要的维护和清洗说明。该说明保存在手术文件夹中，文件夹内还包括手术包的准备过程以及内容物的信息，每位外科手术医生爱用的缝线、手套的尺寸和手术室中其他辅助人员的手套尺寸。这个夹子放在手术包裹准备区。手术灯等固定设备需每周消毒，每天清洗污点。手术台面需每次手术完后清洁，不要忘记清洗其边缘，而其底座需每天清洗，这一点与器械托盘架相同。每周洗刷保定绳，而胸部固定器等保定设备每次用后需消毒。如果表面是由不透水材料制成的，可以使用喷雾消毒，然后擦拭；如果材料是透水的，则参考厂商的说明进行清洁。清洗要与患病动物接触的物品时，应查阅消毒液的说明，决不能容许任何可能有刺激或损伤组织的药物残留在物品上。

地板

1. 在拖布和水桶上标明“手术室专用”。决不能在手术室中使用医院普通的拖布和水桶，也不能在手术室外的其他地方使用手术室专用的拖布和水桶。这些物品储存在手术包裹准备区。

2. 采用双桶法。第一个桶装有干净水，专用于清洗拖布。第二个桶装有消毒液，它用于实际的擦洗。先将拖布浸入消毒液中，然后拧干开始拖地，擦完一部分地板后，在水桶中清洗拖布并拧干，然后第二次浸入消毒液并拧干拖地，如此反复进行。从手术室最远的角落拖向门口。拖完后，要把拖布放在水桶中清洗，然后放在消毒液中清洗并拧干。用完后将两桶立即倒空，下次使用前再装满清水和消毒液。

3. 每周要用热水在洗衣机中清洗拖布头并漂白一次。清洁服务部门也可以提供干净的拖布头和干净的衣物。每天下班前要彻底拖地一次。

4. 从手术室最远的角落拖向门口。移动包括手术台在内的所有可移动的设备并拖洗它们下面的地面，拖完后将它们恢复原位。

每天早晨在第一个手术开始前进入手术室，使用消毒剂和纸巾擦拭夜间可能落下尘土的表面。除了台面和水槽，还要清洗手术灯和设备(如麻醉机和器械托盘架)。在两次手术间隔擦拭污渍。下班前，当所有的手术都完成后再进行彻底清洗和擦拭。

手术室内准备任务清单，分为每日清单、每周清单和更长时间清单。将清单放在手术室文件夹的前面或任务盒中。

谨记：手术室文件夹和手术日志应分开。

工作流程

准备工作

1. 准备手术室文件夹，其内容包括以下几点。
   a. 手术室维护清单：每日、每周和更长时间；
   b. 设备维护清单：手术灯、麻醉机、监护仪和其他记录在手术室文件夹清单中的设备；
   c. 文件夹后保留一个空白清单，用于复印新的清单；
   d. 汇总设备的维护程序，包括型号、经销商和经销商的电话号码。

2. 拖布和桶上标明“手术室专用”，保存在手术室附近且与其他常规的清洁用品分开。不能把医院常规清洁用品在手术室内使用。购买新的物品时也分开保存。

3. 手术室台面上放一个装有消毒剂的喷壶和纸巾，且它们只能在手术室内使用。

4. 清扫时穿上专用大褂和戴专用手套。至少每周洗涤大褂一次，并与医院其他常规洗衣分开。

操作步骤

1. 每天第一个手术前的 1 h 用消毒剂擦拭所有台面和手术灯。

2. 每次术后，把手术室内所有该清洁的物品拿出，并在准备室清理它们。

3. 倒空垃圾桶并更换垃圾袋。

4.清理天花板、墙壁、地面和设备上的血渍。

5.每天下班时,用消毒剂清理台面、药柜和架子的门。清理墙壁和设备的污渍,用消毒剂拖地。

6.查看维护清单。完成所有任务,并签名字。

7.规定每周的某一天做彻底每周清洁,最好选择无预约手术的时间。

8.清扫时,先用真空吸尘器,然后再使用消毒剂。

9.始终保持手术室门关闭。

补充要求

1.每天查看3种维护清单。

2.每天补充所需物品。

提示:手术台下的地面也需要拖洗。

10.4 麻醉前动物的准备

基本要求

理论上来说，进行预约手术的患病动物需要提前一个下午到动物医院/诊所来，住院前先办完相关手续，包括签署手术同意书和手术费预算单。患病动物在手术前提前一个下午来住院，可以有时间对其完成病史调查、临床检查、根据需要注射疫苗和手术前血液学检查。特别脏的患病动物要提前一天用温和的香波洗澡，以确保术部清洁。患病动物提前一个下午住院可确保动物的准备和方便医生随时进行手术。预约了手术而未到的患病动物，其预约的时间可用于其他患病动物的手术。一些医院允许患病动物在手术当天的清早来住院。非预约手术、四肢骨折、剖腹产和其他的急诊手术都会根据需要插入安排中。这些患病动物在术前没有时间做理想的准备工作。

临床检查包括测定重要的生理参数，兽医助理负责进行测量并记录。兽医助理还应查看一下患病动物的所有的文件，以确保麻醉前和给药之前均完整正确填写。

允许患病动物提前一天住院，可确保术前 12 h 禁食。住院前动物主人常忘记让动物禁食，甚至还有些动物主人在住院前饲喂患病动物。一些患病动物如果搜索垃圾箱觅食，则可能造成更严重的后果。对一些幼年或体重小于 3 kg 的患病动物，由于肝糖原储备比成年和体重较大的患病动物少，所以为了安全起见，术前禁食时间应更短。水可一直供给到麻醉前给药为止，这对于脱水和肾功能衰竭的患病动物尤其重要。

随着动物医院/诊所内化验设备的增加，术前血液化验也增多。化验结果有助于麻醉前对患病动物的情况进行分类。美国麻醉师协会(ASA)把患病动物分为Ⅰ～Ⅴ等级。相反，患病动物的年龄和临床检查可以作为选择化验项目的依据。患病动物越老或 ASA 的等级越高，所需做的化验就越多。兽医根据能提供的化验项目和化验结果的及时性决定需要做的化验项目。ASA 等级也可作为患病动物麻醉前用药的指导。Ⅲ～Ⅴ级的患病动物在手术前应通过药物和液体先稳定病情。按照 ASA 的不同等级来选择麻醉前药物、麻醉剂和手术中监测的范围。

每一个动物医院/诊所都有自己的麻醉前药物记录。动物种类、品种、年龄、ASA 级别、手术步骤、预期手术所需时间和兽医的偏好都可以影响麻醉前用药的选择。给药剂量按动物每千克体重来计算。通常需注射给药，为了加快作用效果，多数也采用静脉给药。这些药物的作用是镇静患病动物、减少疼痛，减小其他药物的副作用、辅助诱导麻醉和苏醒。一些药物是管制药物，如果使用了管制药物，记得要在管制药物日志中记录所抽取的量。

工作流程

准备工作

1. 查看医院关于手术前的工作安排表。
   a. 预约手术时间、日期以及通常安排的类型和数量。
   b. 预约手术的患病动物住院时间是手术前 1 天还是当天？谁、何时和怎样对动物主人交代的麻醉前禁食情况？

c. 何时进行术前血液检查？对于 ASA Ⅰ～Ⅱ级的患病动物应做的常规化验有哪些？

d. 何时进行术前临床检查？

2. 知道用于 ASA Ⅰ～Ⅱ级患病动物的常规麻醉前使用药物和剂量。

3 知道所有麻醉前用药的存放地点。

4. 知道哪种麻醉前用药是管制药品及管制药品日志的位置。

操作步骤

1. 确认患病动物的身份。
2. 确认所需的手术文件(手术同意书和费用预算表)是否在患病动物病历档案中。
3. 确认免疫状态，注明药物过敏和查看当前的健康状态，因为这些都会影响手术过程。
4. 把生命体征和体重记录在病历上。
5. 如果提前一天住院：
   a. 进行术前血液化验；
   b. 术前 1 天禁食，但不禁水。幼年或十分小的动物除外；
   c. 如果动物十分脏，需要洗澡并吹干。
6. 如果患病动物手术当天住院，确认动物主人是否将其术前 12 h 禁食，将情况写进动物病历档案。
7. 对所有 ASA Ⅰ～Ⅱ级的患病动物进行采血，做术前常规化验。
8. 所有化验结果都应记录在病历上，同时在治疗记录板上做标记。
9. 对于 ASA Ⅲ～Ⅳ级的患病动物，确认兽医要做哪些化验。
10. 拿出所有 ASA Ⅰ～Ⅱ级患病动物的麻醉前用药和注射器。
11. 如果有管制药物，在日志上做记录。
12. 拿出所有 ASA Ⅲ～Ⅳ级患病动物的留置针和补液用的液体。留置针和补液用的液体也可能常规用于 ASA Ⅰ～Ⅱ。液体的选择受手术过程及其持续时间的影响。
    a. 通常选择等渗晶体液如林格氏液。对于十分小的或幼年动物，可选择 5%葡萄糖或把葡萄糖加在林格氏液中。在非常规情况下，需要询问兽医的选择。
    b. 普通患病动物的输液速度：10～20 mL/(kg · h)。但脱水和血压低的患病动物需要更快输液，心脏或肾损伤的患病动物需要更慢的输液。向兽医询问输液的速度。
13. 询问兽医关于 ASA Ⅲ～Ⅳ级的患病动物的麻醉前用药。

补充要求

1. 请有经验的员工评价你的工作，从错误中学习。
2. 学会识别不同 ASA 等级的患病动物。
3. 把所有麻醉前用药收拾好，标签需要看 3 遍。

10.5 诱导麻醉

基本要求

给予诱导麻醉药后至给真正手术麻醉之间这段时间为麻醉诱导期。患病动物从清醒到有效麻醉至可以插管是个很短的时间，插管后要在极短的时间内将插管连接到麻醉机上。在大多数手术过程中，患病动物的麻醉深度需要麻醉气体的维持。除为了保持体位外，患病动物在全身麻醉情况下不需要保定。这也使为什么在兽医临床上更常用全身麻醉而不是局部麻醉，即使是对于短暂的非侵袭性手术。在麻醉中，眨眼反射会被抑制，所以为了保护角膜，要在眼睛上涂一些温和的眼药膏。

放置气管插管时需要抑制咳嗽反射。插管的时机是患病动物出现轻微的肌肉松弛时，即轻度的麻醉水平，它处于手术真正进行时的深度麻醉期之前。诱导期给予的药物一般作用迅速，且大部分是静脉推注，也有些是肌肉注射或吸入给药。

如果手术中需要放置了用于输液的留置针或本来已放置好了留置针，那么可以通过其直接静脉给药。在静脉给药的情况下，通常给药剂量是“至起效”，其意思是先快速给予药量的一半，然后缓慢给予剩余药量，至患病动物达到理想的状态即可。如果需要的话，诱导麻醉药的另外一部分可在插管的过程中再给予。如果不通过静脉留置针给予诱导麻醉药，那么可用注射器向静脉内注入一半的药物，然后将剩余的一半注入患病动物的腿中。当患病动物足够放松时，将其俯卧后，即可开始插管操作。

整个麻醉过程需要准备好所有的设备和从诱导麻醉到维持麻醉所需的全部药物，这样可使各阶段顺利进行。这是一个复杂的和需适应不同变化的过程。机敏的助理在一边保定动物时会一边仔细观察，认真学习。随着对操作的熟悉，在手术过程中的所能担当的职责也会越来越多。

工作流程

准备工作

1. 知道患病动物手术的时间。
2. 知道现在在做什么手术。
3. 知道该手术需要多长时间。
4. 知道 ASA 等级。
5. 知道 ASA Ⅰ～Ⅱ患病动物的常规诱导麻醉过程和所需的药物。
6. 知道每个需要手术的患病动物的 ASA 分级。
7. 术前 15 min 将需要用的物品放在台面上。这些包括：
   a. 合适规格的注射器；
   b. 合适规格的针头；
   c. 静脉留置针：确定需要的规格及所输液体，并准备输液架、带 40 号或 50 号刀片的剃毛器、外科消毒液和包扎材料；
   d. 黏性绷带并按所需长度剪成段并粘在治疗台边缘；
   e. 固定气管插管的纱布；

f.药物选择；

g.温和的眼药膏。小诀窍：用注射器吸取1～3 mL眼药膏，并用胶带贴在麻醉机旁。

操作步骤

1.确认患病动物的身份。

2.确认诱导麻醉药的种类、剂量和给药时间。

3.操作中保定患病动物，兽医或兽医技术人员做诱导麻醉。

补充要求

1.把患病动物快速俯卧保定并进行插管。

2.完成插管后，开始准备术部。

3.操作完成后，清理工作区域。

提示：患病动物的手术准备是一个连续的过程，从麻醉前给药至患病动物躺在手术台上开始真正的手术为止。

10.6 插　　管

基本要求

气管内插管是由兽医或兽医技术人员来实施且在兽医助理的帮助下完成。插管方法是通过患病动物的嘴和咽将插管插入气管内。插管的主要目的是提供一个畅通的呼吸通路，防止舌和会厌软骨滑向喉部堵塞呼吸通路；其次是防止唾液及胃的内容物通过气管被吸入肺内，因为许多患病动物在麻醉状态下会呕吐。这就是为什么麻醉前禁食很重要的原因，如果患病动物禁食，那么胃就是空的，呕吐就不太可能发生。

气管插管有不同的直径和长度，管的大小应该与患病动物的气管直径相近。插管本身是塑料材质并且稍有弯曲。一端逐渐变细，这是首先插入气管的部分。另一端突出于患病动物嘴外作为连接端，这使插管可以连接到麻醉机的麻醉管上。从连接端向下 3/4 的插管部分是环绕管的膨胀气囊，紧连在其下的是平行于插管的一条细管，这根细管的末端是一个小气囊，其开口可注入气体。

气管插管插入气管后，将一个吸了气体的无针头注射器连在小气囊附近的开口处。当气体从注射器推出时，膨胀气囊就开始膨胀。这样做的目的是使气囊充分膨胀，以紧紧封住管道外壁和气管内壁之间的空隙，但不能产生过大的压力，否则会对气管造成刺激和损伤。每次用之前，必须检查气囊，保证气囊不漏。一旦气囊达到了适当的压力，注射器附近的小气囊会开始膨胀。这时停止充气，去掉注射器，封住注气开口，制造商们设计了多种方法封住注气开口，可以是阀门、帽或者用夹子夹住小气球的末端。查看气囊，明确制造商对气囊的膨胀与缩小设计的使用。在拔管前抽掉气囊内的气体非常重要，这是拔管的步骤之一。

实际将管插入气管时需要润滑管的外壁。许多兽医更喜欢局麻药加润滑剂，例如利多卡因凝胶，有的也喜欢只使用自来水。患病动物俯卧，头颈部伸展，兽医助理将患病动物的嘴张开，同时把舌头拉到患病动物的切齿外（图 10-1）。兽医可借助咽喉镜进行插管。咽喉镜带有灯和压舌板，有助于暴露喉部。当患病动物呼吸时，喉部软骨一开一合。对于猫，有一个特殊的问题是喉部易出现痉挛，这使在对猫进行插管时相当困难，需要在喉的前缘使用少量局麻药来辅助插管。对于其他种类，插管时不会出现这种情况。当喉张开时，气管插管的尖端插入喉部软骨间，并顺着气管正好滑到支气管第一分叉处。这时用一条纱布环绕在插管的连接端处，在其下方系紧，再滑到犬齿后方，向上系在患病动物的鼻部上方或者拉到耳后打结，这样可以防止插管突然从气管内滑出。一旦气管插管固定好，兽医助理可松开患病动物的嘴并给气囊充气，让患病动物转为侧躺。

气管插管插入气管后，将麻醉机的麻醉管接在连接端上，开始吸入麻醉。依兽医的喜好和可用的监护设备种类，选择各种监护仪开始监测患病动物的体况和麻醉的效果。监护仪包括体温计、呼吸监测仪、食管听诊器、血压计、心电图仪和/或脉搏血氧计。这些工作完成后，兽医助理开始对手术部位进行术前准备。

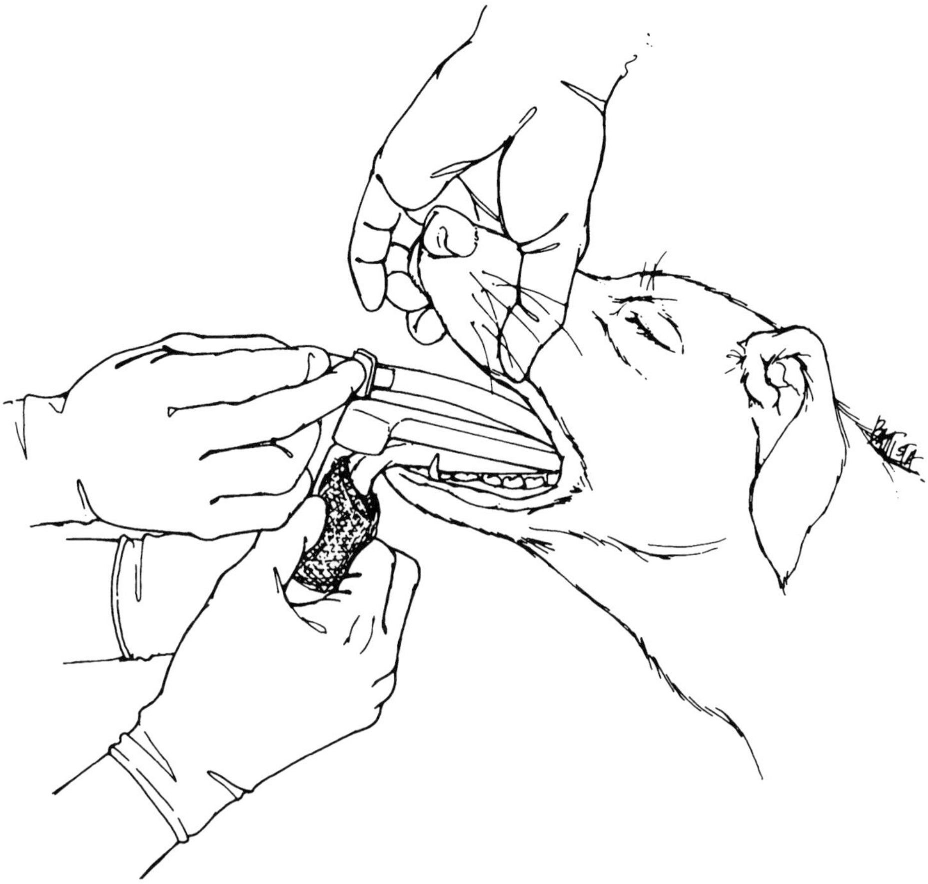

图 10-1　放置气管插管的头部保定

工作流程

准备工作

1. 对于插管，需要的材料包括：
   a. 合适规格的气管插管，小诀窍：把原定规格的插管与比它大一号和小一号的气管插管都同时放在台面上备用；
   b. 将一根 24″～36″长的绷带系在气管插管连接端，在其下方系紧；
   c. 气管插管润滑剂；
   d. 咽喉镜；
   e. 用于充气的注射器（使用前检查气管插管的气囊是否漏气）；
   f. 将所有需要的东西都放在台面上或器械托盘架上。
2. 准备麻醉机（参见 10.12）。

操作步骤

1.俯卧保定患病动物。

2.伸直颈部。

3.打开口腔。

4.把舌头向外拉出,紧盖在下切齿上。

5.根据兽医技术人员或兽医的要求改变体位。

6.一旦插入气管插管,把纱布末端系在动物耳后或鼻部上方,打结应打活结。

7.给气囊充气。小诀窍:把一个 3~5 mL 的注射器系在麻醉机上,这样随时都可以充气。

8.将动物侧卧保定。

补充要求

1.插管过程中仔细观察患病动物是否出现发绀和呼吸暂停。

2.如果插管辅助呼吸后患病动物仍呼吸困难,马上向兽医报告。

3.让实施插管操作的人员评价你的辅助工作。在插管时每个人对患病动物的体位和器械的要求都可能不同。

10.7 术部准备

基本要求

在接受手术的前一天，非常脏的患病动物应该用温和的浴液洗澡，而一般的患病动物不需要。插管完成后备皮前，应先排空患病动物膀胱中的尿液，这可防止手术过程中患病动物不自主排尿，导致污染创巾、器械或手术衣。术部的准备应在处置室或准备室进行，而不是手术室。只有最后涂抹外科消毒液时才开始在手术室内操作。按既定程序备皮可保证最大程度地清洁皮肤表面。由于皮肤下有毛囊和许多小腺管，所以皮肤是不可能完全灭菌的。另外，备皮时不可造成皮肤外伤，因为外伤会减弱皮肤作为抵御感染屏障的能力。

剃毛区域取决于切口的位置。被毛的修剪和备皮应该向切口边界周围扩展。有些术者推荐离切口边缘 2″～4″。对于长毛患病动物，应把切口周围有可能掉入切口的毛都剪短。保持剃毛区域边界光滑，表面清洁。参考附录 M 上针对不同外科手术程序所推荐的备皮区域图。准备去势手术时，阴囊的毛通常采用拔而不是剃。当进行矫形外科操作时，整个腿部四周的毛都应该剃掉。初生犬断尾和悬指(趾)切除术前通常不用剃毛。同样猫在去爪前，前肢通常是不剃毛的。(猫去爪时，只去前爪。)

皮肤的准备从用 40 号刀片剃毛开始。使刀片平贴在皮肤上防止形成刀伤而损伤皮肤。剃毛时要逆着毛的方向，以保证毛剃得尽可能短。一旦剃毛完毕，用一个真空吸尘器软管围绕剃毛区吸走散落的被毛，注意不要接触到剃毛区皮肤，然后吸走落在准备台和周围地上的被毛。记得每次用完以后用消毒剂擦拭软管的末端。

用真空吸完毛后，开始擦洗过程。碘伏和洗必泰是两种最经常使用的皮肤消毒剂，但市场上也有其他产品可用。参考 12.1 可得到更多关于皮肤消毒剂的信息。洗涤剂是一种含有肥皂成分的溶液，有助于破坏皮肤表面的油膜。消毒剂不含有肥皂成分，所以应在用洗涤剂擦洗后使用。所有产品和成分都各有利弊，要知道这些，需仔细看标签说明。

先用棉球蘸取外科手术洗涤剂，它含有的肥皂成分有助于皮肤脱脂。首先沿预切口处连续擦洗，接着以画圆向外扩展的方式擦洗剃毛区的其余部分。绝对不要返回重擦已擦的区域，且始终沿着从切口处向未剃毛区的方向擦。用酒精棉球重复相同的过程以除去洗涤剂。交替使用洗涤剂和酒精重复擦 3 次，最后用外科消毒剂喷洒并使其干燥。

一旦患病动物移入手术室并保定后，用镊子从装外科消毒液的容器中取出泡好的棉球，以同上的圆圈运动擦洗术野 3 次。这次棉球只能用镊子夹持。最后一次的消毒液干燥后，可铺上创巾。浸泡消毒棉球的容器和夹棉球的镊子应放在外科手术室，且为外科手术室专用。

正如其他操作一样，动物备皮也依个人喜好的不同而有多样的选择。在操作前，应与兽医或兽医技术人员确认一下偏好的洗涤程序。

工作流程

准备工作

1. 准备手术洗涤用物品箱，用不可擦洗的笔作标记。其内所需物品包括：

a. 放棉球的拉锁袋；

b. 装有外科抗菌洗涤剂(包含肥皂成分)的试剂瓶，试剂瓶一定要贴上标签，因为是二次容器；

c. 装有酒精的带标签的试剂瓶；

d. 装有外科消毒液(不含肥皂成分)的带标签的喷壶。

2. 检查手套；

3. 带 40 号或 50 号刀片的剃毛器；

4. 带软管的真空吸尘器，最好是带消毒罐的或湿/干式吸尘器；

5. 确定患病动物需剃毛和准备的部位。

操作步骤

准备区：

1. 患病动物剃毛。

2. 真空吸去患病动物脱落的被毛。

3. 用浸有外科洗涤剂的棉球擦拭，先在切口位置，再做圆圈运动向外扩展，延伸至未剃毛区。

4. 用酒精棉球擦拭。

5. 反复用洗涤液/酒精循环处理 3 次。

6. 将外科消毒液喷到剃毛区。

7. 等待皮肤干燥。

手术室内(患病动物摆位后)：

1. 工作台上放上用抗菌溶液浸泡棉球的试剂瓶。用镊子夹持，沿切口位置擦拭，然后向外做圆周运动，直至剃毛区的外围。

2. 反复使用溶液 3 次。

3. 最后一次擦洗后待术野晾干。

4. 不要在皮肤上存留过多的消毒液体，使皮肤潮湿即可，这样会干得快。

补充要求

1. 向手术室的试剂瓶内添加棉球和外科消毒溶液。

2. 根据需要给洗涤用物品箱添加棉球和灌满装各种溶液的瓶子。

3. 定期清理吸尘器，推荐每周一次。贴上标签，填写清理日期和清理人姓名，标明“手术患病动物专用”。

4. 使用真空吸尘器软管后用消毒液清洗软管。

5. 按照厂商说明清理和润滑使用后的刀片。

10.8 手术包裹

基本要求

根据不同的用途手术包分为不同的类型，不同类型的手术包裹含有不同的物品。手术包裹应放在指定位置。外科手术医生根据需要在准备室准备手术。术者需要：

1. 帽子、口罩和鞋套。这些不是无菌的，但必须干净，并且最好在每次手术之前更换。

2. 洗涤包裹。这包括一个毛刷和一条亚麻布毛巾，这需要无菌。外科医生在戴手套之前用它们清洗、擦手。

3. 手套包裹。这是无菌的，多数是出厂前封装好的一次性手套，已经提前往手套里撒过润滑粉或手套包裹内含一小包润滑粉以帮助戴上。外科手术医生的手套尺寸和偏好因个人而异。

4. 手术衣包裹。手术衣是无菌的，应在双手消过毒之后和戴上手套之前在兽医助理的协助下穿上。

在包裹内容物的中间贴有灭菌指示条，指示包裹的最内部已经灭菌。所有的包裹都用高温灭菌的指示胶带封住。在灭菌过程中，胶带的指示条变成黑色，显示包裹已经过了高温灭菌。胶带的末端返粘形成一个小垂边，便于打开包裹时除去胶带。胶带上一定要标明包裹内所含物品、准备包裹者姓名及高温灭菌日期。标记高温灭菌胶带时应使用签字笔。

手术包裹放在术者洗涤用的水龙头附近的台面上，但不要太近，以免水溅出，污染包裹内物品。外包裹要按一定方法打开，这样才不会碰到包内的物品和内侧面。

洗手包

洗手包裹内的物品是一条叠好的毛巾和一个毛刷。毛巾叠成扇子形并且顶面上的一角回折以形成一个狗耳朵状。其折叠方法是先沿短轴对折，放在平的台面上，每一面再反对折回来形成一个有两个折和四个面的长扇子形。此时再从扇子形毛巾的一端对折，形成方形，然后在以之前叠扇子形的方式折叠。最后将叠好的毛巾的上部一角折回以形成一个小三角，即“狗耳朵”。外科准备中大多数折叠的物品都是折叠成扇子形并且末端折成狗耳朵。

毛巾放在外包布的对角线上，刷子放在毛巾上面的中央。在刷子和毛巾之间是消毒指示条，这个纸条受热时会变成不同的颜色。当然也可采用其他温度指示标记。外包布的一角将毛巾紧紧包住，超出内容物的部分以扇子形折回，并以一个小的狗耳朵收尾。外包布左侧三角和右侧三角重复以上过程折叠。最后紧紧拉起外包布剩下的一角，将其塞入双边折叠处和第一个折起的三角上。在叠入处留出一个小三角，作为打开包裹时的手持点。外包布包好后，剪下一条高温灭菌胶带。在带子上面写下内容物的名字，即“洗手包”，以及准备这个洗手包裹的人的姓名和高温灭菌日期。外包布的胶带在留出的小三角附近返粘，方便除去胶带。

手套包

对于出厂前包好的一次性的手套，两只手抓住游离缘，轻轻拉开并平放暴露出内容物。这是打开一端有游离缘的灭菌包裹的通用技巧，不要碰到内包或外包的内表面。

对于非一次性手套，每次用完后往里注水以检查是否漏水，漏水的手套应弃去。新手套应清洗正反两个面,然后放在毛巾上晾干。外表面干燥后,需要将手套内面翻出晾干。方法是先将手套手掌部翻出来,再往内吹气形成一个小气球,一只手紧紧封住手套口并施加压力,手套的指部就会突出,手套就翻过来了,最后将新的外表面晾干。手套涂粉时,将玉米淀粉放在一个午餐纸袋内,再放进一双手套,封住袋口并充分摇动,最后取出手套并抖去多余的淀粉。如前所述,将手套内面翻出并再次涂粉,再抖去多余的淀粉。放置手套时,掌面朝上,拇指朝外,其他手指紧贴在一起,套口外挽起至拇指基部。每只手套放在一个小袋中,再将两个小袋放入手套包裹中。在小袋的边上放一个灭菌指示条,小纸袋对折。按照折叠洗手包裹的方法折叠手套包,高温灭菌后储存待用。

打开包裹时,包上的狗耳朵应朝向操作者。抓住垂边撕去条带。确认高温灭菌后,条带已变成黑色。抓住外包的突出的三角部分,先向自己身体侧牵拉,展开外包布,然后提起向身体对侧拉。操作时,胳膊不能从包裹的正上方经过,需从旁边绕过。松开三角部分,用右手抓住右边的狗耳朵,打开并平放在右边。左手重复相同的操作,抓住剩下的狗耳朵的顶角,打开并拉向自己,然后松开。注意抓住外包布时,只抓顶角的一点即可。胳膊不可从无菌物体上方经过也不能接触到外包的内表面。

手术衣包

刚洗过的手术衣应放在一个大的平面上,前表面朝上,袖子交叉于手术衣的表面。把手术衣的后边两侧部分折到前边,在手术衣的前中部中间轻微重叠。沿手术衣前表面的对折形成一个褶,手术衣的后部边缘反折回褶处,展平,袖口也一起反折。沿着中折线卷起手术衣后部松散的末端。先折起手术衣形成一个方形,用扇子形折叠法,将手术衣整个连续折叠起来直到领口。将领口的上部翻折形成一个狗耳朵。将灭菌指示条插入手术衣褶中央。将折好的手术衣沿外包布对角线放好,按前面描述的洗手包的方法折叠外包布。在外包部上贴上高温灭菌胶带,标记内容物、打包者姓名及高温灭菌日期。

高温灭菌过的手术衣包裹放在手套包裹旁边。外包布的打开方法如前所述。包裹的制作和打开方法反映了保持无菌的必要性,是无菌技术的一部分。

工作流程

准备工作

1. 按操作所述准备洗手包。
2. 按操作所述准备手套包。
3. 按操作所述准备手术衣包裹。
4. 从储存处取出包裹并放在洗手区附近的台面上。

操作步骤

1. 找到下列包裹：
   a. 洗手包；
   b. 手术衣包；
   c. 手套包(确认外科手术医生所需的手套型号)。
2. 按描述打开包裹。

补充要求

1. 一旦术者洗手完毕，帮助术者穿上手术衣。

2. 开启所有封条。

3. 术后，清洗、折叠手术衣，打包并高压灭菌。

4. 清洗毛巾和浸洗洗手刷，准备和高压灭菌新洗手包。

5. 弃去一次性手套和破裂或漏水的手套。如果不使用一次性手套，清洗用过的手套，准备新手套包。确保同一手套包内的手套型号一致，并将型号写在手套包外的高压灭菌带上。

10.9 外科手术医生的准备

基本要求

外科手术医生应先戴上帽子、口罩并穿上鞋套，然后从打开的洗手包中取出灭菌的洗手刷开始刷洗，这些都要按标准模式操作。洗手完毕后，用洗手包内的灭菌毛巾擦干双手，接着穿手术衣。抓住手术衣颈部上的狗耳朵提起手术衣，使整个手术衣展开，外科手术医生的手穿入袖子。如果医生采用封闭式戴手套方法，那么应先戴手套，后完成穿手术衣。如果医生使用开放式戴手套方法，那么应先穿好手术衣，后完成戴手套。

兽医助理应站在未穿好手术衣的医生后面，完成下列操作时不能碰到手术衣的外表面。兽医助理双手同时伸至术者臂下手术衣背面和臂口接缝处，紧紧抓住手术衣，把袖子向上拉，使手术衣的两个袖口都到达术者的腕部，然后用手指抓住颈部上的飘带对拉并在术者背后打一蝴蝶结，最后是扎紧腰部的飘带。手指拉紧腰部的手术衣飘带并打蝴蝶结。腰部可以比较宽松，以不妨碍术者的操作为限。远离术者，任何情况下，任何人或任何未灭菌的物品都不能碰到手术衣。

完成戴手套和穿手术衣的过程后，术者准备进入手术室。同时，麻醉的患病动物也已剃毛和清洗完毕，准备进入手术室。最理想的情况是患病动物的准备和术者的准备同时完成。

工作流程

准备工作

1. 在外科准备区进行手术准备。
2. 手术衣包放在洗手包和手套包之间。
3. 几个包之间留一定的空间，无菌打开每个包。

操作步骤

如果术者穿手术衣时采用开放式戴手套：

1. 站在术者后方。
2. 抓住术者臂下的每个臂口接缝处。
3. 向上拉袖子，直至术者的手暴露出来，袖口位于腕部。
4. 用蝴蝶结扎颈部飘带。一定要用力拉手术衣，使背后的手术衣交叠。
5. 扎腰部飘带，松紧度以不妨碍术者操作为准。
6. 退后远离术者。
7. 术者此时开始戴手套。

如果术者穿手术衣时采用闭合式戴手套：

1. 如前所述的第 4 步，扎颈部飘带。
2. 术者戴手套。
3. 戴完手套后，如前所述第 2～5 步穿上手术衣。

补充要求

1. 当术者洗手时，准备患病动物。只有帮助术者穿衣服时才短暂离开患病动物。

2. 回到患病动物身边，完成清洗消毒皮肤并把患病动物转移到手术室。将患病动物摆位并完成最后的备皮工作。

提示：永远不要让你身体的任何部位碰到手术衣的任何部位。与术者保持 2′的距离，以防止偶然接触。

10.10 患病动物的摆位和最后的备皮

基本要求

患病动物的摆位由手术操作决定，理想的体位可以提供最佳的手术通路。无论选择哪种摆位，体位的保持都要用到各种"V"形固位器、沙袋、泡沫楔、筒状毛巾、固定体位真空吸袋和软棉绳。

手术台并不是平坦的不锈钢台子。在手术台下面有个手柄，松开手柄可以使手术台倾斜。有些手术台有一小孔，孔下有一牵引钩，用于悬挂不锈钢小桶。手术台表面并不是全平的，在它的周边有一圈浅凹槽。这种设计可使手术台表面的液体流到下面的小桶里。在接近地面的地方有两个脚踏板，可根据手术医生的需要踩脚踏板来调整手术台的高度。

患病动物进入手术室前，应先准备好手术台。其表面和边缘应喷洒消毒液，台面上放上循环热水垫、厚折叠毛巾或其他一些保暖设施，这些物品用于维持手术台上患病动物的体温。将干净的毛巾盖在循环热水垫上，然后把患病动物放在毛巾上，其四肢用挂在手术台上的软棉绳保定。该绳的一端有一个小绳圈，用于绕成大环，游离端可拴在手术台下的 4 个保定栓上，保定栓一般处在手术台的 4 个角上。有些手术台下的保定栓可以移动。

患病动物的手术保定通常有 3 种体位：侧卧（左侧卧和右侧卧）、仰卧和俯卧。仰卧是最常采用的方式，因为它提供了各种类动物的腹腔和犬阴囊的通路。俯卧主要是用于尾部和会阴部手术，这也是猫去势时常用体位，但也有一些术者喜欢采用侧卧。胸腔手术可以仰卧也可以俯卧，脊椎手术通常采用俯卧，四肢手术一般都采用侧卧。

患病动物摆位完成后，用绳子保定四肢。把绳的末端穿过另一端的小绳圈以形成一个大环。这个大环用于套在四肢的近端部分，如肘部上方或踝部上方。绳的游离端做成另一个环，套在四肢的远端，如靠近腕骨或跗骨。最后将游离端向较近的手术台一端拉紧并用一系列半挽结拴在邻近的栓子上。绳应拉得足够紧以保持动物的体位，但也不能太紧，以免影响血液循环。如果手术涉及四肢远端，该肢不要用绳保定，其他肢正常保定。当患病动物侧卧时，四肢拴在较近的手术台的栓子上，而靠近患病动物背部的对侧栓子不必使用。

调整手术灯，使尽量多的灯光照射在术部。在最后备皮之前，先调好灯大致的位置，等盖上创巾后，还需调整手术灯最后的位置并调整灯光直射在创巾的窗口上。最后调整时，手术医生可将一个带无菌手柄的磁铁吸附在手术灯侧面，调整最后的手术灯照射方向。如果没有这种器械，也可以叫助理调整，但必须在铺上创巾前调整，且助理身体的任何一部分都不能处于切口的上方。

患病动物摆位和灯光初步调整完毕后，开始最后的备皮。它与初始备皮相似，起于切口位置，然后逐渐向外做圆圈运动直至剃毛区边缘。此时只能用抗菌的外科消毒液且用镊子夹持棉球，不能用手。取出镊子，夹持棉球在切口的位置上开始擦，重复擦拭 3 次，每次之间不需要清洗消毒液。铺创巾前，应让皮肤上的溶液自然干燥。

这时，手术医生进入手术室，开始铺创巾。兽医助理谨记不要堵在手术医生行走的路线上，也不要进入灯光或术野内，与所有无菌物品保持距离。

谨记：无菌操作。

工作流程

准备工作

1. 准备手术台，包括：
   a. 消毒；
   b. 放置保温设施；
   c. 盖上干净的毛巾；
   d. 按手术医生需要调整手术台高度；
   e. 如果手术医生要求，倾斜手术台，一般都是轻度倾斜。
2. 拿出保定辅助器具。
3. 回想怎样打半挽结，以把绳游离端拴在栓子上（参见 4.2.3）。
4. 知道所需的患病动物体位。
5. 调整手术灯。

操作步骤

1. 把患病动物按所需体位放在铺好的毛巾上。
2. 用保定辅助器具使患病动物保持合适的体位。
3. 把绳套在四肢上。
4. 把绳拴在栓子上。
5. 进行最后备皮：
   a. 使用浸入抗菌消毒液中的棉球；
   b. 用镊子夹持棉球；
   c. 把抗菌溶液涂抹在切口位置，并逐渐向外做圆圈运动，直至剃毛区的边缘，每次涂抹不能返回已涂过的地方；
   d. 抗菌消毒液必须涂 3 次。

补充要求

1. 清除不锈钢桶中用过的棉球。
2. 把镊子放回容器内。
3. 根据需要，调整手术灯至切口上方。

谨记：保持无菌操作。

10.11 患病动物的监测

基本要求

患病动物的监测需要一个机敏、注意力集中、手脚麻利的兽医助理来完成，同时还需要配合监护仪的使用。各种监护仪可以提供各种信息，兽医助理一旦发现异常，应马上告知兽医。监测的生命体征中包括心脏功能和血压、呼吸的频率和深度、中枢神经系统反射和体温。如果患病动物在术中输液，还要监测其输液速率和液流畅通情况。

虽然在通常情况下患病动物多出现恶性体温过高，即体温快速升高，但手术中患病动物更易出现低温。维持体温可用循环热水垫，但这不是唯一的方法。电子直肠探头温度计是监测体温的最佳方法，因为它可快速反映体温并在屏幕上显示出来。

毛细血管再充盈时间(CRT)是最易操作的评价方法之一。翻开患病动物的唇部，暴露犬齿上的牙龈，该区域应当无色素，因为色素会妨碍评价。手指用中度力量按在牙根的后部，按压 2 s 后，松开手指，计算牙龈从苍白恢复至周围牙龈正常颜色的时间。颜色的正常恢复时间应小于 1 s。如果患病动物休克或其他原因引起循环受阻，恢复时间会延长。

机体正常黏膜颜色为粉红色。如果患病动物贫血或休克，黏膜会呈苍白色。蓝色黏膜表明存在严重的问题。蓝色黏膜叫发绀，这表明血液中缺氧，颜色越蓝，病情越严重。黏膜还可呈褐色或混浊色，即高铁血红蛋白血症时出现，这见于中毒，如亚硝酸盐中毒。一氧化碳中毒时血呈鲜红色。任何黏膜颜色异常都必须马上告知兽医。

呼吸功能评价可通过观察、食道听诊器或呼吸监护仪来完成。兽医助理可把一只手伸到创巾底下触摸胸部，检查呼吸的频率和深度或者观察麻醉机上呼吸气囊的运动。呼吸监护仪有环形带可缠在患病动物胸部。动物每次呼吸时，环形带被拉紧，以此测定每次呼吸频率和深度。食道听诊器是一个密闭的管腔，经食道下降至心基水平位置。听诊器可收集呼吸音和心音。声音强度、频率和节律发生变化时都表明存在问题。

心脏功能监测可通过听诊器、食道听诊器、脉搏测定仪、心电图和触诊脉搏来进行。触诊脉搏一般选择动物的股动脉。测定血压一般可用脉压计。像人测定血压一样，也需要一个袖套，袖套的型号多种多样，适用于不同的患病动物。有时还用脉搏血氧计，这个装置可用夹子夹在舌上、指(趾)间或肋腹部，它显示患病动物当时的血氧含量，正常值是 98%左右，当值小于 90%时表明即将出现发绀，需马上告知兽医。心电图指的是 EKG 或 ECG，测定的是心脏收缩时心肌产生的电脉冲。对于手术监测，常用Ⅱ导联。在放电极之前，先确认兽医偏好的导联。使用听诊器时，把听诊头沿创巾下滑至心脏处听诊心音。食道听诊器的使用更为方便，因为手术室内所有的工作人员都可以听到典型的嘣嗒音和心率。当测定值不在设定的范围内时，许多监护仪都可发出提示音。

麻醉深度的评价主要依赖于监测患病动物的不自主反射。手术是否开始主要取决于兽医助理对反射的监测，因为没有机器可以测定麻醉深度。可用手指轻拍眼睑表面以评价眼睑反射，如果存在强烈的眨眼反射，说明患病动物的麻醉深度较浅。当麻醉水平加深时，眼睑反射减轻或消失。

掐脚趾间的皮肤检查足底反射，正常有意识的动物会收缩腿部。随着麻醉的加深，反射减弱并消失。

肌肉张力在轻度麻醉时很明显，但随着麻醉程度的增加而减弱。因此，一些矫形手术应在深度麻醉时进行。

麻醉的深度可分为期和阶段。处于麻醉Ⅰ期的动物出现方向定位障碍，这个时期很短。患病动物很快就进入Ⅱ期即兴奋期，患病动物表现出不自主的运动，甚至吠叫。同样，多数动物的麻醉会很快经过这个期，它也可能只在动物苏醒期和个别的诱导期出现。如果该期在苏醒时持续存在，应把患病动物放在一个安静黑暗又不会伤害到自身的环境中。轻度麻醉是Ⅲ期Ⅰ阶段，手术麻醉是Ⅲ期Ⅱ阶段。在这个麻醉水平上，血压和脉搏正常，呼吸节律和深度也正常。瞳孔为正常大小，眼睛向内侧旋转。咳嗽反射被抑制但可能未完全消失。足底反射仍轻度存在，仍存在角膜反射，这可用手指轻拍角膜来检查。用小棒在肛门表面轻轻摩擦时，仍存在肛门收缩反射。肌肉中度松弛。这些反射会随所用药物和个体差异而不同，绝不能当作绝对准确的标准。

反射和肌张力增强是麻醉深度减轻的标志，肌张力下降和反射消失表明麻醉深度加深。多数手术都是在Ⅲ期Ⅱ阶段进行，到达Ⅳ阶段时，麻醉就严重过深了。这时没有反射，瞳孔固定在中间，中度散大，血压下降，脉搏变弱且腹式呼吸。到达Ⅳ期时，动物处于濒死期，呼吸停止，心跳骤停，瞳孔散大且位于中央，肌肉张力消失。（参见附录N，查阅不同麻醉深度下的反射和各生理参数。）

动物处于麻醉期至翻身俯卧的整个过程都需要监测。在整个麻醉期每5 min监测一次是最理想的，对重症动物的监护应更频繁。如同使用其他设备一样，使用前阅读说明，再按说明操作。记住所有的维持操作并始终坚持去做。将设备制造商的说明保留在文件夹内，永远不要对机器作假设。定期查看操作指南，熟悉设备。在实际运用前先练习操作机器，知道为什么这样用，知道患病动物各参数的正常值（参见附录E）。当监测患病动物时，必须知道哪些是不正常的，哪些信息是无效的。

如果动物医院/诊所有麻醉表，把监测的数据记录在表上，该表分为3部分。手术前期包括麻醉前用药；手术期包括所有用过的药物；手术后期从切口闭合至患病动物恢复意识为止。

手术前期信息包括动物主人和患病动物的姓名、种类、品种、年龄和性别。该表上标有手术日期和所做的操作，还记录着术前的检查数据，包括体重、生命体征和所有化验结果，麻醉前用药时间和剂量。

麻醉期包括诱导期和维持期。诱导期所有药物的使用时间和剂量必须记录，还包括所用的气管插管型号。生命体征、麻醉程度和麻醉气体含量需每5～15 min记录一次，另外还应包括输液量和大概血液丢失量。

手术后期起于切口的闭合。每5～15 min监测一次生命体征，直至拔管后吞咽和咳嗽反射出现为止。拔管后，生命体征应每15～30 min记录一次，直至动物站立为止。如其他期用的药物一样，记录药物的剂量和使用时间。（此期信息可单独记录在术后表格上，这依动物医院/诊所的规定而定。）

手术完成后，可把所有的记录点用线连起来。它展示了按时间记录的信息图。开始运用时，仔细查看该表，比较空白表和填写完毕的表。像其他表一样，麻醉记录随动物医院/诊所和兽医偏爱不同而不同，可简单也可复杂。

谨记：在尝试监测患病动物又同时记录数据前，先练习监测患病动物非常重要的。

工作流程

准备工作

1. 找到患病动物监护仪：
   a. 查看制造商的信息；

b. 知道为什么要用这些仪器；

c. 知道怎样用这些仪器；

d. 知道如何维护这些仪器，特别注意消毒和校准；

e. 用健康动物练习监测（如可用常规牙科护理时麻醉的健康动物）。

2. 知道正常的生命体征值。

3. 知道怎样评价患病动物的反射。

4. 知道如何调整麻醉深度。

5. 明确兽医助理在急诊病例中的职责。

操作步骤

患病动物麻醉前：

1. 找出手术室内所有的监护仪。

2. 确证所有的仪器能正常工作。

患病动物进入手术室后：

1. 按说明使用监护仪。

2. 打开监护仪。

3. 如果监护仪是可听的，调整音量，使之能够被听到，但声音不要太大，以免干扰说话。

4. 按常规方式监测患病动物。

①心脏功能：

a. 脉搏（脉律和节律）；

b. CRT；

c. 黏膜颜色；

d. ECG；

e. 用听诊器听诊心脏（谨记：不能破坏无菌操作）。

②呼吸功能：

a. 频率和节律；

b. 深度；

c. 特征（腹式和胸式）。

③反射：

a. 足底反射；

b. 肛门反射；

c. 眼睑反射；

d. 角膜反射；

e. 咳嗽和吞咽反射；

f. 肌张力。

④体温。

⑤用麻醉表记录结果。

⑥每 5～15 min 重复一次。

⑦持续监测直至患病动物离开手术室，恢复吞咽和咳嗽反射。

补充要求

1.按说明清理监护仪。
2.设备消毒。
3.将设备收拾好。

谨记:监测不仅仅是设备的事情,还需要经常观察。“不观察永远不知道。”

10.12 麻 醉 机

基本要求

麻醉机能够向患病动物输送麻醉气体，同时排出患病动物呼出的废气和二氧化碳。麻醉机的关键部位是挥发罐。挥发罐把液态的麻醉剂转化成气态，供患病动物吸入。挥发罐有特异性，例如：氟烷就不能用异氟烷的挥发罐。挥发罐上有一个阀门，用于调节气体输送的速率，熟悉怎样使用它。通过移动阀门调节麻醉气体的量来控制麻醉深度。传输气体的单位为“体积百分数”。在使用后要不断补充液态麻醉剂，且在每次使用前都必须检查液体麻醉剂的量。最好是在一天工作结束时补充挥发罐中的麻醉剂，而且在补充时周围不要有人，以防止吸入挥发的气体。在必要的时候可分多次补充麻醉剂。切记，麻醉气体是有毒的，经常处于含低浓度麻醉气的空气中的手术工作人员如果怀孕，容易发生流产。长期吸入氟烷气体容易损害肝脏和肾脏，短时间则会使人头昏眼花。患病动物和麻醉机都是麻醉气体与人接触的来源，尽量减少与麻醉气体的接触。使用时要小心谨慎。

患病动物呼吸的是氧气和麻醉气体的混合气体，医院使用的氧气都是罐装液态氧，氧气罐和输送氧气的管子都有绿色标记。氧气罐有几个不同的型号，型号小的可以直接安装在麻醉机上，型号大的安装在室外，氧气通过管道传送到室内，输送管从天花板上下来连接到麻醉机上，这些管子都是绿色的。氧气罐上有一个压力表，上面显示着罐中剩余氧气量，每天应检查压力表的刻度。如果氧气罐快没有氧气了，要及时更换新氧气罐，切记不要让氧气在手术中耗尽。每个氧气罐上都应该贴上标签，标明氧气罐是“满的”、“正在使用”或“空的”，正确使用这些标签。每个麻醉机上都有个绿色的流量计，用于调整患病动物的氧流量，它用 L/min 表示。氧流量由患病动物的大小、输氧方法（麻醉箱、面罩或气管插管）和麻醉气体在复吸式还是非复吸式系统中使用而定。体重较小的动物则采用半封闭式循环系统，氧气流量的标准是 30 mL/(kg · min)。例如：一条 10 kg 的可卡犬，氧流量计应设为 300 mL。

一些麻醉机的基础麻醉气体是一氧化氮。氮气罐、胶皮管和流量计是蓝色的。一氧化氮的使用量不能超过氧气量。一般应在患病动物开始呼吸室内空气前 5 min 关掉一氧化氮。可用氧气管输送的氧气来排出一氧化氮，氧气管固定在麻醉机上。

患病动物呼出的二氧化碳可用过滤罐吸收，过滤罐内含有二氧化碳吸附颗粒。当这些颗粒（如碱石灰）发挥效力后，它的颜色会发生变化，可能会变成粉红或蓝色。当 2/3 的吸附颗粒颜色改变时要更换新的吸附颗粒，不要等到吸附颗粒效力完全耗尽。

在装有二氧化碳吸附颗粒的过滤罐前面有一个呼吸气囊，其大小根据患病动物的潮气量而定，平均潮气量是 10 mL/kg。6 乘以潮气量就可以用于确定呼吸囊的大小。例如：一条狗重 10 kg，根据上述计算出呼气量为 10 kg×10 mL/kg＝100 mL，100 mL×6＝600 mL，那么最终这只狗的呼吸囊大小应大于 500 mL 或 0.5 L，比 500 mL 更大规格的囊是 1 000 mL 那么麻醉机上应配 1 L 的呼吸囊。呼吸囊的规格范围为 0.25～30 L。呼吸囊能非常容易地从麻醉机的不锈钢管上取下。患病动物呼吸时，气囊随着呼吸充气放气。通过观察气囊的运动，能够粗略地估计患病动物呼吸的频率和深度。有节奏、规律的挤压气囊可辅助患病动物呼吸。气囊每次用完后应从麻醉机上取下并用消毒剂浸泡 10 min 后用温水冲洗干净，将其倒挂充分晾干以备下次使用。

当系统内部的压力过高时，麻醉机上有一个安全阀会打开并放出多余气体。一般有个净化管道与该阀门相连，防止麻醉气体释放到手术室中。在打开麻醉机前，将净化管道与阀门相连。净化管道与户外相通，麻醉气体释放在外界空气中。

“Y”形波纹管的主干部直接与气管插管相连，在剩下的两个分支中，一个与吸气阀处的管道相连，另一个与呼气阀处的管道相连。每次使用后，管子要用温和的消毒剂浸泡 10 min，然后用热水彻底冲洗挂起晾干备用。

麻醉气体的使用可采用面罩或麻醉密闭箱的方式，尤其是诱导麻醉阶段。麻醉密闭箱有一与净化管相通的开口，还有一端与“Y”形管相接。面罩有多种型号，使用时应根据患病动物的脸形来选择。麻醉密闭箱和面罩的消毒和清洗与管道和气囊的处理方法相同。

根据患病动物的潮气量和体型来选择呼吸系统类型，开放式系统不需要碱石灰过滤器和气囊。它只用于非常小的患病动物，如袖珍宠物和鸟类。而半开放式非复吸式系统用于小于 7 kg 的患病动物。最普遍使用的半开放式非复吸式体系只有一个波纹管与气管插管直接相连，没有“Y”形管，称为贝恩系统。此系统是通过中心管道直接向患病动物传送混合气体，中心管道外周的波纹管输出患病动物呼出的气体。阀门位于波纹管的末端，与贮气袋相连。流速是 100～300 mL/(kg・min)，最小氧流量是 500 mL/min。

在复吸式体系中，患病动物呼出的气体经过二氧化碳吸收颗粒后，可再次吸入。目前有两种复吸式体系：封闭式和半封闭式。封闭式系统仅仅能够提供新陈代谢所需的氧气，大约是 7 mL/(kg・min)。安全阀是关闭的，这是个十分节约的体系，其缺点是该体系不能使用一氧化氮。半封闭式系统使用的是一个开放的安全阀和更高的氧气需求量。氧气的流量范围是 15～30 mL/(kg・min)。半封闭式系统拥有封闭式系统低耗氧量的优点，但同时可用一氧化氮。

仔细阅读麻醉机的使用和维护说明。查看所有的阀门、管道、接口以及机器使用的系统。知道如何调节阀门。牢记每个系统和不同大小患病动物所需的氧气量，知道不同患病动物所需的气囊大小。麻醉机最常出现的紧急情况是安装不当，而这些事故是可避免的。

其他一些关于兽医麻醉和设备的信息可在以下网址查到：www. vetmed. wsu. edu/dept-anesthesia/equip，更详细的信息应查阅网址 www. anest. ufl. edu/vam。现在该网站上提供的是有关人医的信息，但是兽医和人医是类似的。

工作流程

准备工作

1. 阅读制造商关于麻醉机使用和维护的说明。
2. 找到麻醉机的所有部件：阀门、胶皮管、接口、挥发罐、碱石灰过滤器和流量计。
3. 每天下班前添加麻醉剂。
4. 每天下班前检查各个气罐的压力，确保罐中的气体足够第二天全部的手术使用。每种气体都要有一个备用罐。
5. 知道患病动物的体重。
6. 安装合适的呼吸气囊。
   a. 计算方法：(10 mL/kg×患病动物体重×6)÷1 000＝呼吸气囊的型号；
   b. 呼吸气囊型号：0. 25、0. 5、1、2、3、5 和 6 L。例如：10 kg(患病动物体重)×10 mL/kg×6＝100 mL×6＝600 mL÷1 000＝0. 60 L，因此该患病动物应选择 1 L 的呼吸气囊。
7. 选择呼吸系统。根据患病动物的大小选择呼吸系统。非复吸式系统适合小于 7 kg 的患病动物，复吸式的封闭式或半封闭式系统适合体重大于 7 kg 的患病动物。
8. 根据患病动物的体重和选用的系统确定所需的氧流量。
   a. 非复吸式系统。半封闭式：100～300 mL/(kg・min)，最小流速 500 mL/min。

b.复吸式系统。封闭式：7 mL/(kg·min)；半封闭式：最低流量为 15 mL/(kg·min)，最高流量为30 mL/(kg·min)。

9.准备麻醉机。

a.检查系统是否漏气。把拇指按在与患病动物相连的胶管末端，关闭安全阀，用氧气充气阀门使体系内压力上升到 40 cm。如果压力保持不变，证明体系不漏气。

b.检查完气密性之后，把气体净化管连在开放的安全阀上。

c.检查碱石灰过滤器。当 2/3 的碱石灰颜色发生变化时，更换碱石灰。

d.检查氧气和一氧化氮是否够用。

e.检查挥发罐中吸入麻醉剂的量，根据需要添加。

操作步骤

1.手指按住连接气管插管的波纹管末端：

a.按住氧气充气阀；

b.呼吸气囊充气至 2/3 或 3/4。

2.胶管末端与气管插管相连。

3.打开挥发罐阀门。

4.询问手术医生初始麻醉剂浓度。

5.监视患病动物的反射。

6.当患病动物达到外科手术的麻醉阶段时，挥发罐麻醉气体浓度降至维持水平。

7.当手术医生开始缝合皮肤时，询问是否开始减少麻醉气体的用量。

8.按手术医生的要求操作。

9.当麻醉气体停止使用时，立刻用氧气充盈呼吸囊。

10.直到手术医生下令拔掉麻醉管时才能停止供氧。

11.直到患病动物的吞咽和咳嗽反应重新恢复时才能撤掉气管插管。

补充要求

1.出现咳嗽反射后，拔掉气管插管。先抽出气管插管膨胀气囊内的气体。

2.患病动物能俯卧时停止监护患病动物。

3.当患病动物逐渐苏醒时，将其转移至恢复室，并铺盖上毯子或毛巾以保持体温。

4.麻醉机上的挥发罐要每年进行一次专业的校准。

5.每次使用后要清洗胶管和呼吸囊。

谨记：只使用校正过的挥发罐装麻醉剂。

10.13　麻醉苏醒期患病动物的护理

基本要求

患病动物清洗干净后就可以离开手术台，最理想的安置环境是温暖安静的地方，而且还要能随时监护其情况。患病动物必须待在一个安全的足够大的空间里，确保它的头和脖子能够伸展开，不要使颈部弯曲，否则气管会被堵塞。由于手术中动物要到达麻醉的外科手术期，因此动物在苏醒时也要经历与此相反的各个麻醉期和阶段。当动物的反射恢复时，表示其意识也恢复了。

监测患病动物的吞咽反射很重要，吞咽反射暗示着什么时候可以拔管，拔管过早易导致患病动物气道不畅造成呼吸困难甚至窒息，拔管过晚易导致患病动物嚼咬插管甚至将管咬断。当患病动物苏醒时舌头会舔，下颌力量增大。解开头上固定气管插管的绷带，抽出插管上膨胀气囊中的气体，此时可以很容易地将插管从喉部拔出。

在苏醒期，患病动物的呼吸频率加快和呼吸加深，逐渐恢复运动能力，开始试图站起来。通常先从侧卧转向俯卧，最终能够勉强站起来，但可能还会摔倒。由于身体丧失了很多热量，患病动物会发抖。麻醉药物还会引起患病动物在苏醒期暂时的兴奋，在此期间患病动物可能会出现神经症状，有可能会伤害到自己，所以要小心仔细地照顾它，使它待在一个安全的不会伤到自己的地方。

在麻醉药物未代谢完期间继续监测患病动物的生命体征，记录下相关信息。此期间还可根据处方给予患病动物镇痛药物。

为了使患病动物在术后感觉温暖舒适，要提供一个温暖安全的地方。在患病动物只能侧卧期间，要每隔 10～15 min 将其翻身一次，这样能够预防实质性肺炎的发生。保持患病动物头部伸展，直到动物可以俯卧。一些兽医喜欢把患病动物安置在手术室或处置室内，直到患病动物能够俯卧为止。这时可把患病动物放到有厚垫子的大笼子里，可以使用加热灯或循环温水毯来保温。按处方要求继续静脉补液。

警告：不能将患病动物从热源处移开。在维持正常体温的同时要防止患病动物被热源烫伤，要随时监护患病动物。

工作流程

准备工作

1. 将麻醉苏醒期表准备好，如果苏醒期信息与麻醉记录写在一起，那么接着麻醉记录书写。
2. 准备一支笔。
3. 为患病动物恢复准备一个安全的地方。
   a. 准备垫子；
   b. 注意保温，热源可使用循环温水毯、加热灯或者毛毯；
   c. 有足够的空间能够使患病动物头颈能够伸展；
   d. 能够随时监护动物。（一些动物医院/诊所将卧具放在手术室地面上。患病动物卧在垫子上，垫子下放麻醉期用的循环温水毯，还可以给患病动物盖上毛毯。）

操作步骤

1. 把患病动物安置在温暖有垫子的地方。
2. 伸展颈部。
3. 解开系气管插管的绷带。
4. 继续监测患病动物生命体征。
5. 观察动物的吞咽反射。
6. 放掉气管插管上膨胀气囊的气体。
7. 有吞咽反射时立即拔掉气管插管。
8. 给予动物指定药物。
9. 继续观察患病动物并监测生命体征。
10. 当患病动物恢复俯卧时，把它放到笼子里继续术后观察和护理。

补充要求

1. 完成麻醉记录和麻醉苏醒期记录。
2. 在治疗记录板上标明患病动物手术已完成。
3. 继续监测患病动物，进行术后护理。

谨记：

1. 在麻醉苏醒期间患病动物仍然处于危险状态。
2. 患病动物的安全和舒适要放在第一位。

10.14 佩戴手套

基本要求

兽医助理一般不参与外科手术操作，但是有些情况下也要求兽医助理洗手并戴上手套协助手术操作。原则上协助手术操作应该是兽医技术人员的工作，但兽医技术人员并不是随时都有空的。所以作为助理懂得一些相关技术往往能够应急，避免问题的发生，临场学习这些外科手术知识是来不及的。

戴手套起始于洗手，像外科手术医生一样先戴帽子、口罩，然后找到洗手包、手术衣包和手套包。知道自己戴多大尺寸的手套，最好在正式戴手套之前先练习佩戴，借此你能够选择出适合自己的手套。在戴手套之前要摘掉手和胳膊上的所有佩戴物，手指甲不能超过指缘，而且不能涂指甲油。先使用无菌操作打开手套包备用。把洗手包内的刷子拿出来，移到水槽开始洗手。水和肥皂液的开关装置由脚、肘或膝盖来控制，这样能够防止洗手后再次污染。在洗手过程中手掌要高于肘部。洗手的顺序是从指尖到肘部，冲洗过的部位不能再倒回去洗。

有两种洗手的方法，一种是按时间长短洗，另一种是次数洗。时间法是指所有要消毒的手指、手掌和胳膊的每个部分至少要擦洗 5 min。次数法指每只手的各个部分要擦洗和冲洗至少 10 遍。每只手指都有 5 个面，前后、两侧面和指尖。手和胳膊都有 4 个面。从指尖向肘部擦洗，以同样的顺序来清洗。肥皂液和水顺肘部留下，洗手完后将刷子放在水槽边。

洗完手后完全晾干，再穿手术衣。拿起手术衣的狗耳朵角，使其自然展开，手臂插入袖筒。

开放式戴手套

让另外的助理人员帮你穿好手术服，然后戴手套。如果有润滑用的淀粉，将其抹在手上。打开手术包的内层，用右手拿起左手手套。拿的时候只能抓住套口折叠部分。将左手伸进手套里，右手松开。然后用戴上手套的左手手指插入右手手套的套口折叠部分与手掌之间，辅助右手插入手套。然后左手撑开右手手套口，将其翻转回来盖在手术服的袖口上。之后再用戴好手套的右手把左手的仍折叠的手套口翻下盖在左袖口上。这样戴手套防止了手套的外表面被皮肤接触。

封闭式戴手套

封闭式戴手套是在外科手术医生完全穿完手术服之前进行的。整个过程中手是不伸出袖口的，以减少意外污染。手一直处在袖口的边缘但不暴露。一只手隔着袖口抓起另一只手的手套口边(不是折叠处的手套口)，此时另外一只手仍紧抓袖口并处在袖内，连袖口带手一起插入手套里，然后在手套内伸出手，戴好手套。另外一只手以同样的方法戴上手套。这种方法戴手套可使手术服的袖口完全被手套包裹，然后让另外的人来帮助穿完手术服。

一旦两只手戴上手套之后，要握在一起。保持这种姿势从准备室进入手术室。手术服和手套不要碰到任何没有消过毒的表面，直到完成手术或助理不再需要提供任何直接的手术协助。记住要用正确的方法脱掉手套。

通过观察外科手术医生洗手和戴手套，可以更好地理解这个过程。这是又一个需要我们采用看、听和学 3 种方法来获得技能的情况。记住要向别人学习。

工作流程

准备工作

1. 确定你所需手套的型号。
2. 回顾以下操作流程。
   a. 洗手；
   b. 穿手术服；
   c. 戴手套(开放式或闭合式)。
3. 戴上帽子、口罩和鞋套。
4. 找到：
   a. 洗手包；
   b. 手术服包；
   c. 手套包。

操作步骤

1. 确定采用的洗手方式：时间法还是次数法。
2. 打开水阀门。
3. 打湿刷子蘸取肥皂。
4. 开始洗手：
   a. 首先是刷洗指尖；
   b. 所有手指的四面；
   c. 手指之间；
   d. 手掌的四面；
   e. 手腕的四面；
   f. 前臂的四面。
5. 按照前面所述程序彻底冲洗。
6. 关掉水阀门，注意勿用手。
7. 把手彻底擦干，从指尖到肘部的顺序。
8. 穿手术服。
9. 戴手套，最好选择封闭式戴手套，因为能减少污染的机会。

补充要求

1. 戴完手套的手要紧握。
2. 进入手术室。

谨记：遵循无菌操作。

10.15　手术刀与缝合线

基本要求

兽医助理在手术室工作时需要知道很多信息，其中之一是认识手术器械包内的各种物品。器械包内有成套的器械，适用于不同的手术操作。例如：卵巢切除手术包内通常含有卵巢切除术的拉钩。还有眼科手术包、外科矫形手术包和腹腔手术包等等，这些手术包的内容物在准备之前均为确定的。当为确定的手术做准备时，将所需的器械包放在手术室的器械托盘架上。用前面(10.8)描述的技术打开器械包。其他包裹，如敷料包，可打开放在工作台上。有许多特殊用途的器械不和常规器械打包在一个器械包内，而是单独放置。了解这些器械，并且知道它们摆放的位置。手术刀片的打开要遵循一定的方式，并且要在不触碰原有器械包内的物品的情况下将其放入手术托盘内。每次手术前询问手术医生需要的手术包。知道手术室内手术包的摆放，并在手术前打开。只将主要的器械包放在器械托盘架上，其他的摆放在工作台上。

手术刀是按照其大小和形状来编号的。使用哪种手术刀，由手术医生个人偏好决定，也由手术操作和患病动物体型大小决定。刀片采用独立无菌包装，每片由金属箔片包裹。将选择好的手术包放在器械托盘架上后打开，然后从刀片储存处拿出手术医生要求的刀片。站在器械托盘架的一侧，保持一定距离，拿住箔片包装的游离缘。用每只手的拇指和食指各夹住箔包的两边缘，轻轻将其分开，当边缘打开后，倒转箔包装使刀片掉到打开的消毒器械包内。尽量使刀片落到器械托盘架上物品少的地方，这样刀片就容易被找到。一定不要接触到无菌手术刀片。只有当手术完成，清理器械时才能碰刀片。

从刀柄上取下刀片时，用钳子夹住刀片较窄的钩在刀柄上的一端，向上抬高，向前推刀片，直到把刀片从刀柄上摘下来。刀片很锋利，拿时一定要小心。刀片最好只用一次，通常将其放进盛放锐器的垃圾桶内。

缝合线有不同的直径、长度和质地，并且有保质期。缝合线通常是独立无菌的箔片袋包装。不同的缝合线用于不同的组织，缝合线能不能被组织吸收取决于制作的材料。有些缝合线带缝针，称为“带线缝合针”，以不同的长度包装。仔细阅读缝合线的说明，且了解手术医生的偏好。当从库房中拿缝合线时，一定要像读药品标签一样仔细阅读说明书。以打开刀片的方式打开缝线包装，并将其放在器械托盘架上的打开的器械包内，始终保持无菌操作。

工作流程

准备工作

1. 知道要进行的手术操作。
2. 询问医生有没有特殊的要求：
   a. 主要器械包；
   b. 辅助器械包；
   c. 缝合线的类型、长度和型号(一般型号从最小的000000号到最大的3号)；
   d. 手术刀片的型号；

e.创巾的尺寸；

f.其他包裹。

3.知道所有包裹的存放位置。

操作步骤

1.开始麻醉前用药前，把主要器械包放在器械托盘架上。

2.把所有需要用的手术包，包括缝合线和手术刀片等器具放在台子上，暂时不打开。

3.在患病动物保定好且备皮完成后再打开各包裹。

4.首先打开敷料包。

5.在器械托盘架上打开主要的器械包。

6.最后打开手术刀和缝合线的包装。按照无菌操作将刀片和缝线材料放入打开的无菌器械包内。

补充要求

1.在手术中要为手术医生准备可供选择的额外器械。

2.手术过程中任何不必要的人员和物体的移动都有可能使空气中的微生物进入创口。

谨记：保持无菌操作。

10.16　患病动物的术后护理

基本要求

麻醉后期是术后护理的第一部分。麻醉后期和术后患病动物的护理是兽医助理在术后必须做的。注意观察有无出血、疼痛和休克迹象。CRT是监测休克的最好办法。如果齿龈变得苍白并且CRT超过1 s,应立即通知兽医。如果患病动物在麻醉中出现呕吐,保持气管插管的正确位置和膨胀气囊充气状态,并迅速抬高患病动物的后躯,使液体被迫从口中流出。用湿布或纱布擦掉黏液和颗粒物质。如果患病动物太重不能抬起,把患病动物放在一个倾斜的台子上比如手术台,使头尽量放低,后腿尽量抬高。如果从切口处有血流出,压迫伤口并通知兽医,如果必要可以使用压迫绷带。

一旦切口缝合后,撤掉手术创巾,暴露出缝合的创口。患病动物不再连接麻醉机呼吸,并逐渐从麻醉中醒过来。用酒精棉球擦掉患病动物身上所有的血迹,但不要擦到切口上,只需接近切口边缘向其周围的皮肤擦。用干的棉球擦干。兽医可能会要求给患病动物注射抗生素和术后止痛的药物。遵照医嘱,在治疗记录板上和患病动物的病历档案中写上治疗说明。

清理干净患病动物后,移去保定绳和监护仪,准备把动物移到地板上的厚垫子上或进入ICU。出现咳嗽反射时,可拔去气管插管,记住要先放去气管插管膨胀气囊内的气体。等患病动物能够俯卧后,可将其放在笼子里,但仍需要定时监护。患病动物恢复用的笼子中要有循环温水毯或暖和的垫子。此时不要放食盘和水盘,在笼舍门上放上笼卡。如果患病动物一直在静脉输液,那么需要有人辅助转移患病动物。当患病动物进入恢复室,将输液瓶适当悬挂。患病动物需要俯卧着继续休息。用毛毯或毛巾盖在患病动物身上,关上房门。

患病动物是否疼痛是很难确定的。不安静、不愿运动,嘶叫、咬自己(尤其是切口部位)、厌食或任何行为改变都可能是疼痛的表现。发现疼痛的原则是"如果这种情况会伤到人,那么同样会伤到动物"。在患病动物恢复期,外周疼痛抑制是十分必要的。严重的疼痛可能会引起死亡。在做手术之前,应给予患病动物抑制疼痛的药物,这样患病动物在麻醉醒来时就不会感到疼痛。像其他的药物一样,这些止痛药需要重复定时给予。注意处方中每种止痛药的使用频率。使用前仔细阅读说明。一些做完手术的患病动物在回家后的几天内还需要服用止痛药。

在患病动物完全清醒并且能站立起来以前不要给水和食物。最初仅给患病动物少量的食物和水。如果采食没有问题,1 h后再给一些。如果患病动物没有任何异常,能够站立,并正常地行走,那么可将其放回常规病房。除了进行了胃肠、下颌或口腔手术的患病动物,否则一般应该在24 h内正常采食和饮水。

当患病动物回家后,术后护理的说明单需要寄给动物主人。可能的话,最好在医院口头告诉动物主人,然后护送患病动物和动物主人到接待区,在此时可以预约患病动物下次复诊时间,这通常是安排拆线日期。

在患病动物出院后的第二天,兽医助理要打电话给动物主人询问患病动物的情况,并确认下次复诊时间。伤口拆线可由兽医、兽医技术人员或兽医助理来做。兽医首先要检查伤口的愈合情况。如果愈合良好,其他人员可以拆线。用蚊式止血钳和一把手术剪拆除缝合线。先用酒精棉球或蘸有其他消毒剂的棉球清洁皮肤,包括伤口处和缝合线。用止血钳夹住游离的线结向上拉,剪刀的一侧放到结的下面,在结和皮肤之间剪断缝合线。缝合线被剪断后,用止血钳将缝合线从皮肤中拉出。

工作流程

准备工作

1. 知道动物医院/诊所关于常规手术的规定和操作步骤。
2. 手术室要有酒精棉球。
3. 为正做手术和做完手术的患病动物准备有毯子或垫子的笼子和恢复室。

操作步骤

术后立即做：

1. 清洁切口周围。
2. 去掉监护系统。
3. 把患病动物移到恢复室；如果不能用重症监护病房(ICU)，可以将其放在手术室或处置室的地板上。
   a. 患病动物头颈要伸直；
   b. 把患病动物放到有循环温水毯或加热灯周围，注意：不要使动物过热或烫伤动物；
   c. 给患病动物盖上毛毯或毛巾。
4. 拔掉气管插管。
   a. 解开患病动物头部的绷带；
   b. 膨胀气囊放气；
   c. 等待出现吞咽反射；
   d. 拔出插管。
5. 把患病动物放在能随时观察的地方，比如处置室。继续观察，直到患病动物能俯卧。
6. 按医生的处方给予抗生素、输液和止痛药。

一旦动物能俯卧：

1. 把动物放在有垫子的笼子里，继续经常观察。
2. 一旦患病动物能站立。
   a. 给予少量的食物和水；
   b. 如果吃喝没问题，1 h之后再给一次。

一旦患病动物能站立并能正常行走：

1. 带它到常规病房。
2. 正常提供食物和水。

出院：

1. 好好梳理患病动物。
2. 检查伤口的清洁情况。
3. 告诉动物主人关于患病动物在家里的护理要求和喂药情况。
4. 告诉动物主人欢迎来电咨询关于患病动物的任何问题。
5. 护送患病动物和动物主人到接待区。
6. 方便的话让前台人员为动物主人预约复诊时间。

出院后 24 h：

给动物主人打电话。

a.询问患病动物的情况；

b.询问是否有问题；

c.确认预约复诊的时间和日期。

复诊：

1.问候患病动物和动物主人。

2.兽医检查切口的愈合情况。

3.如果愈合良好，拆除缝线。

补充要求

1.让有经验的同事评价你对患病动物的术后护理，尤其是拔插管和监护患病动物。

2.拆线时让有经验的同事保定，之后让其评价你的技术。

提示：可通过拆除枕头套的缝线来练习拆线技术。将线穿过枕头套，打一个方结，剪断“缝线”。抓住缝线的一端，抬高结部，把手术剪的一个刃放到线的下面，在“皮肤”和结之间剪断线，最后用止血钳向上拉出线。练习这个操作，直到熟悉为止。

10.17　灭菌方法和设备

基本要求

物品灭菌的方法有很多种，根据需要灭菌的物品选择适合的灭菌方法。灭菌的目的是杀死一切微生物，包括致病的和非致病的。两种最常用的灭菌方法：高压灭菌法，它是在高压下以热蒸汽的形式杀菌，还有有毒气体灭菌法。

高压灭菌法可用来对器械包和大多数手术包进行灭菌。它不能用于热敏感材料，比如塑料、橡胶或者其他可能被热和蒸汽损害的材料。高压灭菌能使像手术刀片、手术剪和手术针等锋利的器械变钝。高压灭菌器有不同的规格，从小的桌面式到大的立式都有，原理都相同。蒸馏水在高压灭菌器内加热到很高的温度，并产生巨大的压力。随着压力的升高，温度超过沸点。温度越高，微生物被杀死的就越快。高压灭菌器内的托盘上有孔，在足够的压力下水蒸气可以自由进入包裹内部以达到灭菌的目的。放入高压灭菌器内的物品不能叠放得太紧，否则会阻碍蒸汽进入内部。灭菌指示条应放在每个包裹的内部，以确保包裹内部的温度达到了灭菌要求。

高压灭菌器内有一个储水设备，必须装入规定量的蒸馏水。自来水会造成矿物质沉积，从而影响高压灭菌器的性能，即使是使用蒸馏水也要定期清理锅内的水垢。按照生产商推荐的方法使用和清洁高压灭菌器。把需要灭菌的物品放入高压灭菌器中，用控制杆或按钮往高压灭菌器内加入要求量的水，关上高压灭菌器的门。高压灭菌器的门有旋杆和旋钮等不同类型。高压灭菌器需要密封严密。

根据灭菌的物品来设定高压灭菌器的温度和时间。通常会设一个表来列出不同材料的设定值。按照这个表或者依据生产商的说明正确设定时间和温度。温度和压力达到要求前通常有一很短的预热期，就像在烤箱的预热一样。通常当指示灯变亮或者听到提示音时，说明温度和压力已达到了工作水平，这时设定杀菌的时间。当高压灭菌器停止工作后，等待压力下降，然后再部分打开高压灭菌器的门。要离高压灭菌器的门足够远，以防热蒸汽烫伤。保持高压灭菌器的门部分打开，直到其内的物品变凉变干，这时再把物品移到适当的储存地点。

气体灭菌也需要一个密闭器，但是它不需要高压，所以不像高压灭菌器的构造那么复杂。如果用氧化乙烷灭菌，那么氧化乙烷排到外界所经过的处理与麻醉气体排到外界一样。由于氧化乙烷的毒性，职业安全与卫生管理局(OSHA)规定了氧化乙烷的排出限量。规定必须有 2 个空气监测器，一个在 15 min，另一个在 8 h 时记录工作环境中氧化乙烷的水平。这是对人类有潜在致癌性质的有害气体。它能引起皮肤病变、眼睛发炎以及呼吸道感染。它还易燃、易爆。有两种氧化乙烷的灭菌系统。一种是可自动充满气体的密闭器，在密闭器的壁上装有气罐。另一种需要放置一个含有液态气体的玻璃安瓿瓶于装有要灭菌物品的小袋内。一旦小袋被密封，将安瓿瓶打破，密闭器的阀门也立即关上。如高压灭菌器一样，灭菌指示条被放在每个包的内部以指示是否灭菌。室温下使用氧化乙烷灭菌通常需要12 h。从密闭室内移出的灭菌物品不能马上使用。它们必须放置 24 h 甚至更长的时间以散尽有毒气体。用氧化乙烷灭菌的操作者必须穿着有监测标志的衣服，以检测空气中的氧化乙烷的浓度。这是职业安全与卫生管理局所要求的。使用环氧乙烷的缺点是组织毒性和气体散尽需要时间。

为了应付这些问题，已研制出新的热敏感材料的灭菌方法。该方法使用过氧化氢等离子低温灭菌。它同样在密闭器内进行。器械被放在一种特定的塑料袋内，灭菌指示条也一并放入。这种方法无需加热，所以光导纤维仪器用这种方法灭菌非常安全。这种气体对于组织并没有毒害和刺激作用，而且过程花费时间较短，常常是 45～60 min。时间取决于灭菌物品以及生产商的说明。已灭菌的物品可以立即使用，而不需要等到这些气体从物品中散尽。尽管这种灭菌方式相对于环氧乙烷灭菌来说更具有优势，但是它的花费也更加昂贵。

关于冷灭菌的评价：一般使用戊二醛法。戊二醛是有组织毒性的。一旦从一个装有戊二醛的托盘中取出器械，在患病动物接触器械前需用灭菌水反复冲洗。因为它的组织毒性，所以在拿器械时需要戴上手套和护目镜。在戊二醛内浸泡 30～60 min 可以达到灭菌效果。这种化学灭菌剂实际上只起消毒作用，并不能达到无菌，所以不适用于手术室内的物品。

无菌物品的储存最好是在封闭的柜子或抽屉内，而且不和其他未消毒的物品放在一起。它们必须要干净、干燥和防尘。柜子和抽屉应该有个轮子，这样就可以将包裹从打包区移动到储存区或手术室内。灭菌后，单层布料包裹的物品可以放置 1 周，双层的可以放置 7 周，单层布料加绸纸混合包裹的可以放置 8 周。包裹储存后的使用按照先进先出的方法进行。当存放时间超过规定后都必须进行再次灭菌，在再灭菌之前应更换内部的灭菌指示条和高压灭菌胶带。任何包裹如果变湿即使沾了一滴水、外层包布松开、高压灭菌胶带松动或密封不良都应该重新灭菌。

根据要灭菌物品选择合适的灭菌方法。根据厂商的使用说明来操作灭菌仪器 。每个包裹内都要含有一个灭菌指示条，且指示条的类型必须与选择的灭菌方法相一致。在使用包裹之前需要检查灭菌时间和外包布是否良好。如果过期或者包裹的无菌环境已被破坏，则不能使用。

工作流程

准备工作

1. 知道工作场所采用的灭菌方式。
2. 知道怎样恰当和安全地使用每种方法。
3. 如果用氧化乙烷，一定要佩戴自己的监测标志。
4. 确定每种物品的最佳灭菌方式。
5. 恰当的打包和标记。

操作步骤

把要灭菌的物品松散地放到密闭器内。

用高压灭菌器：

1. 向储水槽中装满水。
2. 向密闭器中加入要求量的水。
3. 关门。
4. 设定预热时间。
5. 在预热以后，设定灭菌需要的时间和压力。（在 250℉（121℃）下，灭菌时间从 15～60 min 不等。遵照生产商推荐的时间和温度对不同的物品进行灭菌。）
6. 灭菌完成后，慢慢降温，然后用蒸汽控制钮或控制杆降低密闭器内压力。
7. 压力降低后将门部分打开。
8. 使内容物变冷并完全变干。

用气体灭菌：

1. 当用氧化乙烷时要谨慎。
2. 如果使用安瓿瓶，用纱布包裹并放在小袋子里。一些系统在塑料袋里有安瓿瓶，这样这步就可省略。

3. 在小袋的外面从安培瓶的瓶颈部打碎安培瓶。

4. 如果用等离子气体灭菌，第 1～3 步可以省略。遵照生产商的说明来操作。

5. 关门。

6. 遵照生产商说明确定灭菌时间。

7. 灭菌完后，拿出内容物，并放在合适的储藏器中。（如果用环氧乙烷灭菌，至少要将灭菌后的物品放在通风良好的地方 24 h 以上才能储存，否则可能会发生危险，因为在物品中残留的氧化乙烷会对组织造成伤害。）

补充要求

1. 确保高压灭菌器内有足够的蒸馏水以满足整个灭菌过程的需要。

2. 如果用气体灭菌，确保现有的药量足够。

谨记：矿泉水和桶装饮用水与蒸馏水不同，蒸馏水是去离子水，没有矿物质，只含 H_2O。

10.18 器械准备

基本要求

“你可以只清洗不灭菌，但不可以灭菌前不清洗。”这是1987年5月，Charles Hughes在美国科罗拉多州举行的美国牙科组织协会会议上发表关于“灭菌技术”的讲话时提出的。

器械在使用之后准备灭菌之前必须清洗干净。外科手术器械的连接处是最容易生锈的地方。含氯的水会使手术器械产生伤痕，所以清洗手术器械要用蒸馏水或去离子水，这样可以延长它们的使用寿命。新器械在使用之前要清洗，清洗程序与清洗用过的器械相同。

手术做完后要立即将手术包内的所有的器械，包括用过的和没用过的，放到消毒液中。不允许有机物质在器械表面干燥。兽医助理有时间去清洗器械前，器械可以浸泡在保存液中，但浸泡的时间还是不要超过制造商规定的时间。保存液可以是pH值中性的清洁剂或/和消过毒的蒸馏水。应当注意这只是保存液而不是清洗液。

有2种清洗程序可供参考：手工清洗和机械清洗。手工清洗要用无菌的硬毛刷子清洗器械的所有表面，尤其应该注意器械的缝隙和连接处，或者它涉及的器械盒。手工清洗即使再仔细仍会使一些残留物遗留在器械上。

清洗最好使用机械清洗，可以考虑用超声波清洗机。我们要把各种需要清洗的器械都打开并放到一个铁篮子里，各器械之间不能相互接触。超声波清洗机里的溶液温度为室温，并适合于超声波清洗机使用，溶液浓度符合制造商的要求。把要清洗的器械放进清洗机，没有特殊要求的话设定在35 kHz的条件下3～5 min。再往超声波清洗机内添加溶液到规定刻度，机器内的器械在清洗过程中必须完全被溶液淹没。超声波清洗完后的器械一般要再用去离子水漂洗。排干之前的溶液，加入去离子水，再用超声波清洗3～5 min。定时观察超声波清洗机工作是否正常，把一块铝箔浸到机器的溶液中20 s，然后取出来对着光看。如果机器工作正常的话，会发现铝箔上出现很多针尖大小的孔。

经过清洗和漂洗之后，器械需要彻底干燥，之后再把它们在器械保护液中浸泡30 s。这种保护液是一种浓缩的白色液体，像牛奶一样，根据生产商的要求进行稀释来使用。器械从保护液中取出来之后放到一条能够吸水的毛巾上，使其自然晾干，然后再把它们打包保存。器械保护液可以在器械表面形成一种保护膜，防止器械被腐蚀、生锈、变钝以及被剪刀、刀片等尖锐的东西划伤表面。

在清洗过程中要小心拿放这些器械，不要让它们垂落、折弯或粗暴拿取。处理好的器械肉眼看上去会很干净，功能连接处很平滑，并且没有污点。

工作流程

准备工作

1. 准备必要的化学试剂：
   a. pH值中性的清洁剂或消毒剂；
   b. 适合于超声波清洗机的溶液；
   c. 去离子水；

d. 保护液；

2. 设备准备：

a. 含有保存液的容器，用来放当天用过的器械，每个容器放一个器械包放；

b. 用超声波清洗机进行机械清洗：查看设备说明书并检查设备运行情况；

c. 用灭菌硬毛刷子进行手工清洗；

d. 毛巾。

3. 戴手套。

操作步骤

每一个手术完成后都要做以下工作。

1. 把所有器械按包放入含保存液的各容器中，各器械不要重叠放置：

a. 使带铰链的器械松开；

b. 把手术刀片从刀柄上卸下，丢掉；

c. 把缝合线从手术针上取下来；

d. 仅用 pH 值中性的溶液、消毒液或者去离子水；

e. 溶液必须没过所有器械；

d. 浸泡的时间不要超过生产商推荐的时间；

f. 清洗以后，在一个盛有去离子水的容器中漂洗。

2. 清洗过程：

a. 人工清洗：用灭菌硬毛刷和 pH 值中性的肥皂水；刷洗所有的表面，尤其注意缝隙和连接处；用大量的去离子水漂洗。

b. 机械清洗：把超声波清洗机装满蒸馏水和合适的清洗液；把要清洗的器械放到清洗机中，不要让它们相互接触，否则会遮挡声波；按照生产商推荐的强度和时间设定机器；从溶液中取出器械；弃去溶液，在装入去离子水；再次以超声波漂洗。

3. 干燥漂洗后的器械。

4. 涂保护液：

a. 根据制造商的说明稀释器械保护液；

b. 浸泡 30 s；

c. 拿出放在毛巾包上晾干。

补充要求

1. 将需要单独打包的器械从常规打包器械中分拣出来，并单独灭菌。将这些器械放入单独打包器械的保存容器中。

2. 将每包器械单独浸泡在一个容器内，这样能加快再次打包的速度。

3. 在每个器械打包前，检查其功能和洁净度。

谨记：浸泡不能代替清洗。

10.19 器械包的准备

基本要求

包裹的内容物因外科手术医生的偏好和使用目的的不同而不同。手术器械清洗和干燥之后，就可以按组打包。大多数作者都会给出每种器械包应该含有的器械的种类和数量，但包裹的内容物选择关键还是由外科手术医生来决定。大部分动物医院/诊所都会有一个包裹清单，说明每种包裹内每种手术器械的数量。经常遇到的器械包有犬的去势包、猫的去势包、猫的绝育包、犬的绝育包、开腹手术包、矫形手术包、创伤或缝合包以及眼科包。每种类型的包裹清单通常贴在放有这些器械的橱门内侧，也可使用三环文件夹装订清单，储存于外科手术准备区。找到包裹清单。

为了合理地准备一个器械包，兽医助理需要知道普通外科器械的名称。各式各样的手术器械排满了整个器械目录，即使最勤奋的学员都会因记这些器械而被压垮。通常情况下，手术器械的名称采用第一个发明或使用人的名字来命名，这使得器械的名称更加难记。

记这些器械的窍门是将它们分成三个大组：切割器械、抓取器械和特殊用途器械。切割器械又进一步分为手术剪和手术刀。手术剪又有弯头和直头 2 种。手术刀片可以是大圆、小圆或尖形，可以是直的或弯的，还有一些带凹口的。刀片和刀柄的长度有很多种，适合于不同的用途。刀柄也由弯柄和直柄。各种刀片与不同的规格和形状的刀柄相配。

镊子和钳子是抓取器械。镊子是通过用拇指和食指一起挤压镊子的两臂来使用的。镊子的头部样式各异，且有直有弯，长度也不同。平镊的尖端有锯齿纹，组织镊的尖端带“咬合齿”，并根据它们所带的齿数和型号进行分类(例如，2/3 或 1×2)。

钳子的柄上有锁扣，能在不提供压力的情况下持续夹持物体。持针器、止血钳、肠钳、纱布钳和创巾钳都属于这一类。如前讲过的器械一样，钳子的长度和形状也各不相同。

特殊用途器械只专门用于某操作的器械。它们包括卵巢切除用的拉钩，扁桃体切除用的勒除器，各种眼科和矫形用的器械，以及各式各样的牵引器。实际情况中，只有少数此类器械会被使用，所以不难记住。仔细观察每一种器械，尤其注意其尖端的不同，了解它们的名称和使用方法。

将器械打包的一个窍门是始终将它们分组放置。先将它们单独放置，将其按颜色编码分类。使用各种颜色的窄防水胶带或者购买一个彩色电镀器给器械加上颜色标识。在各手术包的每一器械柄贴上一小段彩色胶带。然后按颜色分类，如将所有的红色器具放到一个手术包中，所有的蓝色器具放在另一个手术包中。

除了手术器械之外，手术包中还有纱布块。当它们被放入时，需要先计数，且当手术结束后要再数一次。遵循“放入多少就取出多少”的原则。通过计算纱布的数量，使任意一块纱布都没有机会意外地留在动物体内。

如果需要把碗放进包裹中，将其倒扣，这使水汽不能在碗底凝集。如果缝合针需要包在包裹中，依据切口的形状、大小和边缘状态确定每个包裹中缝合针的类型、大小和数量。缝合针需要被专门放置在一个带磁性或弹性针套内。如果两种针套都没有，可以将针整齐地插在一块纱布中，并将这块纱布放在其他纱布上。在计数纱布时，不要将这些纱布计算在内，因为它不会用在患病动物身上。

相似的器械在一个包裹中分组放置。所有的创巾钳放到一起，钳柄在相同的方向，稍微互相交叠。带有锁扣的器械要松扣放置。将环形手术器械夹夹在同组器械的一条柄上，使后者归为一组。一个创巾钳能够替代一个器械夹。如果没有器械夹子，可使用一个长直器械，例如切除卵巢的拉钩，可沿着直的器械串起每个器械的一条柄,以使同组器械放在一起。

当手术包被打开后,为了让手术医生最方便地拿取器械,需要在串器械时注意器械的摆放顺序。手术中先使用的器械串在上面,最后的器械串在底部。一打开包裹,将拉钩上串的器械捋下来,这时器械仍有序排列。捋器械这一步由穿好手术衣和戴好手套的手术医生来实施。

一些器械被包在纸袋或塑料袋中,器械滑到袋子的底部,袋口用高压灭菌带密封好。因为灭菌后的袋子是从另一边打开,所以放入器械时器械柄先放入袋内,这样可使手术医生在袋子末端被撕开时很容易拿取器械。所有的手术包必须包紧,并且大小适合高压灭菌。

一个器械包可能有 1 或 2 个包布,根据动物医院/诊所的规定来打包。除了用布打包也可用绉纸打包。绉纸可以裁剪成各种大小,其适用范围更广,而且比布包维持无菌状态的时间更长。

工作流程

准备工作

1. 打包前查看包裹清单。
2. 清洗、干燥包裹中的所有器械。
3. 检查所有器械的功能和清洁度。
4. 更换弯曲和缺失的缝合针。
5. 放入手术纱布,数一下有多少纱布块放在包裹中,并记录在该包裹的器械清单中。
6. 准备好以下材料:
   a. 干净的外包布;
   b. 高压灭菌带;
   c. 灭菌指示条。

操作步骤

1. 将外包布以对角线指向操作者放置,它必须是正方形。
2. 首先计数每种器械的数量,看每种是否足够。
3. 将相似的器械用环形器械夹夹在一起(例如,4 把组织钳)。
4. 计数所有有数量要求的物品,包括纱布块。
5. 先将器械集中于包布上。
6. 所有器械朝向相同的方向,器械柄轻微重叠。
7. 先用到的器械放在上面。
8. 任何可能凝集水汽的物品,如碗,需要倒置。
9. 有锁扣的器械松扣。
10. 灭菌指示条放在包裹的器械的中间。
11. 确定所有需要的材料和器械都准备充足。
12. 确定包裹的大小能够放进高压灭菌器内。
13. 外包布应该紧一些。
14. 用标记的灭菌带封好外包布。

补充要求

1.将包裹放入高压灭菌器。

2.当高压灭菌器装满需要的水量时,开始灭菌。

3.如果有器械损坏,向负责人更换。

4.让一个有经验的同事监督你的手术包准备情况,直到可以在没有指导的情况下漂亮地完成工作。

谨记:识别器械需要仔细观察。

10.20 创巾和毛巾包裹

基本要求

创巾用于放置在患病动物身体上，为手术医生提供一个无菌的工作面，并使其与患病动物的接触仅限于切口处。创巾可以用棉布、绉纸甚至是背面带胶的塑料布制作。布创巾有一个预先切开的口，叫做“窗口”。通过这个口，手术医生可以接触患病动物。创巾的尺寸不是根据它们的周边大小来定的，而是根据创巾中央的“窗口”的长度来定的。一个6″创巾中央有一个6″长的开口，而创巾本身沿它的周边计算可能是36″×36″。纸创巾可以满足各种各样的尺寸要求。一些成包装的纸创巾可根据需要的长度来剪裁，它们可能有或没有“窗口”。理想的创巾应当不透水，这样可以阻止创巾下方污浊的血液和液体流到创巾的上表面。在手术过程中不能随便触摸灭菌创巾的上表面。

创巾折成扇子形并且有一个狗耳朵，如果创巾有“窗口”，那么首先从平行于“窗口”的一边开始折叠。通过创巾来回的折叠形成扇子形。一旦创巾已经形成一个长、窄的矩形，沿矩形长边的一端折出一个正方形。接着以叠扇子形的方式折叠创巾剩余的部分。一旦到达另一端，将顶部一角折出一小三角或狗耳朵。折叠后创巾的宽度应该足够窄，以形成一个紧凑的包裹，但是也不能太窄，以免不易展开。如果单独包一条创巾，把灭菌指示条放折叠后的创巾的中央，然后按常规打包。最后用标记好的高温灭菌带封包。

一些手术医生喜欢将四块亚麻布毛巾和创巾包在一起。毛巾靠近皮肤放置，用创巾钳固定在皮肤上，然后将创巾放在毛巾上。这些毛巾也是扇子形折叠并留有狗耳朵。另一些医生喜欢单独打包折叠的亚麻布毛巾。一个包内的毛巾的数量并没有严格规定，有两毛巾包、四毛巾包等。在准备创巾和毛巾包之前确定手术医生的偏好。

谨记：所有的包裹都必须标明内容物和类型、灭菌日期和打包人姓名。

工作流程

准备工作

1. 确定每个创巾包的内容物。
2. 准备以下材料：
   a. 外包布根据需要和使用的材料选择用1层还是2层的包布；
   b. 高压灭菌胶带；
   c. 灭菌指示条；
   d. 笔；
   e. 直尺。

操作步骤

对于布创巾：

1. 将创巾平放在桌子上。

2. 测量窗口的长度。

3. 沿平行于窗口的方向开始，以叠扇子形的方式折叠创巾。

4. 以沿创巾长轴形成一个正方形，以叠扇子的方式折叠创巾剩余部分。

5. 转折创巾的顶角处，形成一个狗耳朵。

6. 放置4块扇形折叠，带有狗耳朵的亚麻布毛巾在创巾上面（可选）。

7. 将灭菌指示条放在包裹内容物的中间。

8. 将带有毛巾或不带有毛巾的创巾放在外包布的对角线上。

9. 根据前面章节讲述的步骤打包。

10. 包第二层（可选）。

11. 用已标记的高压灭菌胶带封包，记住要指明窗口的长度。

对于纸创巾：

1. 将纸创巾剪成所需长度。

2. 根据要求的长度和宽度剪一个窗口（可选）。有的纸创巾不用剪口，由手术医生将创巾放到患病动物身上之后再剪窗口，这取决于医院的规定和手术医生的喜好。

3. 扇子形折叠创巾并形成狗耳朵。

4. 把4块扇子形折叠且带有狗耳朵的亚麻布毛巾放在创巾上（可选）。

5. 将高压灭菌指示条放在创巾的内部。

6. 根据之前讲述步骤进行打包。

7. 包第二层外（可选）。

8. 用已标记的高压灭菌胶带封包。

对于毛巾包：

1. 确定现有毛巾包的储存数量。

2. 确定每个毛巾包中毛巾的数量。

3. 扇形折叠且带有狗耳朵的毛巾按要求数量打包。

4. 在每一个包的中央放上灭菌指示条。

5. 把所有物品放在外包布的对角线交点处。

6. 按打包程序操作。

7. 包第二层（可选）。

8. 用已标记的高压灭菌胶带封包。

补充要求

1. 高压灭菌准备好的包裹。

2. 储存好备用。

3. 使用后，布创巾按下面的方式来清洁。

a. 用过氧化氢处理血渍；

b. 浸泡在冷水中至少30 min；

c. 手术待洗物与医院其他需洗涤的物品分开洗涤，包括手术衣、手术帽和口罩、毛巾和创巾；

d. 使用热水和洗涤剂；

e. 干燥；

f. 折叠好备用或打包准备灭菌。

4. 纸创巾、一次性手术服和手套使用后都应该放到盛有害物品的垃圾桶内。

谨记：每个包裹都必须标明类型、灭菌日期和打包人姓名。

10.21 术后手术室的清洁

基本要求

手术后，医生摘下手套放在手术台上，离开手术室，留你独自一人。患病动物躺在手术台上，房间里一片凌乱。首先要做的是护理患病动物。一旦患病动物重新俯卧，将其放在笼中开始清洁手术室。手术室的清洁加入到其他需要在术后来做的工作中，这意味着在这段时间内需要完成大量的工作。在第二个手术之前快速完成工作。首先确定工作的顺序。

1. 包裹应立即带到准备间。
2. 将包裹内的物品分类。
   a. 器械放入保存液中，直到有时间清洗；
   b. 将用过的纱布和患病动物的任何组织放到盛有害物品的容器中，在丢弃纱布之前数一下使用过的纱布块的数量（确信使用过的和未使用过的纱布块总量与最初包中的数量相同，如果数量少了，应立即告诉兽医）；
   c. 检查包内物品，将其分类、浸泡、保存和丢弃。
3. 创巾、亚麻布毛巾、包布和手术衣均放到洗衣房。
   a. 用过氧化氢处理血渍；
   b. 将所有需预处理的纤维制品在冷水中浸泡至少 30 min；
   c. 手术待洗物品与医院里其他需要洗涤的物品分开存放和洗涤。
4. 回到手术室，使用消毒剂清洗所有的台面、器械托盘架和手术台。记住要清理边缘和基部。
5. 所有放在废纸篓或不锈钢桶中的垃圾都应带出手术室，物品根据 12.6 来分类处理，清洗和消毒容器。
6. 将任何带有体液、血液或感染性物质的物品扔到盛有害物品的容器中，除此以外扔进常规垃圾桶。
7. 用消毒液清洗空的垃圾桶，更换垃圾袋。
8. 用消毒剂轻轻擦洗所有的监护仪。
9. 如果发现某设备不能正常工作，立即报告相关负责人。
10. 如果设备需要重新充电，立刻做。
11. 把所有的设备放在合适的位置上。
12. 定点清洗墙壁、天花板和包括外科手术灯在内的所有设备。
13. 开始洗涤手术物品。
14. 检查地板，用手术室专用拖布和桶清洁地面，此时只清洁脏的地方。
15. 在准备间进行器械清洗。
16. 完成洗涤手术物品。
17. 器械打包。
18. 高压灭菌。
19. 清洗和消毒准备间台面。
20. 储存好器械包，备用。

如果需要进行下一个手术，拿出准备好的新器械包，对下一个患病动物实施麻醉前给药，为手术做好准备。器械的清洗会因为第二个手术而延迟。洗涤手术物品被推迟，直至所有的手术完成。但如果亚麻布毛巾和外包布的供应不足，那么需要在拿下一个包裹之前，先洗涤一部分。手术室的彻底清洁应在一天的最后一个手术之后。一旦所有手术完成，开始器械包裹的准备。手术室清洁优先于器械的清洗、器械包的准备和待洗物品的洗涤，手术室清洁要及时，必须在下一个要做手术的患病动物被进带来之前准备好。记住在一天的最后进行一次彻底的手术室清洁。就手术室的清洁来说，手术间隔的清洁和一天结束时的清洁要求比每周进行的手术室维护要求要稍微松一些。

一名成功的兽医助理所具备的品质是：准确、注意细节、注意力集中、做事有条理和行动力强。

工作流程

准备工作

1. 查看每个手术内容及其时间表。
2. 知道手术所要用到的包裹。
3. 在准备间备有干净的手术室专用拖把、提桶和清洁的必需品。

操作步骤

在一个手术结束后，马上开始患病动物的麻醉苏醒护理或术后护理。一旦患病动物重新俯卧，将其安置到笼内，返回手术室并开始清洁工作。

1. 器械包：
   a. 带到准备间；
   b. 将器械分类，把器械放在保存液中；
   c. 把手套放在一边并检查它们有没有破孔。
2. 创巾、亚麻布毛巾、外包布和手术衣：
   a. 带到洗衣房；
   b. 用过氧化氢处理血渍；
   c. 用冷水浸泡至少 30 min；
   d. 确保所有手术待洗物品与医院里其他待洗物品分开。
3. 返回手术室：
   a. 清洁和消毒台面、器械托盘架和手术台；
   b. 将干净的毛巾放在手术台上；
   c. 消毒监护仪，如果需要可进行再充电；
   d. 清除室内垃圾，清洗并消毒垃圾桶，换上新的垃圾袋；
   e. 如果使用的是不锈钢提桶，要彻底清理并消毒；
   f. 定点清洗地板、台面、墙壁和所有设备；
   g. 在下次手术之前在台面上放上新的器械包。
4. 回到处置室准备下次手术：
   a. 进行麻醉前给药；
   b. 准备插管和麻醉；
   c. 检查麻醉机。

5. 回到手术准备间：

a. 拿出干净的手术帽、口罩和鞋套；

b. 拿出灭菌的洗手包、手套包和手术衣包。

6. 将下一个要手术的患病动物带到处置室并适当保定。

补充要求

1. 一天的最后一个手术结束后，开始最后的手术室清洁。
2. 一旦有时间，完成准备间和洗衣房的清洗工作。

谨记：

1. 患病动物护理优先于手术室的清洁。
2. 这好比是一场“公路赛”，保持快速的步伐，在匆忙中又不能忽略细节。

10.22　常规手术操作程序

看完这一章的内容，至少会有助于兽医助理对一些经常进行的外科手术程序有一个简单的理解。其中一些已在3.20中介绍过，这里将讲述它们更多的细节。

两种最常进行的手术是绝育术（卵巢子宫切除术，缩写为OHE或OVH）和去势术或睾丸摘除术。OHE是针对雌性动物的，它包括切除卵巢和整个子宫。尽管做了这个手术之后会不能生育，但它给动物主人和动物的长期健康带来很多好处。母猫在发情期会时常离家直到它们怀孕。母狗每6个月发情一次，每次平均持续3周，在这期间，其阴道会有分泌物，颜色从血色到浅粉色，最后到浅黄色。绝育的好处包括减少乳腺癌的发生，不会发生卵巢癌或子宫癌或两者的感染。绝育手术最好在第一次发情前进行。目前有在更年轻的个体上做这种手术的趋势。如果雌性动物处于发情期或已经怀孕，做绝育手术会更困难，但仍然可进行这类手术。

绝育手术要求脐孔后腹中线切口。绝育拉钩用于从腹腔中钩出卵巢，以便于在靠近卵巢的地方结扎卵巢血管。将卵巢和子宫角（怀多胎的动物为“Y”形或双角子宫，怀单胎的动物为梨形子宫。绵羊有1～3胎，但共用一个梨形子宫。）拉起来。在另侧重复进行相同的操作，最后固定子宫体并结扎。移除切除的子宫和卵巢。子宫的残余部分送回腹腔中，然后依次缝合肌肉、皮下组织和皮肤。

对于雄性，阉割或去势是指摘除两个睾丸。对于犬，在阴囊前部正中切口，将一个睾丸向前推出切口，结扎血管，精索在末端结扎后切断。在另一个睾丸上重复相同的程序，缝合皮下组织和皮肤。对于公猫，在两个睾丸的阴囊上分别做切口，取出睾丸，结扎精索，在结扎处的远端切断精索。阴囊切口不用缝合，空的阴囊会收缩从而使切口闭合。

所有动物的剖腹产手术都是通过腹中线切口来完成的。从腹腔中拿出子宫体并切开。通过切口，将新生动物依次取出。兽医技术人员和助理随时准备从手术医生手里接过新生动物。对新生动物进行清洁是必要的，但此时不需要无菌操作。擦除每只新生动物头部和口腔内的黏液，隔着毛巾用力搓擦动物身体以刺激呼吸。头朝下放置使肺中的液体排出来。对每只新生动物都采用这种做法，直到它们全部“苏醒”。手术医生继续处理动物母亲：闭合子宫、肌肉等等。在麻醉做剖腹产的过程中，需要特别注意的事情之一是麻醉药物对新生动物的影响。所用药物不能对新生动物产生不良影响。一旦动物母亲的切口缝合完毕，它需要能够尽快地开始照顾幼子。因此，动物母亲需要尽快地苏醒并恢复意识。剖腹产手术可以用于很年轻的动物、很老的动物、胎儿过大而母体骨盆狭窄、骨盆断裂或骨盆畸形的情况。

新生动物断尾和悬趾切除一般在3～5日龄时进行。这是一个不需要采用无菌操作的手术，但必须保持清洁。通常使用一个冷的托盘，缝合线根据手术医生的喜好选择。按犬的品种标准来决定预留的尾巴的长度和悬趾的有无。在手术过程中由兽医助理负责保定幼犬。皮肤可以不剃毛，但要事先用抗菌剂消毒。保定做断尾手术的幼犬要用双手固定，使其俯卧，幼犬应与手术医生的眼睛处于同一水平线上，幼犬的头部向助理，后腿紧靠腹部保定。保定做悬趾切除的幼犬时，双手固定幼犬使其侧卧，让需要手术的腿伸向手术医生。母犬在幼犬做手术期间要提前带离医院，以免它听见幼犬的叫声，因为这会使它很痛苦。所有幼犬都手术完后才可以将它们放回母犬身边。

对于猫是否应该断爪还存在争议。一些市政当局认为应取缔此种手术。美国爱猫协会（AAFP）推荐了代替断爪的方法，例如经常修剪指甲或使用柔软的塑料指甲套。美国兽医学会（AVMA）和爱猫协会目前正在制定相关规定来解决猫的断爪问题。在该问题解决之前，学会给猫修剪指甲比学会如何断爪更重要。这一点将在第 11 章讨论。指甲套的使用需要指甲胶和适合于每个指甲的人造指甲套。指甲套都是成套出售的,以用于遮盖整只爪子。

在动物医院/诊所内还有许多种类的外科手术。作为一名兽医助理,需要熟悉工作场所内经常进行的手术程序。了解每个手术过程,实施时间以及为什么实施都非常重要。了解这些以后,可以提高工作的效率,能够更好地估计兽医和患病动物的需要。具有同动物主人进行恰如其分的交流的能力可以为患病动物提供更好的护理,这是所有动物医院/诊所的目标。

第11章

美容护理

“我对它的造型十分不爽，它看起来可笑至极。”

本章培训目的

完成本章培训后，学员应能做到以下几点。

1. 给动物梳理和刷洗被毛，包括去除毛结。
2. 清洗动物耳道。
3. 给动物修剪指甲。
4. 给犬挤肛门腺。
5. 给动物洗澡和药浴。
6. 修剪鸟的飞羽。
7. 正确保养剪刀和刀片。

前言

兽医助理能提供的美容护理是非常有限的，专业美容由专业美容师来提供。专业美容师必须经过专业培训，其美容技术和侧重点与兽医助理的美容护理有很大的不同。兽医助理进行的美容护理主要以提高患病动物的健康状态为主，而非其外表的美观。如果外表也得到了改善，那么这是额外的效果。关于住院动物的美容护理在9.7中已做简单描述。本章重点是讲述门诊病例的美容护理，有些内容可能会重复。美容护理的顺序如下：

1. 梳理被毛，去除毛结后刷拭。
2. 耳道清洁。
3. 剪指甲。
4. 挤肛门腺。
5. 洗澡（清洁和治疗的作用）。
6. 药浴（可选的）。
7. 吹干。
8. 最后再梳理和刷拭。

必须牢记，兽医上讲的美容是以护理为目的的。

11.1 梳理和刷拭被毛

基本要求

梳理是去除被毛上的毛结、植物性物质和各种异物不可缺少的步骤。附在被毛上的有些物质具有黏性,有些具有毒性。被毛梳理应在洗澡前进行,且在洗澡过程中也要梳理。任何要做药浴的患病动物,都要先梳理被毛,因为药皂和药液不能渗透到打了毛结的被毛内。

梳子的大小、形状和质地有很多种。要使用硬的钝齿梳来梳理患病动物的被毛。有些梳子的梳齿可能非常密,如跳蚤梳;有些梳子的梳齿较疏,便于梳开毛结和纠结的被毛。梳子可以有柄,也可以没有。梳毛的要诀是首先找到一把符合要求且握着舒服的梳子,还要确保梳子不会伤到动物的皮肤。

刷子在洗完澡后使用,主要用于整理动物的绒毛。刷子也有各种类型,钢丝刷具有钢丝齿,使用时要特别小心,因为它们可能会刮伤皮肤;硬毛刷使用安全,但没有钢丝刷坚硬,因此其穿透被毛深度不如钢丝刷;刚毛刷适合于被毛非常短的动物,如拳师犬和德文力克斯猫。

始终选择符合个体需求的美容工具。准备好各种美容工具,为各种类型的被毛提供美容。工具在每次使用后都要消毒,即使是给表面上看起来健康的动物使用后也要这样。

基本顺序:

1. 从后躯开始向前梳理。
2. 由脚部开始向上梳理。
3. 使用宽齿梳梳理毛结,直到把毛结从下面的皮肤上梳走。
4. 可以先使用开结梳将毛团分成几个小的毛结。使用开结梳要小心,它很锋利,如不小心会伤到美容人员和动物。
5. 使用开结梳后,再用一把梳子将这些小的毛结梳走。
6. 也可以将毛结剪掉。不过如果不做全身的被毛修剪,那么修剪毛结的地方会看上去像被啃掉的一样,使用最小号的刀片。(5号刀片留下的被毛长度要长于10号刀片。手术备皮时使用的是50号的刀片,以使被毛剃得足够短。)避免电剪工具过热,尽可能放平刀头,与皮肤平行,不能将刀头朝向皮肤。
7. 梳理被毛时,注意观察皮肤的健康状况,特别是毛结下面的皮肤。查看皮肤是否存在过敏、炎症,是否有寄生虫、伤口,或者异常的皮肤和被毛。向兽医及时报告观察到的结果。检查皮肤是为何要进行美容的原因之一。

梳理完被毛后,给患病动物洗澡。洗完澡且稍微吹干以后再次梳理被毛,然后等动物被毛完全吹干后,再用刷子刷毛。

工作流程

准备工作

1. 准备好合适的工具:
   a. 可选的工具有口套和美容工作台;
   b. 硬的钝齿梳;

c.开结梳；

d.刷子，刷毛要足够长而硬，且能穿透被毛；

e.剪刀，圆头；

f.能配各种型号刀片的电剪；

g.使用与动物被毛长度相符的锋利电剪刀片。

2.确认各种美容工具已经消过毒。

操作步骤

洗浴前

1.确认患病动物身份。

2.查看患病动物的病历，以确认需要完成的美容程序。

3.将患病动物放在美容工作台上。

4.给患病动物带上口套(可选)。

5.从患病动物的后部和侧面开始梳理，从尾部向头部进行。如果被毛太长，那么将被毛分开，暴露皮肤。这样可以使梳子完全穿透被毛。

6.从脚开始梳理腿部。提示:站在动物的一侧梳理对侧肢的内面，然后整理这侧腿的外侧面。

7.让患病动物站立，梳理腋下和腹股沟区域的被毛。

8.从尾巴末梢开始向前梳理尾部被毛。

9.最后梳理腹侧被毛，从尾部最远端到尾根部梳理。

10.适当的时候梳理或修剪毛结。处理毛结时要有耐心，仔细。

11.当梳子能顺利地梳通整个被毛后才能洗澡。

洗浴后

1.当被毛还有些微湿的时候，再次梳理全身被毛。

2.完全干燥后，按与梳理的相同方式用刷子刷拭全身被毛。

补充要求

1.除了剪毛用的刀片以外，其他美容工具要使用消毒皂和钢刷清洗，并冲洗干净，然后放入消毒液中浸泡至少 10 min。

2.将剪毛用的刀片放入生产商推荐的清洗剂里面。

3.从消毒液中取出美容工具。

4.用自来水冲洗干净。

5.晾干。

6.收起来。

7.用吸尘器或拖把清理地面。

11.2 耳部清洗

基本要求

洗澡前要先清洗耳道和耳廓。有些品种动物的耳道内长有毛，这属于品种特征之一。贵妇犬就是这样的品种。对于是否拔出耳道内的毛发还存在争论，这需要询问兽医的建议。如果拔除耳道内的毛发，那么用指尖将耳廓下面的毛发拔除，这实际上拔除的是从耳道内长至耳道外的毛发。拔除毛后，清洗耳部，在耳道内使用广谱抗生素药膏。剪短耳屏上和耳道开口下方的毛。

耳道开口的颅侧边缘是耳屏，耳屏是一较硬的软骨组织，覆有被毛，呈"U"形。大多数品种的耳道呈"L"形。耳膜或称鼓膜，位于L形耳道的底部，很容易被刺破但能阻止异物进一步进入耳道内。因此，不要将棉签伸进耳道底部，只需用棉签清洗外耳道的耳轮和缝隙即可。

在洗耳前，如果发现耳朵存在炎症或任何可见的分泌物，应及时通知兽医。这样的耳朵可能还需要清洗，但必须准备专门的清洗液，且清洗完毕后还必须使用药膏。感染的耳朵会散发强烈的气味，通常被称为"腐烂的奶酪"味。如果闻到这样的气味，那么在清洗耳朵前要请兽医检查患病动物的耳道。

如果耳朵没有患病，那么首先用酒精棉球清洗耳廓和耳道(图11-1)。酒精可以去除皮肤上的油脂，这样更容易清洗。擦拭耳廓的下方，直至其干净为止，然后使用蘸了酒精的棉签清洗耳朵上面部分的耳轮(图11-2)。这可能需要多根棉签。将一种耳朵清洗液或消毒液注满耳道，触摸皮肤下的耳道软骨，即位于耳道开的口腹侧且稍靠前的部分，充分按摩软骨。如果按摩正确，会听见一种晃动声，这是因为液体在耳道内流动的原因。将一棉球放在耳道开口处，固定好棉球位置，倾斜动物头部，使耳道面向腹侧，这时液体会流到棉球上。重复在耳道内注入清洗液、按摩耳道和排除液体，直到排出的液体是干净的，且耳道本身看起来也干净了为止。最后将棉球包住指尖，将手指伸入耳道擦干液体，注意不能太深。按照相同步骤清洗另一只耳朵。

洗澡前，在耳朵内塞入一块大棉球，以防肥皂水进入耳道。洗完澡后，记得取出耳道内的棉球，使耳道内的水分完全变干。再次在动物的耳道开口放一棉球，倾斜其头部，使耳道内的液体流出，并使耳道内的水分完全变干。彻底干燥耳道的原因是因为万一水在洗澡时进入了耳道，耳道内的潮湿环境会使细菌滋生。

工作流程

准备工作

1. 准备材料：
   a. 棉棒；
   b. 棉球；
   c. 酒精；
   d. 耳朵清洗液或消毒液；
   e. 拔出耳朵被毛所需物品：镊子和广谱抗生素软膏。

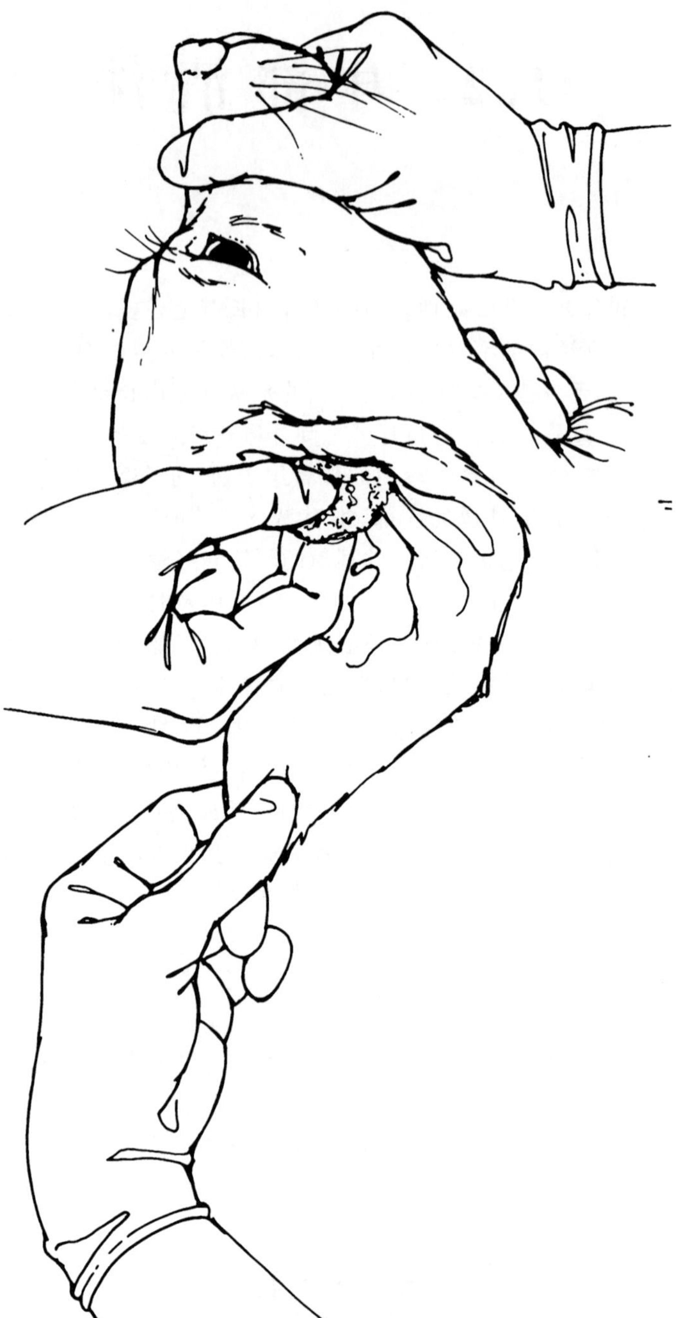

图 11-1　耳朵清洗步骤 1

（摘自 Crow SE，Walshaw SO. Manual of Clinical Procedures in the Dog，Cat，and Rabbit，2nd Ed. Philadelphia：Lippincott Williams & Wilkins，1997.）

图 11-2 耳朵清洗步骤 2

（摘自 Crow SE，Walshaw SO. Manual of Clinical Procedures in the Dog，Cat，and Rabbit，2nd Ed. Philadelphia：Lippincott Williams & Wilkins，1997.）

2. 戴上手套。
3. 再次核对患病动物病历，确定美容护理的原因。
4. 根据动物医院/诊所相关规定，来决定是否拔除耳朵上的毛。

操作步骤

1. 确认患病动物身份。
2. 检查耳部。
3. 如发现以下情况，则要告诉兽医：
   a. 发红；
   b. 肿胀；
   c. 有分泌物；
   d. 有异味；
   e. 疼痛。
4. 拔除耳道内的毛（可选）。
5. 用酒精棉球清洗正常耳廓和外耳道（图 11-1）（如果发现任何耳部异常，在洗耳前要通知兽医）。
6. 用浸了酒精的棉棒清洗正常的耳廓的耳轮（图 11-2）。
7. 重复上述步骤，直到干净为止。

8.在耳道内注入清洗液或消毒液。

9.按摩外耳道。

10.将棉球放在耳道的开口处。

11.倾斜患病动物头部。

12.吸干耳道内流出的液体。

13.重复上述步骤,直到排出的液体干净为止。

14.用大的棉球吸干耳道内的液体。

补充要求

1.如果清洁耳部后要立即洗澡,那么用大的棉球塞住每只耳朵以防止肥皂水的进入。

2.洗完澡后,取出棉球。

3.彻底擦干耳道。

4.如果拔除了耳道内的毛,那么要使用抗生素软膏(兽医开的抗生素软膏)。

11.3 修剪趾甲

基本要求

所有宠物的趾甲都会生长过度，这时脚趾就会叉开。趾甲甚至会长入脚垫，引起剧烈的脚痛以及跛行。趾甲主要用于增加阻力和防御，猫的趾甲还能用于攀爬。

所有种类的动物的趾甲，除了蹄类动物以外，在解剖学上都十分相似。趾甲覆盖于爪突上，爪突内含有血液和神经。趾甲从脚趾末端的有毛与无毛交界处的爪突开始生长。

修剪趾甲的目的是将趾甲末梢剪至爪突处。在没颜色的趾甲上能很容易地看到在趾甲内有一个暗粉红色的三角区。在颜色较深的趾甲上，就很难看到粉红色的爪突。如果看不到爪突，可以在趾甲上做一系列小切口，直到在趾甲切口末端看到爪突，即被趾甲的深色角蛋白包围的一个小白点。将该趾甲作为其他趾甲做切口的参考。因为后肢的趾甲是主要的受力趾甲，所以一般较短，修剪也较少。前面的趾甲要修剪的多一些。如果有悬趾，也必须修剪。由于悬趾不负重，因此也要修剪的多一些，但所有趾甲的末梢都应剪至爪突处。多趾畸形的猫在第一与第二脚趾之间有多余的趾甲，所以要仔细检查脚趾，看是否存在多余的趾甲。

如果不小心剪到爪突，趾甲会流血，这对患病动物来说也是较疼痛的。使用止血粉止血，然后用棉签末端按压伤口。止血粉是一种黄色粉末状的物质，一般盛在一个小的广口瓶内。为了将止血粉涂到趾甲上，在针帽的末端装满止血粉，然后把它放在装止血粉的容器内。要使用止血粉时，只要把装满止血粉的小针帽套在流血的趾甲上，使粉末粘到趾甲上，然后用棉签的末端压住覆盖止血粉的趾甲末端。也可以使用硝酸银棉签来按压，但是硝酸银可能会使手、衣服、工作台以及患病动物的皮肤染上颜色。

修剪生长严重过度的趾甲，要先麻醉动物。然后在每条腿上绑上止血带，将趾甲剪至爪突处，对爪突进行烧烙止血。该过程应该由兽医完成，而不是兽医助理。修剪之后，患病动物会感到脚部疼痛，所以需要给予其数日的口服止痛药。

用于修剪趾甲的工具有数种。最常用的是环状趾甲修剪器(图 11-3)。修剪器应位于趾甲下方，且使趾甲穿过修剪器的开口，刀刃边缘最靠近脚趾。挤压修剪器的手柄，刀刃向上移动，将趾甲剪断。注意：使用修剪器时四指握住平柄部分，拇指压住弯柄部分，刀刃边缘最靠近动物的爪子。这类修剪器有两种型号，普通的和大号的(大号的主要用于大型犬)。刀刃变钝后，可以更换。

还有一种像剪刀一样的趾甲修剪器，一般称为 Lee-White 或鸟喙式修剪器。与环状修剪器相比，这类修剪器特别适用于修剪向内生长、没有游离末端的趾甲，而使用环状修剪器要求趾甲必须有游离的末端，这样才能穿过修剪器的孔。剪刀样修剪器也适用于鸟类和迷你宠物。

人用的指甲剪也可用于修剪薄且小的趾甲，如鬣蜥的趾甲。使用一种带有砂纸表面或粗糙钢砂板的可旋转的趾锉工具，来磨平修剪后的趾甲末端。趾锉工具还可以用来使已经剪短的趾甲变得更短。一些比赛犬的驯犬员更愿意使用趾锉来维持犬很短的趾甲，且使趾甲的外观看上去更圆滑。

抓住动物的脚部，按压脚趾末端，使趾甲展开，然后剪断趾甲。犬可以采用站立姿势来修剪趾甲。对于猫，如果美容人员可以坐着并固定住猫的后背，那么修剪起来就很容易。用手臂环住猫，一只手按住脚趾的背面，另一只手则使用修剪器。鸟和迷你宠物，应保定其后背。兔子可以采用正常的站立姿势，但要牢固保定住其臀部，以防其后踢。

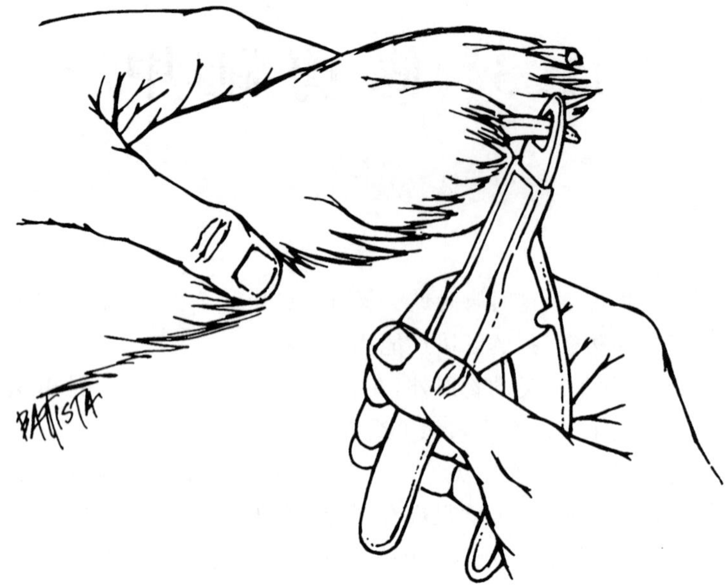

图 11-3　趾甲修剪

工作流程

准备工作

准备一个趾甲修剪工具箱,用不褪色的记号笔做标记。箱子内应该包括以下物品:

1. 各种大小和类型的趾甲修剪器。
2. 环状修剪器的备用刀片盒。
3. 趾锉。
4. 止血粉或硝酸银棉签。
5. 棉棒。

操作步骤

1. 保定患病动物:
   a. 让一名工作人员保定患病动物或者使用美容台;
   b. 如果修剪猫的爪子,那么将动物抱在膝盖上。
2. 如果使用环状修剪器,那么用大拇指压住手柄的弯形部分,用手掌抓住直柄部分。将修剪器上的孔套在趾甲上,且刀片最靠近脚趾。
3. 有需要时,还可以使用其他修剪器。
4. 用一只手抓脚部。
5. 对每只脚趾施加压力以展开趾甲。
6. 另一只手用修剪器剪断趾甲,直至爪突处。
7. 如果存在悬趾,也要修剪。
8. 如果流血,使用止血粉。

9.使用棉签头压住出血处直至停止出血。

10.修剪完毕后,检查所有的脚趾是否有流血。

11.使用双氧水和水清洗所有带血的被毛,并将脚擦干。

补充要求

1.使用消毒喷雾剂清洁修剪器。

2.擦干。

3.把物品收起来放好。

提示:先在已麻醉的动物身上练习修剪趾甲,并让有经验的同事指导你的工作。

11.4 挤压肛门腺

基本要求

挤压肛门腺是一项又臭又脏但又不得不做的工作。幸运的是，犬是唯一需要经常挤压肛门腺的动物。肛门腺是散发臭味的液囊，位于肛门前腹侧，左右各一。排泄管向上延伸，其开口位于直肠黏膜和肛门边缘的9点钟和3点钟的位置。最理想的状态是，动物肠道蠕动时，肛门腺分泌的物质能被压迫出排泄管。如果肛门腺分泌的物质变稠、受感染或周围的肌肉松弛，那么肛门腺就不能正常排泄分泌物，最终可能导致脓肿。

有两种挤压肛门腺的方法，任何一种方法都要求戴上手套。第一种方法是先从体表触摸到肛门腺(图11-4)，指尖慢慢向腹外侧移动。找到肛门腺的位置后，将一块大的纱布或纸巾放在食指和拇指之间。将手放在肛门腺区域上方，食指和拇指轻轻按压两侧肛门腺的后部。然后将手指向前深深按入，再向外做半圆运动。这样做可以迫使肛门腺的内容物流出，且正好掉落在纸巾上。完成挤压过程后，换一块湿润的纸巾清洁周围被毛。最后尽快将纸巾和手套扔进室外的垃圾桶内。如果将这些物品扔在室内的垃圾桶内，会发出令人不愉快的气味，从而影响整个室内的空气。

第二种方法要求戴了手套的食指伸进直肠(图11-5)。首先在食指和拇指间放置一大棉球或纸巾，润滑食指指尖，慢慢将润滑过的指尖插入直肠。在直肠腹外侧9点钟和3点钟的位置可以感觉到肛门腺。体内的食指和体外的拇指相互用力挤压一侧肛门腺，然后捏着向上推，迫使内容物流出排泄管。对另外一侧肛门腺重复相同的步骤。该方法对肛门腺施加的压力要更大些，因此当内容物较稠或排泄管阻塞时，使用此方法十分有用。

若挤出的内容物带血或呈黄色脓样时，要告知兽医。如果肛门腺上的皮肤变红或肿胀，也要告知兽医。所有预约洗澡的犬都要挤压肛门腺，所以在给动物洗澡前，要先挤压肛门腺。

工作流程

准备工作

准备好所有的材料：

a. 手套；

b. 凡士林或其他润滑剂；

c. 纸巾；

d. 棉球；

e. 空气清新剂。

操作步骤

1. 在清洗完耳朵、修剪完趾甲后，洗澡之前挤压肛门腺。
2. 戴上手套。
3. 保定患病动物：在美容台上或由另外一名工作人员保定患病动物。

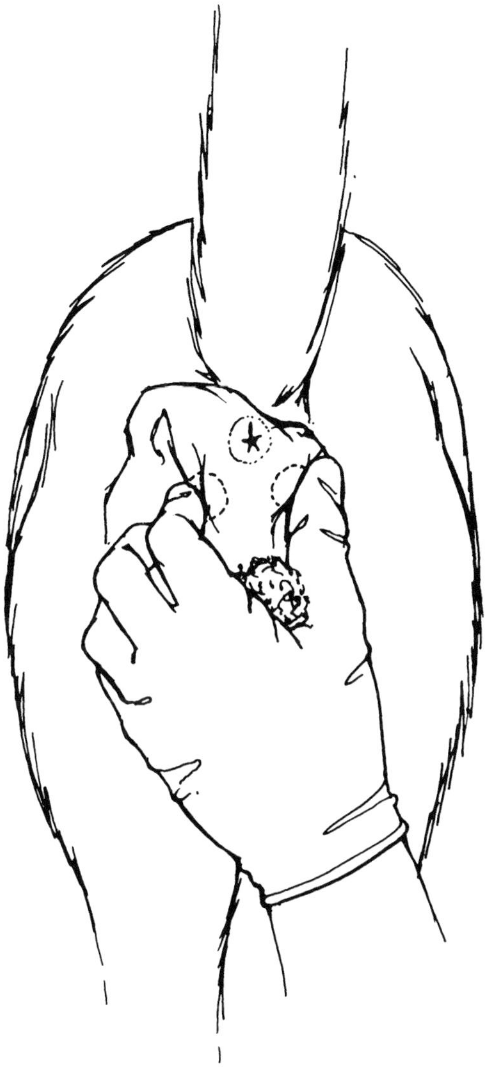

图 11-4 肛门腺体外挤压法

注：在肛门的腹外侧面触摸到肛门腺（插图中画圈的部位），排泄管开口位于肛门边缘。

4. 肛门腺体外挤压法（图 11-4）：

a. 将纸巾放在戴了手套的食指和拇指之间；

b. 慢慢触摸肛门腹外侧，找到两侧的肛门腺；

c. 将拇指放在一侧肛门腺的外侧，将食指放在另一侧肛门腺的外侧；

d. 两只手指同时挤压；

e. 以半圆运动的形式，手指用力向前朝肛门中心推；

f. 将脏的纸巾更换成湿巾，清洗肛门周围。

5. 肛门腺体内挤压法（图 11-5）：

a. 在戴手套的食指尖抹上润滑油；

b. 将大棉球或纸巾放在戴了手套的食指和拇指之间；

c. 慢慢地将食指插入直肠。食指在直肠一侧触摸到肛门腺，即肛门腺的中部和内部；

d. 用拇指在体外触摸到同一肛门腺；

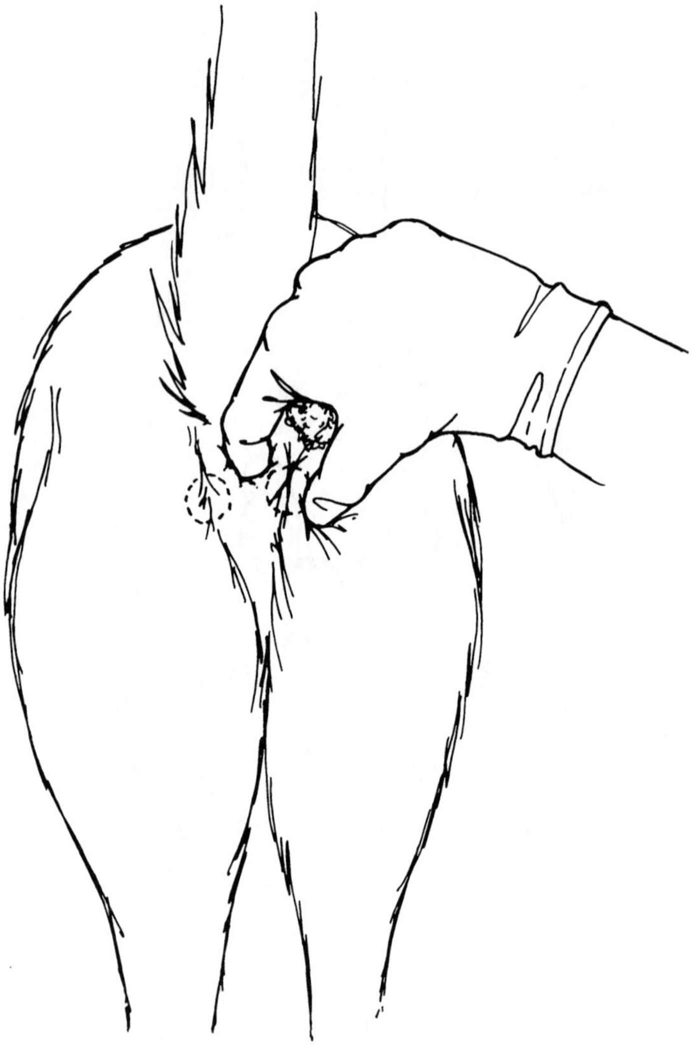

图 11-5 肛门腺体内挤压法

注:用拇指对在直肠里面的食指施加压力。肛门腺是圆形的,排泄管开口位于肛门边缘。

e. 通过按压食指和拇指来挤压肛门腺的两侧;

f. 慢慢地将手指向前向上伸入一点,迫使肛门腺内容物从肛门中央排出;

g. 对另一侧肛门腺重复相同过程;

h. 完成挤压后,清洗肛门周围被毛。

补充要求

1. 如果房间有恶臭味,可以使用空气清新剂,但不要过量使用。

2. 尽快扔掉所有被分泌物污染的物品。

谨记:不要将犬独自留在美容台上或浴盆内。

11.5 洗澡与药浴

基本要求

洗澡的目的有两个:通常的目的是为了清洁皮肤和被毛;另一个目的是对皮肤和被毛进行药物治疗。药浴是指在洗完澡后,对皮肤和被毛使用杀虫剂或药物。通常药物要求在皮肤上面停留一段时间再冲掉,或者干后直接留在皮肤上面。

洗澡包括彻底的梳理被毛、清洗耳朵、修剪趾甲,如有需要还要挤肛门腺。将大棉球塞入耳朵里,以防水进入耳道。使用温和的眼药膏涂在两只眼上,保护眼睛免受肥皂和药物的伤害。

在将患病动物放入浴缸前,必须做好一切准备工作。装有干毛巾的笼子,如果使用笼内烘干机,那么还要准备烘干机。如果使用吹风机,那么将吹风机的电源插上。在美容桌上放一块干毛巾用于吸取患病动物脚上的水。将毛巾和浴巾放在浴缸旁边。如果要使用香波和药物香波,那么将它们放在毛巾旁边。如果要使用护毛霜或顺毛剂,那么将它们放在香波后面。如果药物需要稀释,那么在使用前备好,并在工作台上放好计时器。美容人员必须穿上防水围裙,强烈建议戴上护目镜,以防止药物、杀虫剂以及其他化学物质不小心溅入眼睛。在排水管管口放置一个过滤网,以免患病动物被毛在排水管内蓄积而引起堵塞。

将患病动物放进浴缸内,且在其颈上拴一根动物医院/诊所内用的牵引带,牵引带的另一端用拴马节系在浴缸或墙上的环上,这样可以避免动物跳出浴缸。这时无论什么原因都不能离开动物身边。首先使用温水完全浸湿动物被毛,再涂上一种温和的、具有清洁作用的香波,并揉搓全身被毛。对于雄性犬,这时要避开揉搓阴囊。趾间、尾巴下方、每条腿的下方以及耳朵后面都要使用香波擦洗。用浴巾的一角蘸取少量香波给动物洗脸,注意避开眼睛。全身揉搓后,使用清水彻底冲洗干净。趾间、尾巴下面、腿下部以及耳朵后面这些区域冲洗时要特别注意。如果处方上开有药物香波,那么紧接着使用的第二种香波就是药物香波。通常都有使用说明书会告知该药物香波要求在皮肤上的停留时间。如果需要定时,那么设定定时器。在规定的时间内,继续揉搓皮肤和被毛上的香波。如果第二种香波是常规的香波,那么就不需要定时了。

使用完香波后,开始冲洗。使用大量的清水冲洗时,要特别要注意皮肤的皱褶处。接着使用护毛霜或滴药,按说明使用。如果使用了护毛霜,那么在冲洗前梳理被毛,使被毛充分吸收营养。如果使用滴药,那么用纱布将滴药擦满全身,避开犬的阴囊处,因为该处较敏感,容易受香波和滴药刺激后发炎。如果使用的滴药需要计时,那么设定计时器。完全冲洗干净后,将患病动物包裹在毛巾内,并开始干燥过程。开始干燥前,先取出耳朵内的棉球。

如果该滴药需要保留在患病动物皮肤上,那么把牵引带从金属环上松开,用毛巾包裹动物全身,然后将它带至美容桌上,用毛巾擦干。擦干后,将动物放在一个备有烘干机的笼子内,烘干机设置为低温(千万不可太高),并设定时间。清水冲洗后不使用滴药的动物,也按相同的步骤干燥。

使用吹风机吹干是一种既方便又快速的被毛干燥方法,特别是对于长毛动物。美容人员还可以边吹边梳理。使用吹风机很少会引起动物过热。正如前文提到的,吹干时要从身体远端到近端,从尾部到头部。吹干趾间、腹侧、耳后以及尾巴下面。吹风机是吹干动物腹侧最好的方法,而使用笼内烘干机时,大多数的动物会待在笼子的一角或是躺着,所以只有背部和近头部被烘干。

对所有要使用的产品,即香波、护毛霜和滴药,仔细阅读3遍标签,严格按照说明使用。如果需要稀释,那么稀释到适当浓度。如果太浓,可能会有毒性;太稀又会无效。只能将产品用于其指定的适用种群。如果指定只能用于犬，那么就不能用于猫、雪貂或兔子。过热的水或过热的烘干机会灼伤皮肤，在有烘干机的笼子内，动物会因为高热而很快死亡。所以不要将动物单独留在有烘干机的笼子内。使用低温烘干，每隔 5 min 检查一次动物情况。使用手持式吹风机很少会使动物过热，但还是要使用低温吹干，否则皮肤仍然会被灼伤。当动物被毛完全干燥后，最后梳理一次被毛。换上动物主人的项圈或牵引带，然后将美容完毕的动物送回动物医院/诊所的病房中，并在治疗记录板上标注，此动物可以回家了。

将动物送回笼子后，开始清洗浴缸。清除排水管过滤网上的毛并冲洗干净。用拖布拖干浴缸周围的地板，用抹布擦拭工作台。将湿毛巾放到洗涤房，若能凑成一桶，那么开始清洗。如果香波、护毛霜和其他用品在同一天内不再使用了的话，那么都将它们收起来。所有使用过的美容用具都要清洗、消毒、干燥并收好。清洗美容台，并将烘干机收好。用吸尘器清洁地板。

工作流程

准备工作

1. 查看病历以确定美容的原因。
2. 准备好所有用品并阅读标签 3 遍，以确定：
   a. 适用种群；
   b. 用量；
   c. 用法；
   d. 在美容过程的哪一步使用；
   e. 是否要求在皮肤上的保留时间；
   f. 是否需要稀释。
3. 摆出所有的所需用品：
   a. 香波（如果需要，还有药物香波）和护毛霜（可选的）；
   b. 准备好任何需要的化学药品；
   c. 如果用滴药，那么需要准备海绵；
   d. 将毛巾放在浴缸旁边；
   e. 将浴巾放在浴缸旁边；
   f. 如果要计时，那么就需要定时器；
   g. 在有烘干机的笼内铺好毛巾；
   h. 如果要用吹风机，那么插上吹风机的电源；
   i. 梳子和刷子；
   j. 用于塞耳的棉球；
   k. 温和的眼药膏；
   l. 排水管管口的过滤器；
   m. 动物医院/诊所的牵引带。
4. 穿戴：
   a. 防水围裙；
   b. 手套；
   c. 护目镜。

5. 确认患病动物身份。

6. 取下患病动物自带的项圈，与病历放在一起。

7. 在给犬洗澡前，先要完成梳理被毛、清洗耳朵、修剪趾甲和挤压肛门腺。

操作步骤

1. 将棉球放入耳内。

2. 给眼睛涂上眼药膏。

3. 给动物拴上牵引带。

4. 将动物放进浴缸内。

5. 将牵引带末端系到金属环上。

6. 彻底浸湿被毛。

7. 先用温和的香波清洗。

8. 充分揉搓。

9. 冲洗干净。

10. 如果处方开有药物香波，那么使用药物香波进行第二次的清洗。药物香波的保留时间应遵循规定的时间。

11. 或者使用第二种普通香波。

12. 充分揉搓产生丰富泡沫。

13. 冲洗干净。

14. 使用护毛霜或顺毛剂，尤其是长毛动物。

15. 冲洗干净。

16. 如果处方开有滴药：

 a. 正确稀释滴药，它们都是有毒性的物品(但如果稀释过稀，会没效果；如果太浓，毒性会过大。在皮肤上的保留时间要精确)；

 b. 在冲洗掉香波后使用滴药，应使用纱布擦拭，并揉搓被毛，使被毛充分浸透；

 c. 按规定，控制滴药在皮肤上的保留时间，除非该滴药不需要冲洗；

 d. 说明书上要求冲洗时才冲洗。

17. 取走耳朵内的棉球。

18. 挤出被毛上的多余水分。

19. 把动物包在毛巾内。

20. 松开牵引带。

21. 将动物移出浴盆，将其带到美容桌上擦干被毛。

22. 开始擦干过程。

放在备有烘干机的笼子内 10 min，烘干机的温度设定为低热，或将动物放在美容桌上，使用低温吹干，且边吹干边梳理被毛。

23. 如果使用笼子烘干机：

 a. 每 5～10 min 检查一次，避免过热；

 b. 使用手持式吹风机吹干身体腹侧。

24. 吹干后：

 a. 做最后的梳理；

 b. 换上动物主人的项圈或牵引带；

 c. 将动物送回病房。

25.在治疗记录板上说明该动物可以回家了。

26.在患病动物病历上做好正确的记录,并签名。

补充要求

1.清洗浴盆,并晾干。

2.除去过滤网上的毛,并冲洗。

3.擦干工作台。

4.拖干地面。

5.将湿毛巾放在洗涤房,若能凑成一桶,那么开始清洗。

6.收起笼子烘干机和/或吹风机。

7.如果工作台上的化学物品在同一天内不再使用了,那么将它们收起来。

8.对所有的美容工具进行消毒、干燥并收好。

9.对桌子进行消毒并擦干。

谨记:高热可致命,热水和热气会灼伤动物皮肤并引起高热。

11.6 修剪鸟的飞羽

基本要求

鸟是美国现在第三大受欢迎的宠物，并且大型鸟作为宠物的数量也在增加。修剪羽毛的目的是要限制鸟的飞翔，但是并不能完全不能飞翔。修剪飞羽后的鸟仍然可以飞翔很短距离，但稍微有点不平衡。

修剪鸟的羽毛需要一把锋利的剪刀。鸟被保定的程度是只要兽医助理能抓住鸟腕关节后展开其翅膀即可。（参考4.4中鸟的保定。）腕关节是翅膀最后的大关节，桡骨和尺骨在这里与翅膀末端的小骨连接。兽医助理从鸟的背侧抓住翅膀并展开，将剪刀的一面刀片插入到廓羽下方，从远端到近端开始修剪。对于展览鸟，不能修剪最前面的第3～4个主飞羽，即最末梢的大羽毛。这样，当鸟收拢翅膀时，其外观看起来更自然些。对于宠物鸟，所有飞羽都得修剪，这才能最大限度地限制飞翔。使用相同方法修剪两侧翅膀。重新长出飞羽时，必须再次修剪。如果动物主人想要学习修剪飞羽，可以教他们修剪的方法，对兽医助理来说这是一项简单但非常有益的工作。

工作流程

准备工作

1. 在一个封闭的房间内进行。
2. 一把锋利的剪刀，最好是钝头的。
3. 如果需要，准备一条用来保定鸟的毛巾。

操作步骤

1. 鸟俯卧保定。
2. 在腕关节处展开翅膀，暴露主飞羽以及覆盖在上面的廓羽。

对于展览鸟：

1. 将剪刀刀刃的近端插入翅膀最前面的第3个或第4个飞羽下，即廓羽边缘的下方。剪掉所有剩余的飞羽。
2. 对另外一个翅膀重复同样的步骤。

对于宠物鸟：

按修剪展览鸟飞羽相同的步骤操作，但要将廓羽边缘下方的整排飞羽都修剪掉。

补充要求

1. 将鸟送回鸟笼。
2. 对鸟和动物主人的合作表示感谢。
3. 清扫羽毛。
4. 收好剪刀。

谨记：对待鸟要温柔。

11.7 电　　剪

基本要求

电剪具有很多用途。为了充分利用其功能，必须将一些事考虑在内。首先，要仔细阅读存放在设备装订本内的生产商使用说明书。准备好备用的锋利刀片、润滑油及刀片清洗剂。

电剪有带电线和不带电线两种类型。带电线的要定期检查以确定电线正常。不带电线的在每次使用后要立即充电。有些电剪具有两种工作频率。

电剪上有空气过滤网，时间长了会被毛发和灰尘堵塞，这会导致电剪发动机过热。查看说明书上所写的如何清洗空气过滤网，制定一份每周清洗过滤网的安排表。

使用电剪时，每 5～10 min 喷一次推荐的润滑油，否则电剪会变得过热。绝对不要用 WD 40（美国产的万能防锈润滑油）来代替专用润滑油。用完电剪后，把刀片从电剪上取下来，并用硬毛刷清洗刀齿。将刀片浸入生产商推荐的刀片清洗剂内。清洗刀片有专用的容器，容器内有使刀片朝下放置的槽，而且容器内盛满清洗剂/消毒剂。锁上盖子，用手慢慢摇动容器。这些容器能一次装多把刀片以及刀片清洗剂。清洗完毕后，晾干刀片。检查每把刀片是否有掉了或损坏的刀齿，破损的刀片会损伤皮肤。如果是刀齿损坏了，告诉相关负责人要求更换。将刀片存放在干净、干燥的地方，以防止刀片生锈。同样，存放电剪刀片也有专用的容器。这样可以将刀片分类，而且比存放在可能发生损坏的抽屉里要更安全。

一年一次或两次，拆下电剪的电动头，给传动齿轮涂上生产商推荐的润滑油。根据生产商的说明书进行操作。如果刀片已经正确涂过润滑油且很锋利但电剪还是不能修剪或堵塞，那么就需要到专门的电剪维修处修理。刀片会随着使用而变钝，脏和/或潮湿的被毛也会使刀片变钝，如果可能，在这种情况下尽量避免使用电剪。可以将刀片送到专门的磨刀公司。当刀片变钝时，将其交给相关负责人，再由负责人将它们送到专门的磨刀公司。因为这需要花费一定的时间，所以要备有一些常用型号的快的刀片。

剪毛时，要缓慢推进，可逆着被毛方向剪，这样能剪得更短。刀片的型号越小，修剪后留下的长度就越长。40 号或 50 号的刀片适用于外科手术中的剃毛。而型号较小的，如 10 号或 5 号刀片，修剪完后可以留下较长的被毛。刀片还有不同的宽度，较窄的刀片用于趾间这样的区域。刀片上有各种型号的限位梳。限位梳带有长梳齿，有各种型号，但最常用的是 1 号。当与 10 号刀片一起使用时，可以留下 1″长的被毛。不同的电剪刀片可修剪出各种线条和造型，如贵妇犬尾部的修饰。与所有的仪器设备一样，如果能正确使用并遵循正确的保养程序，电剪将能发挥出很好的作用。

工作流程

准备工作

1. 使用电剪前，先阅读一下生产商的使用说明书：
   a. 学习电剪的保养程序以及保养频率；
   b. 学习如何更换刀片。
2. 将电剪的辅助材料放在一个已标记的箱子内，包括：
   a. 电剪的润滑剂或冷却喷剂；

b. 刀片的贮存容器；

c. 硬毛刷；

d. 用来清洗刀片的容器；

e. 电剪洗涤剂；

f. 各种刀片；

g. 1 号电剪限位梳；

h. 用来记录电剪空气过滤网清洗、上油以及专业维修的记录单和签字笔。在记录单的脚注上列出每项工作需实施的频率。

3. 将带有电线的电剪存放在箱子内。

4. 如果电剪不带电线，那么进行充电，箱子也放在旁边。

操作步骤

1. 使用前：

a. 检查电线；

b. 检查刀片；

c. 试用一下电剪，并喷上润滑剂。

2. 电剪的握法：

a. 从一侧握住电剪；

b. 将拇指放在电剪的正面；

c. 剩下的手指握住电剪的底面；

d. 食指离刀片最近。

3. 修剪：

a. 要长时间平缓地推动；

b. 美容人员要移动整个胳膊，沿着最近的路线将剪刀往前推；

c. 拿稳电剪，但不能太紧；

d. 使刀片与皮肤平行；

e. 每 5～10 min 喷一次润滑剂，如果刀片变热，可以喷得更频繁些。

补充要求

1. 卸下电剪的刀片。

2. 用硬毛刷清洗刀片。

3. 将刀片放进刀片清洗剂内，并轻轻摇动。

4. 取出。

5. 干燥。

6. 放进贮存箱内。

第12章

设施维护

“天啊，Harold！难道用酒精消毒桌面还不够吗？不会是你点的火吧？”

本章培训目的

完成本章培训后，学员应能做到以下几点。

1.学会区分环境卫生的3种级别：清洁、消毒和灭菌。

2.正确选择并使用消毒剂对动物医院/诊所内的设施进行消毒。

3.对患病动物正确使用抗菌剂。

4.稀释浓缩液的计算。

5.犬舍的清洁与消毒。

6.笼子的清洁与消毒。

7.清洁库存区域。

8.根据被清洁表面的特征及可使用的产品，正确选择清洁程序。

9.预处理和清洗动物医院/诊所内的物品。

10.安全处理动物医院/诊所内的垃圾，包括有危害的和无危害的。

前言

为了完成与患病动物和动物主人相关的工作任务，动物医院/诊所的工作人员需要在干净、整洁、有序的诊疗环境中工作。为了为患病动物提供最好的服务，就不能只考虑赢利，或把专业性放在第二位。称职的兽医助理应当意识到自己在维护整个就医环境上扮演重要角色，而不仅仅是某些重要场所，如住院部、诊室等。学会通过观察周围环境发现需求，学习怎样去维护整个环境。

知道什么时候应该做什么。预计下一步工作内容，合理安排工作顺序，高效地完成工作。如果动物主人对收费方面有所抱怨，考虑一下收费中包含医院的成本的那部分。因为兽医助理的工资与医院成本也有关系。所有员工能越有效的配合工作，医院的成本就越少。这样，在收费维持不变的情况下，护理质量和薪水都会得到提高。有一句名言“时间就是金钱”，这对经营一家动物医院/诊所十分有指导作用。

12.1 消 毒 剂

基本要求

动物医院/诊所的环境卫生分3种级别:清洁、消毒和杀菌。清洁是指通过肥皂和清水机械性地减少物品表面的微生物数量。消毒是指在清洁的基础上更进一步地减少微生物数量。灭菌是指杀灭所有微生物,包括病原性的和非病原性的。使用的消毒产品可以是灭菌性的,也可以是抑菌性的。可杀死微生物的消毒剂为杀菌剂。可真正杀死病毒的消毒剂称为杀病毒剂,抑制微生物繁殖的消毒剂称为抑制剂,抑制细菌繁殖的消毒剂称为抑菌剂。在动物医院/诊所内使用的消毒剂中,还没有一种可以杀死全部微生物。

必须考虑到动物医院/诊所环境中存在的微生物类型以及该微生物对所选消毒剂的敏感度。选择消毒剂时应考虑到以下几点:

1. 抗菌谱。
2. 杀菌剂还是抑菌剂。
3. 溶液浓度。
4. 接触时间。
5. 适用于哪些表面。
6. 抑制因素。
7. 毒性。

可以通过物理和化学两种方法来控制病原菌。冷冻、干燥、紫外线、辐射、加热以及过滤都是机械性的消毒方法。高压灭菌也是一种杀灭微生物的机械性灭菌方法。

有很多化学试剂可用来消毒物品。消毒剂的选择和使用取决于消毒剂与所要消毒物体是否相符。阅读标签以确定消毒剂可被用在哪些地方。注意有些化学品是有毒的。一般用酚(石炭酸)系数用来表示杀菌强度。如果一个产品的酚系数为50%,那么该产品能杀死的微生物数量是酚能杀死的相同种类的微生物数量的一半。接触时间、温度、pH值以及浓度都会影响化学品的杀灭微生物的能力。用于消毒的化学品有很多类,动物医院/诊所内最常使用的包括以下几类:

· 含氯的消毒剂。有毒性,用来杀灭细小病毒,它的效力取决于有机物存在的数量,因此首先要清洁消毒区。该种消毒剂在阳光下会失去活性,必须储存于避光容器内。

· 碱和甲醛都具有很高的毒性,因此,在动物医院/诊所内的使用非常有限。碱用于清除污垢,甲醛作为组织防腐剂使用。

· 有多种季铵盐组成的消毒剂。它们对用于不透水的表面非常有效,且无刺激,无异味。有机物存在的情况下容易失活,因此首先要清洁消毒表面。

有些消毒剂可以用于皮肤,这类消毒剂称为抗菌剂,动物医院/诊所内最常使用的包括以下几类:

· 乙醇(酒精):使用浓度为70%,用于注射部位以及体温计的消毒。

· 过氧化氢(双氧水):通常使用浓度为3%~20%,用于清洁皮肤创口周围(不是伤口处),还可用于祛除衣物、被毛以及纤维物品上的血渍。

· 碘酒:动物医院/诊所内使用的碘制剂是一种浓度较低的碘酒,不会像一般碘制剂那样引起着色和灼烧。通常使用浓度为2%的溶液。优碘(聚维酮碘)是大多数人所熟悉的一种产品,可以作为外科擦洗液和外科用消毒液。虽然涂上以后皮肤会呈棕褐色,但用清水能很容易洗掉。聚维酮碘在无损伤的皮肤表面按 1∶10 浓度稀释后使用，而组织冲洗则按 1∶100 浓度稀释。它的活性可被酒精和有机物抑制，其残效时间仅 4～6 h。

· 双氯苯双胍己烷(洗必泰)：可作为外科擦洗液和外科消毒液。其活性不会被酒精和有机物抑制，但 pH 值的变化和肥皂会抑制其活性。1∶40 浓度稀释后的溶液可用于创伤冲洗，其残效可持续 2 天。

· 氯二甲酚：既可以作为抗菌性的外科擦洗液，也可以作为术前/术后用的外科消毒液，可安全地用于黏膜和清洁创口。

注意：有些消毒剂和抗菌剂是浓缩型的，这就需要稀释。稀释时需要计算，且有时要转换单位。等量查询表参见附录 J。

如果已经给出比例，如 1∶250，意思是将 1 份浓缩液与 250 份的水混合。如果需要 1 L 的溶液，那么计算如下：

1/250(这是比例 1∶250)＝X(这是你想要知道的量)/1 000(这是 1 L 内包含的毫升数)

1 000 除以 250，答案就是 4。

将 4 mL 的浓缩液放入容器中，再加入 1 L 的水。在另外一种情形下，需要换算单位。如果将 1 oz(盎司)的浓缩液加入到 1 gallon (加仑)的水中，那么你应该要知道 1 oz 等于 30 mL。

假如一个拖把桶要装 5 gallon 水。计算也是相同的。

1 oz/1 gallon＝X oz/5 gallon，答案是 5 oz。然后换算单位，1 oz＝30 mL，5 oz＝5×30 mL＝150 mL。用一个 50 mL 的注射器抽满 3 次浓缩液，即总量为 150 mL 的浓缩液加入到 5 gallon 的水中进行稀释。

记住要先把水加入到容器中，然后再加入浓缩液。本原则适用于水与任何化学品的混合。

谨记：当稀释浓缩液时，一定要测量浓缩液和水的量。而不要靠“眼睛”看稀释液的颜色变化来判断。

使用消毒剂时最基本的是“了解使用对象”、“阅读标签”和“遵循使用说明”。

工作流程

准备工作

1. 了解动物医院/诊所内使用的消毒剂。
2. 知道它们存放的位置：
   a. 初级容器；
   b. 次级容器，检查标签是否正确。
3. 知道每种消毒剂在什么时候使用。
4. 知道每种消毒剂的用法。
5. 准备稀释溶液或是从初级容器向次级容器转移溶液时，应在干净的工作台上进行。

操作步骤

1. 将所有消毒剂都装进其初级容器中，然后存放在一个地方。
2. 准备消毒液时，带上护目镜和手套。
3. 装进次级容器内。
4. 如果需要稀释溶液，那么需要做：
   a. 精确测量；
   b. 用一个大注射器作为测量仪器：1 teaspoon (茶勺)＝5 mL；1 tablespoon (汤勺)＝15 mL；1 oz＝

30 mL。

c. 先把水加入到容器中,精确测量水和浓缩液的体积。使用一个带体积刻度的大玻璃罐(通常可以在超市的烘焙用品中找到)来测量水,体积刻度通常用英文表示公制单位。

5. 将稀释后的消毒剂倒入次级容器中:

a. 使用漏斗;

b. 不要溢出;

c. 确保次级容器的标签正确;

d. 拧紧瓶盖;

e. 把次级容器放回它们合适的位置。

补充要求

1. 清洗仪器。
2. 清洗工作台。
3. 收好初级容器。
4. 如果初级容器内的液体量很少了,将产品名称记录在需求单上或告知相关负责人以定购该产品。

12.2 笼子与犬舍的清洁

基本要求

动物医院/诊所的病房根据患病动物所需要得到的护理类型来安排。可分为以下几类：

1. 健康的寄养动物。
2. 前来接受美容的门诊动物。
3. 前来接受外科手术的动物。
4. 前来接受医疗的动物。
5. 传染病动物。

患有传染病的患病动物需要被隔离，而其他的患病动物也被安排在单独的病房内，不同种群之间也是分开的。相似的病例可以安排在一起，这样容易找到某一患病动物。应该将需要特别护理的重症动物和麻醉苏醒期动物安排在处置室附近的病房内，以便能对它们进行更频繁的照料。

每个病房至少要有一个空的笼子和犬舍，最好放在房间的尽头。这用于将患病动物从原来的笼子转移到另一个干净的笼子或犬舍内。将所需物品放在一个手推车上，并在手推车上挂两个大的垃圾袋。

装有干净物品的手推车应该有两层架子，上面的架子用于放置干净的垫子、盘子以及装满饮用水的罐子。第二层架子用于放置脏的物品。第二层架子上面放一个用来浸泡脏盘子的箱子，如果可以的话，还要有一个用来放置脏猫砂盘的箱子。还需要两个装满消毒剂的桶，一个用来放清洁用的铲子，另一个用来放长柄扫帚和塑料扫帚。

清洁完笼子或犬舍后，要清洁病房。这包括消毒经常接触的表面，如灯的开关和门把手。最后，清洁并消毒地板。每间病房清洁完后，都要将拖布冲洗干净和换一桶新的消毒剂，再用于清洁下一房间。根据使用情况，每天到每周换一个干净的拖布头。倾倒脏的拖布水的区域和清洗后的拖布头都需要消毒。排水沟要用大量水冲洗干净。

工作流程

准备工作

1. 将所需物品放在一个有两层架子的手推车上。
   a. 上面一层架子上放置干净的物品，包括垫子、干净的盘子、新鲜的饮水、报纸、纸巾和装有消毒剂的喷壶。另外，猫的病房需要准备一些猫砂，每个一次性猫砂盘内装 0.5 杯猫砂。推车架子上尽量多存放一些猫砂。
   b. 第二层架子上放置脏的物品，包括碗碟浸泡箱（不要将猫砂盘与放食物和水的盘子浸泡在一起）和板刷。
   c. 装有消毒剂的用于存放塑料扫帚和笤帚的桶，另外一个桶放清洁用的铲子。
2. 戴上手套，并穿上工作服。

操作步骤

犬舍的清洁

1. 将一只犬放进干净的犬舍内。
2. 笼卡以及玩具与该犬一起转移。在空的、脏的犬舍内：
   a. 移出所有盘子、垫子以及废弃物。
   b. 将脏的垫子装进一个垃圾袋内。
   c. 把脏的盘子放进手推车第二个架子上的装有肥皂消毒剂的箱子内。
   d. 如果碗是一次性的，那么将它们扔进另外一个垃圾袋内。
   e. 用清洁用的铲子来清除犬舍地面上的粪便。
   f. 将粪便与其他废弃物一起扔进垃圾袋内。
   g. 将铲子放在装有消毒剂的桶内，直到清洁下一间犬舍。
   h. 用热水冲洗墙壁和地面。要避免水飞溅，因为水滴会传播传染性物质。
   i. 用消毒剂冲洗墙壁和地面。
   j. 用一个大的硬毛刷刷洗犬舍墙壁和地面，使用一把长柄笤帚来完成这项工作非常有效，要刷洗整面墙壁和栅栏，每周消毒一次天花板。
   k. 将刷子放在盛有消毒水的桶内，直到下次使用。
   l. 对犬舍门的前后进行消毒。
   m. 按照在生产商指定的时间，将消毒液停留于物品表面。
   n. 用热水反复冲洗。
   o. 用塑料扫帚尽可能将地面扫干，将多余的水扫入排水沟内。
   p. 提示：对每间犬舍都使用地面鼓风机，以加快地面干燥。
   q. 干燥后从手推车顶层取下干净的、消过毒的饮水碗放在犬舍的地面上。从手推车顶层的装水的容器内取水倒入饮水碗内。提示：使用没有喷头的大洒水罐来储存和倒水；从手推车顶层的架子上取下尺寸足够大的干净垫子来替换脏的垫子。
   r. 把下一只犬从临近的脏犬舍内转移入这个干净的犬舍里。
   s. 同时转移笼卡和玩具。重复以上工作。
   t. 清洁完所有犬舍后，清洁排水沟。避免水滴飞溅，因为水滴会传播微生物，还会弄湿犬舍。
3. 清洁完每间病房后：
   a. 使用消毒剂擦拭灯开关和门把手；
   b. 把脏的需洗涤物品从垃圾袋内取出，并放进洗衣机内；
   c. 安全密封其他装满废弃物的垃圾袋，并将其扔进室外的垃圾桶内；
   d. 将浸泡的盘子放进洗盘机内；
   e. 用消毒剂擦拭手推车，并擦干；
   f. 补充手推车上的供给品，进入下一间病房进行清洁。

笼子的清洁

清洁笼子与清洁犬舍相似，但也有些不同之处。手推车的供给品中应该装有一叠报纸，盛有消毒剂的喷壶和一包纸巾。对于猫的病房，手推车的顶层架子上要备有一些装好猫砂的猫砂盘。清洁步骤如下操作。

1. 将患病动物连同笼卡及其私人物品一同放入事先准备好的干净笼子内。

2. 移出笼子内的所有物品。

a. 将垫子装进洗涤物品袋内。

b. 将报纸、一次性盘子和猫砂盘都装入垃圾袋内。

c. 将非一次性盘子和猫砂盘放入装有肥皂消毒剂的箱子里。

d. 如果猫砂盘不是一次性的,那么将它们单独浸泡,不要与装食物和水的盘子浸泡在一起。当然要先将用过的猫砂倒进垃圾袋内。

e. 移出笼子内的所有有机物,先用肥皂液清洗。

f. 在笼子所有表面上喷洒消毒液,包括笼子顶部。

g. 用纸巾擦干所有表面。

h. 按笼子顶部到底部的顺序进行擦洗。

i. 用湿的纸巾将笼子门的前后擦干净。

j. 准备干净的笼内物品。先铺上报纸并在猫砂盘里装入 0.5 杯的猫砂,这对猫来说足够了;然后铺上干净的垫子,从手推车上拿来干净、消毒过的饮水盆,从手推车顶层的容器中取水装满饮水盆。

3. 将下一只患病动物从邻近的脏笼子内转移入准备好的干净笼子中,同时转移笼卡及其物品。重复以上步骤。

传染病病房的清洁

将传染病病房留到最后来清洁。如果使用含氯的消毒液,那么需要多冲洗,因为氯会刺激皮肤。

补充要求

1. 清洁并消毒手推车。

2. 开始洗涤物品,记住要将普通病房的物品与传染病病房和手术室的分开洗涤。

3. 用清盘机清洗脏的盘子。

4. 补充手推车上的物品。

5. 倒空浸泡箱内的液体并装入干净的消毒剂。

6. 倒空桶内液体并装入干净的消毒剂。

清洁原则:

从上到下;从后向前;适用于笼子、犬舍以及整个病房。

谨记:

1. 不能将白色被毛的患病动物放在印刷过的报纸上。要使用没有印刷的报纸、白色牛皮纸或者在笼子的整个底面上铺上干净的毛巾。

2. 将笼卡插在对应的患病动物的笼门上。核对笼卡上的名字与患病动物项圈上的名字。

12.3 物品储存

基本要求

物品储存的话题在讨论库存管理时已第一次被提出，但物品储存需要更深入的探讨。常用物品会存放于储存区，但储存区却很少清理。

例如抽屉，它们需要常规的维护。对于抽屉内的物品，应该将相似的放在一个小盒子或者小箱子内，且箱子本身也需要定期清理。吊橱也存在相同的情况，顶层或每层后部的物品经常被“遗忘”。所以每层需要整理以避免这类事件的发生。箱子是把相似物品存放在一起的好工具，且非常方便从每层架子上取下而不遗漏任何物品。将物品放在箱子内还简化了每层架子的清理工作。只要简单地把箱子拿下来，清洁架子和箱子，再把箱子放回原位即可。

用记号笔在箱子的标签上列出箱子内所存放的物品目录。箱子目录可以按两种方式进行分组：将相似的物品分成一组或者将某一工作步骤所要使用的物品分成一组。箱子又轻又便宜，且有各种大小，这更加方便了储存。当动物医院/诊所的任何一个地方需要用箱子内的物品时，箱子可以很容易地移动过去。如果需要一张物品清单，则可以放在箱子里或者贴在箱子边上，这样可以作为及时补充各物品的提示。

储存室的地板上应该放上托盘。托盘可以避免湿气侵蚀存放在地面上的袋子以及箱子内的物品。储存室也同样需要清洁。要按时清扫架子上的灰尘，地板需要清扫和拖洗。寻找明显有老鼠粪便的地方放置捕鼠夹或诱饵。除了进出拿放存货以外，储存室的门要保持关闭。确保墙上和门下没有洞，防止有些不受欢迎的入侵者从洞中进入。房间必须干燥、阴凉。较大的备用物品应存放在储存室里，其他的药品存货应放在药房，在那里它们可以随时被使用。将清洁用物品以及杀虫剂单独存放在一个与食品分开的房间内。“先进先出(FIFO)”原则适用于整个动物医院/诊所的库存管理。

冰箱和冷库要定期除霜和清洁。制定一个计划表来维护这些仪器。不要用同一个冰箱储藏食物和实验室用的化学试剂或生物样本。注意所有疫苗都需要冷藏。

了解物品存放的位置。可以将物品清单粘在门上、架子上或者放在三环装订本内。这样在紧急情况发生时，就不需要在整个动物医院/诊所内翻找所需的某件器具或者补给品了。

节省步骤的两个原则。

1. 如果它在你的手上，那么用完后放回。
2. 不要两手空空的穿过房间，带上一些需要放回存放位置的物品。

工作流程

准备工作

1. 为清洁所有储存区域制定一个计划表。将这些信息记录在工作卡片上，并严格遵守。
2. 越是常拿取物品的区域越要经常进行清洁。
3. 根据以下任何一方法，将物品整理到贴了标签的箱子内：
   a. 将同一工作步骤内所要用到的物品放在一起；

b.将相似的物品放在一起；

c.为每个箱子上贴上物品目录。

4.按照"先进先出"原则管理库存。

5.不要将物品直接放在地面上,要放在托盘上。

6.在抽屉和柜子的标签上列出物品目录,或者按照字母顺序为动物医院/诊所内的物品列出目录,并在后面附上各物品的保存位置。

7.储存架上应贴上标签,说明物品的存放位置。

操作步骤

1.核对上面的清单。

2.如果有遗漏,与相关负责人一起重新核对。

3.在有时间时执行以上任务。

补充要求

1.严格遵守清洁计划表。

2.处理物品时要遵循"先进先出"的库存管理方法。

12.4 清洁表面

基本要求

如何清洁以及用什么物品来清洁某表面，首先取决于该表面是光滑还是粗糙，或者像混凝土表面一样有小凹陷；第二个需要考虑的是表面的耐洗程度。动物医院/诊所内最理想的表面是光滑、不透水且耐洗的。实际上有些表面既不光滑、不防水，也不耐洗。隔音材料表面通常属于这类。这导致打扫某些表面时只能使用真空吸尘器。消毒方法则局限于使用在放置于这些表面周围的紫外灯上。如果表面是粗糙或者有小凹陷但耐洗的，如混凝土表面，则可以喷洒消毒剂并使用硬刷刷洗。

纤维织物的清洁存在另外一个问题。理想的室内装修材料是可以用消毒剂冲洗的聚乙烯。但不幸的是，一些室内设计师不能完全理解动物医院/诊所内的环境限制要求。纤维织物上毛发的清除可以用真空吸尘器，也可以用潮湿的海绵或是布擦拭织物。

零散的毛发在动物医院/诊所内漂浮并在角落结成球。用拖布清除毛发要比用笤帚好，因为笤帚会使毛发重新漂浮到空气中，而拖布可以吸住毛发并使它们留在其表面上。在把拖布放回储藏室前，需要在室外将拖布抖干净。每周洗涤一次拖布头。空气过滤网的更换要比其他设备的更换频繁。除了手术区域的空气过滤网需要每周更换一次以外，其他所有区域的至少一年更换四次。

窗户和玻璃门会很快印上鼻印和手印。与人和动物接触的玻璃表面至少一天清洁两次，确保清洁后看不到任何条纹。消毒剂会导致条纹产生，因此仅限于使用玻璃专用的清洁剂。消毒剂会损坏木质表面，除非木质表面涂有保护性的塑料涂层。没有涂保护层的桌面和家具的清洁用木质品专用清洁剂。

在清洁物品时，不要对所有物品都使用消毒剂。要考虑到其表面的特性、用途，以及如何清洁才能同时保护其外观。没有一种产品可以用于所有物品的清洁。

谨记：不要混合清洁剂，尤其是含有氯和氨的产品。

工作流程

准备工作

1. 检查表面的光滑度、防水度和耐洗度。
2. 选择合适的清洁剂。
3. 如果心存怀疑，可先在物品不显眼的部分试用清洁剂。
4. 尽可能消毒每一件物品，但是要维护物品外观并选择最合适的清洁方法。

操作步骤

1. 评估需要清洁的材料。
2. 在各种假设条件下评估清洁剂。
3. 清洁剂与要清洁的表面相匹配。
4. 根据说明书使用清洁剂。

补充要求

1.新产品频繁进入市场，要评估这些产品，以确定其是否能满足动物医院/诊所内的现在还未满足的特殊需求。

2.准备多种清洁剂，以满足动物医院/诊所内不同表面的清洁需求。

谨记：不要忽略更换空气过滤网。

12.5 洗涤物品

基本要求

动物医院/诊所内待洗物的分类比家里待洗物的分类更为重要。大多数情况下,预先处理和浸泡是必不可少的。动物医院/诊所内的待洗物可以分成三部分:外科手术的、常规的和传染病的,不能将这三类物品混在一起。有血迹的待洗物先使用过氧化氢预处理,再用冷水浸泡 30 min。沾上有机物,如粪便的纤维织物,在洗涤前先放入温水和清洁剂中浸泡 30 min。将传染病待洗物预先浸泡在含漂白剂的温水中。高浓度漂白剂会使衣物褪色并使纤维织物变薄,因此在预洗环节将其加入水中。不要将高浓度的漂白剂直接用于纤维织物上。漂白剂对组织也是有害的,因此接触时要戴上手套。

高温洗涤比低温洗涤更加有效。使用好的洗涤剂,并漂洗干净。可以在漂洗环节使用织物柔顺剂,或者在烘干织物时,将浸透了柔顺剂的纸直接放进烘干机内。褶皱和熨烫问题在动物医院/诊所内很少出现,没有必要干燥完后立刻折叠织物。

不要使洗衣机和烘干机超负荷工作。应经常清洁洗衣机以去除清洁剂残留物。洗涤和烘干之后把绒布从绒布过滤器中取出来。

将外科手术物品折叠好并以包裹的形式存放在手术准备室内。剩下的动物医院/诊所内的物品可简单折叠几下,然后存放在洗涤房的干净区域。

工作流程

准备工作

1. 准备 3 个装待洗物的篮子或袋子,并分别做上标记。
   a. 外科手术的;
   b. 传染病的;
   c. 非传染病的。
2. 准备洗涤所需物品。
   a. 清洁剂;
   b. 漂白剂;
   c. 过氧化氢;
   d. 织物柔顺剂。
3. 接触脏的待洗物时都要戴上手套。

操作步骤

1. 待洗物分类。
2. 在洗衣机内预先清洗。
3. 清洗环节:使用热水清洗。
4. 漂洗环节:如有需要,加入织物柔顺剂。

5.烘干。
6.清洗绒布过滤网、洗衣机和烘干机。
7.折叠好物品。
8.放到指定地方(外科手术物品拿到准备室内,打包后储存)。

补充要求

1.用消毒剂擦拭装待洗物的篮子。
2.如果使用了衣物袋,那么每周清洗一次,使用热水和漂白剂。
3.将洗涤房内的物品收拾好。

12.6 废弃物的处理

基本要求

废弃物需要进行分类，大多数废弃物按照政府特殊法律所规定的方法处理。一般说来，动物医院/诊所废弃物可分为两类：有害的和无害的。无害废弃物可进一步分为可循环利用和不可循环利用，这取决于动物医院/诊所所在地的规定。在循环利用任何物品之前，都要与动物医院/诊所相关负责人和/或循环利用部门协商，协商的内容包括循环物品种类，循环使用方法，以及如果准许再次利用，那么由谁、何时以及在何处去领取。

任何垃圾桶或者大的储存容器内都要套塑料垃圾袋。在每个容器底部放一些额外的塑料袋。这样一个塑料袋装满拿走后可以立刻换上新的塑料袋。套了塑料袋的垃圾桶会保持得更干净，而且清洗起来也更容易，节省了操作步骤。在处理废弃物前，盖好所有垃圾桶的盖子。将不能循环利用的无害废弃物存放于套有塑料袋的垃圾箱内，直到装满。一旦装满，将垃圾袋密封。然后拿到室外，放进废弃物管理部门为动物医院/诊所设立的垃圾箱内。

可循环利用物品可分为两种：在动物医院/诊所内可循环使用的，在动物医院/诊所以外的地方可循环使用的。动物医院/诊所内可循环使用的物品根据其特点进行卫生处理并储存于适当位置。确定哪些物品是在动物医院/诊所内可循环使用的，以及如何循环利用。

动物医院/诊所外循环使用的物品可先存放于单独的容器内，并根据回收者的要求，容器内可套有塑料袋也可不套。此类可循环使用的物质包括报纸和其他纸类，尤其是白纸。有色纸由于已染上颜色所以不总是能重复使用。硬纸板、塑料、玻璃、植物材料以及金属都可以重复使用。将它们分别放在单独的箱子内，将箱子放到室外便于回收站的回收人员收集，或直接送至回收中心。即使废弃物管理部门没有相关规定，也要用标有分类标签的箱子储存可循环使用的材料。将等待回收的材料存放于干净、干燥的地方，且限制接近。

任何具有潜在伤害性的物质都属于有害废弃物。动物医院/诊所内的有害废弃物可分为危害性和生物危害性两种。生物危害性废弃物包括带有血液的任何物质、培养细菌用品、实验室材料、空的疫苗瓶、隔离区的废弃物以及患病动物用过的纸巾。将医疗废弃物和传染性废弃物存放于套有深红色塑料袋的容器内，该容器标有“医疗或传染性废弃物”的标签。在塑料袋上要标明动物医院/诊所的名称、地址以及最终封口的日期。在整个动物医院/诊所内要放置多个这样的容器，以免生物危害性物品在整个动物医院/诊所内移动。一种称为锐器盒的特殊容器被放置于整个动物医院/诊所的各处，用于存放使用过的注射器针头以及其他锋利物品。这些容器通常是红色的。容器装满后要密封，并保存到处理这些物品的公司前来收集。

具有危害性的废物包括显影液、过期药物、消毒剂、杀虫剂、化疗药物以及麻醉气体。有很多关于各种有害废弃物处理的政府条例。阅读化学品安全处理(MSDS)说明书，并向动物医院/诊所相关负责人咨询动物医院/诊所关于每种废弃物的处理过程。除非已知某动物或其副产品携带人畜共患病，否则不能认为其有危害性。这就解释了为何被粪便和尿液污染的报纸能放入无害废弃物容器内，但是实验室样本(例如粪便样本)要放入生物危害废弃物容器内。

记住减少污染的三“R”原则：Reduce(减少)，Reuse(再利用)，Recycle(循环利用)。

工作流程

准备工作

1. 确定废弃物的种类。
2. 确定废弃物是否循环利用。
   a. 确定动物医院/诊所内循环使用的废弃物的种类和循环使用方法。确定动物医院/诊所外循环使用的废弃物的种类以及分类放置、储存和转移方法。
   b. 无害且不可循环利用的废弃物放进一般垃圾箱内。固体废弃物装于垃圾箱内,液体废弃物排入排水沟。有害废弃物包括一般有害废弃物和生物危害废弃物。一般有害废弃物按照 MSDS 说明书进行存放和处理,并了解如何处理装有害废弃物的初级容器及特殊处理要求。将生物危害废弃物容器放置在动物医院/诊所的各处,以避免生物危害性物质在动物医院/诊所内移动。将贴有标签的生物危害废弃物垃圾袋放入贴有标签的医疗或传染性废弃物容器内。
3. 知道哪些人允许搬运动物医院/诊所内的有害废弃物。
4. 向动物医院/诊所的危害通识协调员(HCC)咨询关于动物医院/诊所所有有害废弃物及其用空后容器的处理过程。

操作步骤

1. 穿戴合适的防护装备。
2. 遵循 MSDS 说明书上的指导。
3. 遵循动物医院/诊所制定的处理过程。

补充要求

1. 清洗使用过的防护设备。
2. 如果发生了飞溅,应立即向 HCC 报告。
3. 根据 MSDS 说明书上的指导来清理飞溅物。

附　　录

A. 必备技能促进委员会(SCANS)必备能力和基础技能

美国劳动部 SCANS 公布了《工作技能和职责:2000 年美国 SCANS 的报告》一文,文中列出了必备能力和基础技能清单以适应各工作领域的要求。这些能力是在任何工作中获得成功不可或缺的,而发挥这些能力必须具备一些基础技能。以下内容来源于此报告。

SCANS 必备能力

□ 资源利用

- 合理分配
  - 时间
  - 金钱
  - 材料和设备资源
  - 人力资源

□ 信息掌控

- 获取和评价信息
- 组织和保留信息
- 解释和传递信息
- 用电脑处理信息

□ 人际关系

- 成为团队成员
- 教导他人
- 服务客户/消费者
- 锻炼领导能力
- 协商与决策
- 与不同文化者共事

□ 系统把握

- 理解系统内涵
- 监控和修正系统
- 改善和设计系统

□ 科技运用

- 选择技术
- 运用技术
- 继承和改进技术

SCANS 基础技能

□ 基本技能

- 读
- 写
- 计算
- 运用数学
- 听
- 说

□ 思维技能

- 创新
- 做决策
- 解决问题
- 观察思考
- 善于学习
- 推理

□ 个人品质

- 责任感
- 自尊心
- 社交能力
- 自我管理
- 正直/诚实

B. 美国各州和地区的动物进口法规

美国各州农业部代码

Alabama	阿拉巴马州	25
Alaska	阿拉斯加州	25
Arizona	亚利桑那州	21
Arkansas	阿肯色州	27
California	加利福尼亚州	22
Colorado	科罗拉多州	26
Connecticut	康涅狄格州	28
Delaware	特拉华州	33
Florida	佛罗里达州	35
Georgia	乔治亚州	42
Guam	关岛	48
Hawaii	夏威夷	44
Idaho	爱达荷州	43
Illinois	伊利诺斯州	45
Indiana	印第安那州	46
Iowa	爱荷华州	42
Kansas	堪萨斯州	57
Kentucky	肯塔基州	59
Louisiana	路易斯安那州	52
Maine	缅因州	63
Maryland	马里兰	63
Massachusetts	马萨诸塞州	62
Michigan	密歇根州	64
Minnesota	明尼苏达州	60
Mississippi	密西西比州	67
Missouri	密苏里州	66
Montana	蒙大纳州	68
Nebraska	内布拉斯加州	63
Nevada	内华达州	68
New Hampshire	新罕布什尔州	64
New Jersey	新泽西州	65
New Mexico	新墨西哥州	66
New York	纽约	69
North Carolina	北卡罗来纳州	62
North Dakota	北达科他州	63
Ohio	俄亥俄州	64
Oklahoma	俄克拉荷马州	65
Oregon	俄勒冈州	67
Pennsylvania	宾夕法尼亚州	72
Puerto Rico	波多黎各	77
Rhode Island	罗得岛州	74
South Carolina	南卡罗来纳州	72
South Dakota	南达科他州	73
Tennessee	田纳西州	86
Texas	德克萨斯州	89
Utah	犹他州	88
Vermont	佛蒙特州	88
Virgin Islands	维京群岛	84
Virginia	维吉尼亚州	82
Washington	华盛顿	92
West Virginia	西弗吉尼亚	98
Wisconsin	威斯康星州	94
Wyoming	怀俄明州	99

种群代码

牛	1
马	2
宠物	3
家禽/蛋	4
绵羊/山羊	5
猪	6
精子/胚胎	7
其他	8

其他信息

美国农业部自动应答电话号码:1-800-545-8732

查询美国各州和地区进口法规,请登录:

www.aphis.usda.gov/vs/sregs

查询进口动物及动物产品的国际法规,请登录:

www.aphis.usda.gov/ncie/iregs/animals/

C.方位术语

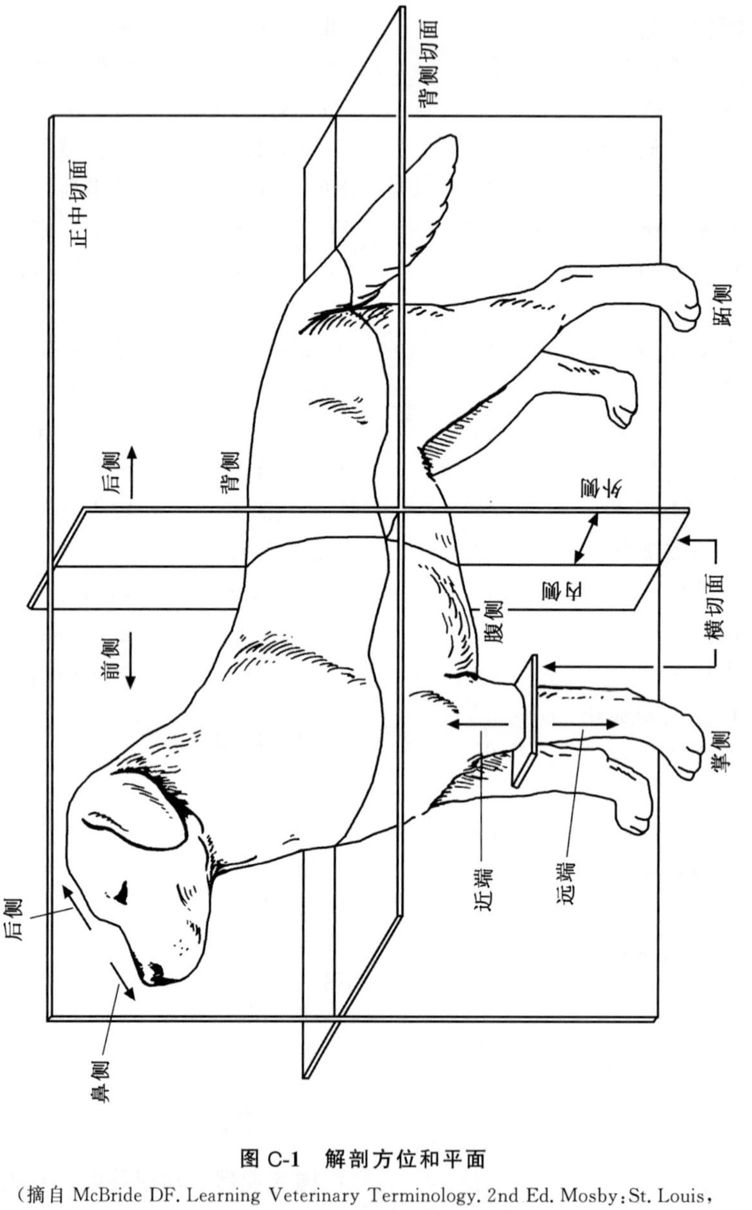

图 C-1 解剖方位和平面

(摘自 McBride DF. Learning Veterinary Terminology. 2nd Ed. Mosby:St. Louis, MO,2002,经 Elsevier 允许。)

表 C-1　方位术语

术语	方位	术语	方位
左侧	动物的左侧	内侧	朝向正中切面方向
右侧	动物的右侧	外侧	远离正中切面方向
前侧	朝头部方向	深(内)	朝中心方向(整个身体或部位)
鼻侧	朝向鼻部方向(仅用于头部)	浅(外)	朝体表方向(整个身体或部位)
后侧	朝尾部方向	近端	朝向身体方向(四肢)
背侧	朝背部方向	远端	背离身体方向(四肢)
腹侧	朝腹部方向		

摘自 Colville T，Bassert JM. Clinical Anatomy and Physiology for Veterinary Technicians. Mosby：St. Louis，MO，2002，经 Elsevier 允许。

D. 常用的静脉穿刺解剖学位置

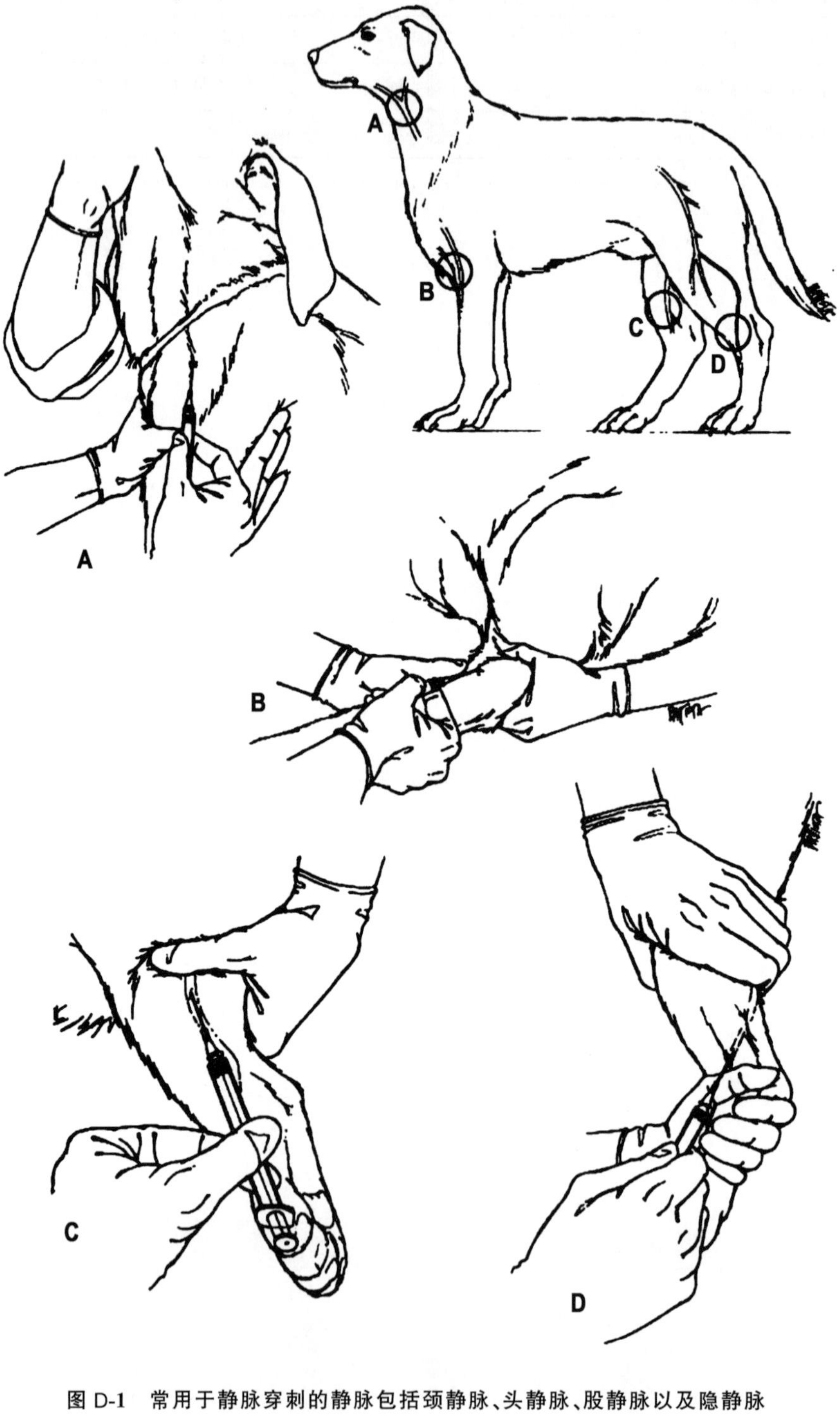

图 D-1　常用于静脉穿刺的静脉包括颈静脉、头静脉、股静脉以及隐静脉

E. 正常生命体征

种群	体温±1.0℉	体温±0.5℃	平均心率(静止状态时脉搏跳动(次/min))	平均呼吸率(次/min)
马	100.5	38.0	35	12
奶牛	101.5	38.5	60	30
犬	101.0	38.5	95	24
猫	101.5	38.75	130	26
兔子	103.0	39.0	275	39

正常参数会随运动、应激以及环境温度变化而变化。平均数指示了高于或低于该平均数的一个范围。

F. 犬猫的出牙时间

长牙年龄	猫	犬
2～4 周龄	长出乳切齿	没有牙齿长出
3～4 周龄	长出乳犬齿	长出乳犬齿
4～6 周龄	长出下颚乳前臼齿	长出乳切齿和乳前臼齿
8 周龄	长出所有乳齿	长出所有乳齿
3.5～4 月龄	长出恒切齿	没有恒齿长出
4～5 月龄	长出恒犬齿、恒前臼齿和恒臼齿	长出恒切齿，前臼齿和臼齿部分长出
5～7 月龄	6 月龄时长出所有恒齿	长出恒犬齿、恒前臼齿和恒臼齿；7 月龄时长出所有恒齿
1 岁	牙齿洁白且干净	牙齿洁白且干净
1～2 岁	牙齿开始变得不洁白，后面的牙齿会有一些黄色的沉淀	牙齿开始变得不洁白，后面的牙齿会有一些黄色的沉淀
3～5 岁	所有的牙齿都开始有结石，且都伴有不同程度的磨损	所有的牙齿都开始有结石，且都伴有不同程度的磨损
5～10 岁	牙齿磨损增加，且开始出现牙病	牙齿磨损增加，且开始出现牙病
10～15 岁	牙齿磨损厉害，且伴有严重的牙结石；有些牙齿可能已经脱落	牙齿磨损厉害，且伴有严重的牙结石；有些牙齿可能已经脱落

改编自 Animal Sheltering 的“How to”系列丛书。The Humane Society of the United States，Washington，DC，1996.

G. 处方上的缩写

aa	每
ac	饭前
AD	右耳
ad lib	任意量
AL	左耳
Amp	安瓿瓶
AU	每只耳
bid	一天 2 次
BOL	大药片,大药丸
BSA	体表区域
BW	体重
c	和,带
c̄	不和,没有
c̄aps	胶囊
cc	立方厘米(1 mL)
cwt	百重
d	右,天
DS	剂量或间隔天数
g,gm	克
gal	加仑
gtt	滴
h	小时
hs	睡眠时间
ID	皮内
IM	肌肉内
IN	鼻内
IP	腹膜内
IT	气管内
IV	静脉内
kg	千克
L,LT,S	左
LSA	乳酸林格氏液
μg,mcg	微克
μL	微升
mEq	毫当量
mL	毫升
MLV	致弱活病毒
non rep	不要重复
NPO	禁食
NS	生理盐水
OD	右眼
OL,OS	左眼
OTC	非处方
OU	双眼
pc	饭后
per os, PO	口服
PI3	副流感病毒-3
ppm	百万分之几
prn	有需要时
PSS	生理盐水
PWD	粉剂
Q	每
q _ h	每____小时(如,q8h,即每 8 小时)
qd	每天
qh	每小时
qid	一天 4 次
qod	每隔一天
qs	足够量
R,RT	右
Rx	取拿
s	没有
SC,SQ	皮下
Sig	标签(处方标签)
ss	1/2
tab	片剂
tid	一天 3 次
Tx	治疗
U	单位
Ung	膏剂
ut dict	遵照医嘱

H.公　　制

基本单位

克:g,gm,G,Gm;重量单位。
升:l,L;体积单位。
米:m,M;长度单位。

基本单位的前缀

Kilo-	1 000(1 千)
Hecto-	100(1 百)
Deka-	10(十)
Deci-	0.1(十分之一)
Centi-	0.01(百分之一)
Milli-	0.001(千分之一)
Micro-	0.000 001(百万分之一)
Nano-	0.000 000 001(十亿分之一)

单位以及缩写

重量	千克	kg,Kg
	克	g,gm,G,Gm
	毫克	mg,mgm
	微克	mcg,μg
体积	千升	kl,kL
	升	l,L
	分升	dl,dL
	毫升	ml,mL
长度	千米	km,Km
	米	m,M
	厘米	cm
	毫米	mm

I. 血液采集管类型

1. 红顶管：不含抗凝剂，用于收集血清或者凝结全血。在血液采集后的45～60 min内从凝结的全血中分离血清，用于收集血清样本。

2. 虎纹管：顶部有红黑条纹。这是一种血清分离管，不含抗凝剂。在管的底部有一淡黄色的塞状物，它是一种凝结活化凝胶，用来促进血清从凝结全血中分离。在静脉穿刺采血后的45 min内从凝结的全血中分离血清。离心可促进血清分离，但是不能在血液完全凝结前离心。不能用于监测血药浓度；其他方面使用同红顶管。

3. 紫顶管：该管用于收集未凝结的全血或血浆。含有EDTA钾抗凝剂，不含防腐剂。用于全血细胞计数(CBC)。

4. 灰顶管：含有防腐剂——氟化钠和一种抗凝剂。

5. 蓝顶管：所含抗凝剂为柠檬酸钠。

6. 绿顶管：所含抗凝剂为肝素。

7. 黄顶管：含有1 mL的ACD溶液，这是一种抗凝剂。

8. 品蓝顶管：该管用于微量金属元素监测，所含的抗凝剂为EDTA钠。

J. 当　　量

公制

5 cc(mL)＝1 teaspoon（茶匙）

15 cc(mL)＝1 tablespoon（汤匙）

30 cc(mL)＝1 ounce（盎司）

英制

3 teaspoons(15 mL)＝1 tablespoon

8 ounces＝1 cup（杯）＝16 tablespoons

2 cups＝1 pint（品脱）

4 cups(2 pints)＝1 quart（夸脱）

4 quarts ＝1 gallon(加仑)

1″＝1 in(英寸)＝2.54 cm(厘米)

1′＝1 ft(英尺)＝30.48 cm

K. 疾病名称、手术术语、操作程序以及症状的缩写

ADR　药物不良反应/不正确操作
ARF　急性肾衰
BAR　敏感、警觉、反应强
BE　钡剂灌肠
BLD　血液
BM　肠蠕动
BP　血压
BW　体重
C-S　咳嗽，打喷嚏
CD　犬瘟热
CHF　充血性心力衰竭
Cob　身体护理
CRF　慢性肾衰
CXR　胸部 X 线片
D5W　5%葡萄糖
DIC　弥漫性血管内凝血
DJD　退行性关节病
DM　糖尿病
DOA　濒死
Dx　诊断
ECG，EKG　心电图
ECHO　超声心动图
EENT　眼，耳，鼻，喉
F-A　粪便检查
FB　异物
FD　猫瘟/猫泛白细胞减少症
FeLV　猫白血病病毒
FeSV　猫肉瘤病毒
FIP　猫传染性腹膜炎
FPV　猫泛白细胞减少症病毒
FUO　无名发热
FUS　猫泌尿系统综合征
FVR　猫传染性鼻气管炎
Fx　骨折
GDV　胃扩张，肠扭转
GU　泌尿生殖的
HBC　车祸
HBs　粗粝支气管音
HC　健康证明
HR　心率
Hx　病史
ICH　犬传染性肝炎
IVD　椎间盘疾病
IVP　静脉肾盂造影
KCS　干性角膜结膜炎
LN　淋巴结
LRS　乳酸林格氏液
MAP　平均动脉压
MI　二尖瓣关闭不全
MM　黏膜
NC　无变化
Non rep　不要重复
NPL　不可触摸到病灶
NR　无显著特征
NS　生理盐水
NSF　无显著结果
NVL　无可见病灶
OCD　剥脱性骨软骨炎
OFA　动物整形外科基金会
OHE　卵巢子宫切除术

PDQ	非常快，尽可能快
PM	尸体解剖
PO	术后
PPH	相关病史
PPN	部分非经肠营养
PSS	生理盐水
PTA	住院前
PTS	安乐死
RACL	前十字韧带断裂
RADs	X线片
R/O	排除
RV	狂犬疫苗
SOB	呼吸短促
S/P	预后
sp.	种类
SR	拆线
Sx	征兆、症状或手术
TLC	轻柔护理
TPR	体温、脉搏、呼吸
Tx	治疗
UA	尿液分析
URI	上呼吸道感染
UO	尿路梗阻
UTI	尿路感染
V-D	呕吐和腹泻
VS	生命体征
WNL	正常范围内

L. 常用的手术器械

下文列出了手术中经常用到的器械。

手术刀

手术刀刀柄:3 号
手术刀刀片:10 号、11 号、12 号、15 号

手术剪

尖头剪、尖钝头剪、钝头剪
钝头剪(Mayo dissecting):弯头、直头
梅氏解剖剪(Metzenbaum dissecting)
绷带剪
拆线剪
钢丝钳

手术镊

鼠齿镊:2 对 3、3 对 4
Adson Brown 镊
Adson 镊

手术钳

Crile 止血钳
Carmalt 止血钳:弯头
Kelly 止血钳
Allis 组织钳
Oschner 钳
蚊式止血钳:弯头、直头

其他各种器械

创巾钳:Bachaus 钳、Roeder 钳
鳄鱼嘴钳(Alligator forceps)
绝育钩
牵引器,自限型:Gelpi,Weitlaner
持针器:Mayo-Hager,Olsen-Hager
线锯和手柄
锐匙,不同型号:00—5
生理盐水碗

M. 患病动物术部准备工作

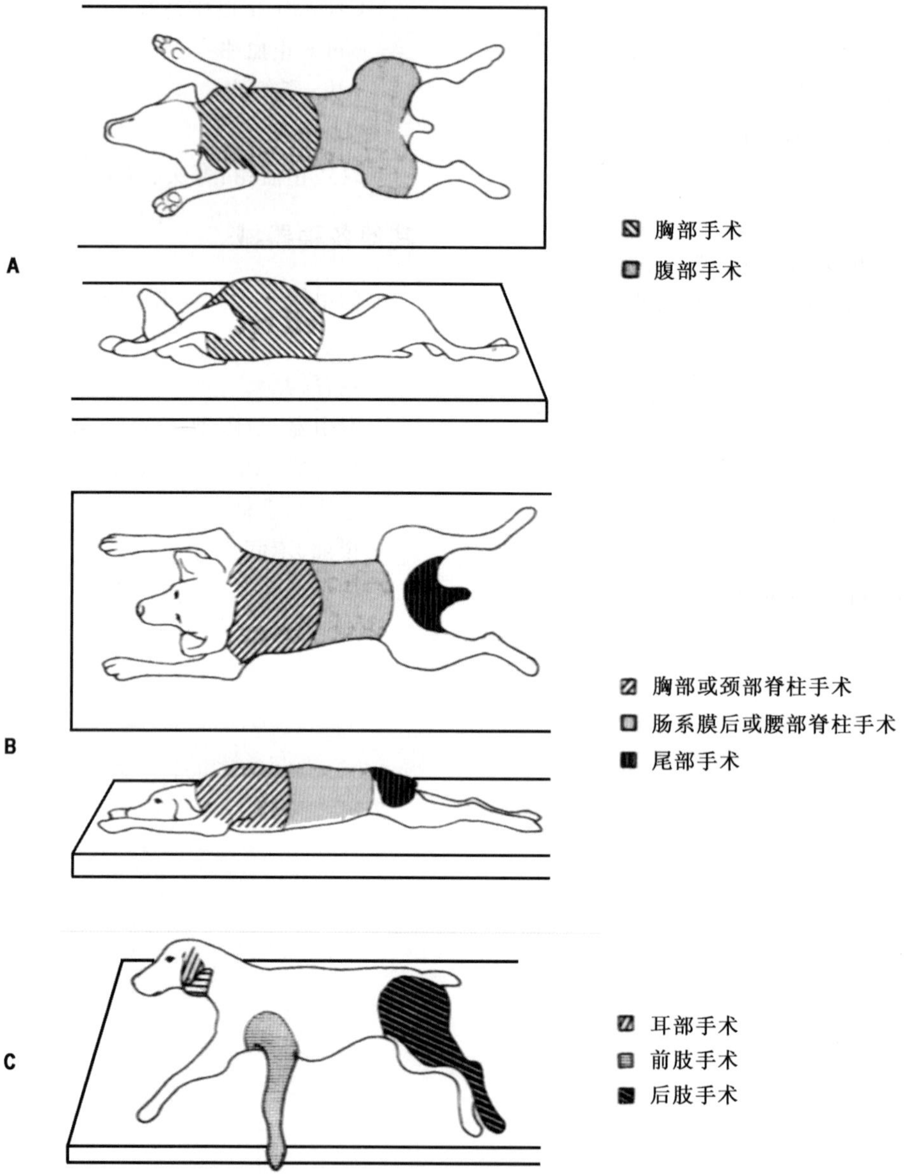

图 M-1　术部的剃毛类型

A：仰卧；B：俯卧；C：侧卧

（摘自 Tracy DL，Warren RG. Small Animal Surgical Nursing. St. Louis：Mosby，1983，经 Elsevier 允许。）

N. 麻醉的阶段和计划

脉搏和血压	呼吸	瞳孔	眼球运动和位置	反射[a]	肌肉松紧度
			第Ⅰ期：记忆缺失期		
脉搏频，血压升高	规则	大小正常，对光有反应	自主运动	咳嗽＋ 足底＋ 肛门＋ 眼睑＋ 角膜＋	正常
			第Ⅱ期：兴奋或狂躁期		
脉搏频，血压升高	不规则	扩大	非自主运动（眼球震颤、固定于中央）	咳嗽＋ 足底＋ 肛门＋ 眼睑＋ 角膜＋ 对外界刺激反射过度	剧烈运动，四肢不可控制的呈划桨状
			第Ⅲ期：麻醉期 Ⅰ级：轻度麻醉期		
脉搏正常，血压正常	频率和深度增加	缩小，对光有反应	非自主运动，轻度眼球震颤，固定于中间，瞬膜脱出	咳嗽＋ 足底＋ 肛门＋ 眼睑－ 角膜＋	轻度松弛
			Ⅱ级：手术麻醉期		
脉搏正常，血压正常	频率和深度有正常	正常	中间转动	咳嗽± 足底± 肛门＋ 眼睑－ 角膜＋	中度松弛
			Ⅲ级：深度麻醉期		
脉搏轻度降低或者加快、血压正常或者缓慢降低	频率和深度降低	轻度扩大，对光无反应	固定在中央	咳嗽－ 足底± 肛门± 眼睑－ 角膜－	显著松弛
			Ⅳ级：过度麻醉期		
脉搏慢且弱至消失，血压降至0	呼吸异常，且呼吸肌完全麻痹	中度扩大，对光无反应	固定在中央	所有反射都消失	软弱无力
			第Ⅳ期：濒死期		
循环中断，心跳停止	呼吸停止	完全扩大，对光无反应	固定在中央	所有反射都消失	软弱无力

a：＋ ＝反射强；± ＝反射弱或无；－ ＝反射消失。

图 N-1 乙醚麻醉分期

（摘自 Pratt P. Medical，Surgical，and Anesthetic Nursing for Veterinary Technicians. 2nd Ed. Goleta，CA：American Veterinary Publications，1994，经 Elsevier 允许。）

O. 麻醉记录表

下文给出了一份麻醉记录表样本，该表连续记录了心率、呼吸频率以及动脉血压的变化，还包括了麻醉前的信息摘要和药物剂量、给药途径以及给药时间。

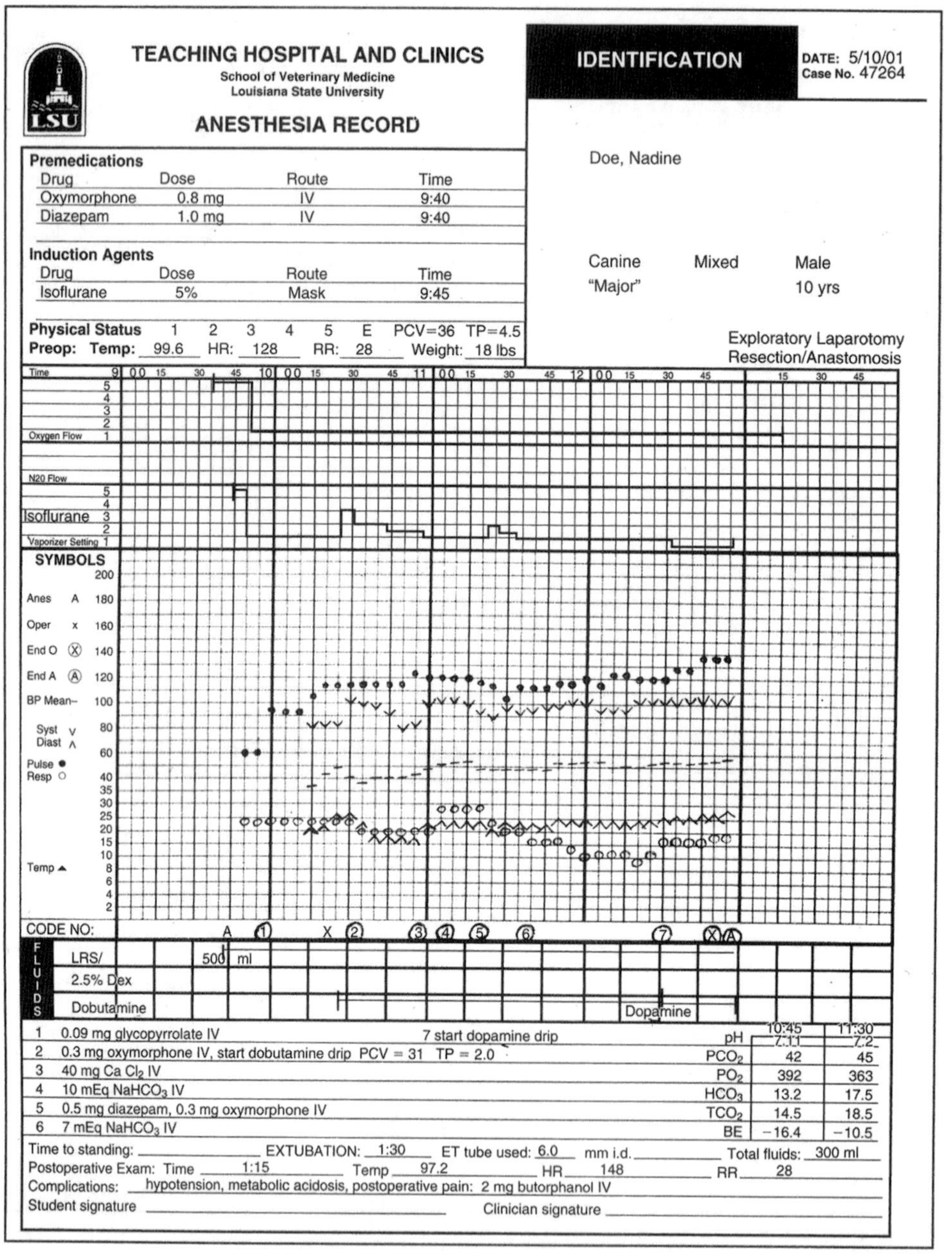

TEACHING HOSPITAL AND CLINICS
School of Veterinary Medicine
Louisiana State University
ANESTHESIA RECORD

IDENTIFICATION
DATE: 5/10/01
Case No. 47264

Doe, Nadine
Canine "Major" Mixed Male 10 yrs
Exploratory Laparotomy Resection/Anastomosis

Premedications

Drug	Dose	Route	Time
Oxymorphone	0.8 mg	IV	9:40
Diazepam	1.0 mg	IV	9:40

Induction Agents

Drug	Dose	Route	Time
Isoflurane	5%	Mask	9:45

Physical Status 1 2 3 4 5 E PCV=36 TP=4.5
Preop: Temp: 99.6 HR: 128 RR: 28 Weight: 18 lbs

1	0.09 mg glycopyrrolate IV	7 start dopamine drip	
2	0.3 mg oxymorphone IV, start dobutamine drip PCV = 31 TP = 2.0		
3	40 mg $CaCl_2$ IV		
4	10 mEq $NaHCO_3$ IV		
5	0.5 mg diazepam, 0.3 mg oxymorphone IV		
6	7 mEq $NaHCO_3$ IV		

	10:45	11:30
pH	7.11	7.2
PCO_2	42	45
PO_2	392	363
HCO_3	13.2	17.5
TCO_2	14.5	18.5
BE	−16.4	−10.5

Time to standing: ______ EXTUBATION: 1:30 ET tube used: 6.0 mm i.d. ______ Total fluids: 300 ml
Postoperative Exam: Time 1:15 Temp 97.2 HR 148 RR 28
Complications: hypotension, metabolic acidosis, postoperative pain: 2 mg butorphanol IV
Student signature ______ Clinician signature ______

图 O-1 路易斯安那州立大学兽医学院教学医院麻醉记录表

（摘自 McCurnin M，Bassert M. Clinical Textbook for Veterinary Technicians，5th Ed. Philadelphia：W. B. Saunders，2002，经 Elsevier 允许。）

图 O-1 中英文翻译如下：

2.5% Dex (dexamethasone)	2.5%地塞米松
Anes (anesthesia)	麻醉
ANESTHESIA RECORD	麻醉记录表
BE (base excess)	碱剩余
BP (blood pressure), Mean, Syst (systolic), Diast (diastolic)	血压、平均压、收缩压、舒张压
butorphanol	布托啡诺
$CaCl_2$	氯化钙
Clinician signature	临床医生签字
CODE NO	代号
Complications	并发症
DATE, Case NO	日期,病例号
Diazepam	地西泮(安定)
Dobutamine	多巴酚丁胺
Dopamine	多巴胺
Drug, Dose, Route, Time	药物、剂量、给药途径、给药时间
End A (end anesthesia)	结束麻醉
End O (end operation)	结束手术
ET tube used	插管型号
Exploratory Laparotomy	开腹探查术
EXTUBATION	拔管时间
Fluids	输液液体
glycopyrrolate	格隆溴铵
HCO_3	碳酸氢根
HR (heart rate)	心率
hypotension	低血压
IDENTIFICATION	身份信息
Induction Agents	诱导麻醉药物
Isoflurane	异氟烷
LRS	乳酸林格液
Mask	麻醉罩
metabolic acidosis	代谢性酸中毒
N_2O Flow	一氧化二氮流量或笑气流量
$NaHCO_3$	碳酸氢钠
Oper (operation)	手术

Oxygen Flow	氧流量
Oxymorphone	羟吗啡酮
PCO_2	二氧化碳分压
PCV (packed cell volume)	红细胞压积
pH	酸碱度
Physical Status	生理状况等级
Pluse	脉搏
PO_2	氧分压
Postoperative Exam	术后检查
postoperative pain	术后疼痛
Premedications	麻醉前给药
Preop (preoperative)	术前的
Resection/Anastomosis	切除术/吻合术
Respiration	呼吸
RR (respiration rate)	呼吸率
School of Veterinary Medicine Louisiana State University	美国路易斯安娜州立大学动物医学院
start dobutamine drip	开始滴注多巴酚丁胺
Student signature	实习生签字
SYMBOLS	标志
TCO_2	总二氧化碳
TEACHING HOSPITAL AND CLINICS	教学医院和诊所
Temp (temperature)	体温
Time to standing	麻醉持续时间
Total fluids	总液体量
TP (total protein)	总蛋白
Vaporizer Setting	挥发罐
Weight	体重

术语对照表

安乐死:euthanasia
拔除气管插管:extubation
白细胞分类计数:differential white blood cell count,WBC
半月板:meniscus
膀胱穿刺:cystocentesis
背外侧的:dorsolateral
鼻孔:nares
鼻内:intranasal
鼻饲管:nasogastric tube
濒死:agonal
病因学:etiology
病原体:pathogen
病理学家:pathologist
等分的:aliquot
插气管插管:intubation
产后的:postpartum
超声波:ultrasound
超声成像:ultrasonography
潮气量:tidal volume
齿列:dentition
齿龈上的:supragingival
触诊:palpate
传感器:transducer
带菌者:vector
导管插入术:catheterization
等渗晶体:isotonic crystalloids
低血压:hypotensive
电离辐射:ionizing radiation
动脉导管未闭:patent ductus arteriosis
动物界:animalia
冻干的:lyophilized
短头型的:brachycephalic
短效的:short-dated
断爪术:onychectomy
对氯间二甲苯酚(皮肤消毒剂):chloroxylenol
多普勒:doppler
多趾:polydactyl
耳的:aural
耳镜:otoscope
耳廓:pinna
耳螨属:notoedres
耳螨属:otodectes
耳屏:tragus(s.)tragi(pl.)
发绀:cyanosis
发情期:estrus
放射量测定仪:dosimeter
缝合线:sutures
福尔马林:formalin
复方碘溶液:lugol's solution
腹腔镜检查:laparoscopy
肝素盐水:heparinized saline
肛门:anus
肛门与生殖道口区域的:anogenital
高热:hyperthermia
高铁血红蛋白症:methemoglobinemia
革兰氏染色:gram's stain
股四头肌:quadriceps femoris muscles
鼓膜:tympanic membrane
光导纤维:fiberoptics
腘绳肌:hamstring muscles
毫安:milliamperes,mA
核磁共振成像:magnetic resonance imaging,MRI
红细胞:erythrocyte
红细胞压积:packed cell volume,PCV
喉镜:laryngoscope
会厌软骨:epiglottis
会阴:perineum
活或死的有机体:biologic
获得性免疫:acquired immunity
肌肉内:intramuscular,IM
姬螯螨:cheyletiella

计算机体层成影(简称 CT):computed tomography,CT
寄生虫病:parasitism
肩胛骨间的:interscapular
角蛋白:keratin
结石:calculus
结扎:ligated
疥螨属:sarcoptes
禁食:nothing per os,NPO
静脉穿刺:venipuncture
静脉穿刺者:venipuncturist
静脉内:intravenous,IV
聚维酮碘:povidone-iodine
卡尺:caliper
窗口:fenestration
开腹手术:laparotomy
抗体:antibody
抗原:antigen
科普林氏染色缸:coplin jar
窥镜,张开器:speculum
肋骨和肋软骨的:costochondral
连接麻醉机的净化管道:scavenger hose
林格氏液:ringer's solution
瘤:neoplasia
滤线栅:grid
脉搏血氧仪:pulse oximeter
猫白血病:feline leukemia
猫病毒性鼻气管炎、杯状病毒病、泛白细胞减少症:feline viral rhinotracheitis, calici, and panleukopenia,FVRCP
毛细管再充盈时间:capillary refill time,CRT
毛细管作用:capillary action
美国动物医院协会:American Animal Hospital Association,AAHA
美国麻醉师协会:American Society of Anesthesiologists,ASA
美国兽医协会:American Veterinary Medical Association,AVMA
泌尿生殖道的:genitourinary
面颊的:buccal
末梢的:distal
母猫:queen
内窥镜:endoscopy
难产:dystocia
黏膜:mucous membranes
尿道:urethra
镊子和钳子:forceps
呕吐物:vomitus
排尿:void
盘状红斑狼疮:discoid lupus
皮肤真菌:dermatophyte
皮下:subcutaneous,SC
平均红细胞体积:mean corpuscular volume,MCV
剖腹产:caesarean section
脐:umbilicus
气管插管:endotracheal tube
器械保护剂:instrument milk
器械托盘架:mayo stand
千伏特:kilovolt,kV
清创术:debridement
人畜共患病:zoonoses
蠕形螨:demodex
褥疮:decubitus ulcer
朊病毒:prion
瑞士染色:wright's stain
若虫:nymph
杀寄生虫的:parasiticidal
舌侧的:lingual
失约:no shows
虱卵:nits
食道管:pharyngostomy tube
食道听诊器:esophageal stethoscope
食欲减退,厌食:anorexia
使用滤线栅拍摄技术:grid technique
示波器:oscillometric
视觉的:ocular
手术刀:scalpel
手术期间,包括术前,术中,术后:perioperative; includes before,during,and after
输液泵:infusion pump
输液夹板:mason metasplint
双角子宫:bicornuate uterus
宿主:host

糖原储量:glycogen reserves
特征描述:signalment
体温过低:hypothermia
听觉的:auditory
听诊:auscultate
听诊器薄膜:diaphragm of stethoscope
吞噬细胞:phagocytic cells
托马斯夹板:thomas splint
脱水:dehydrated
外寄生虫:ectoparasites
腕骨:carpal
危害通识协调员:hazard communications coordinator,HCC
微量血细胞比容管:microhematocrit tube
未驯服的:feral
胃镜检查:gastroscopy
胃扭转-肠扭转:gastric torsion-volvulus
无呼吸:apnea
无菌术:aseptic technique
吸入性肺炎(异物性肺炎):aspiration pneumonia
稀释液:diluent
洗必泰(抗菌剂):chlorhexidine
细胞的多染性:polychrome
细小病毒:parvovirus
线粒体:mitochondrial
心电图:electrocardiogram,ECG,EKG
新生动物:neonates
新亚甲蓝:new methylene blue
形态学:morphology
胸骨:sternum
胸腔:thorax
嗅觉的:olfactory
血沉棕黄层:buffy coat
血红蛋白:hemoglobin
血浆:plasma
血清:serum
血小板:platelet
血压计:sphygmomanometer
血肿:hematoma
压力计,血压计:manometer
眼睑反射:palpebral reflex
眼药:ophthalmic
验尸:necropsy
咬骨钳:rongeurs
咬合不正:malocclusion
液体中絮状的:flocculent
伊红,一种红色染色剂:eosinate
医药:medicament
医源性:iatrogenic
医院内的:nosocomial
已准备好:ready to go,RTG
异物吸入肺内或从腔内吸出液体或气体:aspiration
蛹的:pupal
有触觉的:tactile
幼虫的:larval
预后:prognosis
原生生物:protista
造影剂:contrast media
增感屏:intensifying screens
折射计:refractometer
真空采血系统:vacutainer system
支气管窥镜检查:bronchoscopy
指凹性水肿:pitting edema
趾间隙:interdigital space
窒息:apneic
重力标记:mitchell marker
重症监护病房:intensive care unit,ICU
主诉:chief complaint
爪突:ungula process
坠积性肺炎:hypostatic pneumonia
自溶:autolysis
自身免疫性疾病:autoimmune disease
足底反射:pedal reflex
门(生物分类):phylum
Ⅱ导联:lead Ⅱ
5%葡萄糖溶液:5%dextrose solution
X线机控制台:console, x-ray
X线片的台面上拍摄技术:tabletop technique
X线片盒:cassette
X线准直仪:collimator

参考文献

2002 Directory and Resource Manual. American Veterinary Medical Association. Schaumburg, IL. 2002.

2002 Directory and Resource Manual. "Model Veterinary Practice Act." American Veterinary Medical Association. Schaumbury, 1L. 2002.

A Guide to Instrument Preparation Before Sterilization. Pelton & Crane.

Amboy Associates. *Right to Know*. American Animal Hospital Association. Denver, CO. 1991.

American Animal Hospital Association. *Does My Pet Need Annual Vaccination?* American Animal Hospital Association. Lakewood, CO. 1991.

American Animal Hospital Association. Sample forms. Denver, CO.

American Animal Hospital Association. *www.healthpet.com.*

American Association of Feline Practitioners. *Feline Vaccines: Benefits and Risks*. Cornell Feline Health Center. Ithaca, NY. 1997.

American Veterinary Medical Association. 2002 Directory and Resource Manual, "Principles of Veterinary Medical Ethics of the American Veterinary Medical Associaton (AVMA)." 1999 Revision. AVMA. Schaumburg, IL. 2002.

Animal Sheltering. The Humane Society of the United States. Washington, D.C. 1996.

Animal Sheltering. The Humane Society of the United States. Washington, D.C. 1997.

Beck, Alan. *Our Pets, Our Health*. Pet Industry Joint Advisory Council (PIJAC). Washington, DC. 1996.

Brace, Pamela and Jones, Peggy. *S. H. E, Sidetracked Household Executives*. Vancouver, WA. 1978.

Cal/OSHA. *Bloodborne Pathogens Resource Package*. State of California. Sacramento, CA. 1993.

Cal/OSHA. *Guide to the California Hazard Communication Regulation*. State of California. Sacramento, CA. 2000.

Cal/OSHA. *Your Workplace Injury and Illness Program with Checklists for Self-Inspection*. State of California. Sacramento, CA. 1998.

Cole, Robert. "Rethinking canine vaccinations" *Veterinary Forum*, January 1998.

Conn, H. F., Ed. *Current Therapy*. W. B. Saunders. Philadelphia. 1974.

Crow, Steven and Walshaw, Sally. *Manual of Clinical Procedures in the Dog and Cat*. J. B. Lippincott. Philadelphia. 1987.

Faries, Floron C., Jr. Ed. *Veterinary Assistant Handbook*. 1st ed. Instructional Materials Service. Texas A&M University. College Station, TX. 1995.

Haskell, Scott, Ormond, Carol, Occhipinti, Larry, and Powers, Eds. "Medical waste management in veterinary practices." *Journal of the Veterinary Medical Association*, Vol. 233, No. 1, July 2003. pp. 46-47.

Haskell, Scott, Ormond, Carol, Occhipinti, Larry, and Powers, Eds. "Waste management: expired drugs." *Journal of the Veterinary Medical Association*, Vol. 233, No. 1, July 2003. pp. 51-52.

Hole, J. and Tate, D. *Animal Care Assistant*. University of Missouri-Columbia. Columbia, MO. 1997.

Hrchocik, M., Ed. "Diagnostic testing and imaging." *DVM In Focus* (Supplement to *DVM Magazine*), November 2002.

Krauss, Amy. "Waste management: small animal practice." *Journal of the Veterinary Medical Association*, Vol. 233, No. 1, July 2003. pp. 53-54.

Lavin, L. *Radiography in Veterinary Technology*. 2nd ed. W. B. Saunders. Philadelphia. 1999.

Leahy, John R., and Barrow, Pat. *Restraint of Animals*. 2nd ed. Cornell Campus Store. Ithaca, NY. 1953.

McCurnin, Dennis M. and Bassert, Joanna M. *Clinical Textbook for Veterinary Technicians*. 5th ed. W. B. Saunders, Philadelphia. 2002.

Miltex Surgical Instruments. Miltex Instrument Company, Inc. Tuttlingen, Germany.

Pattengale, Esther. Personal communications. Ft. Collins, CO. 1952-1987.

Petit, T. H. *Hospital Administration for Veterinary Staff*. American Veterinary Publications. Goleta, CA. 1994.

Pratt, Paul, W. *Laboratory Procedures for Veterinary Technicians*. 3rd ed. Mosby. St. Louis, MO. 1997.

Pratt, Paul W., Ed. *Medical, Surgical and Anesthetic Nursing for Veterinary Technicians*. 2nd ed. American Veterinary Publications. Goleta, CA. 1994.

Professional Liability Insurance Trust. *Newsletters*. American Veterinary Medical Association. Chicago, IL. 1990-2002.

Skills and Tasks for Jobs: A SCANS Report for America 2000. The Secretary's Commission on Achieving Necessary Skills. U. S. Department of Labor.

Sonsthagen, Teresa. *Restraint of Domestic Animals*. Mosby, St. Louis. MO. 1991.

Stepp, Craig A. and Woods, MaryAnn. *Laboratory Procedures for Medical Office Personnel*. W. B. Saunders. Philadelphia. 1998.

Stone, Ben and Pearl. *The Stone Guide for Grooming All Breeds*. 1st ed. Howell Book House, McMillan Publishing. New York. 1981.

Swenson, M. J., Ed. *Duke's Physiology of Domestic Animals*. Cornell University Press. Ithaca, NY. 1970.

Tracy, Diane L. and Warren, Roger G. *Small Animal Surgical Nursing*. C. V. Mosby. St. Louis, MO. 1983.

Waltham. *Veterinary Hospital Management*. 3rd ed. Waltham, USA. 1998.

Working Group, Instrument Preparation. *Proper Maintenance of Instruments*. 3rd ed. 1985.

索　引

页数后面的字母 f 表示 figures(图表),t 表示 tables(表格)。